토목BIM/정보화기법/BIM기초/공사단계별BIM/
Infra 4D..nD CAD/스마트건설/미래건설기술

건설정보기술 BIM

Construction IT & BIM

강인석 지음

도서출판 동화기술

| PREFACE |

'백문불여일견(百聞不如一見)'

건설공사에서 구조물의 모습은 백 마디의 말보다 한 장의 2D 도면으로 표현하는 것이 효과적이다. 또한 백 장의 2D 도면보다는 한 장의 3D모델로 설명하는 것이 의사전달 효과가 높다. 시설물의 형상이 비정형 구조물이라면 더욱 그렇다.

과거에 청사진이 2D 도면으로 변화되면서 건설정보의 획기적 발전이 이루어졌다면, 2D도면이 BIM 모델로 변화되는 것은 그 이상의 변화로서 2G 핸드폰이 스마트폰으로 변화된 것에 비유될 수 있다. 스마트폰은 비용이 비싸지만 정보의 가시성으로 시장의 패러다임을 변화시켰다. 건설공사에서 BIM 모델은 건설 정보관리의 패러다임을 변화시키는 도구이다.

시중에 출간된 BIM 도서들이 매뉴얼 형식의 3D모델 제작과정 중심으로 기술되어 있으나, BIM에서 3D모델은 일부에 불과하고 3D모델의 활용과 공사비, 공정 등 다양한 속성정보와의 연계 활용 기법이 더욱 중요하다.

본 도서에서는 건설정보화 개념부터 BIM의 공사단계별 적용과정과 사례, 4D, 5D 등 다차원 객체의 생성과 활용방법, 증강현실, 드론 및 3D프린팅 도구의 BIM 연동 방법 등 오롯이 BIM 자체의 운용 방법에 대하여 기술하고 있다. 특히 본 도서에서는 건축을 비롯하여 토목시설 BIM 적용을 위한 기술과 사례 구성에 많은 부분을 할애하였으며, 설계 및 시공단계 BIM 적용을 모두 포함하고 있으므로 BIM의 기초부터 실무 적용까지 핸드북 역할을 할 수 있다.

필자는 BIM 용어가 보편화되기 이전부터 관련 연구를 하면서 국내외 다양한 연구과제 수행과 최우수 저널의 논문들을 발표하였고, 연구실에서는 다수의 대학원생들이 BIM 주제로 석사와 박사학위를 취득하였다. 본 도서는 이러한 우수한 연구 성과물과 논문들을 참고로 하여 기초 강의와 실무 활용 용도로 편집되었으며, BIM의 다양한 응용 기술 습득에 도움이 될 것으로 기대된다.

20년간 BIM 연구와 논문 집필에 공동으로 참여하고
국내외 건설정보기술 발전에 헌신하고 있는 100여명의 연구실 졸업생들에게
경의를 표합니다.

경상대학교 토목공학과 시공정보연구실
강인석

| CONTENTS |

PART 1

건설정보화 기술

CONTENTS

CHAPTER 1

건설정보화 개념 및 CALS

1 건설정보화 개요

1.1 건설정보화 개념

1 동시공학적 업무처리

건설정보화(construction IT) 체계는 기존의 수작업에 의한 순차적인 업무수행방식에 각종 정보화(information technology, IT) 도구를 적용하여, 건설공사의 업무수행 형태를 전자적(electronic process)이고 동시공학적(concurrent engineering)이며 실시간적(real-time)인 방식으로 수행하도록 하는 통합지원도구로 정의할 수 있다.

BIM(building information modeling, 건설정보모델링, 이하 빔) 역시 건설정보화의 일부분으로서 수치적 건설정보를 시각적 객체정보로 변화시키는 도구 역할을 하고 있다.

최근 국내의 산업분야 전반에 걸친 정보화 추세는 건설 산업도 예외가 될 수 없고, 특히 급속하게 전파되고 있는 첨단 IT도구의 건설분야 활용성 증대와 이에 따른 설계, 시공, 유지관리 등 생애주기에 걸친 건설공사 업무의 전자화 요구에 대처하기 위해서도 정보화기술은 건설공사에서 필수적인 도구가 되고 있다.

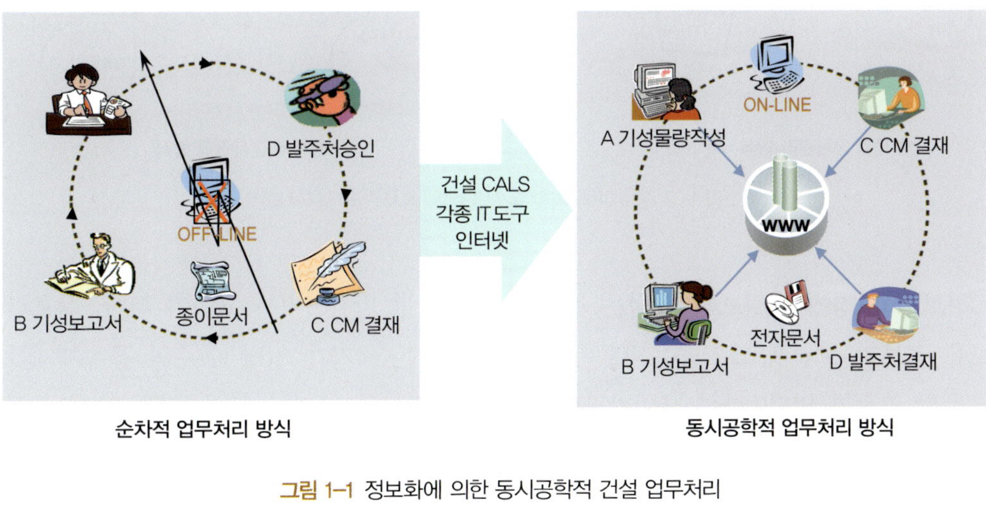

순차적 업무처리 방식 / 동시공학적 업무처리 방식

그림 1-1 정보화에 의한 동시공학적 건설 업무처리

그림 1-1은 시공단계의 기성금 처리과정을 오프라인(off line)에서 순차적으로 처리하는 방식과 온라인(on line)에서 실시간의 동시공학적으로 처리하는 모습을 비교하고 있다. 즉, 과거에는 기성자료가 작성되면 건설사업관리자와 발주자의 현장 승인을 순차적으로 득한 후 처리되었으나 지금은 실시간의 전자시스템에서 동시공학적으로 처리될 수 있다.

2 전자적 공사 정보관리

각종 정보화도구들이 건설현장에 빠른 속도로 활용되면서 전자적이고 동시공학적 업무처리는 보편적 방식이 되었으며, 이러한 정보화기반의 동시공학적 업무처리 방식에서는 상호간 정보의 공유와 공유를 위한 정보망 구성이 중요한 요소가 된다. 그림 1-2는 기존 공사관리 방식에서 각 시공사별로 독자적으로 정보를 보유하고 공유가 되지 않는 방식과 정보 공유망을 이용해 시공사별 보유 정보를 공유하는 체계를 비교하고 있다.

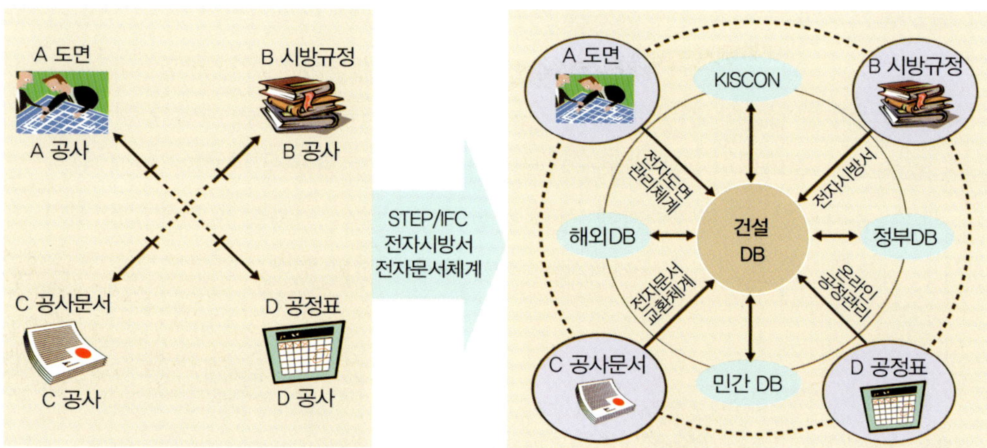

수작업 공사관리 방식　　　　전자식 공사관리 방식

그림 1-2 정보화에 의한 동시공학적 공사관리 업무처리

정보화 환경에서 정보의 독점은 정보화의 효과를 반감시키는 요인이 된다. 상호간 보유 정보가 보편적으로 공유되도록 하기 위해서는 국가가 일정 수준의 공유체계를 구축할 필요가 있다. 건설 참여기관에서도 핵심 정보를 제외한 공법, 적용 사례 등의 일반 정보는 상호간 공유할 수 있는 전향적인 의식의 개선도 요구된다.

3 건설공사 업무 환경의 변화

다양한 정보화 도구와 빠른 정보화 환경 변화에 의해서 건설공사 업무도 다양한 형태의 프로젝트 생애주기 정보를 시각화(visualization), 현실화(realization), 전자화(digitization)시키는 환경으로 변화되고 있다. 그림 1-3은 정보화 기술에 의한 업무환경 변화 요소를 표현하고 있다.

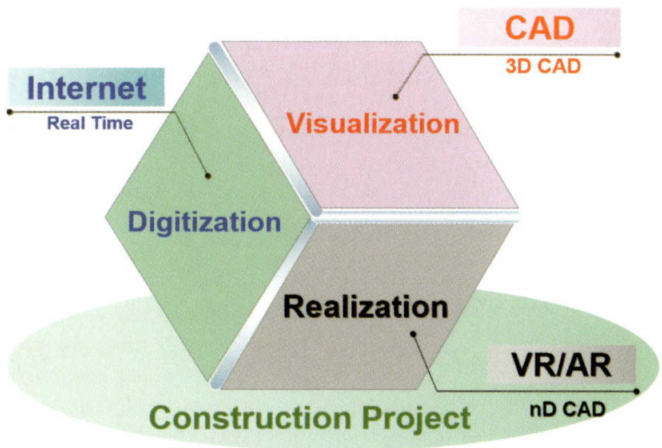

그림 1-3 건설분야 정보화기술 적용 분야

그림 1-3에서 정보의 시각화는 건설공사의 설계, 시공 및 유지관리 단계에 발생하는 각종 정보들을 기존의 수치적 정보에서 시각적 정보로 표현하는 것을 의미하며, 이를 위하여 가장 중요한 도구 역할을 하는 것이 CAD 정보이다. 즉, 기존의 2D도면 정보가 3D모델 정보로 변화되고 있는 것도 이러한 정보의 시각화 요구에 부응하는 것이다.

4 건설공사 정보의 시각화 요구

그림 1-4는 건설 참여주체별 시각화에 대한 요구정도를 표현하고 있다. 일반적으로 설계자 관점에서는 설계된 구조물의 완성시 모습과 설계 객체간의 간섭상황 등에 대한 시각화 요구가 있고, 시공자 관점에서는 공사일정에 따른 공정현황과 공사비 투입현황 등의 정보에 대한 시각화 요구가 있으며, 발주자 관점에서는 공사의 진도일정에 따른 시설물의 완성도 변화모습 등에 시각화 요구가 있게 된다.

정보의 현실화는 가상현실(virtual reality, VR)공간에서 사용되는 그래픽 정보를 실제공간에서 현실적 모습으로 표현하는 것을 의미한다. 이러한 작업에 가장 많이 활용되는 기법이 증강현실(augmented reality, AR)이다. 즉, AR기법을 사용하면 현재까지 공사의 실제 완성모습에 향후 6개월 등 일정기간 후의 완성모습을 VR형태로 연결하여 표현할 수 있다. 이로써 현장 기술자들에게 컴퓨터상의 그래픽 정보를 보다 현실적 정보로 받아들일 수 있도록 할 수 있다.

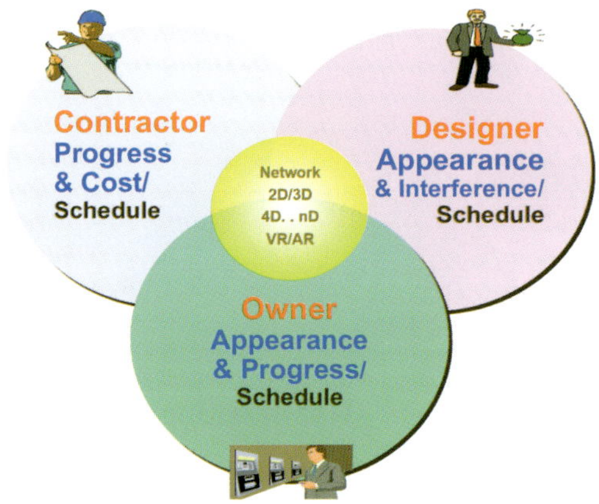

그림 1-4 건설공사 주체별 정보시각화 요구

정보의 전자화는 실시간 정보 표현을 의미한다. 정보의 전자화에 가장 유용한 도구는 인터넷(Internet)이고, 건설현장에 발생하는 각종 정보는 인터넷기반으로 실시간으로 다양한 공사참여자와 공유할 수 있다.

1.2 건설정보화 범위

1 건설정보화 운영체계 적용

건설분야 정보화를 위해서는 초기단계부터 시스템적으로 정보화 환경을 구축하는 방법과 건설공사 공정에 정보화 도구를 접목하여 정보화체계를 구성하는 방법이 있을 수 있다. 우리나라에서 국가 차원의 시스템적 정보화 환경 개선의 대표적 사례는 건설 CALS(construction acquisition and life-cycle support, 건설정보통합전산망)를 들 수 있고 건설프로세스의 생애주기 동안 발생하는 정보를 통합 관리하고자 구축한 사례이다. 이외에도 건설행정전산망, 교통처리시스템 첨단화(intelligent traffic system, ITS), 국토이용정보화체계(national geographic information system, NGIS) 등도 정보화의 대표적 사례들이다. 또한 민간차원의 건설정보화는 주로 대형건설업체 위주로 사내 업무처리전산망, 본사 및 현장간 온라인 업무협의체계, 사업관리정보체계(project management information system, PMIS)구축, 전사자원관리(enterprise resource planning, ERP) 및 지식경영체계(knowledge management system, KMS) 등을 들 수 있다.

2 자동화에 의한 건설정보기술의 확대

최근의 건설공사 프로젝트는 현장관리 절차를 포함하여 설계 및 시공과정에도 다양한 자동화기법과 장비들이 도입되고 있다. 앞서 기술한 건설분야 정보화 기술 적용분야에서 시각화, 전자화, 현실화 외에 추가로 고려될 수 있는 분야가 그림 1-5에 표현된 자동화(automation)분야이다.

건축공사의 경우에는 표준설계기법 도입으로 건물의 부위별로 표준화된 부재 적용이 점차 증대되고 있고, 토목공사의 경우에도 교량공사에서 조립식 교량가설공법(precast segmental concrete bridge)이 보편화될 만큼 조립식공법의 적용이 증대되고 있다. 이러한 조립식공법 적용의 증대는 자동화 시공, 로봇(robot)시공 공법으로 발전되고 있고 이미 건설공사에서도 로봇시공기술은 적용성이 확대되고 있다.

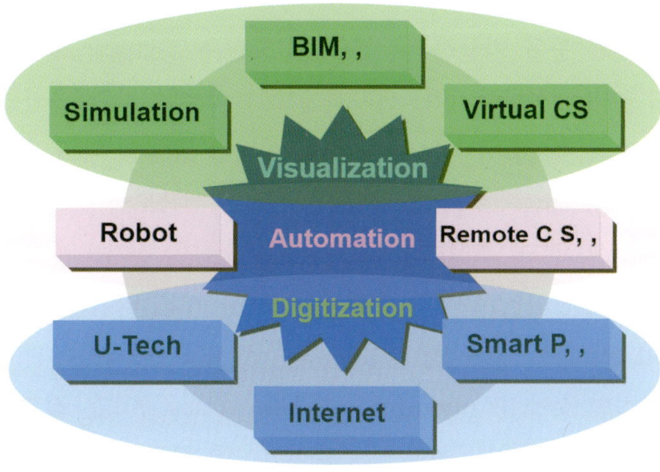

그림 1-5 정보화 환경에 의한 건설기술의 발전

3 시각화와 전자화에 의한 건설정보기술의 확대

자동화의 또 다른 기술은 로봇시공을 위한 초기 기술로 인식될 수 있는 원격조정기술(remote control system)이다. 예로서, 현재 건설현장에서 작동되는 굴착기는 운전기사에 의해 작동되고 있으나, 무인굴삭시스템이 도입되면 중앙통제실에서 원격조정에 의해 굴삭기가 작업을 하게 된다. 이러한 무인 원격조정 체계들이 건설현장의 각종 장비운용에 도입되기 위한 기술들은 상당부분이 가시화되고 있다.

건설정보의 시각화에서는 가장 대표적 요소가 빔 기술 적용이며, 빔에 포함될 수 있지만 각종 시뮬레이션기술과 가상건설시스템기술도 건설정보의 대표적 시각화 기술이다.

또한 전자화를 위한 대표적 요소는 인터넷 환경에서의 스마트폰(smart phone) 적용기술을 들 수 있다. 스마트폰은 이미 건설공사 현장관리를 위해 다양한 분야에서 적용되고 있다. 가상현실기능을 갖춘 현장 안전관리시스템과 도면관리시스템 등에 스마트폰기술이 적용되어 작업자는 현 위치에서 직접 스마트폰으로 3차원으로 시각화된 안전관리정보와 도면정보를 접할 수 있다.

2 건설정보 호환성

2.1 건설정보 호환 방법

1 STEP과 IFC개념

건설공사 생애주기 동안 발생하는 정보에서 도면은 정보열람 및 사용자 측면에서 가장 빈번히 활용되는 정보들이며, 전자화된 도면의 계약자간 온라인 공유를 위해서는 CAD 도면의 전자교환규약이 요구된다. 이러한 규약의 대표적인 것으로 STEP(standard for the exchange of product model data, 제품모델정보 호환기준)을 들 수 있으며, STEP은 건설, 전자, 조선, 기계 등을 모두 포함한 전자도면 관리규약이다.

STEP은 이와 같이 전 산업분야의 광범위한 도면규약을 의미하므로 실무에의 적용속도가 지체되어, 건설 산업분야에 적용 가능한 전자도면규약을 STEP호환성을 보유한 채 별도로 규정한 것이 IFC(industry foundation classes)이다. 건설분야 3D객체 제작은 IFC코드로 제작되는 사례들이 대부분이고, IFC코드로 제작된 3D도면은 캐드 소프트웨어 종류와 관계없이 호환성을 확보하게 된다.

2 Open BIM에 의한 3D정보 호환

3D모델은 객체 구성이 복잡하고 빔 모델은 속성정보를 포함하므로 모델 정보의 호환이 용이하지 않다. 그림 1-6은 IFC코드에 의한 3D모델 정보의 호환성 유무를 표현하고 있다. 그림 1-6 에 나타나 있듯이 A, B, C, D 4개 종류의 개별적 3D모델 소프트웨어로 각각 교량의 기초, 철근, 구체, 상판 모델을 제작한 후에 E 소프트웨어에서 모

두 취합하여 하나의 완성된 교량모습으로 조립하고자 할 때, 각 소프트웨어에서 호환성이 확보되는 코드 기준으로 제작하지 않았다면 그림과 같이 완성된 교량 모습이 표현되기 어렵다. 즉 개별 객체 모델이 손상되어 호출이 안 되거나 호출되어도 타 객체 모델과 정합성을 맞추기 어렵다.

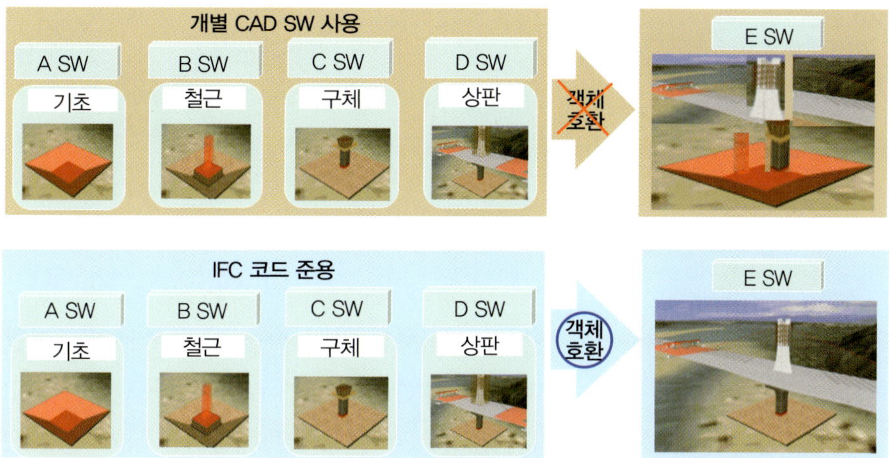

그림 1-6 IFC코드에 의한 정보 호환성

반면에 각 캐드 소프트웨어에서 IFC코드 기준으로 개별 객체를 제작한 후에 E 소프트웨어에서 조립하면 그림과 같이 하나의 소프트웨어에서 작업한 것과 같은 완성된 조립객체를 표현할 수 있다. 이러한 이유로 건설공사 참여기관별 빔 정보의 호환성 확보를 위해서는 표준코드에 기반한 3D모델링 작업이 필수적이고, 이러한 빔 운영체계를 빅 빔(big BIM, open BIM)이라 표현한다.

2.2 건설정보 공유

1 건설정보 공유 현황

타 산업대비 건설분야 정보공유는 미흡한 실태이고 건설정보공유 형태는 주요 기관별 인터넷을 통한 일부의 정보공개 내용에 불과하며, 공개 정보도 이미 정보의 가치가 상실된 과거 정보들이 대부분이다. 정보공유관련 규정으로는 기본설계 시행지침 등에 의해 기본설계도서, 시방서 등이 인터넷으로 공개되도록 규정되어 있으나, 구체적 공개정보의 양과 질 등이 명시되지 않고 있으므로 실질적인 정보공개 현황은 낮은 수준에 있다.

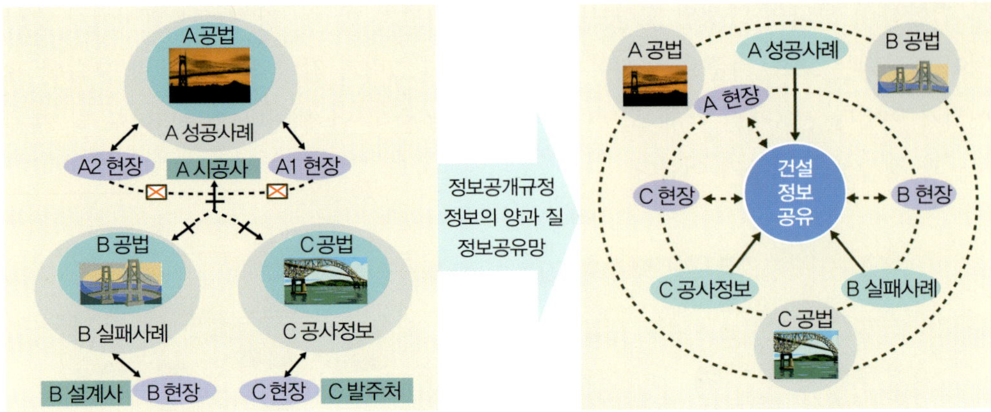

건설 정보의 독점　　　　건설정보의 공유

그림 1-7 건설정보 공유 DB 구성도

적극적인 정보공개를 위해서는 공개되는 정보의 양과 질을 일정 부분 발주기관에서 명시할 필요성이 있으며, 정보공개 기관에 대한 인센티브 부여 방안도 동시에 고려될 필요가 있다. 정보 공유를 유도하기 위해서는 우선적으로 종합적인 국가 건설정보 데이터베이스(database, DB)망 구축이 필요하며, 국가 건설 DB망은 현장 정보 및 프로젝트 정보 등을 실시간으로 접속할 수 있는 공사 실무정보 공유망으로 구축할 필요가 있다.

2 相生의 건설을 위한 정보공유

건설공사의 정보공유는 유사 공사 사례에 대한 중복투자를 방지할 수 있고, 현장의 실무적 자문사항을 온라인상에서 해소할 수 있으므로 공사관리 운영면에서 효과를 갖게 된다.

국내 건설업도 건설 산업이 정보화된 과학기술분야라는 인식도 전환을 위해 실무적 차원의 적극적인 홍보 전략이 필요하며, 정보 활용 측면에서도 서로 공유해야 생존한다는 의식 전환이 필요하다. 사이버 시대의 생존 관건이 'Know How' 보다 'Know Where'인 점을 고려하면, 나만 공개하는 것이 아니라 나도 공개하는 상생(相生)의식이 필요한 것이다. '相生의 건설'은 6T(information Technology, nano T, environmental T, space T, cultural T, bio T)와의 경쟁에서 건설 산업이 취할 수 있는 무기가 될 수 있다.

3 건설 CALS

3.1 건설 CALS의 개념

1 CALS의 일반적 의미

CALS는 1982년 미 국방성(department of defence, DoD)의 'CALS(computer aided logistics support) 프로젝트'에서 시작되었으며, 무기개발 프로젝트에서 방대한 분량의 종이 매뉴얼 처리문제와 후방보급지원의 지연 등에 대한 해결책으로 채택되었다. 이후 CALS의 의미는 CALS 수행주체 및 성격이 바뀜에 따라 변화를 가져왔으며, 현재 일반적인 CALS의 의미는 광속상거래(commerce at light speed)로서 전자상거래(electronic commerce, EC)와 함께 CALS/EC로 칭해지고 있다.

건설분야에서는 발주자, 설계자, 시공자, 하도급자, CM(construction management, 건설사업관리)업자, 기자재공급업자, 관공서, 금융업체 등 여러 사업 참여자들간의 방대한 정보의 계속적 공유 및 교환이 중요하므로 '계속적인 조달과 생애주기의 지원(continuous acquisition and life-cycle support)'이 CALS의 정의로 적절하다.

2 건설CALS의 의미

따라서 건설CALS의 의미는 발주자, 시공자, 설계자, 공사관리자, 납품업자 등의 공사참여기관들이 공사의 기획, 설계, 구매, 시공, 유지관리에 걸친 공사 전 단계에서 발생되는 건설정보들의 전자화된 업무관리를 위한 종합 건설정보망이라 칭할 수 있다. 건설CALS의 구축효과는 건설관련 기관간의 온라인 공사정보 공유와 비문서화(paperless)된 건설업무환경을 통한 공기 및 공사비절감에 있다. 국가에 따라 건설CALS는 국가 건설정보화 전체를 의미하는 용어로도 불리어지고 있으며, 빔에 의한 정보화 기술도 건설CALS의 한 부분으로 포함될 수 있다.

건설업에서 CALS의 효용성으로는 건설업은 제조업에 비해 많은 관련 주체들이 있고 이들이 수시로 다량의 정보를 교환하게 되므로, 그 과정에 발생되는 시간 및 비용을 CALS의 통합전산망 구축을 통해 동시공학적 정보의 전달로 절감할 수 있다는 점이다.

3.2 건설CALS의 역할

건설CALS는 공사의 생애주기 동안 발주자, 공사관리자, 시공자, 설계자 등 참여기관간에 발생되는 공사업무정보를 전자적으로 관리하는 통합 건설정보망으로서, 공사참여자간의 온라인에 의한 공사정보공유 및 전자정보관리가 주목적이다. 건설업에서 CALS의 역할은 그림 1-8과 같이 표현할 수 있다.

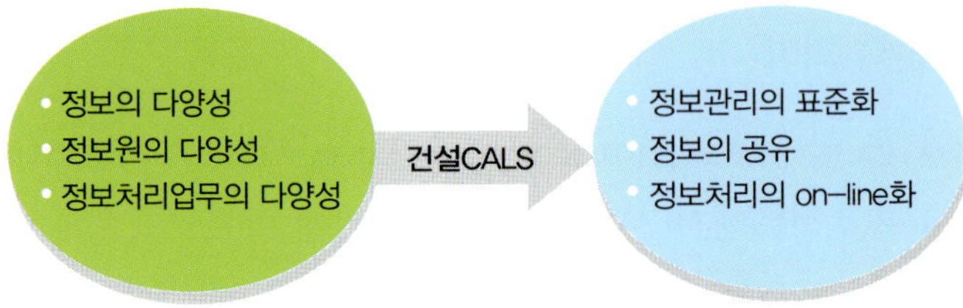

그림 1-8 건설업에서 CALS의 역할

건설CALS를 통하여 건설업무에서 입찰, 인허가 등의 업무에 소요되는 많은 시간과 비용절감이 가능하고, 낙찰과 계약 등이 CALS의 온라인 통신망 상에서 처리됨으로써 공개적 실시로 인한 투명성 확보가 가능해 진다. 이외에 건설CALS의 주요 기대효과는 건설정보의 공유로 인터넷에 의한 실시간 소요정보를 열람할 수 있으며, 도면을 비롯한 각종 문서들이 전자화됨으로써 비문서화된 업무환경의 구축이 가능해 질 수 있다. 건설CALS에서 가장 중요한 온라인 정보통신망구축은 건설업무의 도면을 포함한 각종 문서의 전자관리를 비롯하여 온라인 정보공유가 목적이며, 건설CALS의 활용성을 좌우하는 요소가 된다.

3.3 CALS 체계의 공사관리 전자 업무환경

1 공정관리계획서 검토업무 사례

전자화된 업무 운영을 위해서는 건설공사 관리업무 절차를 온라인방식으로 변화시켜야 하며, 일정관리업무의 환경이 전자화된 체계로 변화된 후에 운영되는 것을 가정하면, 그림 1-9 이하의 그림들과 같은 순서로 정보가 교환되는 상황을 구성할 수 있다. 시안의 작성은 일정관리 업무 중 총괄 공정계획 관리업무를 대상으로 하였고, 사전에 구축된 IDEF(integration definition) 프로그램과 연계하여 필요한 업무를 일괄적으로 수행하는 과정을 제시하였으며, CM업체가 총괄공정계획표를 수정하여 그 결과를 발주자에게 승인 받는 과정을 예시로 표현하고 있다(그림 1-9 ~ 그림 1-13).

그림 1-9는 우측 상단부의 창에서 '일정관리'가 분할된 IDEF 다이어그램을 볼 수 있다. 우측 하단부 창은 선택된 '일정관리' 항목의 개별 입력 및 출력, 제어, 메커니즘(mechanism)의 정보를 제공한다. 우측 하단부 창에서는 IDEF 다이어그램 상에서 선

택된 '총괄공정계획관리'의 개별 입력 및 출력, 제어, 메커니즘을 볼 수 있다. 좌측 상단부의 창은 IDEF tree가 되며, 좌측 하단부에서는 선택된 '총괄공정계획관리'업무의 관련 문서형식으로 직접 링크할 수 있는 항목들을 제공한다. 여기서 '총괄공정계획표 승인요청서'를 클릭하면 그림 1-10으로 연결된다.

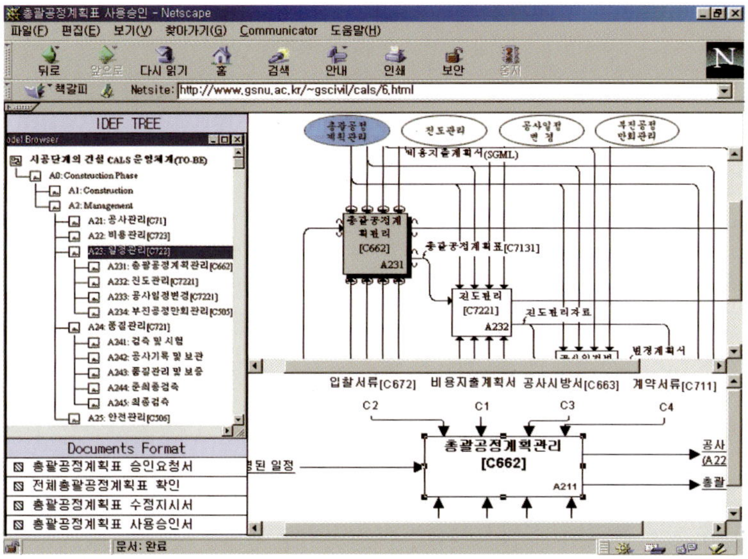

그림 1-9 일정관리의 세부업무 표현

그림 1-10은 CM업체가 총괄공정계획표 수정의 승인을 요청하는 화면이다. 좌측 상단부 창은 구축된 IDEF 프로그램이 연동됨을 나타내며, 좌측 하단부는 총괄공정계획표 승인과 관련된 정보들을 제공하는 메뉴들로 구성된다. 우측 상단부는 공정관리용

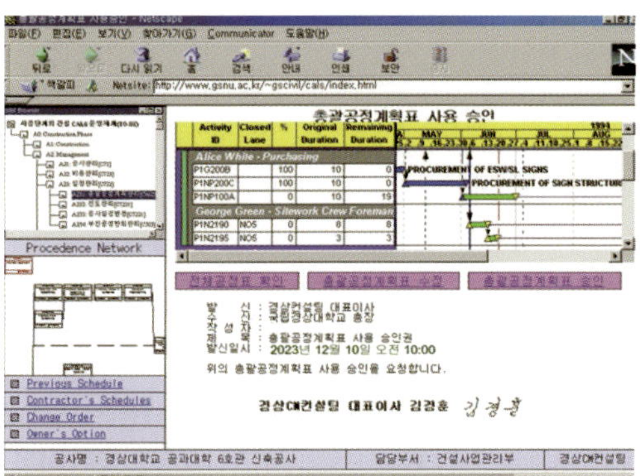

그림 1-10 총괄공정계획표의 승인요청(CMr → 발주처)

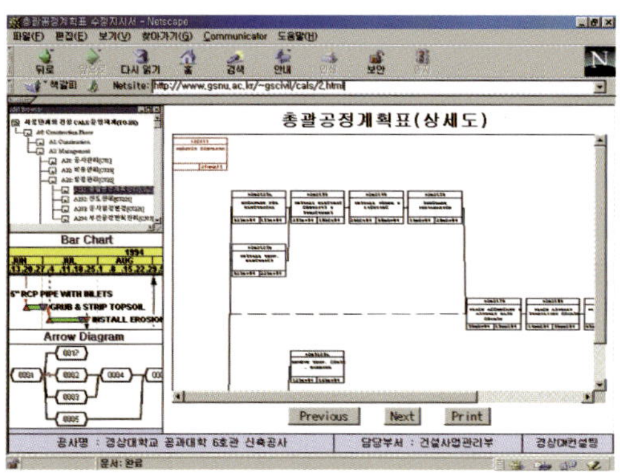

그림 1-11 총괄공정계획표의 확인(발주처)

소프트웨어인 Primavera 상의 공정표가 연동됨을 나타내며, 바차트(bar chart) 공정표와 공정정보를 확인할 수 있다. 발주자는 승인요청화면을 확인한 후 '전체공정표 확인' 메뉴를 선택하여 전체공정표를 확인할 수 있다.

2 공정관리계획서 승인업무 사례

그림 1-11은 CM업체가 전송한 공정계획표의 상세도를 발주자가 확인 검토하는 과정의 화면이며, 1-10에서 링크 된다. 이 화면에서 발주자는 수정된 총괄공정계획표의 사용 여부를 결정하기 위하여 전체 총괄공정계획표의 세부항목들을 확인할 수 있으며, precedence 방식, 바차트 방식 및 i-j 방식의 전체 공정표를 확인할 수 있다. 출력이 필요한 경우에는 네트워크 방식을 결정한 후 프린터로 출력할 수 있다. 전체공정표의 확인이 끝나면, 이전 화면으로 돌아가 수정지시나 사용승인을 하게 된다.

그림 1-12는 발주자가 공정계획 상세도를 검토한 후 수정사항을 지시하는 과정의 화면이며, 역시 그림 1-10에서 링크할 수 있다. 수정지시 내용을 '수정사항' 난에 입력한 후, 첨부사항이 있을 시에는 '첨부'를 클릭하여 파일 등을 첨부할 수 있고, 작성이 끝나면 '전송'을 클릭하여 수정지시서를 CM업자에게 전송하게 된다.

발주자가 상세도를 확인한 결과, 총괄공정계획표의 사용이 가능한 것으로 판단되면 총괄공정계획표 사용승인서 그림 1-13을 작성하여 전송하게 되고, 이로써 수정된 총괄공정계획표의 사용승인업무는 종료되며, 이러한 일련의 업무는 인편에 의한 문서의 교환이 없이 통신망 상에서 일괄적으로 처리될 수 있는 것이다.

그림 1-13은 발주자가 전송한 총괄공정계획표 수정지시서가 CM업자에게 전달된 화

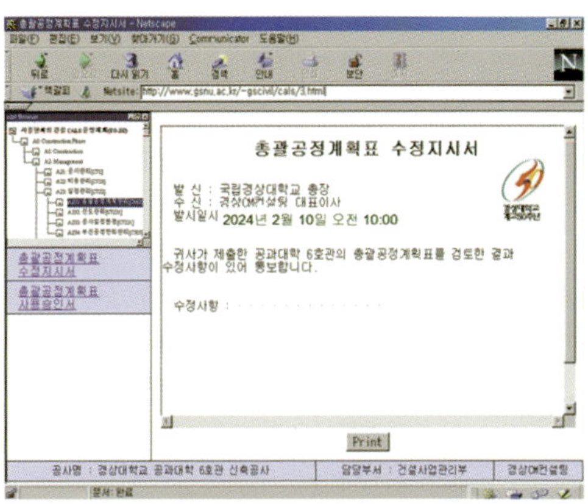

그림 1-12 총괄공정계획표의 수정지시서(발주처 → CMr)

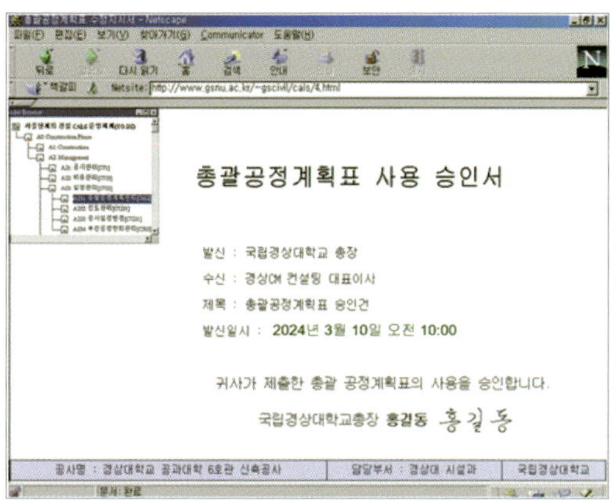

그림 1-13 총괄공정계획표의 승인(발주처 → CMr)

면이다. 종이문서가 필요한 경우 'Print'를 클릭하여 수정지시서를 출력할 수 있다.

이러한 업무흐름(그림 1-9 ~ 그림 1-13)이 오프라인 업무로 수행될 경우는 CM업자가 총괄공정계획표를 수정 작성하여 프린터로 출력한 다음, 발주자에게 직접 전달하게 되며, 전달된 총괄공정계획표는 발주자가 검토 승인한 후 다시 CM업자에게 동일한 방식으로 전달한다. 또한 수정사항이 있을 시에는 발주자와 CM업자사이에 추가적인 전달과정이 필요하며 시간 및 비용이 소요된다. 그 결과로 전달에 소요되는 시간에 의해 공기의 지연을 초래하게 되며, 물류비용, 종이문서의 출력비용 등이 소요된다.

3 건설CALS 미래

상기된 일정관리업무 그림들에서 제시된 바와 같이 전자화체계로 수행할 경우에는 모든 과정이 통신망 상에서 일시에 수행되므로, 검토시간을 제외한 모든 시간과 비용이 단축 절감될 수 있다. 즉, 전자화된 업무처리체계에서는 정보의 교환에 소요되는 시간 및 비용이 현저히 절감될 수 있으며, 정보 재입력 과정의 오류를 방지할 수 있어 정보교환의 정확성 또한 확보할 수 있게 된다. 전자화된 업무환경의 CM체계를 고려할 때 시공단계의 건설관리관련 업무는 다음과 같은 운영체계로 시행될 수 있다.

첫째, 모든 건설공사 생애주기 정보는 BIM기반으로 운영되어 각종 정보화도구와 연계됨으로써, 종이도면이 사라지고 현장에서는 가상환경을 즉시 구동하여 설계 간섭과 시공오류를 시뮬레이션 할 수 있다.

둘째, 기준, 공법, 실패사례 등 건설공사에 활용되는 대부분의 정보들을 DB망을 통해 공유함으로서 관련 주체들이 상시 활용할 수 있고, 이러한 정보들은 유지관리단계까지 재활용되어 자산관리까지 운영될 수 있다.

셋째, 각종 자동화 기술의 발전으로 정보화기술로 구축된 공사정보들은 시공자동화에 직접 활용되어 무인 시공운영체계에 직접 활용될 수 있다.

넷째, CM업자, 시공자, 설계자 등의 계약자들은 관련 표준인 계약자 통합기술정보서비스에 의해 관련 기술 및 경영정보들을 데이터베이스로 구축하고 활용하여, 공사관리의 대다수 업무를 전자화된 환경에서 수행하게 된다.

다섯째, 운전 및 유지관리 자료는 관련 표준인 대화형 전자매뉴얼(interactive electronic technical manual, IETM)에 의해 작성되어 시설관리 매뉴얼 등을 온라인으로 참조가능하고, 더불어 전자매뉴얼 상에서 전문가 또는 소요되는 주요 자재회사의 전자상거래 사이트가 직접 연결되어 유지관리단계의 업무개선이 가능하게 된다.

4 인터넷기반 건설정보화

4.1 일정규모 이상 공사의 홈페이지 구성

1 홈페이지 구성 방안

통상 공사 프로젝트별 별도의 홈페이지를 구성하고 있는 경우는 대형 국책사업을 제외하면 극히 미흡하다. 그러나 건설정보화의 촉진 및 사이버 시대의 건설산업 인식 제고를 위해서는 일정규모 이상의 건설공사에 대한 홈페이지 구성이 요구된다. 이러한 부분은 국가기관의 대형 연구프로젝트들이 홈페이지 개설을 의무화하여 연구진행 상황과 연구결과를 정보공유차원에서 공개토록 함과 같은 개념이다.

특히 건설공사의 프로젝트 홈페이지에는 건설정보공유 효과 외에도 공사현장 인근 주민에 대한 홍보 효과를 가미할 수 있다. 따라서 일정규모 이상의 건설공사에 대하여는 홈페이지 구성을 권장 또는 의무화하여 공사관련 내용 및 현장상황을 실시간으로 공개하도록 함이 필요하다.

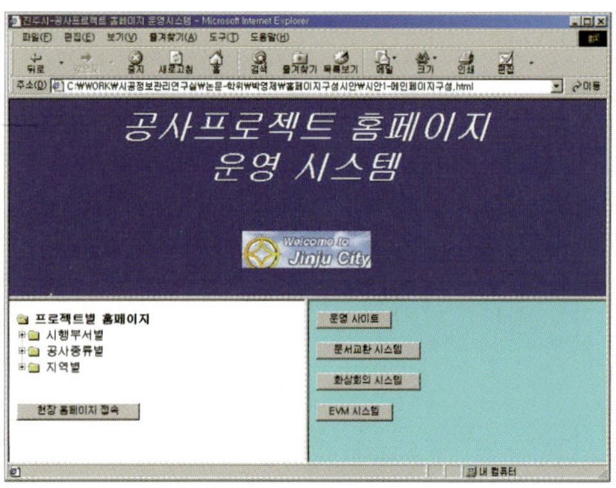

그림 1-14 프로젝트홈페이지의 구성 예

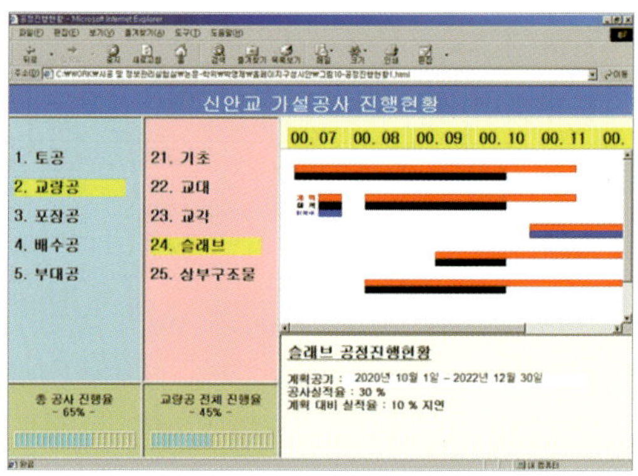

그림 1-15 프로젝트홈페이지에 의한 공정관리

즉, 일정규모 이상의 공사에 대해서는 시공사 등 관련기관에서 해당 공사내용의 홈페이지를 작성토록 하여 현장의 공사 진행현황을 실시간으로 공개하도록 함으로써, 각 지역 시공현장에서 발생하는 공사정보의 실시간 공유를 가능하게 할 필요가 있다. 공사 프로젝트별 홈페이지는 일반시민 및 현지주민에 대한 공사내용의 홍보역할로 인한 민원감소 효과를 유도할 수 있고, 시공 중인 공사의 현장별 실시간 공사현황 관리가 가능하도록 함에 목적이 있다.

이러한 공사 프로젝트별 홈페이지의 작성 주체는 계약 시공사가 프로젝트별로 작성하게 되나 관리 효율화를 위해서는 표준적인 홈페이지 체계가 구축되어야 하며, 시공사 등은 구축된 표준 홈페이지에 접속하여 항목별 필요정보를 입력 및 갱신함으로써 해당 공사의 사이트관리를 하게 된다.

2 프로젝트별 홈페이지의 구성 내용

공사 프로젝트별 홈페이지에 구성해야 할 필수적 내용은 표 1-1과 같다.

표 1-1 공사 프로젝트별 홈페이지 구성 내용

구성 항목	홈페이지 내용
공사개요, 진행 현황	• 개략적인 공사규모 • 주요 공사내용 • 현재시점의 실시간 공사진행 상황 • 잔여공사 현황 등을 상세히 소개
시공상 문제점	• 공사시공시 발생되는 문제점을 공개하여 의견수렴이 가능한 사이트 개설
홍보관	• 인근 주민에 대한 공사내용의 홍보란
전자 회의실	• 발주처·시공사간 및 본사·현장간의 실시간 사이버 공간상의 회의 기능을 갖는 시스템을 구축하여 불필요한 회의 감소를 유도
신기술 및 시공성공·실패사례	• 공사내용과 관련된 신기술 및 시공성공·실패사례 등을 공개 • 국가차원 중복투자를 방지 및 사이트 방문자에게 실용적인 유용한 정보원으로 활용 가능 • 정보내용에 따라 권한을 부여하여 공개함도 필요함
공사현장 소개	• 대형발주공사에 대해서 현장의 주요 공사장면을 실시간 인터넷 화면으로 제공해 주는 기능 • 일정한 시간간격으로 현장사진을 온라인에 공개

표 1-1과 같이 공사 프로젝트별 홈페이지에 신기술 및 시공성공 및 실패사례 등을 공개하기 위해서는 건설인들의 정보공유에 대한 인식변환이 요구되며, 관공서의 발주기관에서는 발주된 공사들의 홈페이지내용을 사업소별 및 공구별 종합 관리하는 컨텐츠의 개발이 요구되고, 계약자는 실시간 정보의 입력이 필요한 부분이다. 프로젝트 홈페이지에 의한 정보화는 단순히 공사내용을 소개하는 정도가 아닌 홈페이지를 통한 계약자간 또는 본사, 현장간의 정보공유 수단이 되어야 하는 것이다.

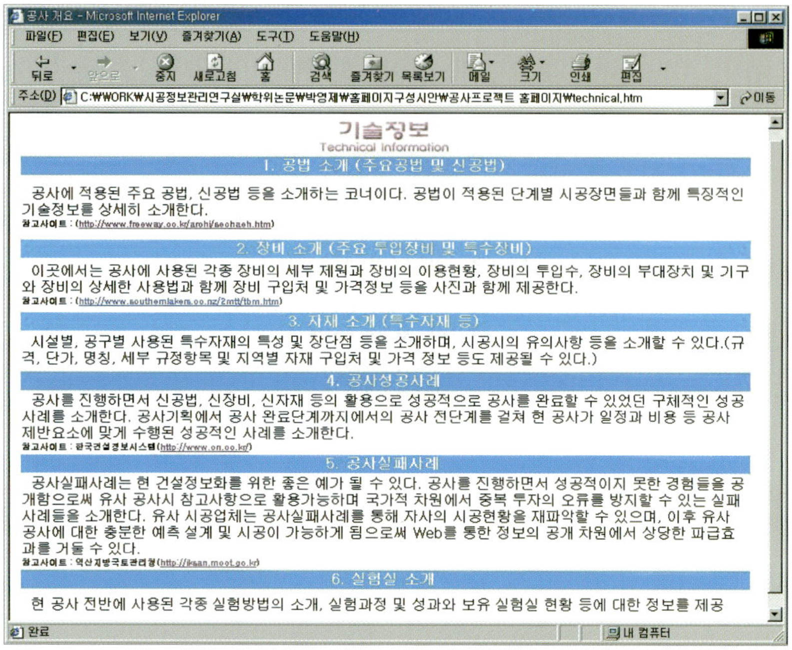

그림 1-16 건설공사 홈페이지의 기술정보

홈페이지에서 건설공사 정보공유를 위해서는 '기술정보'란 구성이 필요하고, 공사내용과 관련된 적용공법, 적용장비 등의 소개가 가능하다. 이곳에서 중요한 부분은 시공성공사례 및 시공실패사례의 상세 소개이다. 특히 시공실패사례는 시공사의 불이익으로 공개가 어려운 부분이나, 유사 공사에 대한 정보공유 측면에서 최대한 고려되어져야 할 부분이다. 그림 1-16은 기술정보 부분의 화면 구성 예로서, 세부정보항목별로 구성되어야 할 내용을 설명하고 있다.

3 활용 사례

해외 일부 발주처에서는 시공사의 공사현장모습을 실시간 동영상으로 인터넷에 공개토록 하여, 그림 1-17과 같이 5분 단위의 공사현장모습이 공개되고 있다. 이러한 공사현장의 실시간 화면 인터넷 공개는 지역주민에 대한 공사내용의 확신을 갖도록 하는 효과가 있으며, 시공사로서는 공사 품질의 자신감을 표현하는 방법일 수도 있으므로, 발주처 및 시공사에서도 적극적으로 고려할 수 있는 사항이다.

그림 1-17 공사현장의 실시간 공개 영상

4.2 건설 프로젝트 홈페이지 구성 효과

1 정보공유로 인한 기술 수준의 향상

시공사의 현장별 실시간 공사현황관리가 가능하도록 하여 공사관리에 투입되는 비용과 시간을 절감할 수 있을 것이며, 향후 전자문서교환시스템, 화상회의시스템 등의 웹기반 업무처리시스템 활용이 추가될 시에는 전체 공사 참여주체들에 대한 비용절감 및 공기단축 효과를 얻을 수 있을 것이다.

또한 공사의 성공 및 실패사례 등을 공개함으로써 시행착오 반복을 줄일 수 있으며, 공사진행상의 문제점 등은 전자게시판에 공개함으로써, 유사 공사 참여자와 대처방안에 대한 실시간 토론 등이 가능해질 수 있다. 이러한 부분은 기술자 개인에 대한 기술수준의 향상과 함께 건설업계의 전체적인 기술수준 향상 효과를 가져올 수 있는 부분이다.

2 공사내용의 대민 홍보 및 부실공사 방지

프로젝트 홈페이지는 일부 민원발생 소지를 제공할 수도 있으나 궁극적으로 공사관련 인근 주민들에게 공사홍보원 역할을 하여 지역주민과 친숙한 건설현장이 되도록 함으로써, 건설산업에 대한 일반시민의 인식제고에 기여할 수 있으며, 또한 공사현장 붕괴사고 등은 공사 홈페이지를 통한 지역주민의 제보로 사전에 대처방안이 강구될 수도 있을 것이다.

프로젝트 홈페이지를 통해 게시된 공사정보는 프로젝트가 완료되는 시점에서 발주기관 또는 시공사의 홈페이지로 이전되어 실적정보로 축적할 필요가 있으며, 이러한 정보는 향후 시행될 유사 공사에 대한 유용한 정보로 활용될 수 있다.

3 프로젝트 실적정보의 축적

건설산업의 정보공유현황은 타 산업대비 극히 미흡한 실태이고, 현재 건설정보공유 형태는 주요 기관별 인터넷을 통한 극히 일부의 정보공개 내용에 불과하며, 공개 정보도 이미 정보의 가치가 상쇄된 과거 정보들이 대부분이다. 정보공유관련 규정은 기본설계 시행지침 등에 의해 기본설계도서, 시방서 등이 인터넷으로 공개되도록 규정되어 있으나, 실효성면에서는 효과를 보지 못하고 있다.

적극적인 정보공개를 위해서는 프로젝트별 홈페이지 구축을 비롯하여 공개되는 정보의 양과 질을 일정부분 발주기관에서 명시할 필요성이 있으며, 적극적인 정보공개 기관에 대한 인센티브 부여방안도 동시에 고려될 필요가 있다.

이러한 정보공유를 유도하기 위해서는 우선적으로 종합적인 국가 건설정보망 구축이 필요하며, 국가 건설정보망은 현장 정보 및 프로젝트 정보 등을 실시간으로 접속할 수 있는 공사 실무 정보공유망으로 구축할 필요가 있다. 이러한 정보공유는 유사 공사 사례에 대한 중복투자를 방지할 수 있고, 현장의 실무적 자문사항을 온라인상에서 해소할 수 있으므로, 공사관리 운영면에서 효과를 갖을 수 있다.

CHAPTER 2

건설정보화와 가상건설시스템

1 가상건설시스템 개념 및 기획단계 활용

1.1 가상건설시스템 개념

그림 2-1 가상건설시스템 구현

설계 및 시공단계에서 건설 정보화의 실제적 효과는 시각화된 공사정보를 활용하여 설계 및 시공 오류를 최소화하는 기능으로 활용성이 있으며, 이러한 기능의 대표적 도구가 가상건설시스템(virtual construction system, VCS)이다. 가상건설시스템은 가상현실(virtual reality, VR) 공간에서 가상적으로 설계와 시공을 하여, 실제 설계 및 시공단계에 발생할 수 있는 오류를 최소화하는 운영체계를 의미한다. 그림 2-1은 VR을 이용하여 하천에 시공해야 할 교량을 사전에 가상공간에서 시공하여 외형 모습 등을 검증하는 모양을 나타내고 있다.

가상건설시스템이 운영되기 위해서는 설계 및 시공 객체가 사전에 3D 등의 캐드 객체로 완성되어야 하며, 이러한 객체에 시뮬레이션 기능 등을 가미하여 실제 운영시의 상황까지 사전에 검증할 수 있다. 건설공사에 BIM이 적용되면서 다양한 가상건설기법이 도입되어 활용되고 있다.

1.2 가상건설시스템의 기획단계 활용

1 가상현실에 의한 건설조감도 구성

건설공사 기획단계에서 활용되는 시각화된 정보로 대표적인 것이 조감도이다. 조감도란 상공에서 새의 눈으로 구조물을 바라 본 모습을 표현한 이미지의 형태이다. 조감도에 가상건설시스템을 연계시키면 정지된 화면을 제공하는 차원을 넘어 다양한 시점에서 구조물을 관찰하는 것이 가능하다. 그러나 단순히 보여주는 기능만으로는 가상현실 건설시스템의 기술에 부합되지 못한다.

특히 토목공사는 건축공사와는 달리 수평적 작업영역의 특성을 가진다. 이러한 이유에서 대규모의 현장전체를 한눈에 파악하기 곤란하므로 공사구역 전체를 시각화하는 시스템이 필요하다. 또한 기획단계에서 현장조건, 공사규모 등의 제약조건에 적합한 대안을 찾기 위해서는 개념설계단계의 조감도 시각화 기능이 현재보다 다양한 방법으로 구성될 필요성이 있다.

2 단계별 VR 조감도 구성방법

건설공사 조감도를 가상현실체계로 구현하기 위해서는 그림 2-2와 같은 세부 기능들로 구성할 수 있다. 즉, 조감도의 주요 기능인 레이어 객체 시뮬레이션(layer simulation), 공정시뮬레이션(master schedule simulation), 구조형식 검증(structure type/scale review) 및 2D단면 검증(2D simulation) 등의 4가지 단계로 구성될 수 있다.

VR조감도의 활용을 위해서는 우선 1단계로 지형 모델을 구축한다. 구조물이 위치할 지형의 형태는 2차원적인 형태를 벗어나 3차원으로 이루어진 수치지도 등이 적용된다. 이를 통하여 지도상에서 도로, 철도, 하천, 주거지역 등의 정보를 용이하게 파악할 수 있다. VR조감도에서 구현하고자 하는 구조물의 형태가 3차원 형식이므로 구조물이 위치할 지도 역시 3차원의 형식으로 이루어져야 한다.

2단계는 1단계에서 구축된 지형 위에 구조물을 설치하기 위하여 구조물의 형식 및

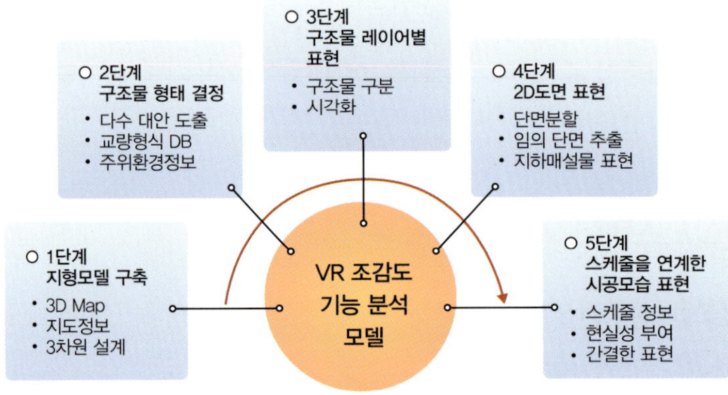

그림 2-2 VR조감도 기능 분석

개략적인 구조물 위치 등의 수정이 가능하다면 사용자의 입장에서 편리성을 가질 수 있다. 이로써 구조물의 주위 환경 및 타 구조물과의 배치상태를 확인하여 시각적 표현이 가능하며, 구조물의 형태 및 위치에 따른 다양한 대안이 제시될 수 있다. 교량을 예로 들면, 다양한 교량의 형태 중 기본적인 교량 형식을 결정하고 적정형태의 교대 및 교각의 위치, 경간장 등을 수정할 수 있다. 이러한 교량 형식은 구조적 설계데이터가 나오기 전 개략적인 위치, 주위 환경 정보 등을 통하여 시각적 표현이 가능해진다.

3단계는 조감도상에서 수행할 수 있는 개략적인 구조물 형식 검증 기능(structure type/scale review)이다. 설계자가 시설물 내 주요 구조물 또는 부위를 임의로 선택하면 선택된 순서대로 시설물의 완성상태를 3차원 시뮬레이션 하는 기능을 포함한다. 토목 구조물은 규모가 크기 때문에 구조물의 정보를 한눈에 파악하는 것이 곤란하다. 그러므로 구조물을 레이어별로 표현하는 것이 필요하며 이를 통하여 사용자가 구조물을 쉽게 이해할 수 있다.

5단계에서 제시하는 기능은 공사가 시작되면 시공 스케줄에 맞추어 일정별로 시공이 되는 4D CAD기반 진도관리로 정의할 수 있다. VR조감도에서는 구조물이 레이어별로 시간의 흐름에 따라 시공되는 과정을 개략적으로 보여준다. 개념설계단계에서는 상세한 시공과정을 요구하는 것이 아니므로 공사의 기간을 시간흐름에 따른 6개월 또는 1년 등의 시간단위로 설정하여 개략적인 일정에 따라 시뮬레이션 한다. 본 단계에서는 3D로 표현된 토목구조물에 스케줄을 연계하여 개략적인 시간의 흐름에 따른 구조물의 시공과정을 구현하는 공정시뮬레이션 기능을 도출한다.

2 가상건설시스템 설계 및 시공단계 활용

2.1 가상건설시스템의 설계단계 활용

1 도로 설계지원 기능 구성

가상건설시스템을 도로 설계에 적용하면 토공을 포함한 도로의 형태가 설계안에서 제시된 선형정보에 의하여 자동적으로 생성되는 3D 선형 모델링(modeling) 기능이 포함된다. 즉 도로의 스테이션(station)에 따라 일정한 형태의 선형이 자동 생성되어 계획된 도로 선형을 시각적으로 검토할 수 있다. 이러한 시뮬레이션(simulation) 기능은 4D CAD 시스템과 통합될 때 설계정보와 VR시뮬레이션 정보간 시각적 상호작용이 가능하게 된다.

표 2-1은 도로 설계지원을 위해 요구되는 주요 VR시뮬레이션 기능을 설계 프로세스의 업무 항목에 따라 분류하고 있다. 또한 분류된 VR시뮬레이션 기능의 입·출력 정보 및 활용 대상을 통합한 정보구성 체계를 나타내고 있다. 토공 시뮬레이션은 도로의 노선 위치를 지정하고 토공 3D모델을 자동 생성 한다. 이를 통해 노선의 방향, 위치 및 표고에 따른 성토 상태와 토공 단면의 수계(water system) 등을 검토할 수 있다.

도로 선형 대안 시뮬레이션은 도로의 최적 대안 노선 선정을 위해 다중 선형을 지정하여 기존 노선대비 신규 노선의 타당성을 확인한다. 구조물 대안 검토 시뮬레이션은 지형정보에 다양한 구조물의 가상 모델을 배치하여 교량 및 도로의 타입을 시각적으로 확인할 수 있다. 지장물 및 민원 검토 시뮬레이션은 지장물의 3D모델링을 통해 지장물의 위치 및 간섭 상태를 시각적으로 검토할 수 있으며, 인접 지역간 일조권 분석 등을 통해 도로 선형 계획을 최적화할 수 있다. 표 2-1에서 제시된 입·출력 정보는 최적의 도로 선형 및 토공 상태의 시각적 확인이 가능한 3D모델 구축을 위해 활용된다.

표 2-1 도로 설계지원 VR시뮬레이션 기능의 정보구성

기능	토공시뮬레이션	도로선형 대안 검토 시뮬레이션	구조물 대안 검토 시뮬레이션	지장물 검토 시뮬레이션
기능 구현 화면	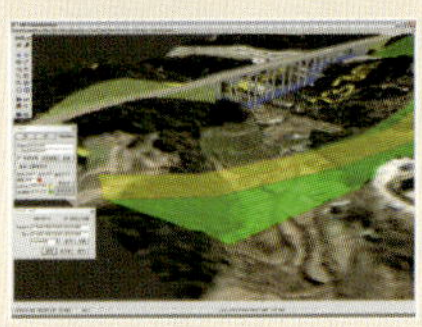			
세부 기능 설명	• 도로를 구성하는 토공의 절성토, 수계(water system), 유역면적(area) 및 성토 단면(section) 상태의 시각적 확인 기능	• 도로 선형의 정의에 의한 다양한 대안 노선 선정 • 선형검토, 절성토 토공량(earthwork volume) 확인	• 동일 지형내 구조물 Type별 거치에 따른 구조물 대안 형식 결정 시뮬레이션 • 주변 경관(scene) 검토 시뮬레이션 수행	• 공사지역내의 지하시설물 시각화/간섭 검토 • 민원예상 구역 설정에 의한 시각화 분석 시뮬레이션 수행
입력 정보	• 기본설계 시뮬레이션 정보 • 실시설계 요구사항 • 기본설계 도서 • 실시설계 요청서 • 상세설계 범위 및 내용 • 실시설계 지침서/법규 • 토공계획서 • 기획단계 시뮬레이션 정보	• 입지분석정보 • 현장분석자료 • 건설계획정보 • 타당성평가 정보 • 프로젝트 규모 및 기간 • 유사프로젝트 사례정보 • 기본설계도서 • 도로선형 정보 • 프로젝트 현황정보 • 기획단계 시뮬레이션 정보	• 입지분석정보 • 지형정보 • 현장분석자료 • 건설계획정보 • 타당성평가 정보 • 프로젝트 규모 및 기간 • 유사프로젝트 사례정보 • 프로젝트 현황정보 • 구조물 Type별 3D모델 • 기획단계 시뮬레이션 정보	• 입지분석정보 • 현장분석자료 • 건설계획정보 • 타당성평가 정보 • 유사프로젝트 사례정보 • 기본 설계도서 • 프로젝트 현황정보 • 지장물 DB정보 • 기획단계 시뮬레이션 정보

계속

기능	토공시뮬레이션	도로선형 대안 검토 시뮬레이션	구조물 대안 검토 시뮬레이션	지장물 검토 시뮬레이션
출력 정보	• 3D 실시설계 도면 • 절성토 상태 지형분석 정보 • 도로선형에 따른 토공의 절성토 시각화 분석 정보	• 3D형상 정보 • 도로선형 및 구조물 형식배치에 의한 대안 시뮬레이션 정보	• 3D 실시설계 도면 • 구조물 형식별 대안 검토 시뮬레이션 정보	• 민원예상구간 분석 시뮬레이션 • 지장물 분석 시뮬레이션 • 간섭/시공성 검토 시뮬레이션
활용 주체	• 발주자 • 설계자 • 시공사	• 발주자 • 설계자 • 시공사	• 발주자 • 설계자 • 시공사	• 발주자 • 설계자 • 시공사

2 도로 선형 검토 활용

그림 2-3은 도로 선형 및 성토 상태의 확인을 위한 시뮬레이션 기능을 화면으로 나타낸 것이며, 지형내에 해당 토공의 선형 중심선을 지정할 수 있다. 저장된 도로 중심

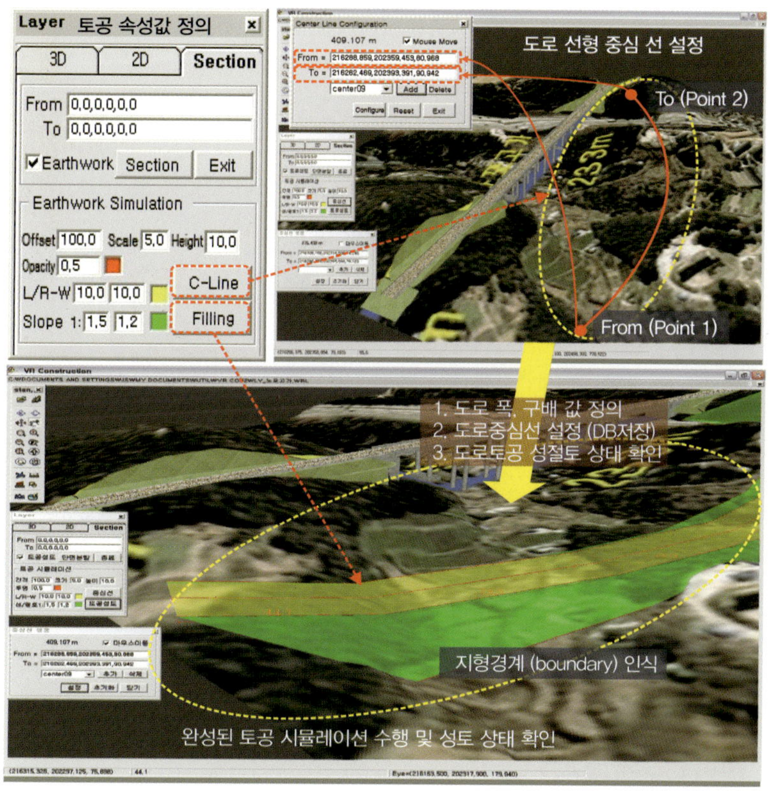

그림 2-3 중심선 설정에 의한 도로의 토공 상태 확인

선 객체의 토공 성토 기능을 선택하면 중심선의 좌표값에 따라 자동적으로 생성된 토공 3D모델을 확인할 수 있다. 이러한 과정을 통해 도로 선형 및 성토 상태의 시각적 확인이 가능하다. 또한 설계자는 지형 및 인근 마을의 인접도를 고려하여 타당성 있는 노선 계획을 수립할 수 있다.

그림 2-4는 다중 선형의 3D모델을 생성하고 각 모델의 비교 검토를 통해 대안 노선을 선정하는 화면이다. 노선 생성의 반복 과정을 통해 다중 노선을 지형정보 내에 지정한다. 저장된 중심선을 순차적으로 지정하여 선택된 중심선의 수만큼 도로 선형의 3D모델이 자동적으로 생성되는 것을 확인할 수 있다. 이러한 기능을 통해 기존 계획 노선 대비 대안 노선을 시각적으로 비교 및 분석할 수 있다. 또한 주변과의 인접도와 단면 분석을 통해 최적 토공량을 산정할 수 있는 정보를 제공한다.

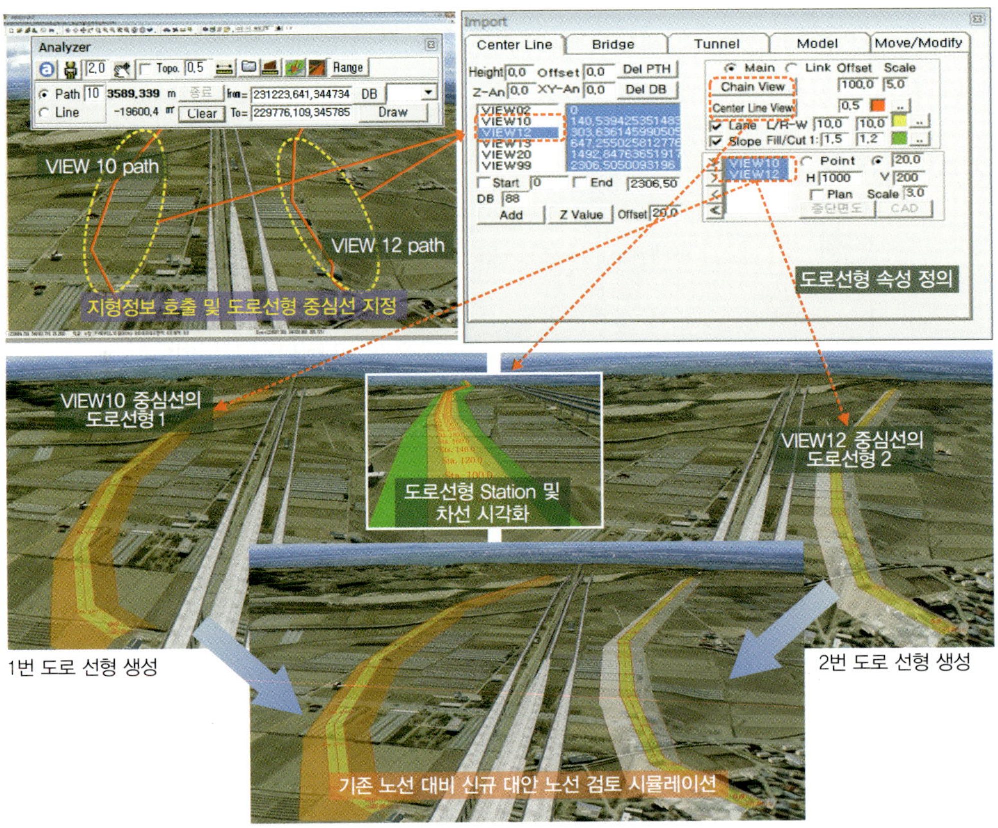

그림 2-4 신규 대안 노선의 선형 비교 검토

3 도로 구조물 검토 활용

구조물의 형식 검증구성은 예로서 토목공사시설물 종류 중 교량 시설물을 선택할 경우 교량의 형식인 현수교, 사장교, 트러스교 등의 교량 형식을 선택할 수 있는 기능이다. 이를 통하여 교량의 형식을 결정한 후 모형의 크기 및 형태를 조절하는 단계를 거치게 되며 구조물 파트 단위의 3D객체가 생성된다. 교각의 경우 교각의 크기나 경사각도 등을 조절함으로서 다수의 대안을 도출한다. 전체 교각 개수 및 주탑의 개수 조정을 통하여 개념설계가 가능하다. 구조 형식 검증은 사용자 중심의 인터페이스를 제공하여 사용자가 직접 구조물의 크기와 형태를 조절할 수 있도록 할 수 있다. 그림 2-5는 구조물 형식을 결정하는 시뮬레이션 화면이다.

가상건설시스템을 활용하면 각 구조물의 3D모델링을 통해 다양한 형태의 형상정보(shape information)를 생성한다. 그리고 지형정보와 3D모델의 좌표값을 매칭(matching)하여 설계 계획에 따라 적절한 위치에 3D모델을 배치한다. 이러한 과정을 통해 서로 상이한 구조물을 배치함으로써 주변 환경과의 경관(scene) 및 구조물의 디자인 검토를 수행할 수 있다.

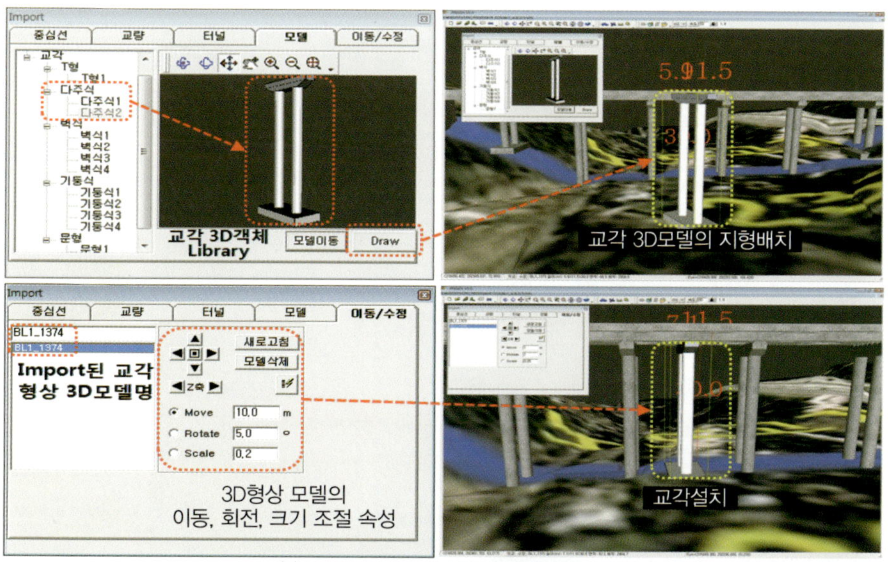

(a) 교각 3D형상 모델의 지형 배치 화면

(b) 교량 구조물의 지형배치 화면

그림 2-5 구조물 형식 대안 비교 검토

4 가상건설시스템에 의한 설계 프로세스

일반적으로 도로설계는 설계단계 정보가 불명확하고 프로세스간 협업이 미흡하게 되면 시공단계에서 빈번한 설계변경이 이루어지는 문제점이 있다. 또한 각 업무 단계가 분리되어 있으며, 설계지원을 위한 정보도출 과정이 복잡하여 방대한 양의 자료를 요구한다. 이를 해결하기 위해서는 수치적 정보 및 설계자 경험 중심의 설계 프로세스가 시각적 정보를 활용한 가상환경 기반의 도로설계 프로세스로 제안될 필요가 있다.

그림 2-6은 기존 설계프로세스의 각 단계에 가상건설이 가능하도록 분류하고 이를 적용한 개선된 도로설계 프로세스 모형을 표현하고 있다. 그림 2-6에서 To-Be Process 모델은 기존의 도로설계 프로세스를 준용하고 있으며, 세부 프로세스에서 적용 가능한 기능을 업무와 기능의 연관도에 따라 구성하고 있다. 이는 개발된 시스템을 통해 대체적으로 설계업무를 포괄할 수 있으며, BIM기반의 도로설계 통합 프로세스에 활용될 수 있다.

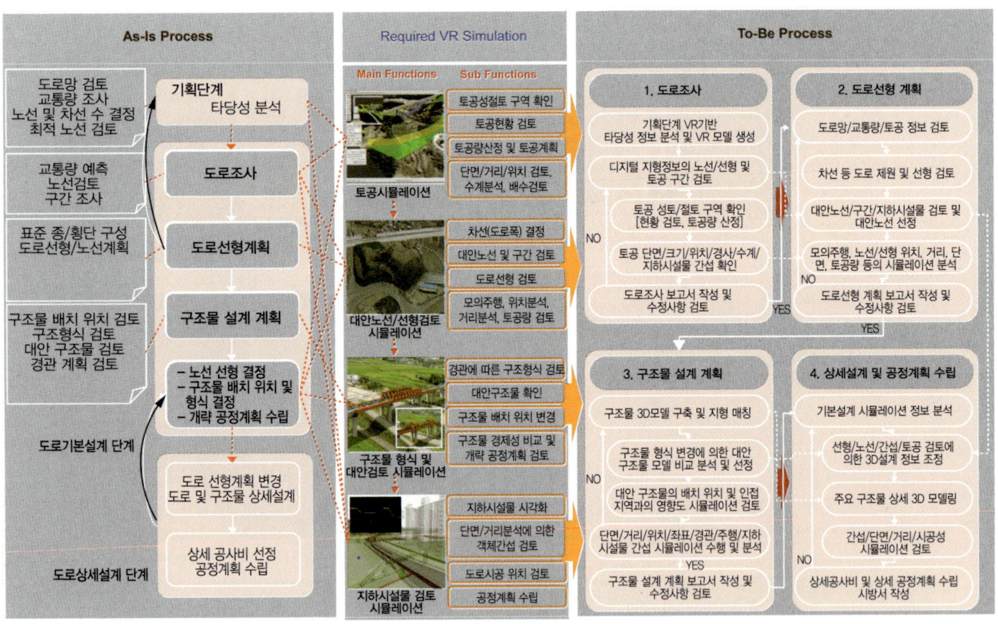

그림 2-6 가상환경 기반의 개선된 도로설계 프로세스 모델

2.2 가상건설시스템의 시공단계 활용

1 시공성 사전 확인

가상건설시스템으로 완성된 객체는 시공단계에서 시공 이전에 실제 완성물의 시공

성을 사전에 검증하는 기능으로 활용할 수 있고 공정시뮬레이션을 위한 객체로 활용할 수 있다. 또한 설계단계에 완성된 3D객체에 공사일정을 연계하여 공정시뮬레이션을 할 수 있으며, 시공 이전에 상세 일정계획이 없는 경우에도 개략일정으로 개략적인 시뮬레이션을 할 수 있다.

그림 2-7은 1년 단위로 시공되는 교량의 완성 과정을 시뮬레이션하고 있다. 시공단계에서 상세한 시뮬레이션을 위해서는 세부 공정단위로 완성도를 구현할 수 있다.

즉, 교량공사를 5년의 공사기간으로 예상하고 있다면 각 해당년도에 어느 정도의 공정이 진행되는지를 사전에 시뮬레이션 함으로서 사용자에게 공사수행 이해도, 높은 공사품질의 만족도, 시공성 분석 등을 제공할 수 있다. 그림 2-7은 스케줄 데이터와 최상위 레벨의 3D객체가 연동되어 스케줄에 따른 VR시뮬레이션을 구현한 것이다.

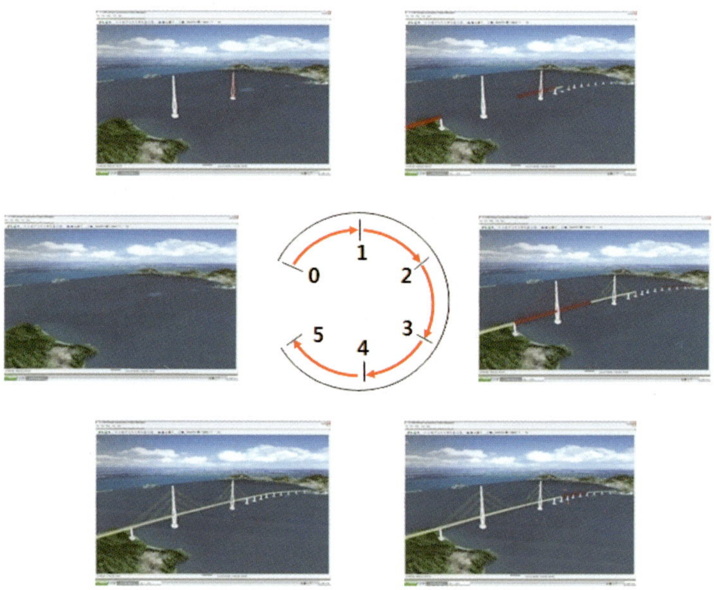

그림 2-7 공정시뮬레이션 기능 구성화면

2 시공시 간섭사항 확인

가상건설시스템이 완성되어 있으면 실제 시공시에 발생할 수 있는 각종 간섭사항을 사전에 파악할 수 있다. 그림 2-8은 도로 시공이전에 지하매설물의 시각화 및 공사 구역의 민원 예상 구간을 검토하는 화면을 제시한 것이다. 이러한 지장물의 시공이전 사전 파악으로 시공 오류와 지장물 간섭사항으로 인한 시공오류를 방지할 수 있다.

지장물 검토에서는 시점제어(view control)기능을 통해 원하는 위치에서 구조물의 조망이 가능하도록 할 수 있다. 즉 구조물이 배치될 지역의 민원 예상지역의 주변 거리, 위치, 일조권 분석 등을 검토한다. 지하매설물의 형태를 시각적으로 확인하며, 객체 간 간섭 검토를 통해 설계변경을 최소화 할 수 있다.

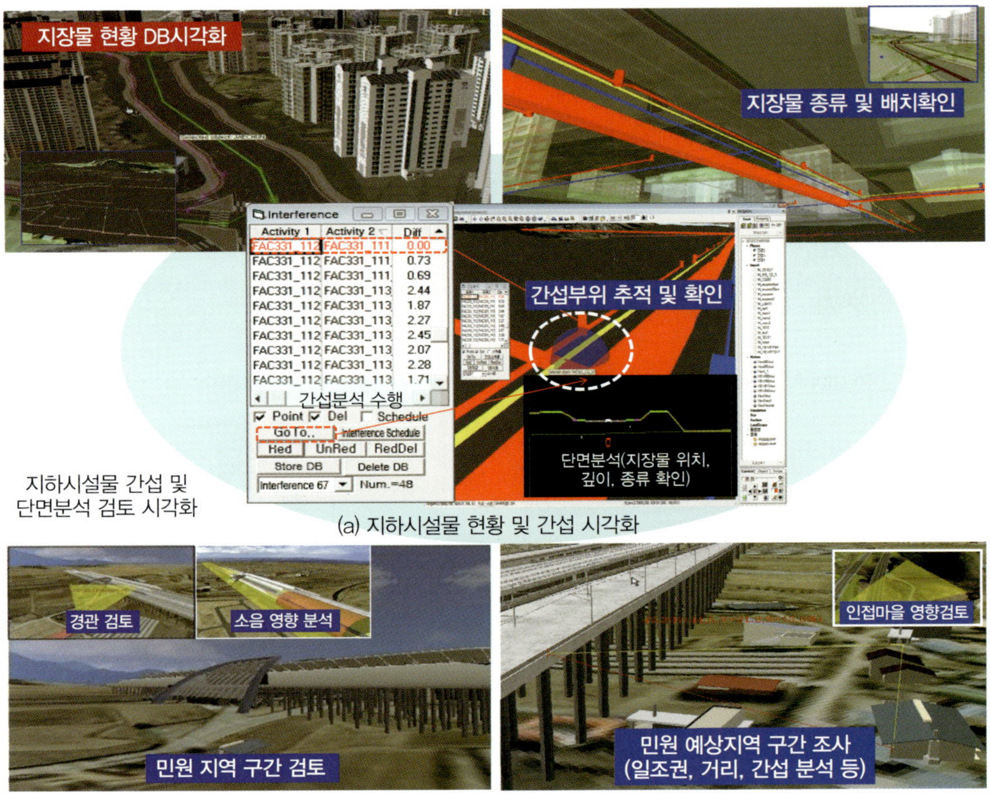

(a) 지하시설물 현황 및 간섭 시각화

(b) 도로건설 민원 구간 검토 시각화 시뮬레이션

그림 2-8 지하시설물 간섭 및 민원 구간 검토

3 설계객체의 시공단계 조정 시뮬레이션

설계단계에 3D로 표현된 도면 객체는 파라메트릭(parametric) 기반의 객체 정보를 활용하여 시공단계에 실제 현장 조건에 맞도록 조정이 가능하다. 그림 2-9 및 그림 2-10은 파라메트릭 기능에 의해 시공단계에 교량의 형식 중 사장교에 대한 시뮬레이션을 구현한 화면이다.

구현된 교량으로부터 각 부위별 레이어를 선택함으로서 선택된 레이어 순서별로 시설물 완성모양을 시뮬레이션 할 수 있으며, 동시에 공정분류코드를 통한 선택된 객체 순으로 시설물의 구현이 가능하다. 이러한 시공단계 시뮬레이션을 통해 시공 현장에 적합한 객체로 사전 검증하여 설계 객체를 수정할 수 있으므로 시공단계에 최적의 성과물 완성에 시각적 정보로 활용성을 갖게 된다.

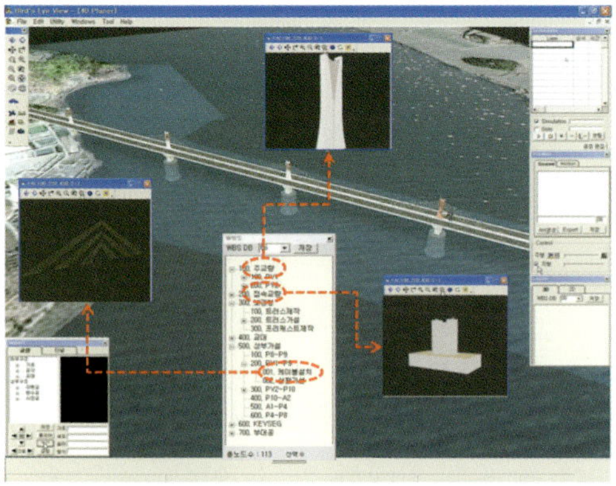

그림 2-9 공정분류코드를 통한 레이어 객체 시뮬레이션

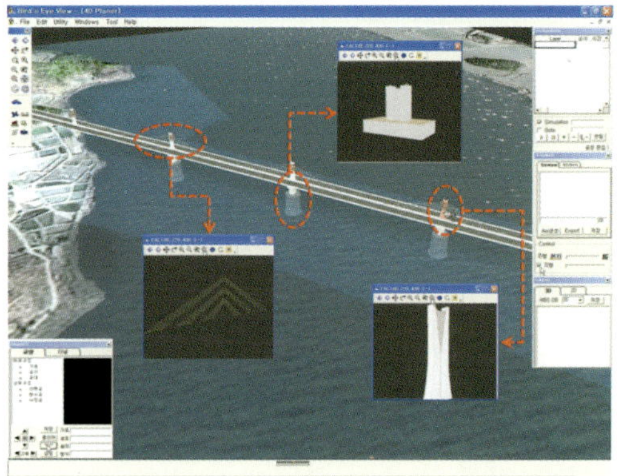

그림 2-10 객체 선택을 통한 레이어 객체 시뮬레이션

가상건설시스템은 이와 같이 기획 및 개념설계단계에 구조물의 정보가 부족한 상태에서 3D지형모델로부터 주위 정보를 파악하고 구조물의 위치와 형태를 결정하는데 도움을 줄 수 있다. 이를 통하여 다수의 설계 대안이 도출될 수 있으며 구조물의 레이어별 표현과 2D도면 및 공정시뮬레이션의 구현이 가능하도록 한다.

또한 기존의 개념설계단계에서 수행하지 못한 3차원 가상공간의 구현을 통하여 최적 설계 대안의 도출 과정을 실현 할 수 있고, 단순한 3D정보 제공만이 아니라 주요 공정시뮬레이션 등 다양한 설계정보를 제공함으로써 설계단계 VR의 활용성을 높일 수 있다.

CHAPTER 3

건설정보화와 업무절차재설계

1 BPR에 의한 건설공사 관리업무 전자화

1.1 건설공사 BPR 개요

1 BPR 정의

건설정보화 운영체계의 성공적인 적용은 적절한 정보화 시스템의 사용과 함께 해당 업무절차가 정보화 환경에 맞도록 재구성되어야 효과를 최대화 할 수 있다.

공사정보분류체계, 문서표준화 등이 공사 기초정보의 표준화라 하면, 그러한 기초정보들을 이용하게 되는 공사관리업무 절차 자체의 전자화를 위해서는 기존 수작업에 의한 업무절차를 전자적으로 수행하는 절차의 재정립이 요구된다. 즉, 관리업무의 주요 업무내용들을 리스트화 한 후, 각 업무마다 기존의 수작업에 의한 해당업무 처리절차를 명시한 후, 같은 업무가 전자적으로 처리되기 위한 해당업무의 처리절차를 재구성하는 것이다. 이러한 과정을 업무절차재설계(business process reengineering, BPR)라 하며, 수작업 업무가 전자화되기 위한 표준적 절차재구성을 의미한다.

설계, 시공 등 건설공사 공사관리 업무 전자화에서 주요부분은 기존 오프라인(off-line) 방식 업무절차를 온라인(on-line) 방식 업무로 재설계하는 과정이 요구되며, 실무적으로 활용성이 있는 업무절차 재설계의 구축여부는 전자화 추진 효과 측정의 주요 변수가 된다.

2 정보화기술의 BPR연계

정보화 기술들을 건설분야 BPR(construction BPR, CBPR)수행과정에 연계하기 위해서는 첫째, 해당 정보화 기술의 기술적 특성을 파악해야 한다. 둘째, 특정 건설업무 프로세스 내에서 해당 정보화 기술이 직접적으로 연계 가능한 부분을 추출한다. 셋째, 건설분야 정보화 기술의 도입을 위해 변경이 요구되는 건설업무 프로세스의 내부 구성요소 및 부분을 변경한다.

건설공사 프로젝트관리 업무의 재설계는 그림 3-1과 같이 준비단계인 계획단계, 실행단계 및 실행결과를 실무에 적용하는 적용단계의 단계별 방법론으로 구분할 수 있다.

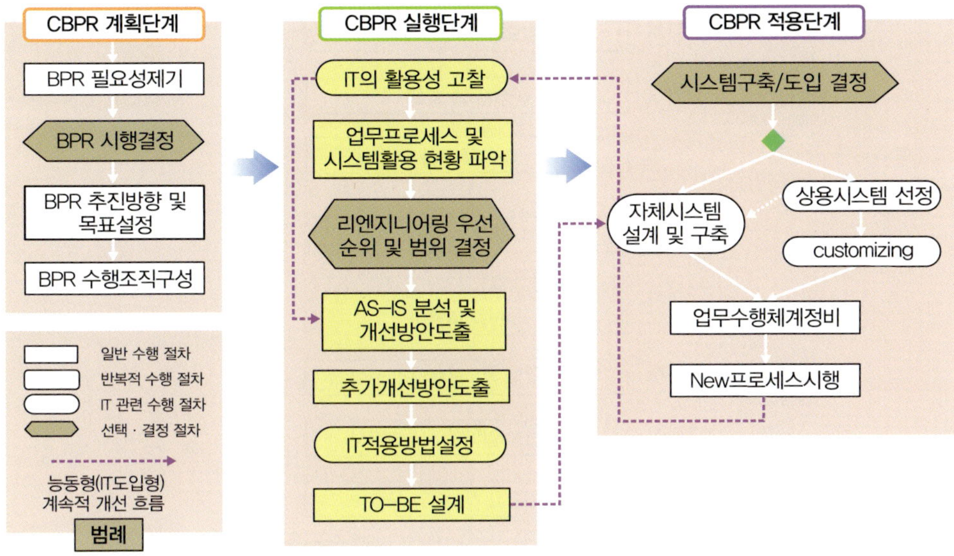

그림 3-1 건설프로젝트의 BPR 단계별 방법

그림 3-1에서는 단계별 활동의 유형을 범례와 같이 정보 기술적인 것, 비정보 기술적인 것, 선택 및 결정의 절차 유형으로 구분할 수 있다. 이러한 유형을 다시 반복적인 것과 비반복적인 것으로 구분하고, 계속적인 개선흐름을 능동형 계속적 개선 흐름 유형으로 구분한다.

1.2 건설공사 BPR 단계 구분

건설분야에 적용 가능한 정형화된 BPR과정을 구성하면 그림 3-2와 같이 11단계로 구성하고, 크게 BPR 계획단계(1~3단계), BPR 실행단계(4~9단계) 및 BPR 적용단계(10~11단계)로 구분할 수 있다. 이러한 각 단계별 세부적 프로세스의 정의 및 수행방법 등은 건설공사 특성에 적합하도록 세부적인 업무기준을 포함한다.

각 단계별로 수행하는 BPR업무 절차는 기관내의 경영혁신부서 등에서 대체로 시행하나, 전문부서별로 해당 업무의 충분한 시전 지식 습득이 필요하며 가급적 경영부문과 전문 부서의 협업이 필요한 부분이다. 빔 운영체계를 갖춘 건설환경에서 기존 건설공사 업무 시행체계로 공사정보를 활용하면 빔의 실효적 효과를 부분적으로만 사용할 수 있으므로 BPR에 의한 정보화 환경의 업무절차로 재구성하여 시행하는 것이 필요하다.

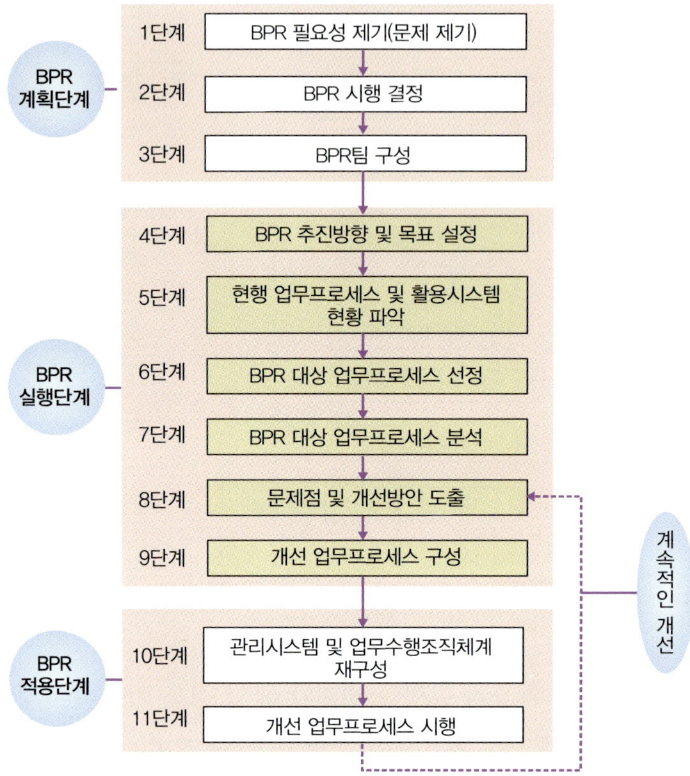

그림 3-2 건설현장의 BPR 수행절차 구성

2 단계별 BPR 수행 절차

2.1 BPR 계획단계

BPR 계획단계(그림 3-2의 1~3단계)의 수행방법은 다음과 같다. BPR은 현장실무자 등에 의한 공사수행상의 문제점 제기 등을 포함하는 BPR의 필요성 제기에서 시작될 수 있으며, 제기된 의견을 바탕으로 관련 부서를 통해 최고관리자에 의해 BPR의 시행이 결정되면, 다음으로 관련 부서에서 BPR팀을 구성하게 된다. 여기서, 관련 부서는 기획, 경영혁신, IT 등과 관련된 부서로서, BPR 시행을 결정하고 지원할 수 있는 부서를 말한다.

BPR 팀은 현장의 관련 실무자와 본사의 현업부서 임원, 관리부서 및 전산부서 임원 등으로 구성할 수 있고, 컨설턴트 등 외부의 참여도 고려할 수 있다. 팀장은 다음단계에서 BPR 방향설정에 맞추어 적절한 구성원을 선정할 수 있으며, 일반적으로 현장소장이 적합하다.

2.2 BPR 실행단계

BPR 실행단계(그림 3-2의 4~9단계)는 구성된 BPR팀을 중심으로 수행되며, 필요에 따라 개별 해당업무와 관련된 현장 및 본사의 실무자들도 간접적으로 참여할 수 있다. BPR 실행단계의 수행방법은 다음과 같다.

1 BPR의 추진방향 및 목표 설정

BPR의 추진방향 및 목표는 BPR 계획단계에서 제기된 BPR 필요성에 맞추어 BPR팀이 설정하게 되며, 이 과정에서 활용 가능한 정보화기술 동향 등을 참고할 수 있다.

예로서, 건설현장의 BPR 추진방향 및 목표로서, 업무수행의 효율화를 위하여 정보화기술을 최대한 활용함을 목표로 할 수 있다. 구체적으로 단위 관리시스템으로 관리 가능한 특정범위의 단위업무들을 분류 정의한 다음, 이들 업무를 수행할 수 있는 새로운 프로세스로 재설계하고, 재설계 시에는 건설CALS 체계와의 연계를 고려하면서 시행할 수 있다.

2 현행 업무프로세스 및 활용시스템 현황 파악

첫째, 현행 업무프로세스 파악은 먼저, 사내의 현장업무관련 규정, 지침, 절차서 등과 대상 건설현장 또는 유사현장의 공사계획서, 주요 공종별 시공계획서 등의 내용을 분석하여 파악하며, 현장실무자 등과의 면담을 통해 규정되어 있지 않는 주요업무도 같이 파악해야 한다.

둘째, 활용시스템 현황 파악은, 파악된 각 단위업무 프로세스별로 활용되고 있는 전산시스템과 시스템의 활용범위 및 수준을 파악하는 것으로서, BPR 팀이 해당업무 수행자들과 전산부서 임원 등으로부터 파악할 수 있다. 파악된 결과는 다음 단계인 BPR 대상 업무프로세스 선정과정에서 전산화 수준평가에 활용되며, 개선 업무프로세스를 위한 관리시스템 구성에도 활용될 수 있다.

3 BPR 대상 업무프로세스 선정

BPR 대상 업무프로세스 선정은 파악된 업무프로세스 중에서 실제로 BPR을 수행할 업무의 범위를 결정하는 과정이며, 다음과 같은 방법으로 진행할 수 있다. 먼저, 현행 업무프로세스 파악 단계에서 파악된 개별업무들 중 한 개의 단위업무로 묶어 구성할 수 있는 업무들을 새로운 단위업무로 재정의 하고, 이러한 단위업무를 대상으로 개선효과, 개선용이성, 전산화요구정도의 3개 평가인자에 대한 평가를 실시하며, 이 과정에서는 실무자 등을 대상으로 하는 설문조사를 시행할 수도 있다. 3개 인자에 대한 평가결과를 종합하여 우선순위를 결정하게 되며, 결정된 우선순위에 따라 단계적으로 BPR을 수행할 수 있다.

4 문제점 및 개선방안 도출

문제점에 따른 개선방안 도출은 BPR 추진원칙인 업무처리 주체의 수적 감소, 업무처리 장소의 수적 감소, 업무처리 방식 전환의 3가지 원칙을 기준으로 수행될 수 있는데, 이들 원칙은 공히 인터넷을 기반으로 하는 업무프로세스 구성에 초점을 맞추어 도출될 수 있는 부분이다. 또한 불필요한 업무의 제거, 정보통합관리 관점의 전체 입·출력정보 구성 등도 고려되어져야 할 소요들이다.

5 개선 업무프로세스 구성

도출된 개선방안에 따라 새로운 향후(To-Be)업무프로세스를 구성한다. BPR은 전체 업무를 대상으로 한 번에 수행되기 어렵고, 수행되더라도 구성원들의 업무적응이 어려울 수 있으므로, 건설현장의 적정 수준 단위업무별로 프로세스를 파악하여, 이들을 BPR의 기본 수행단위로 다룰 필요가 있다.

2.3 건설현장의 BPR을 위한 모형구성

1 IDEF0 활용

건설공사 관리업무의 BPR을 위해서는 업무 모형 구성이 필요하며 이를 위하여 건설프로세스 모형화에 많은 적용사례를 가지는 IDEF0의 ICOM(input, control, output, mechanism)개념을 사용할 수 있다.

건설업무 프로세스 모형화에서 IDEF0의 activity와 ICOM은 일반적으로 단위업무와 입력, 제어, 출력, 사업참여자로 정의하고 있으나, 미국표준기술기관인 NIST(national institute of standards and technology)에서는 IDEF0의 ICOM 중 ICO를 입력, 제어 및 출력에 해당하는 객체(data or objects)라 정의하고 있다.

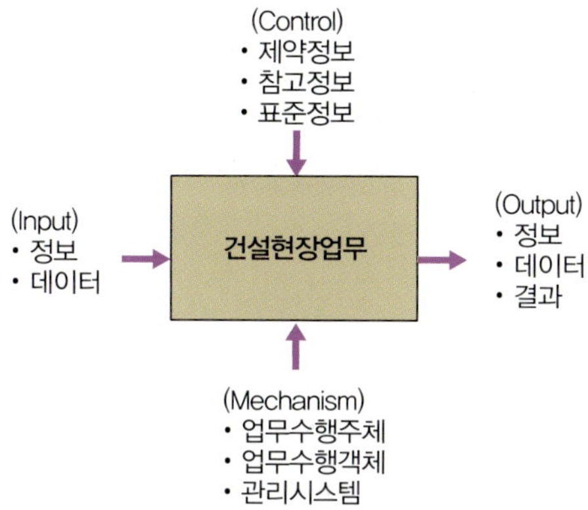

그림 3-3 객체관계모형을 위한 ICOM의 재분류

그림 3-3의 예에서는 중앙에 위치하는 상자(box)는 IDEF0의 활동(activities)에 해당하며, 그림에서는 최상위 수준 다이어그램에 해당하는 '건설현장업무'를 예로서 표현하였다. 건설현장업무의 BPR에서 '업무'는 영문의 'business'에 해당되며, IDEF0의 활동을 순수 시공작업을 배제한 관리(management)분야의 업무로만 구성하고 이러한 '업무'를 활동으로 정의한다.

2 ICOM 정의

그림 3-3에서는 ICOM 각각을 유형별로 분류하였고 활용되는 개체의 유형은 '정보', '데이터' 및 '결과'로 분류하였으며, '결과'는 출력에만 해당한다. 여기서 '정보'는 문서, 도면 등 가공된 형태의 정형화된 입출력을 의미하고, '데이터'는 이미지, 음성, 화상 등 가공되지 않은 비정형화된 입출력과 전산시스템에 직접 입출력되는 시스템 상의 데이터 흐름을 의미한다.

제어정보인 C(control)는 '제약정보', '참고정보', '표준정보'로 분류한다. 여기서, '제약정보'는 제어의 강도가 가장 엄격한 제어정보로서, 업무수행 방법을 한정시키는 관계법령정보, 계약관련정보 등과 업무수행의 가능여부를 결정하는 정보 등이 그 예가 된다. '참고정보'는 제어의 강도가 약한 지침서, 절차서 및 유사실적정보 등이 예가 될 수 있으며, '표준정보'는 시방서, KS표준, ISO표준 등이 예가 될 수 있다.

M(mechanism)은 해당업무를 능동적으로 수행하는 '업무수행주체'와 해당업무에 수동적으로 참여하는 '업무수행객체' 및 해당업무 수행에 활용되는 '관리시스템'으로 분류한다.

3 업무절차재설계 사례

업무절차재설계의 구체적 사례 적용을 위해 현재 공사관리자가 수행하고 있는 건설관리업무중 일정관리업무를 대상으로 하였으며, 현행 일정관리업무를 공정관리계획, 진도관리, 부진공정만회대책, 수정공정계획, 준공기한연기 등으로 분할하였다. 이러한 현재의 일정관리업무절차는 그림 3-4로 표현할 수 있다.

그림 3-4의 공정관리계획(A231)업무에서 출력된 실시공정표는 진도관리의 입력자료가 되며, 진도관리(A232)의 공정실적자료는 부진공정만회대책(A233)의 입력 자료가 된다. 또한 수정공정계획(A234)과 준공기한연기(A235)의 출력자료는 다시 공정관리계획의 입력자료로 사용된다. 일정관리에 관한 규정은 현행업무와 향후 CM제도하의 업무에서 큰 차이를 보이지 않는 유사한 구조로 되어 있으며, 현행 일정관리업무의 주요 수행주체는 시공자, 공사관리자, 발주자가 된다.

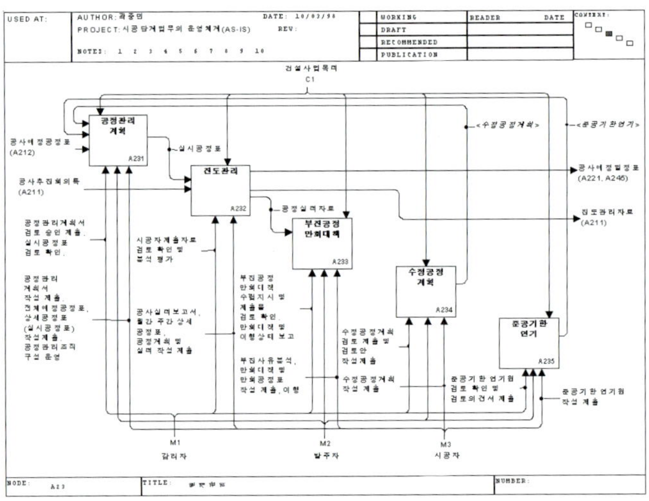

그림 3-4 현행 일정관리업무(AS-IS)

4 현재 업무의 문제점 파악

업무재설계대상이 정해지면 그림 3-4와 같이 현재 업무의 절차를 파악한 후, 개선되어야 할 문제점들을 파악한다. 현재의 문제점 예로는 일정관리의 세부적 업무구분이 전문성과 책임성을 갖도록 구분되지 않은 점이며, 이러한 원인은 하나의 업무에 관련되는 부서 또는 담당자의 수가 적정 수 이상으로 구성되는 것도 이유가 될 수 있다.

BPR에서 주요 원칙은 현재 업무가 재설계 되었을 시에는 업무처리주체의 수적 감소와 현재의 순차적 업무흐름을 동시적 업무흐름으로 변경시키는데 있다. 또한 시공단계의 각종 검토 및 결정에 설계자의 의견이 충분히 반영되어, 설계도서 외의 설계자 의도가 시공과정에 반영되고 시공단계의 정보가 설계단계에 피드백(feed back)될 수 있는 절차를 규정해야 한다.

5 개선대상 업무의 재설계 목표설정

따라서 이러한 문제점에 근거하여 현재의 일정관리 업무는 관리진의 전문성과 책임성을 확보할 수 있는 업무들로 재구분되어야 하며, 또한 현재의 세부업무들이 동시적으로 처리가능한 부분이 있을 경우는 두가지 이상의 업무가 동시에 처리 가능하도록 업무흐름을 변화시키는 것을 목표로 한다.

6 재설계된 일정관리 업무절차

업무절차의 문제점 및 재설계의 목표가 설정되면 현재 업무를 목표에 맞게끔 재설계한다. 그림 3–5는 CM 체제하에서의 전자화된 일정관리업무가 재설계된 모양을 나타내고 있다.

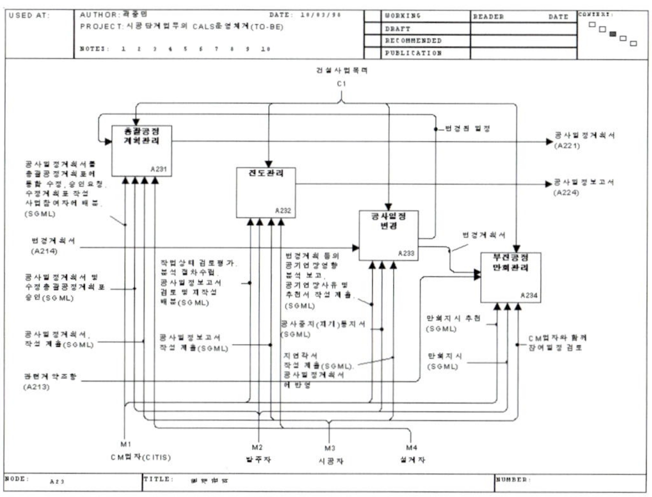

그림 3–5 재설계 일정관리업무(To–Be)

CM제도에서는 CM업자, 발주자, 시공자, 설계자가 시공단계의 주요 건설사업주체가 되며, 건설사업의 전문경영자인 CM업자는 모든 정보교환의 구심점이 된다. 일정관리의 세부업무는 현행 일정관리업무와 유사하게 구성되나, CM업자에 의한 총괄공정관리계획은 시공단계의 공정만을 고려한 현행 일정관리업무와 차이를 나타낸다. 그림

3-5의 재설계된 일정관리업무들에서 각종 보고 및 승인 업무 등은 SGML문서로 작성되어 통신망 상에서 신속히 처리될 수 있도록 각종 도구들을 명시하고 있다.

3 정보화도구와 연계된 건설공사 BPR

3.1 BPR의 전자화를 위한 정보 구성

1 객체의 분류

BPR 과정을 시행하기 위해서는 IDEF 등 업무흐름도 표현을 위한 BPR 도구 구성이 필요하고, 도구에 BPR 과정을 적용하기 위해서는 우선적으로 재설계 업무의 객체분류와 객체 중에서 활동의 재분류가 필요하다.

BPR에서 업무프로세스를 구성하는 객체들을 표 3-1과 같이 분류할 수 있다. 표 3-1의 결과 객체는 업무프로세스를 모형으로 표현하는 과정에서 활동간의 선·후행 관계를 표현하기 위해 규정한 객체이다. 표 3-1의 데이터베이스 객체는 단순한 데이터들의 집합이며, 업무프로세스 정의상에서는 업무프로세스 수행에 소요되는 관리시스템에 종속된 저장장치 정도로 취급될 수도 있다.

또한 ERP와 통합 데이터베이스 등의 구현을 고려한 실제 시스템 설계과정에서는 이러한 데이터베이스의 구성과 시스템과의 입출력관계 등이 중요한 요소가 된다. 이러한 데이터의 상호작용이 리엔지니어링 과정에서부터 고려될 수 있고, 업무프로세스 모형 상에서 타 객체들과의 실질적인 관계가 함께 표현될 수 있는 모형의 객체로 구성한다. 표 3-1은 업무절차 재설계 모형에 필요한 객체 분류 사례를 표현하고 있다.

표 3-1 업무절차 재설계 모형의 객체 분류

객체 분류	객체 설명	표현방법	비고
활동 (Activity)	입력 또는 출력으로써, 정보나 데이터를 다루는 행위		업무프로세스의 기능적 분할, 굵은 선으로 표현, 업무수행자나 관리시스템이 하나 이상 존재함으로써 구분
데이터 (Data)	WBS 구성요소나 BBS 구성요소에 대한 속성들의 값		

계속

객체 분류	객체 설명	표현방법	비고
정보 (Information)	한 종류 이상의 데이터들과 특정 목적에 의한 정보의 고유형식이 결합된 형태		업무수행자 및 관리시스템과 다이어그램상에서 활동에 대한 접근방향으로 구분
결과 (Result)	활동이 완료되었으나 그 활동의 후행활동과 유형의 입/출력 관계를 형성하지 못하는 경우에 대한 가상적 출력물		
데이터베이스 (Database)	데이터와 정보의 저장소		
업무수행자 (Participant)	해당 활동에 대해 수행 책임을 가지거나 참여하는 개인, 부서 또는 조직		관리시스템과 다이어그램상에서 활동과의 연결선의 종류로서 구분
관리시스템 (Management Sys-tem)	업무프로세스의 수행을 지원하는 S/W로써, 조직 내의 통합 DB와 연동	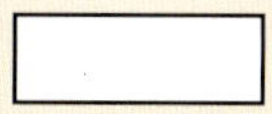	업무수행자와 다이어그램상에 활동과의 연결선의 종류로서 구분
업무수행도구 (Business Tool)	관리시스템을 제외한 S/W, H/W, OA도구, 통신도구 등 업무프로세스 수행에 소요되는 도구		

2 활동의 분류

객체분류에서 가장 중요한 부분인 활동은 업무프로세스를 기능적으로 분할하며 모형 구성의 중심이 되는 객체라는 점에서 모형 내의 타 객체들과 차이를 가진다. 이러한 활동 객체를 표 3-2와 같이 분류한다.

표 3-2 업무절차 재설계 모형의 활동 분류

활동 분류	분류기준	표현방법	비고
정기-반복 활동 (Periodic-Iterative Activity)	수행주기를 가지면서 반복적으로 수행되는 활동		건설업무 프로세스 특성을 고려한 분류
정기-1회 활동 (Periodic-Once Activity)	발생시점을 예측할 수 있는 1회성 활동		건설업무 프로세스 특성을 고려한 분류

계속

활동 분류	분류기준	표현방법	비고
비정기-반복 활동 (Random-Iterative Activity)	수행주기를 가지지 않으면서 필요에 따라 반복적으로 수행될 수 있는 활동		건설업무 프로세스 특성을 고려한 분류
비정기-1회 활동 (Random-Once Activity)	발생시점을 예측할 수 없는 1회성 활동		건설업무 프로세스 특성을 고려한 분류
프로세스 분기 활동 (Process Divergence Activity)	선택적 분기에서 분기를 결정하는 활동		프로세스 분기 활동은 2개 이상의 후행활동 경로를 가지며, 그 중 한 경로만 선택적으로 수행
프로세스 캡슐 활동 (Process Capsule Activity)	프로세스의 일부를 하나의 활동으로 캡슐화 한 활동		타 조직이나 타 시스템에 의한 업무프로세스나 작업영역의 프로세스를 하나의 활동으로 표현할 때 사용

표 3-2의 상반부 4개 분류는 건설업무 프로세스의 특성을 반영하여 구성한 것이며, 하반부의 2개 분류는 프로세스 모형의 표현능력 향상을 위해 제시된 개념이다.

3 활동간의 관계 표현

표 3-1과 표 3-2에서 객체 및 활동의 구분은 객체와 활동간의 정보 및 데이터의 입·출력 연계관계, 업무프로세스를 구성하는 활동과 활동에 소요되는 결과물인 객체간의 관계를 표현하고 있다. 또한 객체간의 관계는 방향성을 갖는 화살표로 표현하고, 해당 관계를 화살표 상에 기술한다. 화살표의 방향에 따라 객체1-화살표(관계)-객체2가 하나의 문장이 성립될 수 있는 형태로 구성하여 객체간 관계 표현을 명확히 하고 있다.

3.2 건설 BPR 자동화 시스템 사례

1 BPR 시스템 개발

건설분야 BPR의 방법론과 업무프로세스 모형화 기법을 통한 건설 BPR의 자동화 시스템 구성 사례는 다음과 같다. 데이터베이스 관리를 위해서는 Microsoft Access를 활용하며, 업무프로세스의 As-Is 분석과 To-Be 설계를 통해 BPR로의 전환이 가능하도록 개발됨이 바람직하다.

그림 3-6은 프로세스를 구성하는 과정의 예로서 '소요자재수량산출' 활동을 입력하고 활동에 대한 연관관계를 입력한 결과이다. 그림에서는 입력된 활동인 '소요자재수량산출'에 대한 입력정보를 지정하는 과정의 화면으로서 도면과 시방서가 입력되며, 해당 건설공사의 내역서를 입력하는 과정의 화면이다.

이와 같이 하나의 단위 업무프로세스의 예(그림 3-6의 소요자재수량산출)에 대해 프로세스를 구성하는 활동들을 입력한다. 입력된 활동별로 관련되는 8개의 관계별 객체와 관계의 유형, 입·출력 정보들의 연관관계 등을 지정할 수 있다.

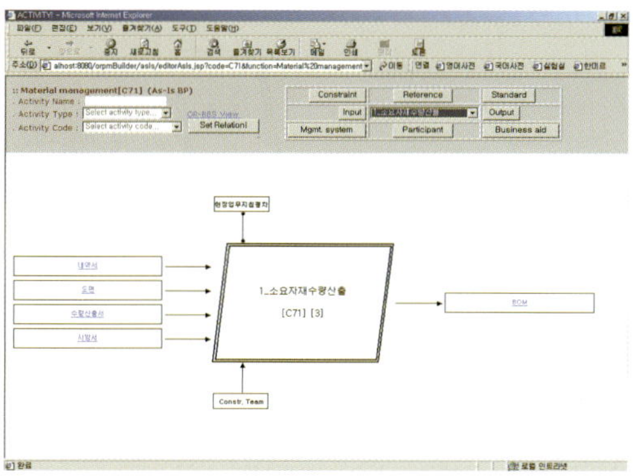

그림 3-6 BPR업무 정보 입력 및 결과

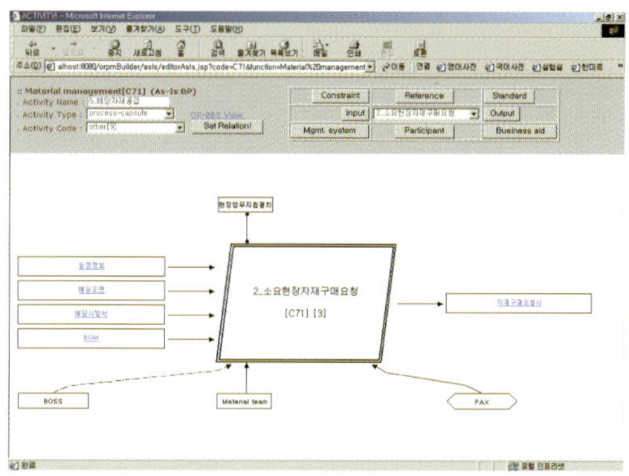

그림 3-7 관련 객체 및 정보들의 최종 입력 결과

2 BPR 시스템 적용 결과

적용 사례에서는 자동화시스템을 활용하여 S사의 실제 현장업무의 자재관리 업무를 대상으로 건설분야 BPR을 수행한다. 우선 자동화시스템을 이용하여 S사 현장의 업무 중 자재관리 업무에 대해 As-Is 및 To-Be 업무프로세스 구현을 실시한다. 그림 3-7은 자재관리 업무프로세스의 활동 중 하나인 '소요현장자재구매 요청'에 대한 객체 및 관련 정보와의 관계를 설정하여 최종적으로 표현된 입력결과 화면이다. 그림 3-7에서는 활동에 대한 출력, 참조정보, 관리시스템, 업무수행자, 업무수행도구의 객체와 4개의 입력정보가 연계되어 관련 업무프로세스로 표현된다.

현행 자재관리 업무프로세스를 전체 5개의 활동으로 분석하였고, 3개의 비정기-반복 활동과 2개의 프로세스 캡슐 활동으로 구성하고 있다. 실제로 2개의 프로세스 캡슐 활동을 포함한 전체 활동들은 비정기-반복 활동에 해당한다. 이는 현행 자재관리업무가 소요자재가 발생하는 비정기적인 시점마다 수행되기 때문이며, 2개의 프로세스 캡슐 활동도 선·후 관계를 통하여 비정기적으로 수행되는 것이다. 그림 3-8은

As-Is 업무프로세스에서 재설계된 To-Be 자재관리 업무프로세스 모형의 일부분을 표현한 것이다.

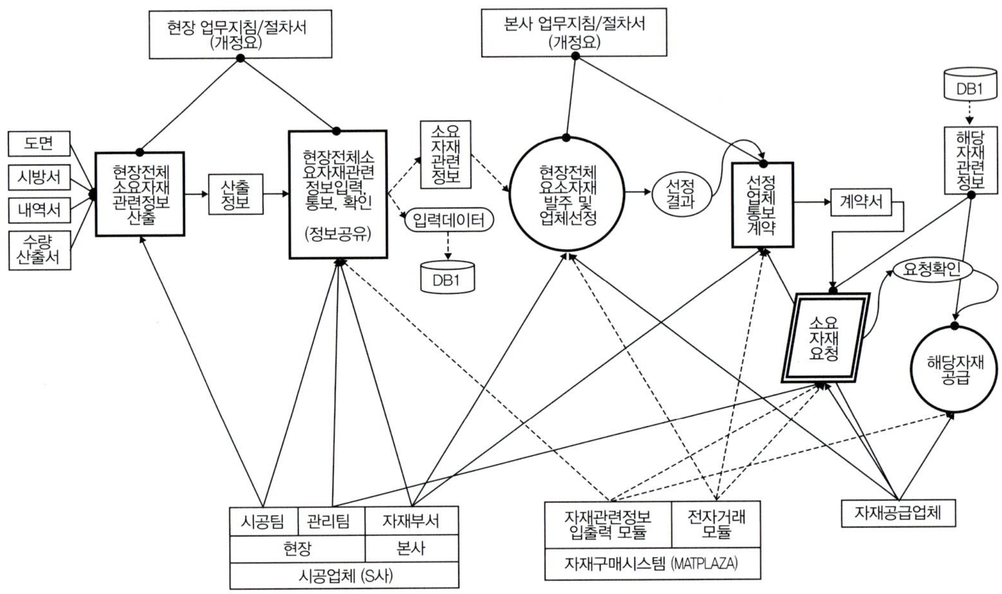

그림 3-8 BPR 후 개선된 업무프로세스

CHAPTER 4

건설정보화와 건설정보분류체계

1 건설정보분류체계 활용

1.1 건설정보분류체계 필요성

1 건설정보분류체계 정의

건설정보분류체계(construction work breakdown structure, CWBS)는 건설분야에서 발생되는 모든 관련 정보항목들을 분류 목적에 따라 상위수준부터 하위수준까지 체계적으로 분류하여 고유코드를 부여한 것으로서, 건설분야의 정보관리를 위한 표준적 기준으로 사용함을 목적으로 한다. 건설산업을 포함하여 모든 분야에서 정보화 작업의 효과를 극대화하기 위해 중요한 부분이 해당 분야 기초정보의 표준화이다. 건설분야 정보화를 위해 우선적으로 필요한 기초정보는 건설정보분류체계이며 시공단계에 사용되는 공정 또는 작업분류체계(work breakdown structure, WBS)도 CWBS와 동일한 의미로 사용되기도 한다.

건설정보화에서 건설정보분류체계의 구축과 표준화는 건설분야의 효율적 정보화를 위한 기반기술이 된다. 즉, 표준화된 건설정보분류체계는 건설분야에서 발생하는 정보들의 공유 및 교환을 원활히 할 수 있게 하며, 전산화된 관리체계를 위한 코드체계로서의 역할을 하게 된다.

2 건설정보분류체계 실무 적용

이러한 건설정보분류체계는 국내외에서 국가기관 또는 국제표준화기구 등에서 건축, 토목, 플랜트 시설종류별 세부 정보분류체계를 시설(facility), 공간(space), 부위(element), 공종(operation) 등으로 구분하여 제시하고 있다.

건설정보분류체계 구축은 건설 산업분야의 개별 업체나 기관 단위에서의 독자적인 사용을 목적으로 이루어질 수 있으나, 인터넷을 기반으로 하는 건설정보관리의 통합환경에서의 국가적, 국제적 정보공유 및 교환을 위한 구심체로서 효용성을 발휘할 수 있다. 즉, 건설정보분류체계는 그 활용범위에 따라 효용성의 차이는 있을 수 있으나, 분류체계가 활용되는 범위 안에서 표준으로서의 역할을 하게 된다는 것은 공통적으로 적용되는 사실이다.

3 건설정보분류체계 필요성

이러한 건설정보분류체계의 구축은 분류체계 내의 개별 정보항목들에 부여된 고유코드에 의해 동일정보에 대한 사용자간의 통일된 인식을 가능하게 하며, 분류체계가 사용되는 범위 내에서의 용어 통일을 유도하게 된다. 또한 분류체계의 분류코드들은 건설관리관련 전산화 시스템의 데이터베이스 구축시 개별 정보항목에 해당 분류코드 및 분류명을 부여하는 등 전산화에 직접적 활용이 가능하며, 부여된 코드 및 분류명을 통하여 정보의 검색 및 관리를 용이하게 할 수 있다. 건설정보 표준 분류체계의 필요성은 다음과 같이 요약할 수 있다.

- 건설정보의 통합과 공유를 위한 전제조건이 된다.
- 건설분야 도서분류 및 관련 자료분류의 기준이 된다.
- 시방정보, 내역정보, 도면정보, 비용정보 등의 통일된 분류기준이 된다.
- 다양한 건설공사 참여자들간의 온라인 정보교환을 위한 도구가 된다.
- 본사, 현장간 또는 발주처, 계약자간의 정보관리중심이 된다.

건설공사에 적용된 정보분류는 공종분류체계가 대표적이며, 표준화된 공종분류체계는 공사비적산과 일정관리에 공통적 적용으로 내역·공정의 통합을 가능하게 하고, 이러한 개념은 그림 4–1을 참고할 수 있다.

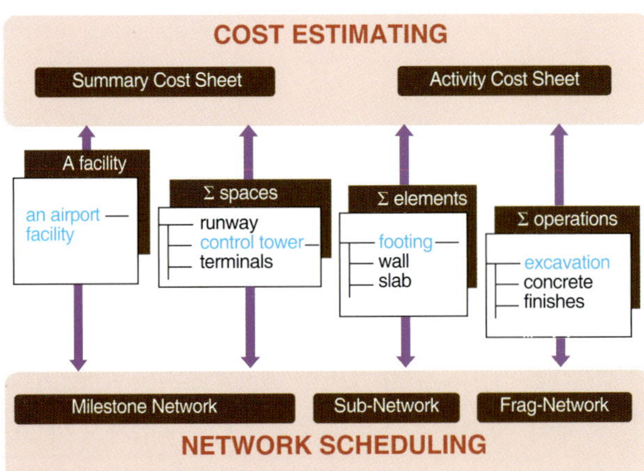

그림 4–1 공종분류에 의한 내역·공정의 연계

1.2 건설정보분류체계 구성

1 정보의 항목분류

건설 사업관리 활동에서 필요한 각종 정보관리시스템에 분류체계를 적용시키는 작업이 구체화되면서 건설정보분류체계는 공사계획, 설계 및 시공뿐만 아니라 경영과 영업 등의 기능까지 확대 적용되고 있어 통합적인 정보관리시스템의 기초 개념으로 인식되고 있다.

일반적으로 정보 분류란 관련분야에서 최종목적물을 생산하기 위하여 계획단계부터 실행, 완료단계까지의 전 과정에서 발생되는 정보들을 유형별, 계층별, 분야별로 일관성 있게 배열해 놓은 분류표를 의미한다. 학문분류가 학문의 명확성과 불명확성의 실제에 의해 배열하는 것에 비하여, 기술정보분류는 학문의 결과인 기록을 기준으로 하여 배열하는 것이며, 정보의 주제나 그 주제를 싣고 있는 정보의 각종 형식이 분류기준의 중요한 요소가 된다.

정보의 분류는 명사를 체계적으로 배열한 분류표(classification scheme), 명사를 기호로 상징하는 분류기호(classification code) 및 이들 명사를 그 관련성에 따라 수순대로 배열한 색인(index)의 세부분으로 구성된다. 정보의 분류를 위해서는 관련분야에 대한 자료의 수집과 수집된 자료를 대표성을 갖는 개별 정보들로 가공하는 과정이 필요하며, 최종적인 분류표는 분류항에 나타나 있는 정보들의 대표성과 유형성 및 일관성을 갖고 있어야 한다. 정보의 가공, 분류과정은 그림 4-2(김정소, 1996)와 같다.

정보의 가공 및 분류과정에서 가장 중요한 단계가 1차 가공된 정보의 분류단계(3 step)이며, 이 단계에서는 정보들을 공통된 성질이나 활용목적 등으로 그룹(group)화

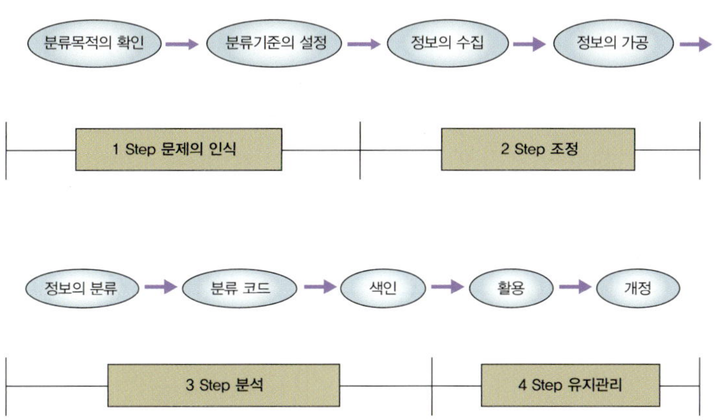

그림 4-2 정보의 가공, 분류

하여 각 그룹간의 정보는 상호 식별성을 갖고 구분 분류해야 한다.

2 정보의 분류 구조

일반적으로 정보의 분류는 크게 계층형 분류방식과 나열형 분류방식으로 구분되고, 계층형 분류의 대표적인 분류표는 미국의 건설분류체계로 과거부터 널리 활용되고 있는 Masterformat이 있다. 나열형 분류는 비교적 알기 쉬운 공통의 원칙에 근거한 전문분야의 분류형식으로 정보들을 수개의 파셋(facet, 面)으로 구분 분류한 후, 이들을 합성하여 목적하는 분류항을 나타내는 분류방식이며, 유럽의 건설분류체계로 활용되고 있는 Uniclass 분류시스템을 들 수 있다. 양 방식의 도로건설공사 적용 예는 그림 4-3과 같다.

정보분류의 항목분류에는 반드시 분류코드가 부여되며, 분류코드의 목적은 전산시스템의 적용과 분류항목의 기호화를 위하여 필요한 부분이다. 분류코드로 가장 일반적으로 활용되는 기호는 아라비아 숫자와 영문자 등이 있으며, 분류항목의 수가 적고 계층적 분류인 경우는 아라비아 숫자가 적절하나, 분류항목의 수가 많고 분류항의 유형이 다양한 파셋형 분류체계에서는 영문자의 표기가 적절하다. 즉, 많은 분류항을

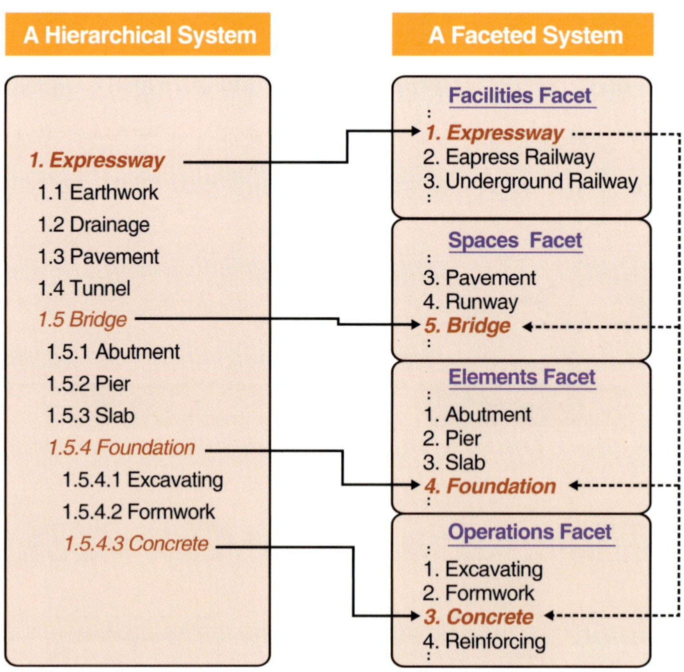

그림 4-3 건설공사의 정보분류방식

갖는 계층분류에서 아라비아 숫자로 나타내면 그만큼 코드의 길이가 길어지고 사용자로 하여금 코드의 친숙성을 잃게 되는 것이다.

3 분류코드의 조기성

분류체계는 사용자로 하여금 분류코드에 익숙하도록 코드의 기억성(조기성)을 높일 수 있도록 코드체계가 구성되어야 한다. 즉 분류체계의 사용시 동일분류코드를 몇 회 사용 후에는 임의 코드 전후의 코드가 기억날 수 있고, 코드만으로 분류항의 대략적인 내용이 연상되도록 구성하는 것이 중요한 부분이다.

예로서 건설분류체계에서 대분류는 부지조성 → 주거시설 → 운송시설 등으로 구분할 때, 인간의 생활을 위해 우선적으로 필요한 것이 "땅(부지)"이며, 그 후 "집(주거)"을 건축하게 되고, 이동을 위해서는 "길(운송)"을 건설하는 등으로 코드의 순서를 부여할 수 있다. 이러한 조기성을 부여하는 예는 행위의 순차적, 연대순으로 배열하는 것이 대표적 예이다. 건설공사에 조기성을 부여한 코드 예는 그림 4-4와 같다.

그림 4-4에서 앞에 대문자 'S'는 공간분류항을 나타내고, 소문자 'u'는 지하공간, 's'는 표면공간, 'o'는 지반표층공간, 'a'는 고공공간을 의미하고, 숫자 '2'는 도로시설, '3'은 철도시설, '4'는 공항시설을 의미한다. 예로서 'Ss2'는 도로시설의 표면공간이고 'Ss3'는 철도시설의 표면공간이므로 각각 포장과 트랙을 의미한다. 이러한 분류코드는 초기 사용은 다소 복잡하나 숙달되면 코드만으로 공정이나 시설내용을 유추할 수 있는 조기성을 갖고 있는 것이다.

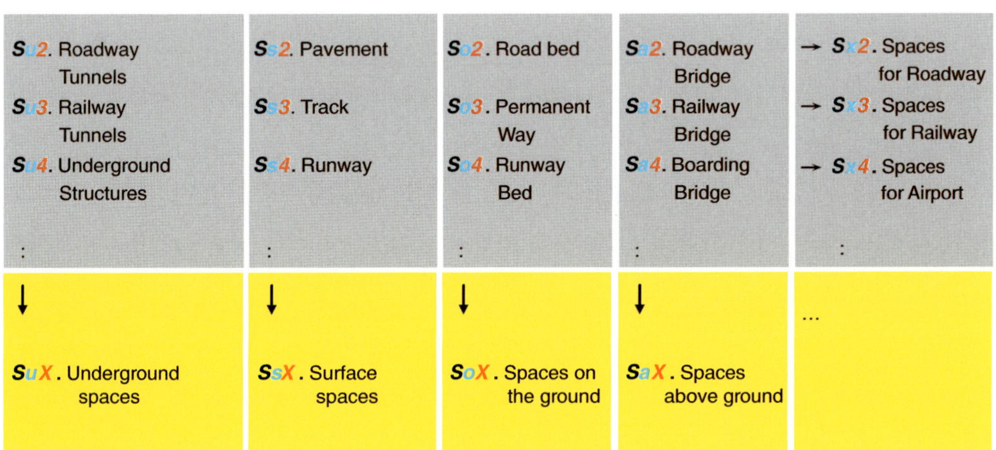

그림 4-4 분류코드의 조기성 부여 예

분류코드체계는 전체 분류체계 내에서 통일된 일관성을 가져야 하며, 유사성격의 분류항간 식별기능(유형성) 및 다수의 사용자그룹을 만족시킬 수 있는 분류항의 완벽성이 갖추어져야 한다. 즉 유사공사 및 공종간에는 분류코드의 식별이 가능해야 하며, 단순한 예로서 11A-교각A, 11B-교각B, 11C-교각C 등으로 구분하면, 사용자는 코드에 영문자가 있을시 반복공종임을 인지하게 된다.

4 분류코드의 완벽성과 보조코드체계

완벽성이란 시공사, 발주처, 설계사 등에서 해당공사의 공종분류항을 참조할 때 누락된 항목이 없어야 함을 의미하고, 이를 위해서는 분류체계의 완성이전에 다양한 공사내용에 대한 사전조사가 철저해야 함을 의미한다.

건설정보분류체계는 분류항에 전체분류코드를 통제하는 보조코드체계가 양호해야 한다. 즉 분류항간의 합성으로 인한 복합코드체계의 표현방식과 분류항간의 종속적 개념 및 다수의 연속된 분류항에 의한 시설물 또는 구조물의 표현방식 등이 보조코드체계로 구성될 수 있다. 예로서, 13-공항시설, 35-교량시설일 때 공항내의 교량은 보조기호(/)를 이용하여 “13/35”로 표현할 수 있다.

1.3 건설정보분류체계 적용 현황

국내의 경우 건설분야 정보분류체계에 대한 관심도와 적용현황은 현재까지도 저조한 것으로 파악되고 있으나, 정보화 인식도 재고와 공사규모의 대형화, 복잡화는 건설정보관리의 필요성을 높이고 있으며, 또한 BIM 등의 정보화기술의 적용이 가시화되면서 표준적인 건설정보분류체계의 적용효과에 대한 관심도가 증대하고 있다.

1 국내 건설정보분류체계 적용

국내의 건설정보분류체계 개발현황은 독자적인 분류체계보다는 북미지역의 Masterformat 체계 또는 유럽지역의 SfB(Samarbetskommitten for Byggnadsfragor) 체계에 근거하여 개발한 경우가 대부분이며, 대기업을 중심으로 독자적인 분류코드체계 마련이 이루어지고 있다. 일부 시공회사에서 유럽의 CI/SfB(construction index/SfB)분류체계를 이용하여 기술자료 분류 및 일위대가에 적용한 사례들이 있고, Masterformat을 근간으로 공사유형분류, 공사부위분류, 공종분류, 자원분류, 일반관리분류 등으로 분류한 사례들도 있다.

건설을 포함한 모든 분야의 전산화된 정보관리는 해당분야의 표준화된 정보분류를 기초로 하며, 이때 표준화된 정보분류의 완벽성과 일관성은 전산정보관리의 성패를 좌우한다. 즉 건설분야의 경우, 코드화하여 분류된 정보체계가 건설관련 기관에서 활용시 모든 공사내용의 표현이 가능한가? 또는 코드분류형식이 공사종류에 관계없이 일관된 체계로 구성되어 있는가? 등이 중요한 요소가 되는 것이다.

이러한 측면에서 각 기관별로 독자적인 정보분류체계의 개발 및 적용은 기관내의 정보관리 통일화는 가능하게 되나, 대외적인 정보교류 측면의 정보관리는 곤란하게 된다. 최근의 건설업무는 사내업무 외에 기관간의 정보호환업무가 증대되고 있고, 특히 중소건설사의 경우 독자적인 정보분류체계의 개발이 어려운 점을 고려하면 국가차원의 표준적 건설정보분류체계의 제시가 필요한 부분이다.

2 국가 건설정보분류체계

국가차원의 건설정보분류체계관련 동향은 한국건설기술연구원 등을 중심으로 건설정보에 적용 가능한 분류체계가 개발된 바 있고, 실적기반적산제도의 적용시 사용될 수 있는 수량산출기준이 건축, 토목, 기계, 플랜트 공사에 대하여 작성된 바 있다. 수량산출기준은 실적기반적산시에 수량산출 대상이 되는 세부공종들을 분류하기 위한 것으로 기존의 표준품셈 공종분류 수준으로 분류되어 있다. 그림 4-5는 정부에서 제시한 통합건설정보분류체계적용기준(안)이다. 공고된 분류체계안은 ISO(international standardization organization, 국제표준화기구)의 기준에 근거한 시설물 분류, 공간분

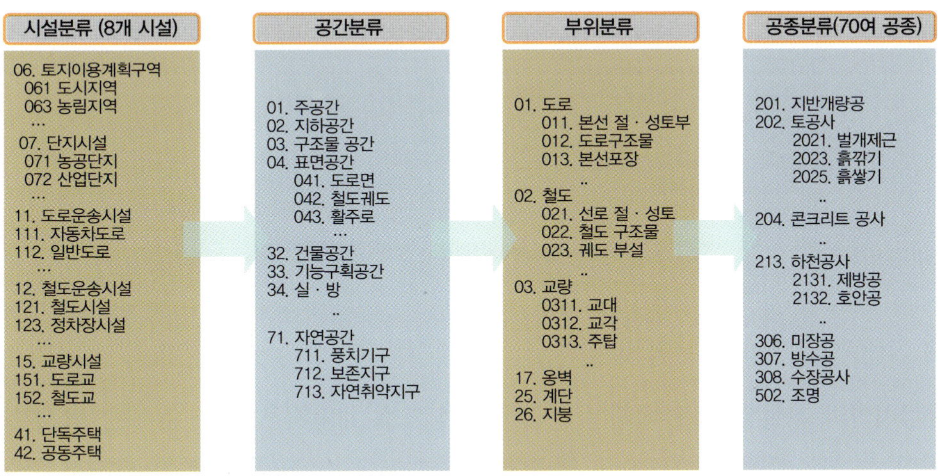

그림 4-5 국가 건설정보분류체계의 구성 사례

류, 부위분류, 공종분류 및 자원분류(자재, 인력, 장비)의 5개의 파셋으로 구성되어 있으며, 수량산출기준 중 토목분야인 '토목공사 수량산출기준'은 영국의 CESMM(civil engineering standard method of measurement) 분류시스템과 유사한 체계로 구성되어 있다.

3 북미지역 건설정보분류체계 적용

미국의 건설정보분류체계는 AIA(american institute of architects : 미국건축사협회)의 'Standard Filing System and Alphabetical Index' 초판 발행을 시작으로 하여 Masterformat, OmniClass 등 다양한 분류체계를 사용하고 있다.

그림 4-6의 Masterformat은 공종분류를 기준으로 개발되었으므로 시설, 단위구조물, 부위 분류항으로는 적용이 어려우나, 각종 시방서 및 수량산출기준 등에 통일된 코드로 광범위하게 적용되고 있다.

2. SITEWORK

2010 subsurface investigation
2050 demolition
2100 site preparation
2140 dewatering
2150 shoring & underpinning
2160 excavation support
2170 cofferdams
2200 earthwork
2300 tunneling
2350 piles & caissons
2450 railroad work
2480 marine work
2500 paving & surfacing
2600 piped utility materials
2660 water distribution
2680 fuel distribution
2700 sewerage & drainage
2760 restoration of underground pipelines
2770 ponds & reservoirs
2780 power & communications
2800 site improvement
2900 landscaping

2200 EARTHWORK
- 210 grading
- 220 excavation
- 230 base course
- 240 soil stabilization
- 250 vibro-flotation
- 270 soil protection
- 280 soil treatment

2300 TUNNELING
- 305 tunnel ventilation
- 310 tunnel excavating
- 320 tunnel lining
- 330 tunnel grouting
- 340 tunnel supporting

2500 PAVING & SURFACING
- 510 walk, road paving
- 515 unit paver
- 525 curbs
- 530 athletic paving
- 545 surfacing
- 550 highway paving
- 560 airfield paving

그림 4-6 Masterformat 토목공사 분야 분류항목 구성

4 유럽지역 건설정보분류체계

유럽지역의 건설정보분류체계는 영국을 중심으로 개발된 사례가 많으며, 도서분류체계의 하나로 발행된 UDC(universal decimal classification)건설부문 발췌분류법을 시작으로, 영국에서 발행된 Uniclass(Unified Classification for the construction industry)에 이르기까지 다양한 분류체계가 사용되고 있다. Uniclass는 ISO의 기술보고서에서 제시된 골격을 바탕으로 분류된 주제분류식(faceted) 분류체계이다. ISO에서 제안된 골격은 시설, 공간, 부위, 공종 등의 8개 분류주제로 구성되어 있으며, 각 주제별 세부적 분류항은 제외되어 있다.

Uniclass는 CI/SfB와 같은 주제 분류방식의 분류체계이나, 분류항의 상세에서는 일부 계층분류적 요소를 도입하고 있다. 분류체계 전체는 15개의 주제어별로 분류되어 있으며 상세항목의 적용 예는 그림 4-7과 같다.

Tables	분류항의 성격	주요적용 분야
A. Form of information B. Subjedt disciplines C. Management	정보의 형태 주제분야(학문) 분류 관리분야 정보 분류	정보의 표현방식 및 저장매체 구분 참고자료(도서)의 분야 구분 공사관리분야 정보의 분류
D. Facilities *E. Construction Entities* F. Spaces G. Elements for buildings *H. Elements for civil engineering works* J. Work sections for buildings *K. Work sections for civil engineering works*	시설분야(토목 · 건축분야) *공간분류(토목분야)* 공간분류(건축분야) 부위분류(건축분야) *부위분류(토목분야)* 공종분류(건축분야) = CAWS *공종분류(토목분야) = CESMMS*	공사분할체계(대공종 분류) 공사분할체계(중공종 분류) 공사분할체계(중공종 분류) 공사분할체계(소공종 분류) 공사분할체계(소공종 분류) 공사분할체계(세공종 분류) 공사분할체계(세공종 분류)
L. Construction products M. Construction aids N. Properties and characteristics P. Materials	건설생산품 분류 = EPIC 장비, 가설재 분류 상품, 공종, 부위, 구조물 등의 속성 및 특성 건설재료의 분류	공사완성물의 각종 부품 분류 제품설명서, 가격정보지 등의 분류 생산품, 공종 등의 속성별 분류 건설자재 분류
Q. Universal Decimal Classification	UDC에 의한 부가 정보분류	Uniclass 적용불가 부분의 분류

그림 4-7 Uniclass table의 분류기준

1.4 토목공사 건설정보분류의 특징

1 토목공사 정보분류체계 구성 예

토목공사는 시설물에 따라 단위구조물을 공통적으로 사용하는 예가 많이 있다. 예로서 교량구조물은 도로시설의 경우 도로교가 되며, 철도시설의 경우 철도교가 된다. 이러한 공종구성 성격을 계층적으로 표현한다면 시설물별로 동일 공종의 구조물에 대한 반복분류가 불가피하게 되고, 한 공사가 다양한 공종으로 구성되는 토목공사의 성격상 계층적인 십진분류 형식에서는 기호 확장의 제약을 받게 된다.

이러한 점에서 토목분야 기술정보분류시스템의 구성을 그림 4-8과 같은 나열식 분류형식으로 하고 있으며, 이때 분류항목의 구성수준을 현장단위의 하위단계까지 확대한다면 파셋분류의 표제가 상당한 수로 구성되어 사용상의 불편함이 예상되는 문제점이 있다.

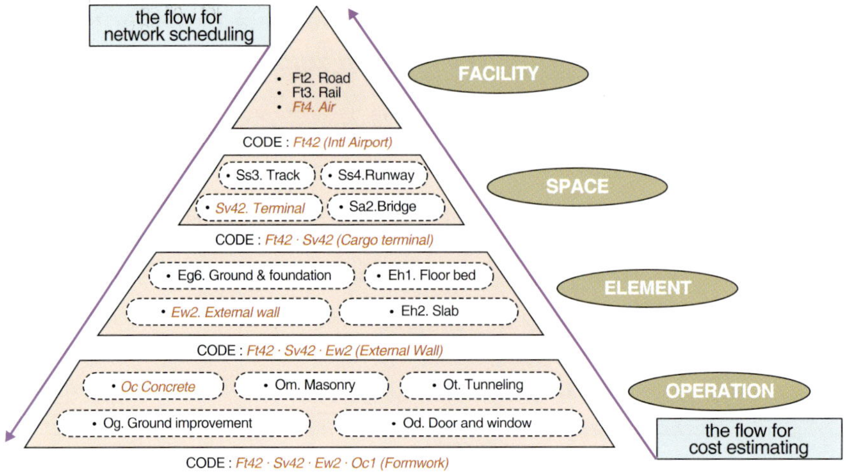

[Notation]

***Ft : F**acility for **t**ransportation*	***Ss : s**urface **S**pace*
***Eh: h**orizontal **E**lement*	***Sa: S**pace **a**bove ground*
***Ew: w**all **E**lement*	***Oc : O**peration for **c**oncrete work*

그림 4-8 나열식 건설정보분류체계의 적용개념도

분류수준이 상세단계(현장의 작업공종)까지 확대된다면 파셋형식에서 표제(table)의 분류를 제한한 후, 각 표제내의 분류된 항에 대하여 2~3단계까지의 계층을 부여할 수 있다. 이렇게 함으로서 표제의 분류단계를 감소시킬 수 있고, 표제 내 동일분류항 사이의 식별기능도 갖출 수 있다.

2 분류체계 구성 기준

토목분야에 대한 확장성 등을 고려하여 토목분야 기술정보분류시스템의 기본구조는 시설, 공간, 부위, 공종, 자원요소까지 고려하였을 때 그림 4-9와 같은 5개의 파셋으로 구성할 수 있다. 즉, 토목공사의 대분류기준은 시설, 공간 및 부위에 관련되는 기능(function)구분과 공종요소와 자원요소에 관련되는 공사(work)구분으로 정리할 수 있으며, 이때 기능구분과 공사구분은 각각 특정한 목적을 갖는 단위구조물수준과, 단위구조물을 축조하기 위한 공사내용수준이 된다. 따라서 각종 건설공법은 부위요소 분류수준에서 적용되며, 내역작성을 위한 품셈은 작업요소수준에서 적용된다.

그림 4-9에서 공종요소, 자원요소까지 포함한 분류체계의 작성은 많은 기간과 인력이 요구되며, 또한 현실적으로 토목공사의 경우에는 공종요소단계에서 공법종류에 따라 수많은 작업공종으로 분류될 수 있다. 따라서 분류체계의 분류수준은 광범위하고 다양한 계층에서의 활용을 기대한다면 기능구분단계를 분류한 후, 공사구분단계에서

는 공종요소의 분류항을 공법에 관계없이 작업내용이 공통적으로 구성되는 단계까지로 제한 분류할 수 있다.

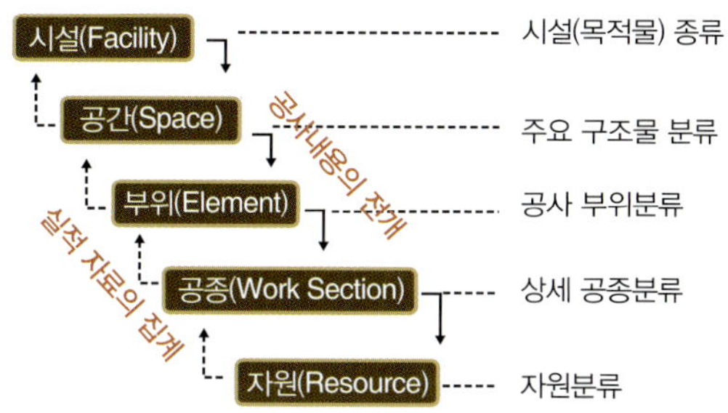

그림 4-9 토목공사 정보분류의 구성 예

위 방식의 분류체계는 ISO의 기술분과 위원회 보고서에서 제시된 건설공사분류단계 [시설물 → 공간용도 → 부위 → 공종 → 자재 → 장비 → 관리 → 속성(attributes)]에 적합한 분류체계가 된다. ISO 건설분야 표준분류항의 완성시 활용성을 기대할 때, 국내 공사분류체계도 가능한 한 ISO 표준분류항과의 호환성을 고려하여 분류할 필요성이 있다.

2 건설정보분류체계에 의한 정보통합

2.1 정보화와 건설정보분류체계 연계

1 건설정보화 정보중심 역할

건설정보분류체계는 건설정보화를 위한 각종 시스템 개발과 도구 사용이전에 시행효과 극대화를 위해서 사전에 선결되어야 과제이다. 건설사업관리는 효율적인 공사정보관리가 필요하며 그 중심 역할을 표준화된 건설정보분류체계가 할 수 있다. 건설정보화에 의한 다양한 관리적 기능은 건설정보분류체계와 대부분 연계 활용되는 기능들이다. 즉, 건설공사 일정관리기능 중 공정계획업무는 정보분류체계에서 구축된 WBS 항목의 공정관련 항과 코드들로 구성되고, 또한 내역서, 시방서, 공사도면 및 공사관련 도서 등과 건설정보분류체계의 적용이 가능한 공정관리, 원가관리 등의 대부분 CM업무에서 정보분류체계의 활용성을 검증할 수 있다.

2 내역서, 시방서, 공사도면의 정보화에 활용

건설정보분류체계는 공사비 내역서, 도면, 시방서의 항목 분류체계로 통일하여 활용될 수 있고 대표적 사례가 미국의 Masterformat이다. 각 발주처 및 시공사 등 참여기관별로 내역 및 시방 항목 체계를 그대로 유지시킨 채 각 분류수준별 분류항목을 결합시켜 표현하는 것이다. 이러한 분류코드의 대입으로 내역서와 설계도면 및 시방서 상호간의 자료체계 확립이 가능할 수 있다. 즉 발주처별로 마련된 내역항목에 파셋 결합을 실시한 코드 기입을 실시하고, 부위코드는 설계도면과 연계시키며, 공종코드는 시방서 체계와 연계시킴으로 중복된 자료관리를 최소화할 수 있다.

즉, 특정 분류수준의 분류코드에 대한 관련정보 항목들을 연계하여 관리할 수 있는 것이다. 최종적으로 내역서, 시방서 등의 체계가 건설정보분류체계의 구성방식에 따라 재구성된 후에는 원하는 분류수준별 정보의 집계 등 체계적인 전산관리를 위한 기반이 될 수 있으며, 이러한 부분은 건설관리분야의 각종 소프트웨어에 응용될 수 있는 부분이다. 이를 위해서는 공종과 내역 연계가 가능하도록 분류체계가 시설부터 공종분류까지 일관성 있는 코드분류 형태로 구성되어야 한다.

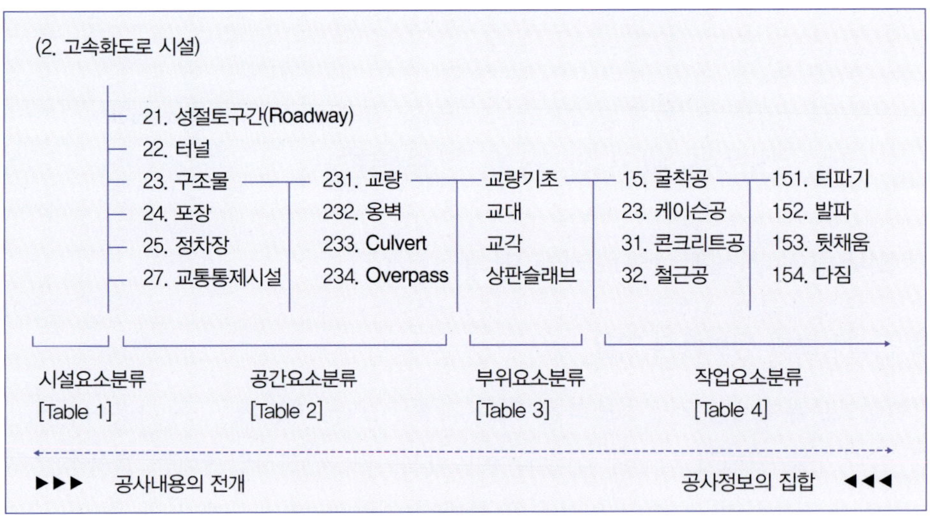

그림 4-10 고속도로공사의 정보분류항

3 정보분류체계에 의한 정보의 통합관리

건설정보분류체계는 원가, 일정, 진도 및 자원관리를 위한 개별공정에 대한 분류코드에 활용됨으로써, 전체공종에 대한 WBS를 구성할 수 있으며, 구성된 WBS는 공정상의 개별공종에 대한 분류수준별, 특정 공사의 항목별 정보 집계 등에 활용될 수 있다.

예로서, 토공에 대한 분류코드가 있다면 전체 관리업무에서 해당코드를 이용하여 토공부분의 공정정보와 내역정보를 추출 및 관리할 수 있는 것이다. 또한 표준화된 분류체계를 공정관리 소프트웨어의 내장 WBS로 구성하여 공종입력시 해당 WBS부분의 선택으로 입력을 간소화할 수도 있다.

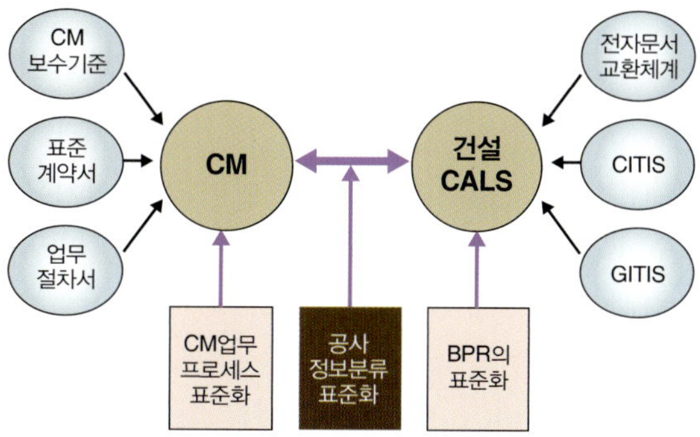

그림 4-11 표준정보분류체계에 의한 정보의 통합

건설사업관리(construction management, CM)에서도 CM이 프로젝트관리업무의 과학화, 표준화인 반면에 건설정보화는 이러한 관리업무에서 발생되는 각종 정보의 전자화인 점을 고려하면, 양 정보의 연계는 필수적이며 표준적인 건설정보분류체계는 양 제도간의 정보호환 매개체로 활용될 수 있다. 즉, 정보분류체계내에 관리업무분류를 포함함으로써 CM의 공정관리, 원가관리 등의 업무코드에 따라 발생되는 입·출력정보를 건설 정보화 시행시의 온라인정보교환 코드 등으로 적용하면 프로젝트업무와 공사정보관리가 동일코드체계로 운영될 수 있다.

4 정보표준화의 기본 정보

모든 분야의 정보화를 위한 기본은 해당 분야의 정보표준화부터 시작되고 건설정보화의 시작은 건설정보분류체계의 표준화부터 시작되어야 한다. 신공법·신기술은 단기간 이익실현이 가능하나, 정보표준화는 국가차원의 장기간 이익실현이 가능한 점을 간과해서는 안 된다.

특히 건설산업은 참여자가 많고 공사기간이 오래 소요되므로 발생정보가 매우 다양하고 정보의 습득기간이 장기간 소요된다. 최근 건설분야의 정보화는 괄목할만한 성장세에 있으나, 기초자료인 정보의 표준화는 매우 부진한 점이 우려되는 부분이다. 또한 국제적인 건설정보표준화사업 및 관련기구에도 보다 적극적으로 참여하여 국제화 시대의 불이익을 받지 않도록 해야 한다.

5 건설정보분류체계의 유지관리

표준적인 정보분류체계는 초기 구성시의 일회성이 아닌 정보의 사용기간 동안 계속적인 유지관리가 필요하다. 국내의 경우 한국건설기술연구원에서 건설정보의 표준화를 관장하고 있으나, 프로젝트단위의 위원회구성 방식으로 운영되어 지속적인 관리 및 개정이 필요하다.

따라서 발주처, 시공사, 관련 전문가그룹 등이 연합된 상설기구를 정부기관 또는 협회 등에서 운영함이 필요하며, 이곳을 통하여 제정된 분류체계의 적용, 홍보, 교육방식 등이 구성될 필요가 있다.

2.2 BIM과 건설정보분류체계 연계

1 정보분류 수준별 빔 객체 연동

빔은 건설정보화에 의한 정보 시각화 측면에서 유용한 정보운영체계이다. 이를 위해서는 설계단계의 도면정보와 시공단계의 공정정보 등을 빔 객체로 표현해야 하며, 이 과정에서 빔 정보를 객체별로 분리하여 저장하고 관리하기 위한 빔 객체 분류체계가

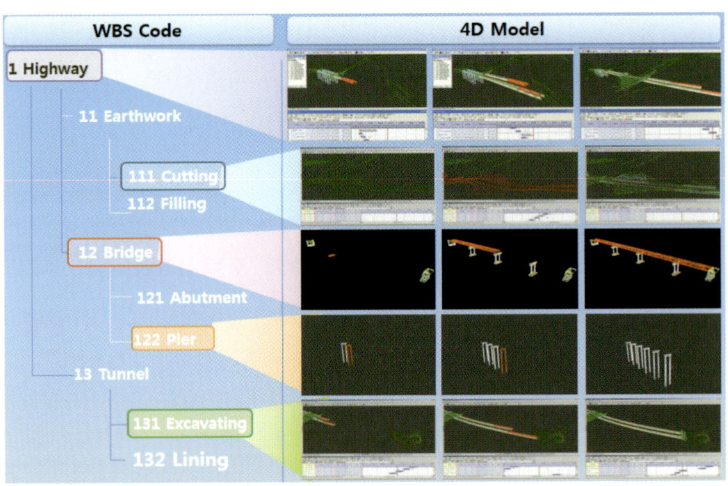

그림 4-12 건설정보분류체계와 BIM객체 연동 표현사례

필요하다. 건설정보분류체계는 이러한 빔 객체 분류체계 구성시에 연동되어 활용성을 가질 수 있다. 즉, 건설정보분류체계의 세부 구성항목에서 빔 객체코드로 사용가능한 항목들은 빔 객체 분류체계에 그대로 동일 코드로 구성될 수 있다. 이러한 빔 객체 분류체계는 건설정보분류체계와 연동성을 갖게 되므로 활용성을 배가 할 수 있다.

예로서, 시공단계 빔의 대표적 기능인 4D CAD 기반 공정관리 시뮬레이션에서 공정 수준별 시뮬레이션을 수행하기 위해서 건설정보분류체계를 4D CAD 시스템에 연동시켜 놓으면 분류체계의 코드 수준별로 시뮬레이션이 가능하게 된다. 그림 4-12는 건설정보분류체계와 연동된 빔 객체 활용사례를 나타내고 있다.

2 빔 정보의 통합관리

설계단계에 사용되는 각종 3D객체와 빔 기반 자동물량산출 과정에서도 공종 객체 구분이 되어 있어야 하며, 이러한 객체 구분에도 건설정보분류체계의 코드가 공통 항목으로 활용될 수 있다. 즉, 건설정보분류체계가 체계적으로 구성되어 있다면 빔의 각종 속성정보들을 연동하여 설계 간섭관리와 시공 시뮬레이션 정보들을 체계적으로 관리할 수 있다.

그림 4-13은 4D CAD 공정관리시스템에 WBS코드체계를 내장한 후에 4D CAD화면 내에 좌측에 내장된 WBS 트리(tree)를 표현하여 WBS 코드 수준별로 빔 객체 정보를 호출하여 활용할 수 있는 기능을 표현하고 있다.

그림 4-13 건설정보분류체계 수준별 빔 객체 표현

3 정보분류체계 시각화

그림 4-14는 별도의 소프트웨어(Startree)를 이용하여 이러한 건설정보분류체계를

시각화하기 위한 기능을 표현하고 있다. 빔 시스템내에 표현되는 WBS를 단순 트리형식으로 표현하는 방식과 비교하면 WBS 코드 수준별로 상하위 코드 분류가 보다 분명하게 표현되므로 실무적 활용성을 높일 수 있다.

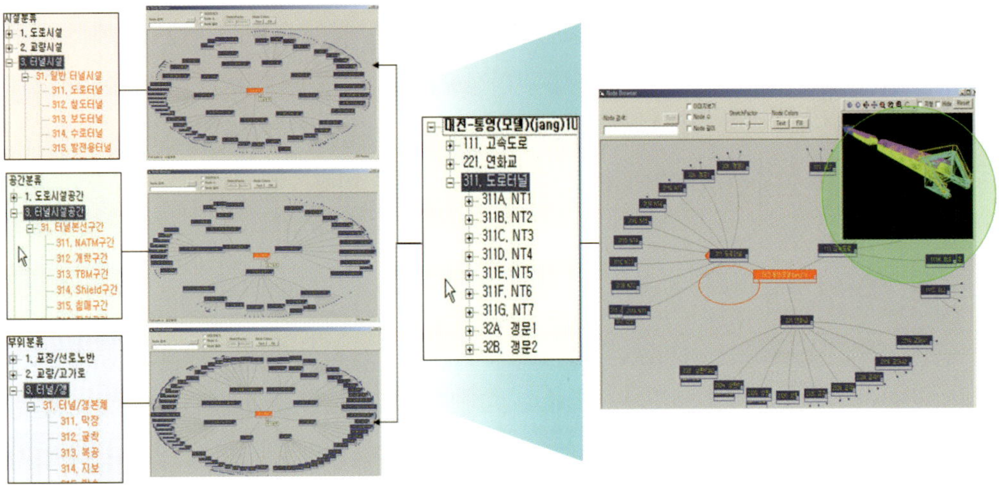

그림 4-14 건설정보분류체계의 시각화 기능

일반적인 정보분류체계는 코드를 갖는 분류항 개념으로 명시되어 있으나, 빔 운영체계에서 정보분류체계 자체를 시각화하여 표현하면 정보분류항의 활용성이 개선되고, 3D의 각종 속성정보가 정보분류항 중심으로 용이하게 통합되므로 빔 운영체계의 효율성도 개선될 수 있다.

이와 같이 건설정보분류체계는 빔 시스템의 운영에서 3D, 4D, 5D, 6D 등 캐드 객체와 공사비, 일정 등의 사업관리정보를 연동시키는 정보중심으로 활용될 수 있고, 사용자 측면에서도 프로젝트 수준별 정보관리의 표준화가 가능하도록 하여 빔을 비롯한 각종 정보화 도구의 운용 효과를 높일 수 있다.

PART 2

건설정보모델링(BIM)

— CONTENTS

CHAPTER 1

빔 개념과 적용효과

1 빔 정의 및 개요

1.1 생애주기 빔 정의 및 필요성

1 2D와 3D모델 비교

기본적으로 BIM 정보는 3D모델을 기본으로 표현되고 2D도면과 3D모델의 차이는 정보전달력과 이해도에서 큰 차이를 갖는다. 그림 1-1에는 도로공사의 임의 구역에 대한 자연 지형 형상을 2D와 3D 형태로 비교하여 표현하고 있다. 평면도, 측면도, 정면도 등의 2D로 표현된 도면 형상에서는 여러 장으로 표현해도 완성된 형상의 생김새 파악이 어려우나, 3D모델로 구성된 한 개의 객체에서는 지형도 모습임을 알 수 있고 높낮이를 포함하여 개략적인 성토 및 절토 계획까지 가능한 정보를 얻을 수 있다.

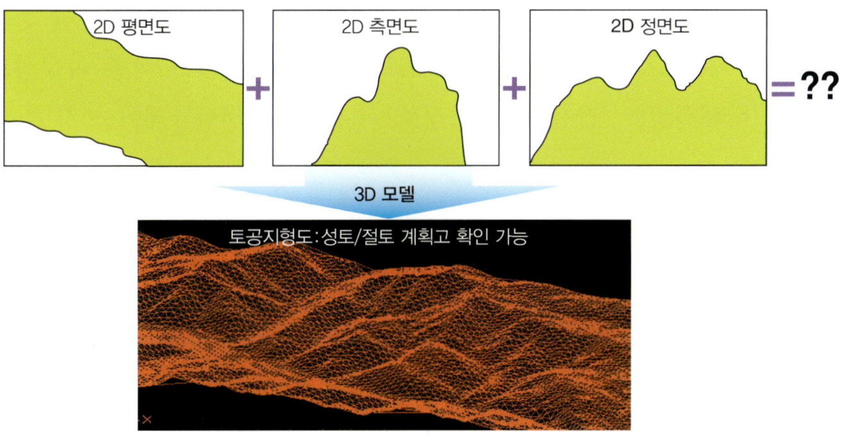

그림 1-1 토공사 지형의 2D도면과 3D모델 비교

그림 1-2는 터널 갱문부의 시공 모습을 2D도면 및 3D모델로 작성한 것을 비교하여 표현하고 있다. 그림에서 평면도, 측면도, 정면도 등의 2D 그림만으로는 갱문의 형상을 유추하기 어렵기 때문에 수십 장의 2D도면을 작성하여 갱문을 표현하게 된다. 반면에 3D모델로 표현하면 한 장의 3D객체로 갱문의 자세한 형상 파악이 가능하고, 지반 내에서 터널 본선에 연결되어 있는 갱문의 형상까지 분명하게 표현됨을 알 수 있다.

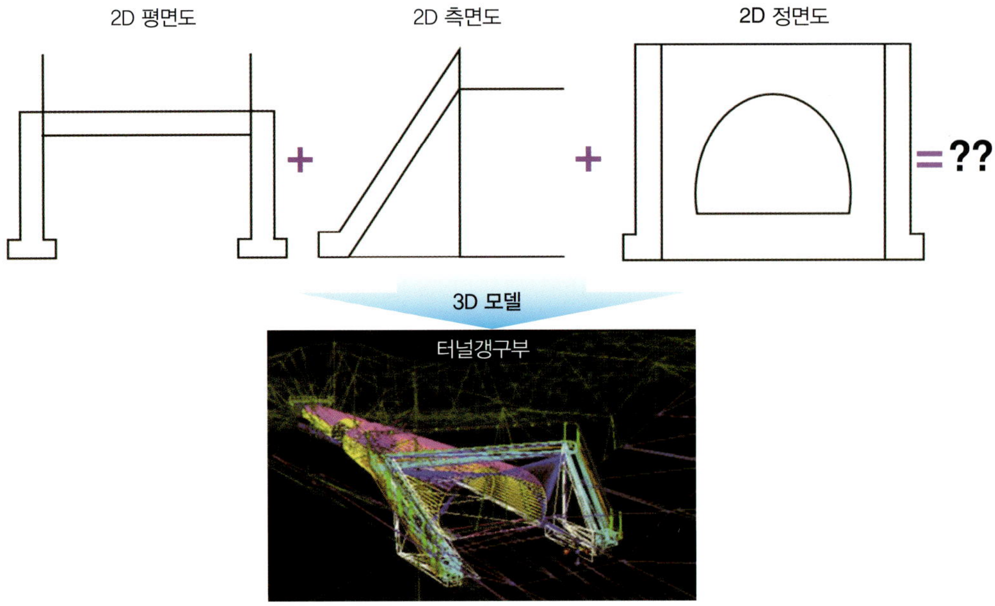

그림 1-2 터널 갱문의 2D도면과 3D모델 비교

이와 같이 구조물 정보의 이해도와 활용성 측면에서 2D와 3D모델은 많은 차이를 갖게 되고 의사전달 기능면에서도 3D모델은 월등한 효과를 갖고 있다. 빔 정보는 이러한 3D모델을 기본으로 하지만, 단순한 3D모델에 그치지 않고 각종 속성정보를 부여함으로서 역학해석정보, 간섭 및 물량정보, 비용 및 공정시뮬레이션 정보 등을 종합적으로 표현할 수 있다.

2 빔의 정의

BIM(building information modeling, 이하 빔)은 건설공사의 생애주기(기획, 설계, 시공, 유지관리)과정에 발생되는 각종 공사 정보(도면, 역학해석, 공사비, 공정, 간섭, 자원, 에너지 정보 등)를 3D 등 다차원 객체기반의 속성으로 표현하여 상호 공유 및 재활용 할 수 있는 건설공사 정보운용 환경을 의미하며, 해당 정보를 사용하는 업무 프로세스 개선을 포함한다.

그림 1-3에서 좌측에 표현된 2D모델은 수십 장의 도면으로 제작되어도 터널 갱문의 형상을 정확하게 유추하는 것이 어렵다. 3D모델은 2D도면으로 이해하기 어려운 터널갱문의 3차원 형상을 표현할 수 있고, 한 개의 모델만으로 여러 단면을 입체적으로 표현할 수 있다.

반면에 3D 캐드모델에서 표현할 수 있는 정보는 높이, 폭, 색상, 면적 등의 형상 정보에 제한되어 설계도면의 입체적 표현에는 유용하나, 공기나 공사비 등 다양한 정보의 표현은 어렵기 때문에 생애주기 정보로의 활용성이 낮다. 이러한 객체가 빔 모델로 구성되면 우측 그림과 같이 동일한 3D모델에 구조해석, 공사일정, 시뮬레이션(simulation), 공사비 정보 등을 속성(attribute)으로 연결하게 되므로, 공사 생애주기 동안 통합 정보관리 체계로 활용성을 갖게 된다.

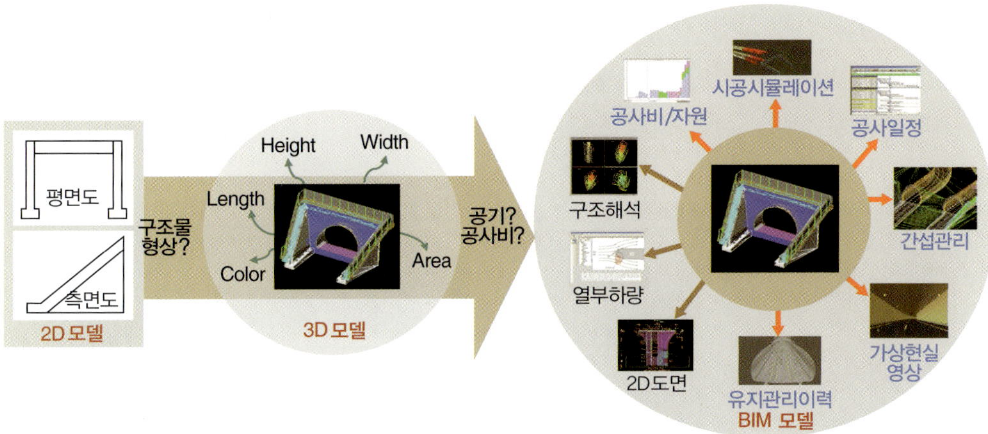

그림 1-3 2D, 3D모델과 빔 모델 비교

3 빔에 의한 생애주기정보 구성

최근의 프로젝트관리 추세는 설계와 시공의 개별 관리가 아닌 기획, 설계, 시공 전 단계가 통합되어 관리되고 있으므로, 단순 형상정보만을 갖고 있는 캐드 객체는 활용성이 낮아지고 있다. 즉, 생애주기 관리체계에서는 설계단계의 캐드 도면정보 이외에 기획단계의 사전시뮬레이션 객체, 설계단계의 간섭, 견적 및 구조해석정보, 시공단계의 공정 및 위험도정보, 유지관리단계의 이력정보까지 일괄적으로 파악할 수 있는 통합 정보체계가 요구된다.

이러한 생애주기개념의 각종 정보들을 3D, 4D 등 다차원(nD) 캐드기반의 객체에 속성(attribute)정보로 연결하여 통합정보로 구현되는 체계가 빔이다. 또한 빔은 단순한 생애주기 정보의 시각적 활용 외에 다차원 객체 기반으로 건설공사 프로세스 자체를 변화시키는 작업도 포함하고 있다. 즉, 빔을 도입함으로서 기존의 업무프로세스에서 생략할 수 있는 업무들과 새로이 추가해야 할 업무들에 대한 프로세스의 재정립(process reengineering)과정을 통한 업무 효율성 개선이 포함된다.

4 빔의 필요성

모든 산업분야에서 각종 정보화도구의 발달로 수치적 정보의 시각화 요구는 증대되고 있다. 빔은 기존의 수치적 정보들을 3차원 기반의 시각적 정보로 변화시키기 때문에 정보의 활용성과 업무 효율성이 극대화될 수 있다.

도면을 예로 들면, 과거 청사진개념의 도면이 2D 캐드 도면으로 변하면서 1차 혁신성을 가졌다면, 2D도면이 3D모델로 변하는 과정은 2차 혁신성을 갖게 된다. 이러한 정보 시각화로 인해 도면 외에 구조해석, 공사비, 공정 등의 각종 수치적 정보들도 가시적 정보로 변화되고 있다. 그림 1-4는 수치적 정보기반의 현장 회의 모습과 빔에 의한 시각적 정보기반의 현장 회의 모습을 비교하고 있다.

그림 1-4 빔 기반의 시각적 의사결정

그림 1-4에서 공정표나 공사비 정보가 엑셀(excel)기반의 수치적 정보기반으로 표현되는 모양이 우측의 빔 체계에 의한 시각적 정보로 표현되면, 임의 시점까지 공사 완성모습이 일자별로 시뮬레이션 되면서 변화되므로 공사참여자간 의사전달효과를 극대화 할 수 있고, 참여자간 협업관리도 효과를 높일 수 있다. 즉 빔을 활용하면 기존 수치적 정보가 시각적 정보로 변화되는 점이 가장 큰 변화 요소 중의 하나이다.

건설공사의 설계 및 시공에 사용되는 각종 소프트웨어들도 이러한 시각적 정보구성에 중점을 두고 있다. 특히 건설공사는 설계와 시공과정에 완성물의 모습이 변화되므로 시각적 정보의 표현은 더욱 필요성을 갖게 된다. 또한 기존의 건설정보가 독립적 정보로 운영되었다면 최근의 건설정보는 다양한 정보화도구의 연계로 종합적 정보로 운영되므로 빔의 다양한 속성정보에 의한 공사 단계별 및 참여 주체간의 협업관리도 효율적으로 시행될 수 있다.

1.2 빔과 캐드

1 3D 캐드와 빔

2D 및 3D 캐드 소프트웨어를 이용하여 작성한 객체는 치수, 색상, 면적 정보 등 객체의 형상을 표현하는 도면 정보만을 의미한다. 앞서 기술하였듯이 빔은 이러한 형상 정보 외에 해당 객체의 설계, 시공, 유지관리단계에 필요한 구조해석, 간섭, 공정, 비용, 시뮬레이션 정보 등의 다양한 생애주기 정보들을 속성 형태로 표현해 주는 것이다. 이러한 이유로 빔 운영체계가 잘 갖추어져 있으면 다양한 정보들을 이용하여 부서간 및 공정간 협업관리가 가능해지므로 설계 및 시공 오류가 감소되고 결과적으로 공사비와 공기의 절감이 가능해 진다.

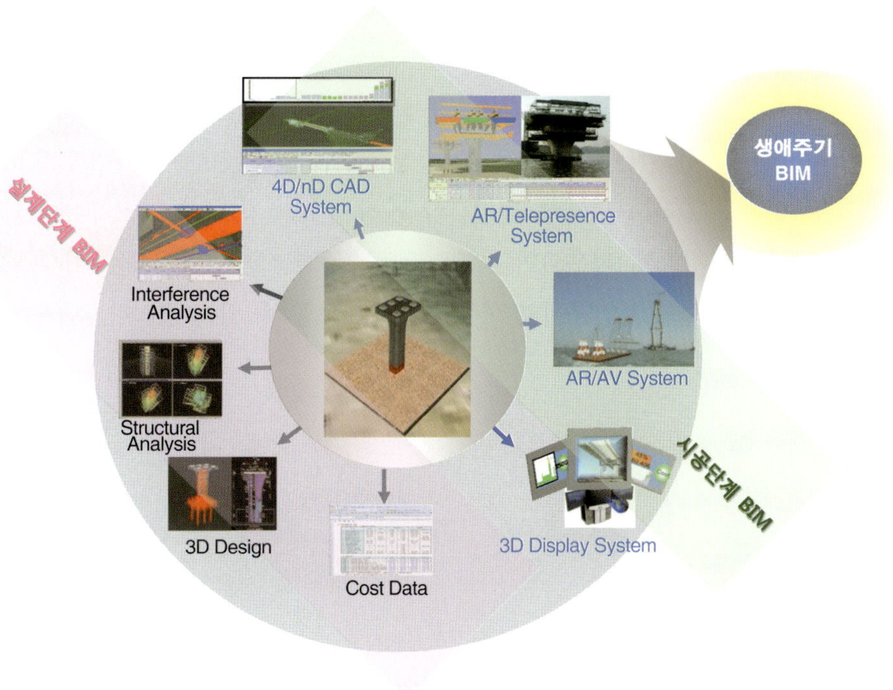

그림 1-5 설계 빔과 시공 빔

설계단계의 빔에서 활용되는 속성정보는 설계 객체간 간섭관리(interference management)가 대표적이다. 이러한 간섭관리는 3D모델만 제작되어 있으면 빔 체계가 아니어도 가능한 부분이다. 빔 체계에서는 그림 1-5와 같이 도면 객체정보에 다양한 속성정보를 저장하여 활용할 수 있으며, 이러한 속성정보로는 설계단계 간섭관리 외에 물량산출정보, 시공단계 공정관리 및 nD 시뮬레이션정보, 공사관리를 위한 증강현실 객체 및 현장영상관리 정보 등이 모두 포함될 수 있다. 그림 1-5는 설계단계 빔 시스템과 시공단계 빔 시스템을 구분하여 표기하고 있다.

빔이 생애주기단계에 활용되기 위해서는 기본적으로 설계단계에 도면의 3D모델이 제작되어야 하며, 도면 모델 정보를 바탕으로 시공단계에 활용할 수 있는 nD CAD 시뮬레이션정보가 생성되고, 이러한 정보들은 유지관리단계에 자산관리 업무에 활용된다.

2 다차원 캐드와 빔

기본적으로 빔의 활용은 3차원 객체기반이므로 설계객체의 캐드화 기술 정도가 중요한 요소가 된다. 현재의 캐드기술은 3D, 4D, nD 등의 시각적 요소 중심이나, 향후 이러한 캐드기술은 시각적 정보에 오감(five senses)이 연계되어 차세대 개념의 캐드기술로 발전할 것이다.

오감 중에서 현재 시도되고 있는 것이 그림 1-6에서와 같이 청각 정보를 부가하여 현실감을 증대시킬 수 있는 Audio+CAD(가칭 AudiCAD로 표현)를 구성함으로써 설계 오류 및 현장 프로젝트 관리를 위한 비시각적 정보의 인식기능을 확장시킬 수 있다. 이러한 개념이 시공에 적용되면 백호(back hoe) 굴착작업의 시뮬레이션 VR화면 가동시에 백호 작업소리를 연동시켜 현장감을 극대화할 수 있는 것이다.

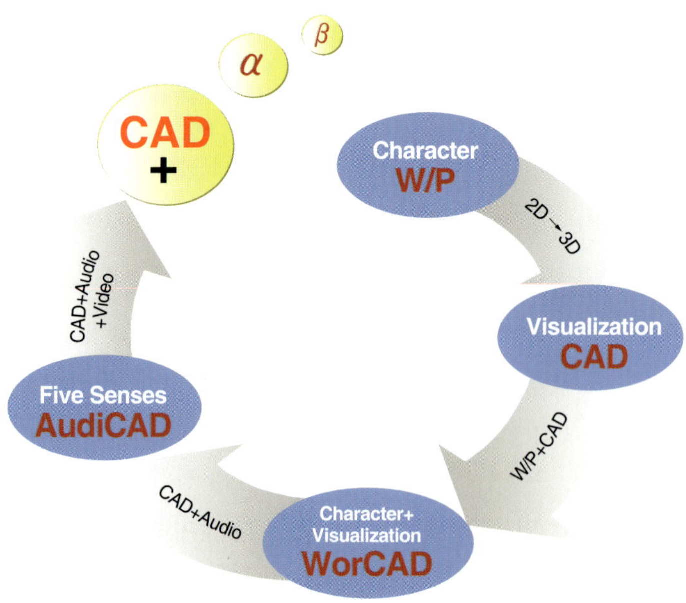

그림 1-6 CAD 도구의 발전 개념도

그림 1-6에서는 현재의 문자 형태 도구인 워드프로세스(word processor)가 그림형태 도구인 캐드와 통합되어 사용될 수 있는 WorCAD라는 도구가 향후 출현될 수 있음을 표현하고 있다. 이러한 캐드의 기능 발전은 빔의 실무 적용 정도와 비례할 수 있다.

빔 체계는 기본적인 3차원 캐드 정보외에 4D CAD(3D도면+공사일정) 환경에서 비용(5D)과 자원(6D) 등의 정보를 연동한 다차원 캐드(nD CAD) 객체들이 연동되어 건설공사관리의 핵심 요소로 활용될 수 있다. 즉, 공정, 비용, 자원관리 등의 공사관리 정보들이 3D 캐드 객체와 연동되어 시각적으로 관리되는 것이다. 그림 1-7은 이러한 모습의 빔 운영체계를 표현하고 있다.

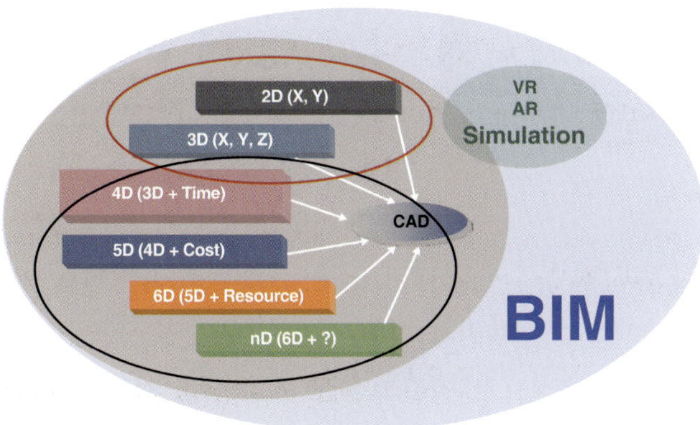

그림 1-7 다차원 CAD 객체와 빔

3 건축캐드와 토목캐드 특성

빔 정보구성을 위해서는 대부분의 도면 작업이 3차원 캐드로 구성되어야 한다. 2D 도면과 비교할 때 3D도면 구성은 초기 작업에 다소 많은 품이 소요될 수도 있으나, 일단 제작된 도면의 수정작업은 2D도면과 비교가 안될 만큼 간단하게 할 수 있다. 즉 2D도면은 구조물의 부위별로 독립적 도면으로 작성되지만 3D도면은 한 개의 객체 단위로 개별구조물의 모든 부위가 표현되므로 그만큼 수정작업이 편리해진다.

건축공사와 토목공사는 시설물의 종류와 공정의 구성면에서 차이가 있으므로 이들 작업의 캐드 구성에도 다소 특징들이 있다. 그림 1-8은 건축공사의 캐드 작업 특성을 나타내고 있다.

건축공사는 그림 1-8에 표현되어 있듯이 토목공사와 비교하여 비교적 제한된 공간에서 수직적으로 반복적 부위들이 많이 포함되므로 캐드 작업이 상대적으로 용이할 수 있으며, 반면에 마감작업까지 포함하면 공정의 종류가 토목공사보다 매우 다양하게 구성되는 점이 어려운 점이다.

그림 1-8 건축공사 캐드 작업 특성

반면에 토목공사는 그림 1-9에 나타나 있듯이 대부분 공정이 수평적 선형공간에서 작업이 진행되고, 비반복적인 부위가 많이 포함되며 작업공간도 광역 현장 공간으로 구성되어 캐드 작업이 상대적으로 건축과 비교시 어려운 점이 있다. 특히 토목공사는 다량의 토공을 포함하므로 자연 지형삼각망 정보를 캐드로 모두 표현해야 하는 과정이 어려운 부분이다.

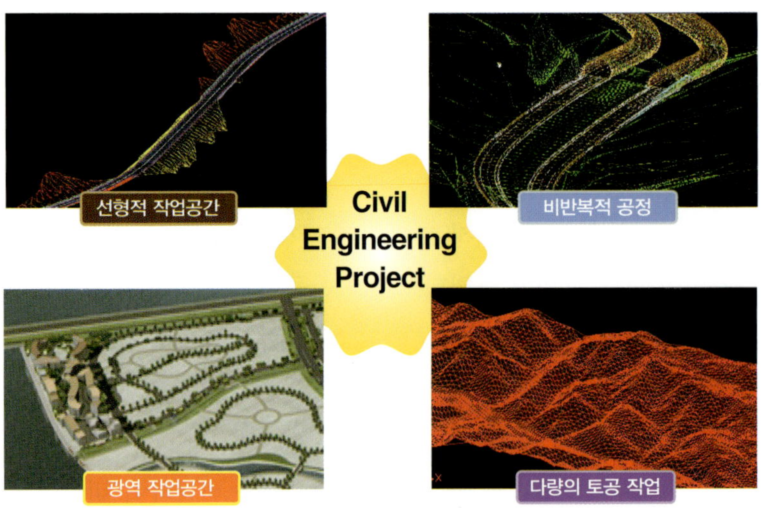

그림 1-9 토목공사 캐드 작업 특성

토목공사에 빔 적용이 어려운 이유 중의 하나는 토목공사를 구성하는 개별 공종의 캐드 구성 작업이 상대적으로 건축공사 공정과 비교 시 시간과 작업의 난이도가 높기 때문이고, 토목시설물의 종류가 교량, 터널, 도로, 철도, 항만, 댐 등과 같이 시설물 형상들도 상호간 이질적인 형태로 구성되는 점이 캐드 작업에 어려움을 갖게 된다.

1.3 빔의 활용

1 빔 정보의 산업분야별 활용

건축공사와 토목공사 모두 빔의 활용은 프로젝트 생애주기 정보의 시각적 통합관리가 목적이다. 생애주기 동안 발생정보를 빔 기반으로 관리하면 빔 객체단위별로 모든 정보가 집중되므로 궁극적으로 시설물의 자산관리(asset management)업무가 효율적으로 수행될 수 있다. 건축공사는 상대적으로 설계 프로세스가 중요하므로 간섭관리 등에서 빔의 직접적 효과를 볼수 있는 반면에, 토목공사는 설계와 시공 프로세스에 함께 적용되어야 빔 효과를 향상시킬 수 있다.

즉, 건축분야는 디자인 및 설계 중심의 산업 특성으로 인해 빔에 대한 보편적인 인식을 높일 수 있는 환경 조성이 마련된 반면에, 토목분야는 설계단계보다는 시공 측면의 산업구조로 인하여 빔의 인식 확산 및 실무 도입에 어려움을 갖고 있다. 그러나 토목 구조물의 설계시 구조해석 등의 엔지니어링 요소를 포함한 설계정보의 검토와 분석기법에 시각적 피드백이 요구되고 있다. 또한, 설계정보의 검토를 통해 공정 간섭

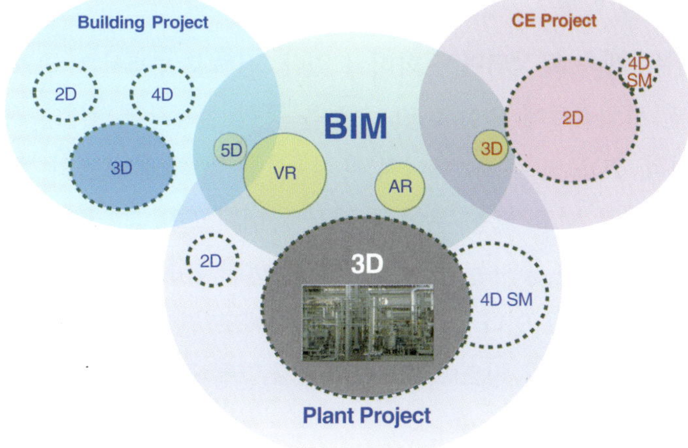

그림 1-10 산업분야별 빔 적용

및 공기지연 요소를 사전에 분석하여 설계와 시공을 일치시킬 수 있도록 함으로써, 시공 및 유지관리단계에 널리 활용할 수 있는 프로세스 기반의 통합 정보체계의 구축도 필요하다.

플랜트산업은 3D도면 활용 등 캐드 작업이 가장 활발하게 적용되는 건설산업분야이다. 석유화학단지와 같이 플랜트시설은 좁은 시설물 면적내에 복잡한 배관작업 등이 다수 포함되므로 캐드 작업에 의한 부재간 간섭관리가 중요한 공정이 되어 빔 기술도 비교적 활발하게 적용되고 있다.

각 산업분야별 빔의 적용도는 그림 1-10과 같다. 즉 3D활용도 측면을 중심으로 보면 플랜트, 건축, 토목공사 수순으로 정리되고, 토목공사는 토공을 다수 포함하는 점과 재정사업의 특성상 2D중심으로 운영되는 사례가 많다.

2 빔 정보 호환성

빔을 구성하기 위한 건설정보들은 대부분 캐드객체 기반으로 구성되므로 소프트웨어 또는 시스템간 호환성이 중요하며, 이러한 호환성 확보를 위해 국제표준화기구(ISO) 등에서 IFC(Industry Foundation Classification)코드를 개발하였다. 즉, 빔 객체의 호환성 확보를 위해서는 빔 객체 제작시에 IFC에서 규정하는 코드기준으로 작성하도록 권장하고 있으며, IFC코드 기준으로 3D객체를 제작하면 대부분의 환경에서 호환성을 확보할 수 있게 된다. Autocad 등 대부분의 벤더(vender)사에서는 자체 소프트웨어에 이러한 IFC 기준을 제공하고 있다.

3 국내외 빔 도입 현황

빔의 적용범위는 계속 확장되며 진화하고 있다. 건축분야에서는 주로 3차원 형상을 토대로 기본적인 간섭검토에 의한 도면 수정을 통한 설계오류 검토를 중심으로 활용되고 있으며, 견적, 2D도면 추출, 에너지 분석, 시공 및 객체 모델의 물리적 간섭분석 등에도 빔을 적용하고 있고 활용 분야는 점차 확대되고 있다. 국내에서 공공발주 공사에 최초로 빔이 적용된 공사는 그림 1-11에 표현된 2010년에 발주된 용인시민체육공원 조성사업으로 알려져 있다. 세종시 조성당시에도 건축 및 토목사업을 위해 빔을 시범적으로 도입한 사례들이 있으며, 그 이후에 조달청에서는 일정규모 이상의 턴키발주공사에 빔을 의무 적용한 바 있다.

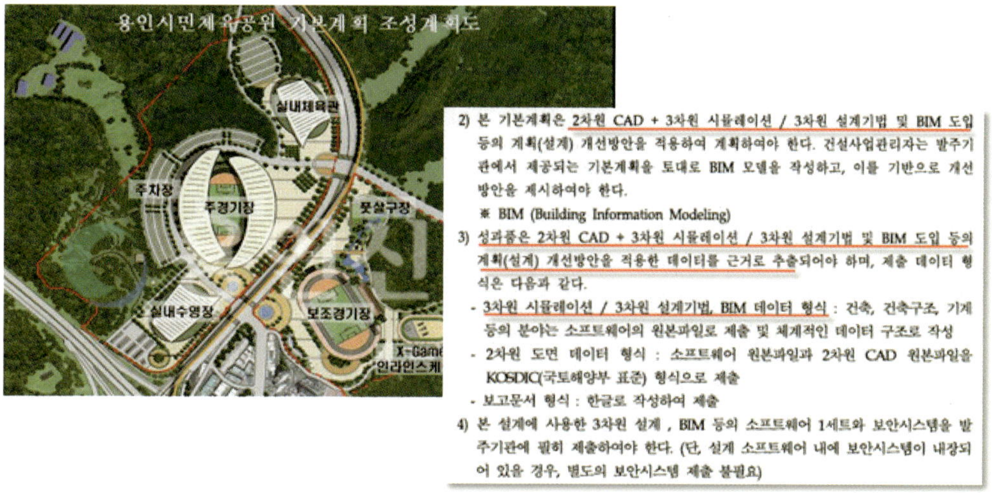

2) 본 기본계획은 2차원 CAD + 3차원 시뮬레이션 / 3차원 설계기법 및 BIM 도입 등의 계획(설계) 개선방안을 적용하여 계획하여야 한다. 건설사업관리자는 발주기관에서 제공되는 기본계획을 토대로 BIM 모델을 작성하고, 이를 기반으로 개선방안을 제시하여야 한다.
※ BIM (Building Information Modeling)

3) 성과품은 2차원 CAD + 3차원 시뮬레이션 / 3차원 설계기법 및 BIM 도입 등의 계획(설계) 개선방안을 적용한 데이터를 근거로 추출되어야 하며, 제출 데이터 형식은 다음과 같다.
- 3차원 시뮬레이션 / 3차원 설계기법, BIM 데이터 형식 : 건축, 건축구조, 기계 등의 분야는 소프트웨어의 원본파일로 제출 및 체계적인 데이터 구조로 작성
- 2차원 도면 데이터 형식 : 소프트웨어 원본파일과 2차원 CAD 원본파일을 KOSDIC(국토해양부 표준) 형식으로 제출
- 보고문서 형식 : 한글로 작성하여 제출

4) 본 설계에 사용한 3차원 설계 , BIM 등의 소프트웨어 1세트와 보안시스템을 발주기관에 필히 제출하여야 한다. (단, 설계 소프트웨어 내에 보안시스템이 내장되어 있을 경우, 별도의 보안시스템 제출 불필요)

그림 1-11 공공 건설공사 최초 빔 적용 공사

4 토목분야 빔 현황

국내에서 토목공사로서 초기에 빔이 적용된 대표적 사례는 2000년대 중반 4대강 사업 당시에 낙동강살리기 사업에서 일괄입찰 발주구간에 적용된 사례가 있다. 이 사례에서는 일괄입찰안내서에 실시설계적격자는 공정과 연계하여 3차원적으로 설계해야 한다는 규정이 도입되어 토목공사에 4D CAD 공정관리기법이 도입된 최초의 사례로 볼 수 있다. 그림 1-12는 당시의 입찰안내서를 표현하고 있다.

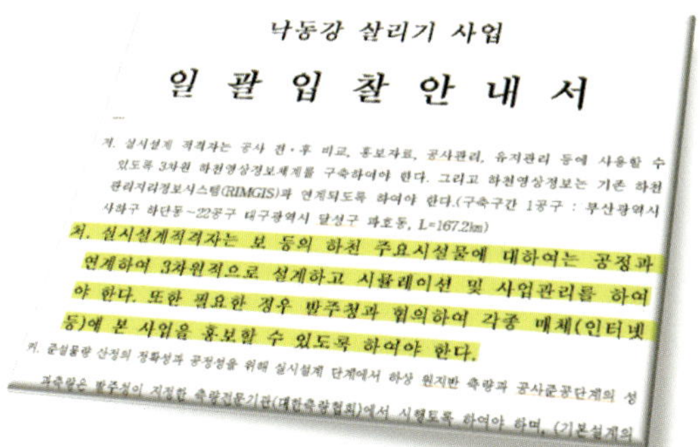

낙동강 살리기 사업

일 괄 입 찰 안 내 서

저. 실시설계 적격자는 공사 전·후 비교, 홍보자료, 공사관리, 유지관리 등에 사용할 수 있도록 3차원 하천영상정보체계를 구축하여야 한다. 그리고 하천영상정보는 기존 하천관리지리정보시스템(RIMGIS)과 연계되도록 하여야 한다.(구축구간 1공구 : 부산광역시 사하구 하단동~22공구 대구광역시 달성구 화호동, L=167.2km)

처. 실시설계적격자는 보 등의 하천 주요시설물에 대하여는 공정과 연계하여 3차원적으로 설계하고 시뮬레이션 및 사업관리를 하여야 한다. 또한 필요한 경우 발주청과 협의하여 각종 매체(인터넷 등)에 본 사업을 홍보할 수 있도록 하여야 한다.

커. 준설물량 산정의 정확성과 공정성을 위해 실시설계 단계에서 하상 원지반 측량과 공사준공단계의 성과측량은 발주청이 지정한 측량전문기관(대한측량협회)에서 시행토록 하여야 하며, (기본설계의

그림 1-12 토목공사 빔 최초 도입사례

국내외에서 빔은 건축공사의 활용도가 크기 때문에 건축공사 적용률이 높게 나타나지만, 점차 토목공사에도 적용 빈도가 높아지고 있다. 국내에서도 일정규모 이상의 토목공사에 빔을 의무적용 하는 사례가 증가되고 있고, 관련 규정들도 빔 적용을 활성

화하는 방향으로 변화되고 있다.

영국에서는 2016년 이후 모든 공공공사 발주에 빔을 의무적용하고 있고, 싱가포르, 미국, 유럽국가 들에서도 빔의 의무적용을 확대하고 있으며, 일부 국가에서는 빔 적용 시 인센티브(incentive)를 주는 사례들도 있다. 국내의 빔 환경은 요소기술 중심으로 발전되면서 국가주도 형태이고, 해외의 경우 대부분이 요소기술보다는 빔 적용을 위한 제도적 환경개선부터 우선시 되는 경향을 보이고 있다. 건설 선진국의 경우에 건축공사 등에서 빔 활용도와 만족도는 매우 높게 나타나고 있으며, 토목공사의 활용도는 상대적으로 높지 않으나 필요성과 활용 의지는 증대되고 있다.

2 빔 운영 도구 및 인력구성

2.1 빔 운영체계 구비 요소

1 빔 운영체계 구축의 준비작업

건설 프로젝트에 빔을 운영하기 위해서는 우선 해당 프로젝트의 구성 공정들을 3D 객체 모델로 제작하여야 한다. 이를 위해서는 2D도면을 3D로 변환시키거나 최초 제작시 3D도면으로 제작하는 과정이 필요하다. 이 작업은 빔 운영시스템 구축에서 가장 많은 품과 시간이 소요되는 작업이고, 3D모델의 필요로 하는 수준에 따라 시간과 비용이 결정된다.

또한 설계단계의 적용 또는 시공단계의 적용, 생애주기 적용 등 프로젝트 단계별로 적용 단계를 정하여야 하고, 각 단계별로 적용시에도 해당 단계 내의 어느 정도 기능 수준으로 적용할 것인지 결정되어야 한다.

대체로 초기 빔 운영에서는 비교적 활용효과를 편리하게 확인할 수 있는 설계단계의 간섭관리 기능 위주로 사용함이 적절하다. 시공단계에는 공사일정별로 공정 진행 상태를 3차원으로 연속 시뮬레이션하는 4D시스템 적용 수준이 적절하다. 기본적 기능의 활용으로 운영 방법론과 기능의 편리성이 확보된 다음에는 다양한 빔 기능으로 확대할 수 있다.

2 빔 운영시스템 구성

건축공사이건 토목공사이건 빔 운영시스템을 갖추기 위해서는 3D모델링을 위한 캐드시스템과 간섭관리 등 설계단계 활용 기능을 갖춘 빔 소프트웨어와 시공단계 활용을 위한 4D 시스템 등이 구비되어야 한다. 캐드시스템은 일반적인 상용 시스템을 구입하여 사용할 수 있다. 그림 1-13은 통상적인 빔 운영체계에 필요한 기본적 도구들을 표현하고 있다.

그림 1-13에 표현된 운영 소프트웨어들은 모두 구비할 필요는 없으며 프로젝트의 성격과 규모에 따라 필요한 빔 기능에 맞는 소프트웨어를 구비하면 된다. 예로서 빔을 설계단계에만 적용하고자 한다면 시공단계에 사용되는 4D, nD, 물량산출 관련 도구들은 필요 없는 것이다.

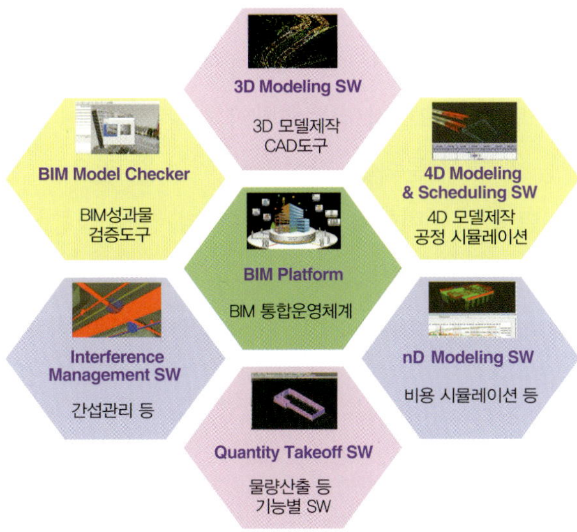

그림 1-13 빔 운영시스템 구성

3 캐드시스템 구성

건설공사에 빔을 운용하기 위해서는 기본적으로 캐드 소프트웨어 및 하드웨어 운영체계가 필요하고, 더불어서 빔을 사용하는 업무 절차의 개선작업도 병행되어야 한다. 캐드시스템은 Autocad, Microstation, Nemetschek, Dassault 등 다양한 회사들에서 판매하고 있는 3차원 캐드 소프트웨어들이 사용되고 있다. 상용화된 이러한 캐드 소프트웨어들은 개별적인 특성들을 갖고 있으므로 사용하고자 하는 프로젝트의 종류에 적합한 소프트웨어를 사용하는 것이 바람직하다.

즉, 건축, 플랜트, 토목, 기계 분야의 프로젝트 특성에 따라 부위나 부재의 표현이 용이한 캐드 소프트웨어들을 사용하는 것이 적절하다. 또한 시공단계의 4D CAD 등 공정시뮬레이션 기능 등을 위해서는 Navisworks 등 별도의 소프트웨어가 필요하다.

이러한 시뮬레이션 소프트웨어들은 주로 건축공사와 플랜트 공사에 특화되어 있으므로 토공사 등을 다량 포함하는 토목공사용으로는 별도의 프로그램을 구성할 필요도 있다. 캐드 소프트웨어 외에도 하드웨어를 갖추어야 하며, 규모가 크지 않은 프로젝트 수준이라면 일반적인 개인용 컴퓨터 수준에서도 충분히 운영이 가능하다.

4 기타 빔 운영 소프트웨어

캐드 이외의 고도화된 빔 기능을 활용하기 위해서도 기능별로 상용화된 빔 소프트웨어를 사용할 수 있으나, 이때는 빔을 사용하고자 하는 목적과 적용범위를 분명히 하여 시스템을 선택하여야 한다. 즉, 간섭관리가 목적이라면 3D모델링을 하는 상용캐드시스템에도 상당한 간섭관리 기능을 자체적으로 포함하고 있으므로 별도의 간섭관리 기능을 갖춘 시스템이 필요한지 검토해봐야 하는 것이다.

현장의 장비간섭 등 보다 전문화된 간섭관리 기능을 필요로 한다면 이러한 기능을 갖춘 빔 시스템을 별도로 구비해야 한다. 또한 빔 기반 물량산출을 고려한다면 캐드시스템 외에 3D기반 물량산출 기능을 갖춘 시스템을 별도로 갖추어야 한다. 그림 1-14는 업무 절차 개선을 포함한 고도화된 빔 운영에 필요한 각종 도구들을 표현하고 있다.

그림 1-14 고도화된 빔 운영 도구

5 기타 정보화도구 연계

그림 1-14에 표현된 고도화된 빔 운영 환경은 실제 시공영상과 3D객체 이미지를 합성하여 완성도를 검증하는 증강현실 시스템과 3D프린터로 출력한 3D객체의 빔 연동체계 등을 포함하고 있다. 시공단계에 사용하는 공정시뮬레이션을 위한 4D시스템은 상용화된 도구들이 다양하게 있으므로 선택적으로 사용할 수 있고, 비용 시뮬레이션 등 목적에 따라 5D시스템들도 추가로 구성할 수 있다.

기관 내에서 고도화된 빔 운영체계를 보다 효율적으로 활용할 수 있는 도구로 빔 룸(BIM room)을 구축할 수 있다. 빔 룸에는 빔 관련 시스템과 다양한 부서간 협업이 가능한 협업 운영체계 등을 구비하고, 관련 부서간 빔 환경에서 상호간 의사결정이 가능한 환경 구성이 필요하다. 그림 1-15는 빔 룸을 구축하여 운영하는 사례(www.odehengineers.com)를 표현하고 있다. 빔 룸은 반드시 구축해야 할 필요성은 없으나 이러한 환경에서는 부서간 업무 중복과 설계와 시공단계의 간섭사항 등을 관련 부서간 시각적 정보로 협업하면서 업무 효율성을 높이는 것이 가능하다.

그림 1-15 빔 룸 운영 사례

6 인프라 빔 운영시스템 구성

도로, 철도 등에 사용 가능한 빔 운영시스템은 GIS 및 토공 정보 등을 상세히 표현해야 하므로 이들에 특화된 시스템을 별도로 구비할 필요도 있다. 또한 시공단계에 사용하는 4D시스템도 건축공사는 수직적 공정들로 구성되는 반면에 토목시설물은 수평적으로 공정들이 구성되므로, 선형 축에 따라 시뮬레이션이 편리한 기능들을 필요로 한다면 별도로 개발할 필요도 있다.

토목시설물의 설계단계에는 도로, 철도 등에 특화된 설계 소프트웨어들을 활용하고 있다. 이들이 사용하는 기본 객체들도 2D중심에서 3D모델 중심으로 변화되고 있으므로, 시설별로 특화된 상용화 도구들의 설계 산출물을 추가적인 빔 기능의 시스템에서 활용 가능한지 검토하여 시스템을 구축하여야 한다. 그림 1-16은 인프라 빔(Infra structure BIM)에 필요한 운영시스템들을 표현하고 있다. 인프라 빔 역시 그림 1-13에 표현한 빔 운영도구와 크게 다를 바 없으나, 도로, 철도와 같이 선형 축으로 긴 연장에서 공정들이 구성되고, 다량의 토공작업 등을 특별히 고려한다면, 토공작업에 적합한 3D모델링 도구와 선형축 시뮬레이션 도구들이 추가로 구성될 수 있다.

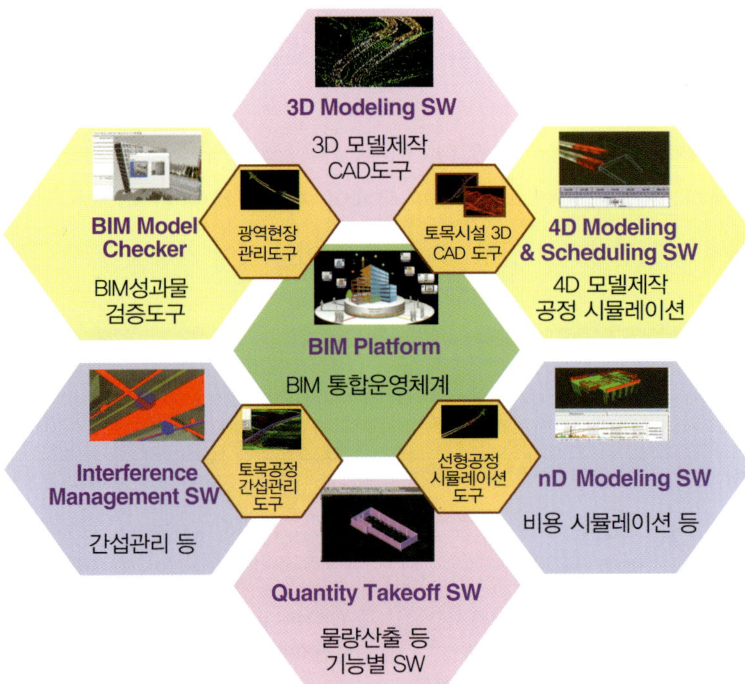

그림 1-16 인프라 빔 운영시스템 구성

7 업무프로세스의 개선

빔을 운영할 때 간과하기 쉬운 부분이 빔 객체를 사용하는 업무 절차의 개선과정을 소홀히 하는 것이다. 빔 운영 효율을 높이기 위해서는 빔 정보를 활용하는 업무 절차를 빔 환경에 맞도록 개선해야 한다. 즉, 3D정보를 사용하려면 기존에 시행하지 않았던 새로운 업무 절차(예로서, 3D도면 제작 업무 등)들이 기존 프로세스에 포함될 수 있고, 반대로 기존에 시행하던 업무절차가 생략 되는 부분(예로서, 부서별 분리되어 개별 시행되던 간섭 검토업무가 통합 업무로 변화)도 생기게 된다. 이러한 업무 절차들이 빔 환경에 맞도록 개선되어야 현장관리 및 빔 운영체계에서도 효과를 최대화 할 수 있다.

2.2 빔 운영 인력

1 빔 기본 운영 인력

빔을 활용하려면 시스템의 구축도 필요하지만 빔을 운영하는 전문 인력도 요구된다. 빔 시스템 구축을 시도하는 기관에서 자체적으로 3D모델링을 할 수 있는 인력이 확보되는 것이 바람직하지만 그렇지 않다면 3D모델링 작업은 외주로 하여야 하고 공정객체 및 4D시스템 운영 등도 자체 인력이 없다면 외주로 시행하여야 한다. 즉 3D모델링 및 4D시스템 등 다양한 프로젝트단위로 빔 적용을 시도한다면 자체적인 빔 전문 인력을 확보하는 것이 적절하다.

빔 전문 인력에서 3D모델링 및 빔 운영시스템 전문가는 기본적으로 요구되는 인력이다. 3D모델링 전문가는 캐드시스템의 활용 전문가를 의미하고 빔 운영 기능의 전문가는 아니므로 구분하여 생각하여야 한다. 통상 3D모델링 전문회사가 토공과 교량, 터널 등의 구조물을 포함하는 20km 내외의 4차선 고속도로를 주요 공종단위로 3D모델링을 하면 2명 내외의 인력이 1~2달 내외의 작업기간이 소요된다. 구조물의 규모와 모델링의 상세 정도에 따라 소요되는 인력의 변동성이 크지만, 빔을 대부분의 시설물에 적용하고자 하는 기관이라면 자체적으로 빔 인력을 구성하여 운용하는 것이 적절하다. 그림 1-17은 빔 운영에 필요한 인력구성을 나타내고 있다.

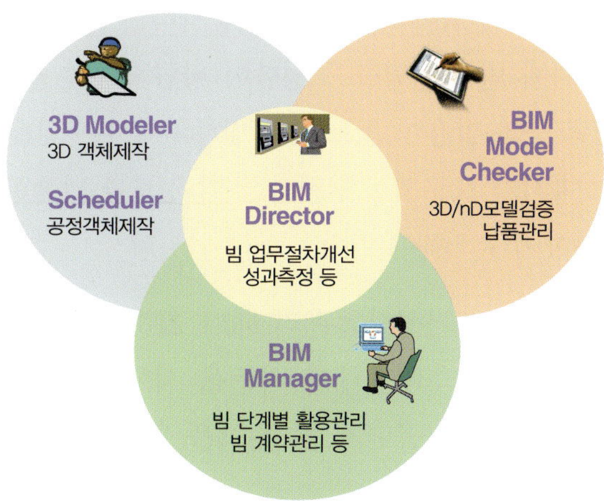

그림 1-17 빔 운영 인력 구성

3D모델러 및 스케줄러(scheduler)는 3D모델을 제작하는 캐드작업자와 공사일정을 계획하는 공정관리자이고 모델 체커(model checker)는 납품되는 빔 모델의 적합성을 검증하는 엔지니어이다. 빔 디렉터(bim director)는 해당 프로젝트 전체의 빔 업무를 총괄하는 관리자를 의미하고 빔 매니저(bim manager)는 빔 디렉터 밑에서 프로젝트 단계별 빔 적용관리 등을 담당하는 실무 책임자 역할을 하게 된다.

2 빔 매니저

프로젝트 규모에 따라 빔 도입 및 운영 현황을 총괄 관리하는 빔 디렉터가 있을 수 있고 빔 디렉터 대신에 빔 매니저가 총괄 운영하는 사례들도 많이 있다. 빔 매니저는 해당 프로젝트 전반에 빔의 활용부터 성과물 관리까지를 총괄하여 빔 운영 효과를 극대화하기 위한 빔 전문가 역할을 하게 된다. 일정 규모 이상의 프로젝트는 다양한 이질적인 공종들이 연계되고, 이러한 작업 또는 부서간의 빔 정보는 상호간 연결성을 검토하는 빔 매니저 역할이 요구된다.

이러한 빔 운영에 필요한 인력의 확보는 적정 인력을 빔 전문가로 변화시키는 체계적인 교육 프로그램의 활용이 필요하고, 2~3주 교육으로 빔 매니저 역할을 할 수는 없으므로 장기적인 교육 프로그램 운영체계를 갖추어 기관 내 빔 전문가를 전략적으로 양성함이 필요하다.

3 참여기관별 빔 운영환경의 개선

설계사에서는 3D도면을 제작해야 하므로 관련 소프트웨어 및 하드웨어 구축이 필수적이고 이를 위한 적정한 인력이 요구된다. 시공사라면 초기에는 빔 운영을 외주하여 시행할 수 있으나 자체 빔 운영팀을 구성함이 바람직하고 공정관리 업무 등의 시각화를 위한 4D시스템 등의 활용이 필요하다. 발주처에서는 설계 빔 대가 기준을 합리적으로 마련하여 설계사가 프로젝트에 적합한 빔 정보를 납품할 수 있도록 해야 하고, 그 외에도 다음 사항에 유의해야 한다.

① 빔 대가 기준 : 설계 및 건설사업관리 대가 기준 등을 참조하여 적정 빔 성과품이 납품되도록 합리적인 대가 기준을 시행해야 한다.

② 빔 가이드라인: 설계 및 시공단계 빔 운영을 위한 가이드라인이 구축되어야 한다.

③ 빔 성과품 검증체계 : 납품되는 설계 및 시공 빔 성과품의 적정성을 확인할

수 있는 빔 성과품 품질관리체계가 구축되어야 한다.

④ **빔 효과 검증:** 빔을 적용하였을 때의 유무형의 효과를 검증하여 후속 프로젝트에 재활용할 수 있는 운영체계가 필요하고, 이러한 업무는 중소 기관에서는 시행하기 용이치 않으나 지속적인 빔 활용을 목적으로 한다면 적용 기관의 빔 운용 강점을 파악하기 위해서 다양한 검증 방법을 고려할 필요가 있다.

2.3 빔 적용 범위

1 빔 적용 범위별 구비 도구

건설회사 또는 발주기관에서 빔 체계를 운영하기 위해서는 빔 성과물 제작을 위한 캐드도구 및 관련 소프트웨어를 구비해야 하고, 이러한 빔 운영 도구들은 해당 기관에서 직접 3D제작 등을 할 경우에는 필수적으로 필요하며, 관련 업무를 외주로 시행할 경우에는 납품되는 빔 성과품의 검증과 프로젝트의 빔 기능 활용 용도에 따라 필요한 도구들을 구비하면 된다.

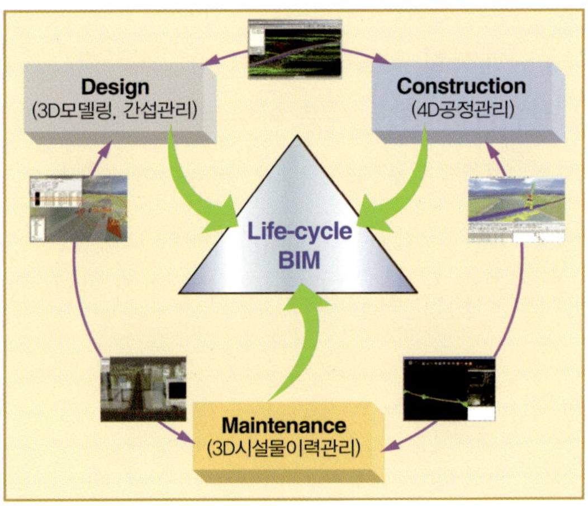

그림 1-18 공사 단계별 빔의 대표 적용범위

이러한 환경이 구비되면 빔의 적용 단계를 결정해야 되며 대형 프로젝트로서 빔 활용효과를 기대한다면 설계초기단계부터 적용함이 적절하고, 단순 공정의 프로젝트로서 빔의 기본적 기능인 간섭관리 등의 효과를 원한다면 설계단계 적용을 검토할 수 있다. 시공단계에만 빔을 적용하면 가장 많이 활용하는 4D시스템에 의한 공정관리 시행과 증강현실(augmented reality) 기능 등에 의한 시공 성과품의 설계대비 완성도 검증 등에 적용할 수도 있으나, 설계단계 3D모델이 없으므로 새로 제작해야 하는 번거로움이 있다. 그림 1-18은 공사 단계별로 빔의 대표적 적용 범위를 중심으로 빔의 기능이 표현되어 있다.

2 단계별 빔 적용 범위

일반적으로 빔의 적용은 설계단계가 우선적으로 적용되고 설계단계에 적용하는 가장 기본적인 범위는 3D모델을 제작하여 부위간 간섭사항을 검토하는 업무이고, 이 정도의 빔 업무 범위라면 3D 캐드도구만 있어도 가능한 업무 범위이다. 이러한 업무에 3D기반 물량산출 업무와 설계 정합성 검토업무, 시설물 에너지발생량 관리업무 등을 포함하면 다양한 기능의 빔 도구들이 필요로 하게 된다.

설계단계에 3D모델이 공정단위를 고려하여 제작될 수 있다면 시공단계의 빔 적용은 매우 간단해질 수 있다. 그러나 대체로 설계단계의 3D모델은 공정을 고려하지 않은 합성객체 단위로 제작되는 사례가 많으므로 시공단계에 활용하기 위해서는 별도로 3D를 제작하든지 제작된 3D객체를 공정단위로 분할 또는 병합하는 작업이 소요된다. 그럼에도 설계단계에만 빔을 적용하면 유지관리단계의 빔 활용효과를 갖기 어려우므로 가능하면 시공단계까지 적용되는 것이 바람직하다.

시공단계의 빔은 공정시뮬레이션과 시공 완성품의 설계대비 정합성을 다양한 3D도구를 이용하여 검증하는 과정이 포함되고, 인공지능에 의한 이미지 추적 기법 등을 이용한 현장 안전관리, 드론 영상 정보의 빔 개체와 연동 기능 등이 포함될 수 있으며, 최종적으로는 시공 준공품을 빔 모델로 구성하여 유지관리단계로 이첩시키는 업무를 포함하게 된다.

3 빔 적용효과

3.1 빔 적용 정성적 효과

1 설계 및 시공단계의 사전 간섭관리 효과

발주기관이나 기업에서 빔을 적용하고자 할 때 우선적으로 파악하고자 하는 부분이 빔의 적용효과이다. 이러한 적용효과는 정성적인 효과와 정량적인 효과로 구분할 수 있으며, 정성적인 효과는 다음과 같다.

기본적으로 설계단계에는 빔 객체의 활용에 의해 간섭사항을 사전에 검증하므로 실제 시공시에 간섭으로 인한 시공성을 개선할 수 있다. 또한 시공모습의 사전확인으로 시공성을 고려한 설계 작업을 할 수 있다. 그림 1-19와 그림 1-20은 설계 부재간 충돌이 발생하는 상황을 가시화 한 모습이다.

그림 1-19 빔에 의한 설계 간섭오류 검증

간섭관리는 설계단계에만 해당되는 것이 아니고 시공단계에도 해당된다. 즉, 진행중인 공정들에 대해 개별 공정마다 작업공간을 사전에 설정해 놓으면 4D시뮬레이션 과정에 작업공간까지 동시에 시뮬레이션이 되어 각 공정간 작업공간의 간섭발생 현황을 사전에 검증할 수 있고, 이로써 실제 작업시의 시공성을 개선시킬 수 있다.

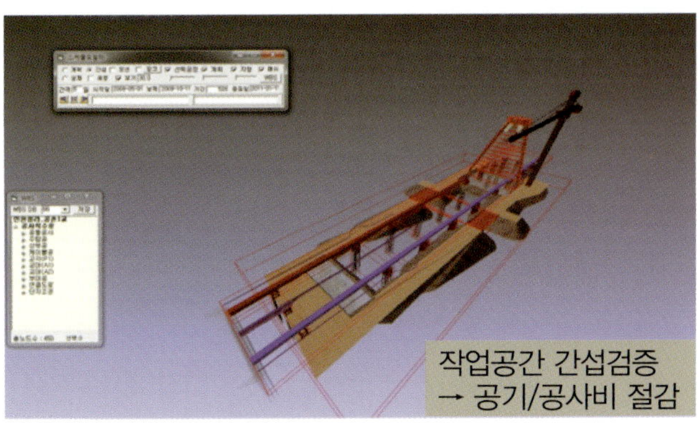

그림 1-20 빔에 의한 시공 간섭오류 검증

이러한 간섭검증 외에도 설계단계에 철근배근도 등의 3차원 검증, 2D도면 이용 시의 문제점인 도면의 위치에 따른 설계부재의 정합성 불일치 해소, 물량산출 자동화, 가상현실 시뮬레이션, 시공성 사전검증 등의 효과를 기대할 수 있다.

연장이 20km인 철도시설물 프로젝트 1개 공구의 2D 설계도면은 통상 만 장에 이를 만큼 복잡하고, 한 부위를 2D도면으로 표현하려면 평면도, 정면도, 측면도, 입면도 등으로 표기해야 한다. 이러한 작업이 3D로 표현되면 한 개의 3D모델로 모두 해결될 수 있고, 동일한 하나의 객체로 관리되므로 위치별로 단면 분석을 해도 정합성 불일치 문제가 없어진다.

2 시공단계 사전 시공효과

시공단계 빔의 대표적인 활용은 4D시스템에 의한 공사 일정별 사전 시공 시뮬레이션 기능이다. 그림 1-21은 시공단계 4D시스템의 공정시뮬레이션으로 공사 개시 이전에 임의 시점에 대하여 공사 완성도를 시뮬레이션 하는 기능을 표현하고 있다. 이러한 기능은 공사 참여자간에 공정 진도협의를 효율적으로 개선할 수 있고, 기존의 수치적 공정정보를 시각화하여 공정관리 도구 활용 효과를 극대화 할 수 있다.

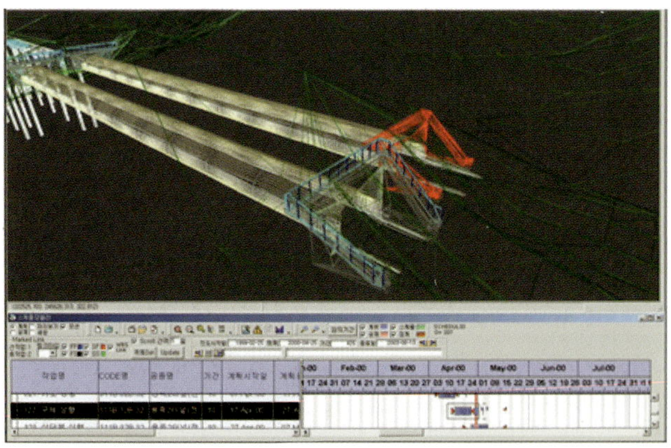

그림 1-21 4D CAD에 의한 사전 시공효과

시공단계에는 4D시뮬레이션 등에 의해 사전에 가상공간에서 모의 시공을 해봄으로써 공정 수순오류 및 시공오류를 감소시킬 수 있다. 즉 그림 1-22에서와 같이 가물막이공 벽체작업이 연결부 벽체작업보다 먼저 시공되어야 하나 순서가 바뀐 채 시공되는 모습을 시뮬레이션 하여 보여 줌으로써, 공정간 순서가 잘못된 모습을 표현하여 공정 오류를 사전에 방지하는 효과를 가질 수 있다.

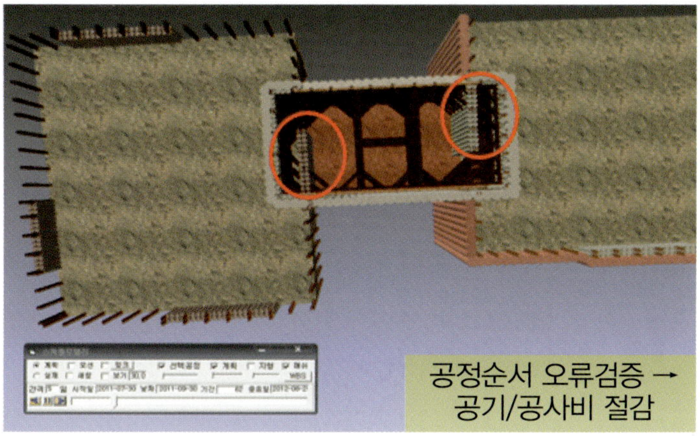

그림 1-22 빔에 의한 공정 수순오류 검증

3 공기 및 공사비 절감효과

빔을 적용하면 계획대비 공기가 지연되거나 사업비가 초과되는 공정들을 필터링(filtering)하여 시각화가 가능하므로 효율적인 공사기간 및 공사비용 관리를 초기단계부터 계획된 범위내에서 할 수 있도록 한다. 이러한 과정은 계획대비 공기와 공사비가 초과되어 진행되는 상황을 사전에 방지하도록 한다. 빔을 운영함으로써 갖는 간섭검증, 시공성 검증 등의 효과는 결과적으로 공기와 공사비 절감효과로 나타나게 된다.

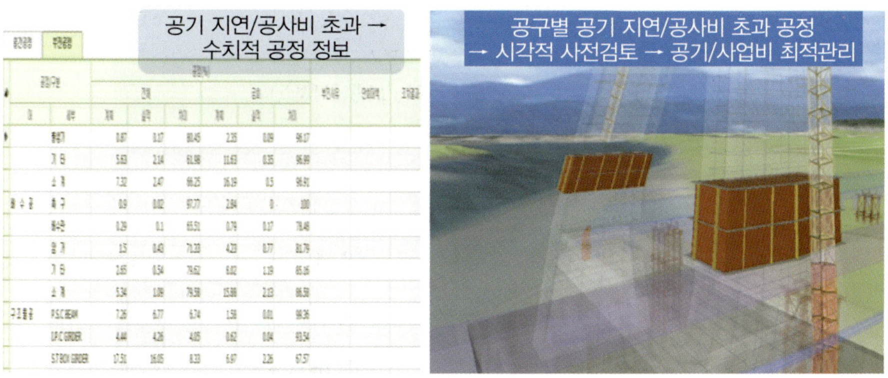

그림 1-23 빔에 의한 공기 및 공사비 초과 공정의 검증

시공과정에 빈번히 발생하는 설계변경에 대해서도 기존에 변경 전후의 비용위주 검토에서 변경 전후의 시공 모습을 시각적으로 검증하여 설계변경의 타당성을 확인할 수 있으므로 설계변경을 감소시킬 수 있다. 그림 1-24는 빔에 의해 설계변경 이전과

이후의 비용정보와 시설물 모습의 변화 과정을 검토하는 모양을 나타내고 있다. 이러한 기능으로 설계변경이 감소된다면 공기와 공사비 절감효과로 나타나게 된다.

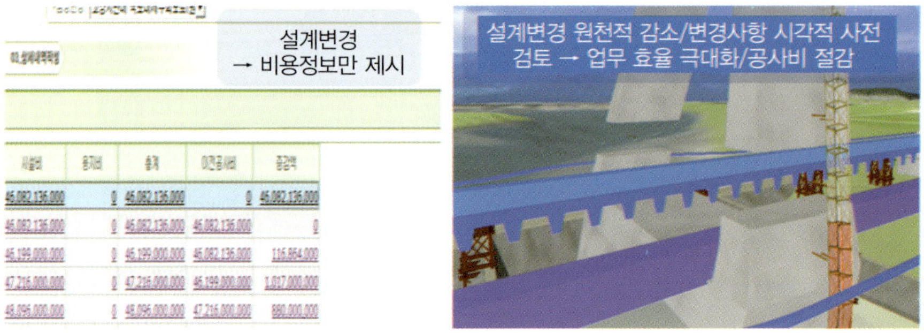

그림 1-24 빔에 의한 설계변경 정보 시각화

4 협업관리 효과

이러한 효과들은 결과적으로 공사비용과 공사기간의 절감으로 연결될 수 있다. 미국 맥그로힐(McGraw-Hill)에서 발간한 건설 선진 9개국의 빔 활용 실태보고서에 의하면, 빔을 적용했을 때 협업관리 등에 의한 긍정효과 및 부정효과가 일본 및 독일 97% : 3%, 미국 74% : 26%로 보고된 바 있다. 즉, 프로젝트의 성격에 따라 성격이 상이한 다양한 공정들이 포함되고 다양한 관리부서가 관여할 때 공정간 및 부서간 협

그림 1-25 빔에 의한 공정/부서/공구간 협업관리효과

업관리를 시각적으로 할 수 있으므로 업무 효율을 극대화할 수 있다는 것이다. 그림 1-25는 빔에 의한 협업관리 모습을 표현하고 있다.

토공, 교량 등이 포함된 토목공사를 2D도면으로 작성하면 엄청난 양의 도면이 작성되고, 서로 상이한 공정인 토공, 구조물, 궤도 등에 대해 부처별로 개별적인 도면관리를 하고 있으므로 상호 인터페이스 관리가 어렵다. 이러한 이유로 공사 마지막에 문제가 생겨 선형이 변경되는 사례가 자주 있고, 이러한 사항을 예상하여 공사초기에 토공, 구조물 등의 물량을 많이 잡는 경우도 많으며 결국 공사비와 공기 증가의 주요 원인이 된다. 빔 체계하에서는 3D기반 협업 및 상호 간섭관리가 가능하므로 상당부분의 사전 절감이 가능하게 된다. 그림 1-26은 철도공사에서 빔에 의한 공기 및 공사비 절감요인을 표현하고 있다.

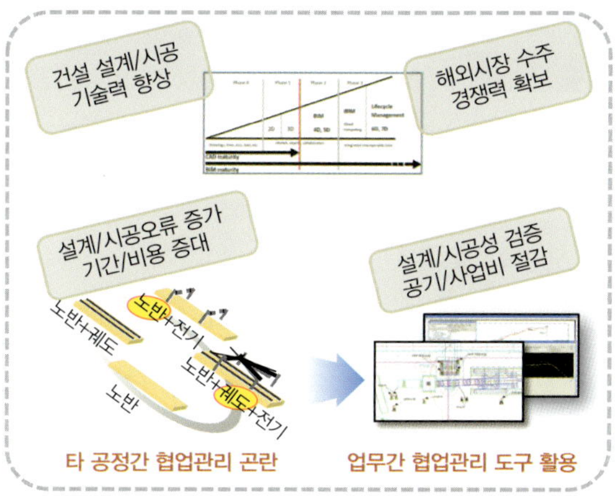

그림 1-26 빔에 의한 공기 및 공사비 절감

5 도면관리 시각화 효과

과거 청사진 방식의 설계도면을 현재 2D도면으로 변경할 때, 공기나 공사비 절감이 얼마나 될 것인가 의문을 가졌다면 적용이 어려웠을 것이다. 2D도면이 3D모델로 변화되는 과정도 같은 과정을 거치고 있는 것이고, 이러한 기법의 활용은 가시적인 공기, 공사비 절감만 생각해서는 적용하기 어려운 부분이다. 구조물의 모습을 타인에게 설명할 때 2D도면 100장으로 하는 것보다는 3D도면 1장으로 보여주는 것이 의사전달효과 측면에서 비교의 대상이 안되는 점을 인식할 필요가 있고, 이런 부분은 비용과 시간측면에서 정량적으로 표현하기가 어려운 부분이다.

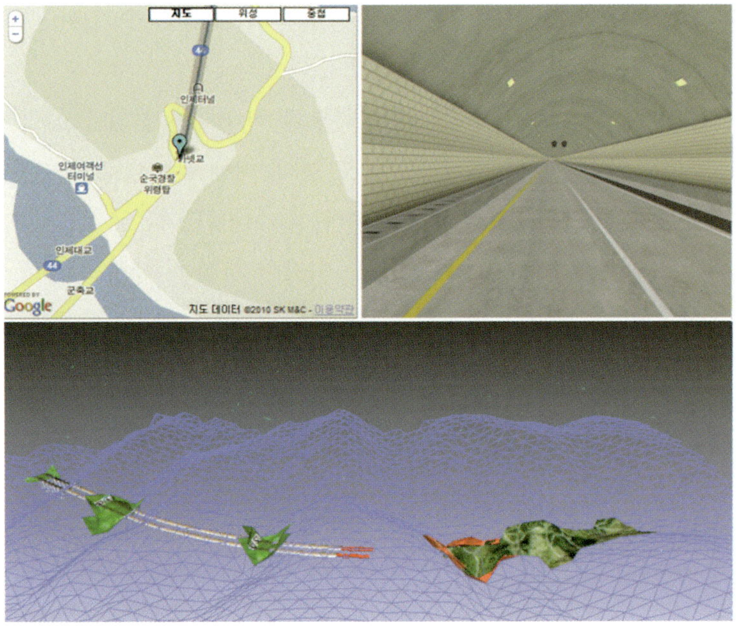

그림 1-27 빔에 의한 도로 터널공정의 시각화 효과

6 비가시적 공정의 시각화 효과

빔 활용의 기본적 목적은 공사 정보의 3차원 기반 시각화 효과를 갖기 위함이다. 공사 정보의 시각화는 공정이 외부에서 진행되는 가시적 공정보다는 공정의 작업이 외부에서 확인이 어려운 내부에서 진행되는 작업들에 더욱 효과가 크다. 특히 전체 구간의 30% 이상이 터널공정으로 구성되는 철도 및 도로시설물에서의 터널 공정현황은 외부에서 파악할 수 없으므로 더욱 빔의 시각적 객체화에 의한 활용성이 크다고 볼 수 있다. 그림 1-27은 산악지역에서 시공 중인 터널 공정의 진행 모습과 해당 터널 지점에서의 구글(Google) 위치와 완성 후 주행 모습을 표현하고 있다.

3.2 빔 적용 정량적 효과

1 수치적 효과 측정

일반적으로 빔을 적용했을 때 수치적 효과는 공사비용 및 공사기간 면에서 어느 정도 절감이 되는지를 파악하는 것이지만, 현실적으로 이러한 부분을 정량적으로 분석하는 것은 쉽지 않다. 즉, 빔을 도입했을 때 설계단계에 간섭발생을 감소시키고 시공단계에 사전 시뮬레이션으로 시공오류를 감소시킬 수 있지만, 그러한 효과를 정량적으로 파악하기 위해서는 동일한 프로젝트를 빔을 적용했을 때와 하지 않았을 때 등으로 동시에 시행해 보지 않는 이상은 정확한 차이 값을 파악하기 어려운 것이다.

그러나 지금까지 빔을 적용하였던 사례에서 비용이나 공사기간 면에서 손실을 보았다고 보고된 사례가 거의 없고, 빔을 적용하다가 적용하지 않은 사례도 흔치않은 점을 보면 일정부분의 적용효과는 발생하고 있는 것이다. 비공식적으로 적용효과의 정량화된 수치는 공사비용면에서 5~20%까지 절감사례가 보고되고 있고, 공사기간 면에서도 2~10% 이상 절감사례가 보고되고 있다. 이러한 사례들은 빔의 적용 대상 시설물 종류에 따라 큰 편차를 나타내고 있고, 플랜트나 건축공사 프로젝트가 상대적으로 더욱 가시적인 절감 효과를 느끼고 있다.

2 빔 적용 편익비용

빔 적용시 편익비용을 예로 들면 다음과 같다. 철도공사 10km 구간(2,000억원, 교량, 터널 포함)의 3D, 4D구성 등 빔 최초 구축비용을 1.5억원 예상(최초 구축 후, 타 공구 적용시는 시스템 재활용하고 3D객체 구성비용만 소요됨)하면, 기대 편익은 물량 산출 정확화 및 설계변경감소 등으로 30억원 이상 예상할 수 있다. 즉, 통상적 설계변경금액을 사업비의 5% 정도로 보고, 빔 적용에 의해 설계변경금액의 30% 이상 감소를 고려하면 이 금액이 계산된다.(2,000억원*0.05*0.3=30억원)

일반적으로 2D로 설계한 철근물량을 3D로 산출해 검증해보면 통상 2~5% 초과물량이 산정되어 있는 사례가 보통이다. 이러한 자료는 시공사 등에서 공개를 안 하므로 획득은 어렵지만, 초기에 3D기반의 빔 설계를 하면 2D 대비 적정 물량을 산출할 수 있으므로 공사비절감 차원에서 빔을 선호하는 주요 이유이기도 하다. 이러한 점을 고려하면 위 금액은 3D에 의한 물량산출의 정확해로 인해 절감 가능한 물량이 2% 이상이 되므로 더욱 절감이 가능하다.

3 편익분석보다 패러다임의 변화

싱가포르 창이공항 지반 개량 프로젝트의 입찰 단계에 빔을 적용한 사례에서는 5개 회사가 JV(joint venture)를 구성하여 입찰에 참가하였으며, 한 곳은 수기로 토공 물량을 산출하고 한 곳은 빔 기반으로 토공 물량을 산출하였는데 그 차이가 싱가포르 달러 1000만불(약 85억)에 이른다고 보고된 바도 있다.

발주기관이나 설계 및 시공회사에서 빔을 도입하고자 할 때 우선적으로 요구하는 정보들이 빔 적용 전후의 편익분석 수치이다. 그러나 이러한 편익분석 수치들은 정량화도 쉽지 않고 프로젝트종류별로 차이가 있게 된다. 빔 적용은 이러한 편익분석 이전에, 각종 정보도구의 발달로 건설공사에도 정보시각화 요구가 증대되고 있고 설계 및 시공환경도 2D에서 3D 및 nD 환경으로 패러다임(paradigm)이 변화하고 있기 때문에, 이러한 변화요인으로 빔의 활용도가 높아지고 있는 점을 인식하여야 한다.

CHAPTER 2

빔 관련 표준

1 빔 표준의 개념 및 필요성

1.1 오픈(open) 빔

1 빔 정보의 호환성

시각적 기반의 건설정보화를 위해서 반드시 필요한 요소가 작성된 빔 정보의 호환성 확보문제이며, 상호 호환성을 확보하면서 빔 객체를 구성하는 것이 오픈 빔(open BIM, big BIM)이다. 즉 대부분의 건설정보가 캐드 소프트웨어를 이용하여 작성되므로 작성된 3D 및 다차원 캐드객체들이 다른 캐드 소프트웨어에서 호환이 되지 않는

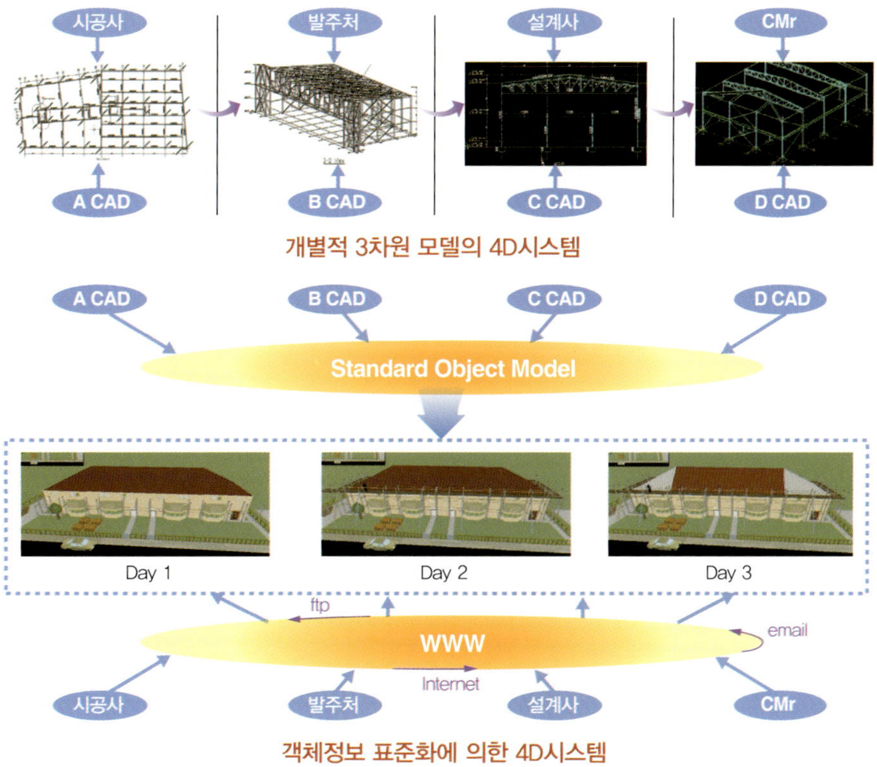

그림 2-1 빔 정보의 호환성 확보

다면 활용성에 많은 제약을 갖게 된다. 이러한 3차원 도면정보 및 다차원 캐드정보의 호환성은 빔 운용시 문제점 중의 하나로 지적되고 있으며, 이러한 호환성 문제 해결을 위한 대표적 활용 코드가 IFC(industry foundation classes)이고 추가로 다양한 연구와 호환성 작업들이 지속적으로 진행되고 있다.

그림 2-1의 상단과 하단은 각각 빔 시스템이 갖고 있는 이러한 정보단절의 문제와 개선을 위해 IFC 등의 표준적 객체정보에 의한 온라인상의 정보호환 구성방향을 표현하고 있다.

2 3D객체의 호환성

빔 정보의 호환성 확보 노력은 1996년 IAI(international alliance for interoperability) 조직을 중심으로 초기에 발전되어 빌딩스마트협회(Building Smart)를 비롯하여 각국의 다양한 기관들에서 시행되고 있다. 이들의 주요 목표는 건설분야의 정보호환성을 부여하기 위한 IFC 기준을 제정하여 IFC에 의한 프로젝트 생애주기 동안의 국제간 표준적 건설정보호환이 가능하도록 하는 것이다.

특히 빔 운용시에 일부 시스템은 내장된 구현기능을 위해 특수 뷰어(viewer)가 요구되어 실시간에 의한 빔 정보의 호환에 장애요인이 되고 있으며, 이 점의 해소를 위해서는 일반적 컴퓨터체계에서 공용화된 도구로 구현이 가능하도록 해야 한다. 또한 인터넷 기반으로 빔의 모든 정보 호환기능 강화를 위해서는 3D객체구성의 표준화가 요구되며, 상호간에 표준화된 3D객체정보를 활용하는 것이 필요하다. 빔 시스템의 구성은 대부분 3D객체에 근거하므로 빔 시스템의 실무적 활용성 역시 3차원 도면정보의 공유성 및 호환성과 밀접한 관계를 갖게 된다. 따라서 캐드 제품에 따른 3차원정보의 호환성이 문제시된다면 빔 시스템의 활용성 역시 저하될 우려가 있는 것이다.

3 캐드파일의 호환성

건설공사의 설계과정에 캐드 프로그램의 사용은 필수적이며, 4D 개념의 공정관리 시스템개발 시에도 캐드 소프트웨어와의 연계가 필수적이다. 대표적 캐드 회사인 Graphisoft, Bentley, Autodesk 사 등에서 시판중인 캐드 소프트웨어들은 독자적 사용시 불편함을 느끼지 못 할 정도의 적용수준을 갖고 있으나, 캐드파일의 호환 시에는 상호간의 정보단절이라는 문제점을 느끼게 된다. 인터넷에 의한 정보공유가 일반화되어 있는 사이버공간에서 이러한 호환성 문제는 정보공유의 장애요인이 되고, 사이버시대의 다국적 기업간 또는 건설프로젝트 계약자간의 의사전달 시에 더욱 큰 심각성이 있는 것이다.

이러한 캐드 정보파일의 호환성을 확보할 수 있는 방법은 첫째, 기존 캐드 회사의 소프트웨어 규격을 새로이 표준화함으로써 가능하다. 이 방법은 설계회사들이 고가의 새로운 소프트웨어를 구입해야 하며, 또한 새로운 규격에 대한 교육이 요구된다. 둘째로 기존의 소프트웨어들에 상이한 캐드 정보의 호환을 위한 공통적 기준을 부여하는 방법이며, 이 방법은 새로운 소프트웨어의 구입 없이 기왕의 제품에 익숙화된 방법으로 사용할 수 있는 장점이 있으나, 완벽하지 않은 기준에 의한 정보공유의 문제점이 제기될 수 있다.

4 빔 정보 호환성 변화

그림 2-2는 빔의 용어가 탄생하기 이전인 1995년부터 IFC 표준 등에 의한 건설정보의 시각화 요소 변화과정을 표현하고 있다. 현재까지 빔의 발전은 기존 건설정보의 시각화 중심이고 빔이 표현하는 정보는 설계 및 시공현황의 제작된 모습을 표현해주는 수동적 기능 중심이다. 반면에, 향후의 빔 기능은 단순한 시각적 정보전달 외에 의사결정 기능 역할을 할 수 있는 능동적 기능으로 발전될 필요가 있다.

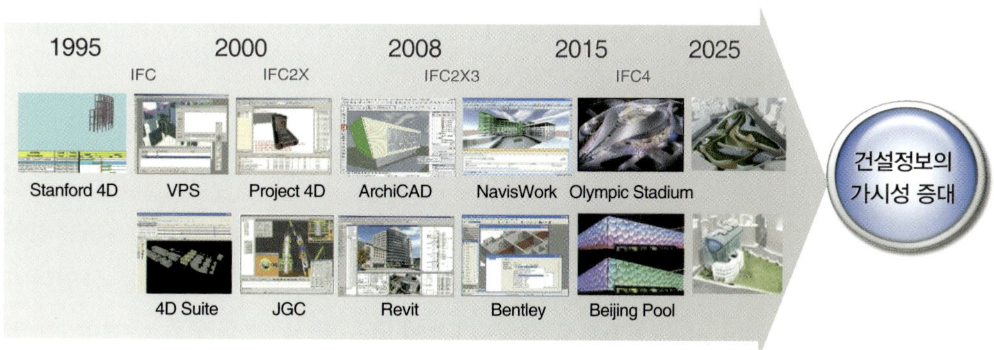

그림 2-2 BIM표준 등 건설정보의 시각화과정

빔 운용체계에서도 이와 같이 빔 정보들이 다양한 활용 주체간에 공통적으로 호환되어 사용될 수 있도록 구성하는 방식을 오픈빔(Open 빔, Big 빔) 개념으로 표현하고 있고, 특정 기관내에서만 운용될 수 있고 기관 외에서는 호환성 확보가 안되는 운용방식을 폐쇄형 빔(Little 빔)이라 한다.

1.2 STEP 및 IFC

1 STEP

기계, 조선, 건설 등의 제품정보 호환성은 캐드 도면정보의 호환성과 직결되며, 제품을 전자적으로 표현한 도면정보들은 캐드 시스템 공급사들의 캐드 화면 구성을 위한 엔터티(entity) 사양 차이 등으로 정보호환이 불가하였다. 이를 해결하기 위해 ISO 기술분과 소위원회(TC 184/SC 4, TC 184 : industrial automation systems and integration분과, SC 4 : international industrial data standards 소위원회)에서는 제품의 설계, 제조, 사용, 유지관리, 폐기단계까지, 즉 생애주기 동안 발생되는 제품정보의 표현 시 소프트웨어간 또는 사용자간 호환성을 부여할 수 있는 도구를 개발하고자 하였으며, 이것이 STEP(standard for the exchange of product model data, 제품모델정보 호환기준)으로 정의된다. 즉, STEP은 제품정보의 전자적 표현을 위한 국제적 표준을 의미하며 ISO 10303으로 불리기도 한다.

2 IFC 필요성

STEP은 100여개 이상의 파트(part)로 구성되어 있으며, 각 파트는 산업의 각 분야별 제품정보의 표현방법, STEP의 활용방법, STEP 응용시스템 등을 명시하고 있다. 예로서 200번대 파트들은 건설, 조선, 기계 등의 산업분야별 STEP 응용 규약(application protocols)들을 명시하고 있다.

STEP은 이와 같이 건설이외의 기계, 전기, 조선 등의 모든 산업분야를 망라하고 있기 때문에 적용성이 광범위한 반면에 실제적용을 위한 절차에 상당한 시일이 소요되고 있다. IFC는 STEP의 이러한 단점을 보완하기 위해 STEP과도 호환성을 갖는 건설 산업분야에 적용 가능한 제품정보 표준을 별도로 구성한 것이며, 결국 건설 산업분야 제품정보의 국제적 전자 표준은 IFC로 짧은 기간에 표준화 및 호환성을 부여할 수 있도록 한 것이다.

2 IFC 개요 및 구성요소

2.1 IFC 표준에 의한 캐드정보의 표현

1 IFC 구성

건설 분야의 캐드정보 호환성 문제를 해결하기 위해서는 다양한 캐드 제품회사 및 사용자 간에 캐드정보를 제품의 제조사 및 사양에 관계없이 활용할 수 있는 공통 포맷(format)이 필요하다. 이때의 공통적 기준으로 국제표준화기구에서 IFC 표준을 정의하였고, IFC 사용의 목적은 캐드 제품에 관계없이 캐드정보의 완벽한 호환성을 확보하기 위한 것이다. 일반적으로 캐드정보의 표현에서 물체의 세부 부위 표현은 축척 화면상에서 직접적인 부위의 위치에 캐드 제품의 그림도구(사각형, 원, 선 등)를 이용해 해당부위의 물리적 실체를 나타낸다. 반면에 IFC는 이러한 기존의 캐드로 표현되는 부위들을 객체(object)기반으로 구성하여, 각각의 객체를 세부적 속성(attribute)들로 표현함으로써, 캐드 회사들이 IFC 규격을 자사의 제품에 적용하고 있다면 모든 캐드 제품들에서 별도의 수정 없이 해당 객체를 2D, 3D로 구현할 수 있도록 하고 있다.

IFC모델은 STEP모델과 호환성을 갖고 있고, IFC 도면정보 표현이 현실화되면서 많

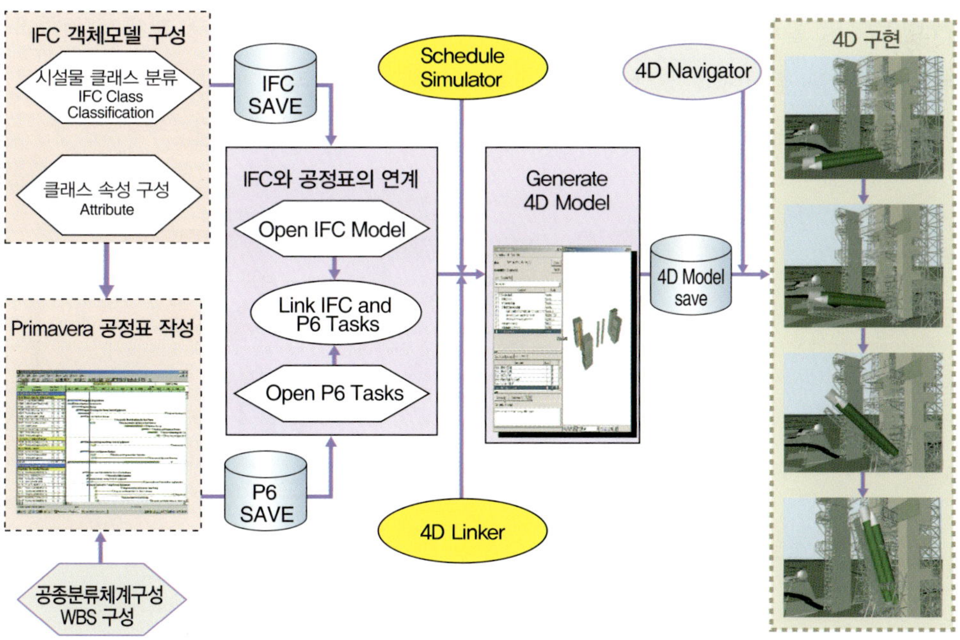

그림 2-3 IFC에 의한 빔 시스템 정보 구성

은 캐드 회사들이 자사의 제품 내에 사용자의 명령어를 최소화한 IFC 호환기능들을 도입하고 있다. 향후 빔 시스템의 3차원모델은 IFC 기반으로 구성될 것이므로 빔 시스템의 구성이 IFC 기반 모델이 아닌 경우 향후 정보의 호환성 및 실용성은 저하될 것으로 예상할 수 있다. 그림 2-3은 IFC 객체모델에 의한 빔 시스템의 구성방안을 표현하고 있다.

IFC는 이러한 건설 산업분야에 적용되는 생산품 객체(product object)들을 표준적으로 정의해 놓은 것으로 Release(R) 1.0 이후 현재 견적, 설비분야가 포함된 개념이 개발되었으며, 시공분야가 포함되고 있다. IFC 객체들은 대부분 건축객체들 위주였으나, 토목객체의 정의를 위한 작업들이 진행 중에 있다. IFC 기준을 만들기 위해서는 관련 캐드 회사들에서 건설공사 프로젝트 정보에 대해 공유할 수 있는 공통적 관점을 갖는 것이 필수적이며, 이때 공통적 관점이 바로 IFC 객체 모델(object model)로 알려져 있다. IFC 기준은 이러한 IFC 객체 모델을 기반으로 구성되어 있으며, 세부구성 요소는 다음과 같다.

2 클래스(Classes)

클래스는 객체를 정의하기 위한 객체지향 프로그램(object-oriented program)의 요소들로서, AEC/FM(Architecture/Engineering/Construction and Facilities Management) 분야의 물리적 객체를 표현하기 위한 정의와 시설물 내 해당 객체의 처리과정(process) 등을 명시하고 있다. 예로서 기둥, 벽체, 창호, 환기팬 등은 모두 객체로서 그림 2-4, 2-5와 같이 개개의 클래스로 세부사양이 정의될 수 있다.

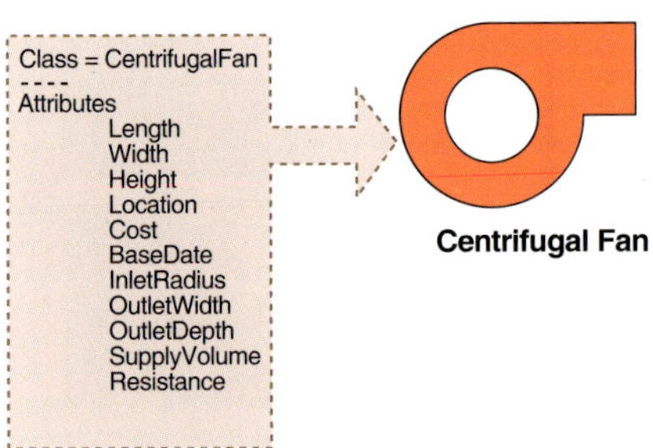

그림 2-4 IFC 모델의 클래스 표현 예

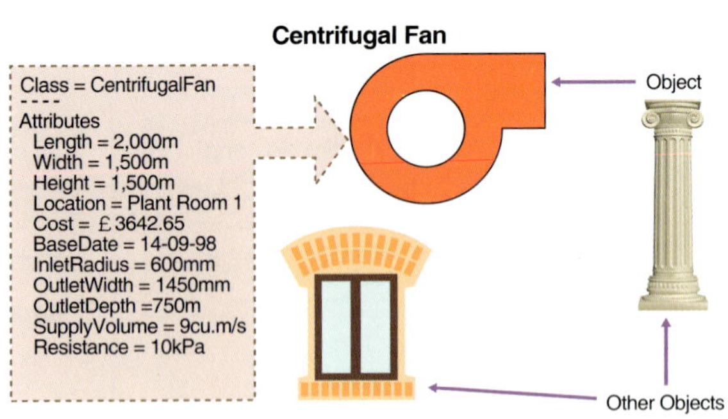

그림 2-5 클래스와 객체의 관계

3 속성(Attributes)

클래스가 객체의 사양을 정확히 표현하기 위해서 클래스 내부에는 객체 특성을 표현하기 위한 속성 그룹을 갖고 있다. 즉 속성은 AEC/FM 객체들의 특성 변수들이 되며, 각 변수마다 실제 데이터를 갖게 된다. 그림 2-6은 환기팬의 정의를 외관정의, 비용정의, 설치절차정의 등으로 구분하여 각각의 클래스로 정의한 후 해당 클래스별 속성내용들을 예시한 것이다. 그림 2-6의 예에서 외관정의 클래스에 있는 속성의 예는 환기팬을 캐드 파일화 할 때 요구되는 팬의 폭, 높이, 직경 등이 될 수 있으며, 설치절차정의 클래스는 팬의 설치일, 종료일, 공기 등이 속성으로 표현됨을 알 수 있다.

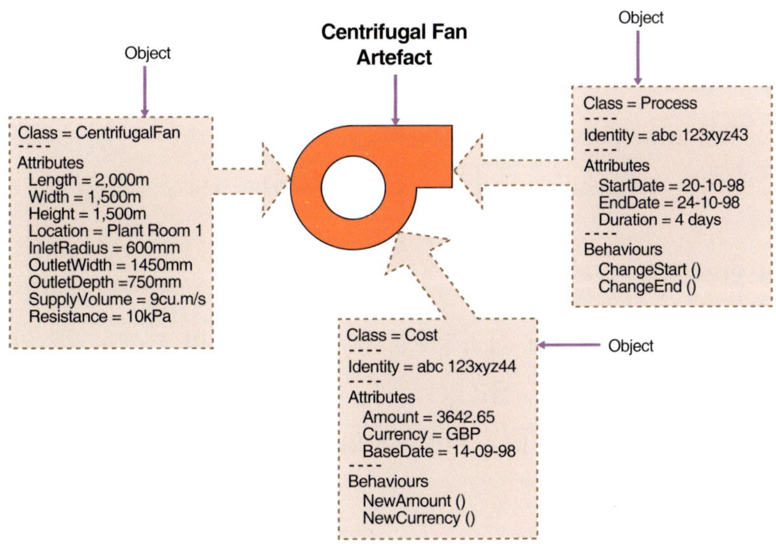

그림 2-6 IFC 모델의 클래스 속성 표현 예

2.2 IFC에 의한 건설정보의 호환

1 IFC 정보공유 형태

빔 표준관련 코드 제작 등의 업무를 수행하는 빌딩스마트협회에서는 시설물을 구성하는데 포함될 수 있는 모든 사물(things)들을 전자적 방식으로 표현하기 위한 표준을 정의하고자 하였다. 이때 각 사물들을 전자적으로 표현하기 위한 표준을 클래스로 정의하며 IFC는 이러한 각 시설물의 사물에 대한 표준을 전자적으로 정의한 클래스들의 집합체로 구성되어 있다.

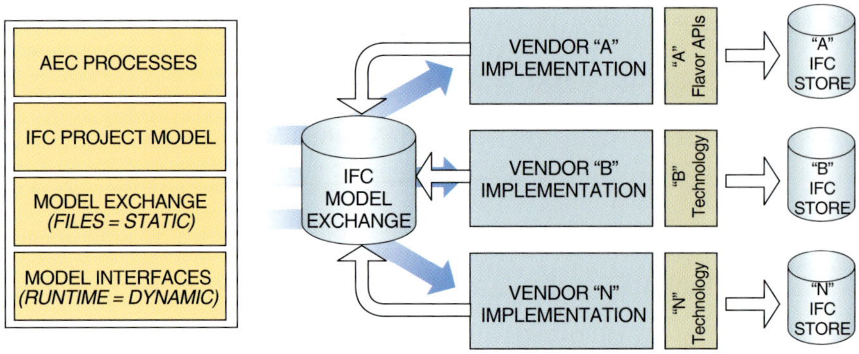

그림 2-7 IFC에 의한 응용 소프트웨어간 정보호환

이러한 IFC 기반 객체들은 AEC/FM 분야의 상이한 소프트웨어간 호환성을 갖게 되며, 이를 위해 소프트웨어 개발자들은 클래스, 속성 등으로 구성된 IFC 기준(specification)에 근거한 AEC/FM 객체들을 적용하는 소프트웨어들을 만들 수 있는 것이다. 이러한 IFC에 의한 기존 소프트웨어들의 호환성 부여는 그림 2-7과 같다.

2 IFC와 외부 정보의 연계

IFC 모델은 외부에서 작성된 참조정보들을 IFC 클래스와 연계할 수 있도록 지원한다. 이때 외부에서 들어오는 참조정보들은 IFC 정보교환체(exchange set, 예로서 HTTP 접속프로토콜을 갖는 URL) 내에 저장되어 있어야 하며, 참조정보의 형태는 다음 3가지로 구성되어 있다.

- 문서 참조정보(document references)
- 정보분류체계 참조정보(classification references)
- 도서분류 참조정보(library references)

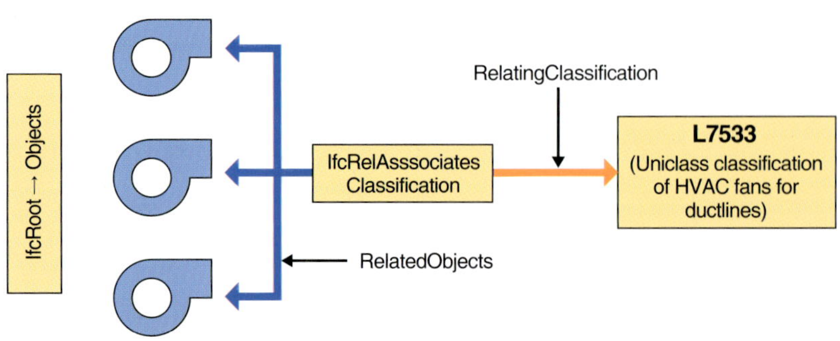

그림 2-8 IFC 객체와 건설정보분류체계의 연계(Uniclass의 예)

이 가운데 정보분류체계의 경우, IFC의 객체를 분류할 때 기존의 건설업계에서 사용중인 건설정보분류체계의 분류항목을 이용할 수 있도록 하고 있으며, 연계 모양은 그림 2-8과 같다.

3 도로시설 IFC코드 사례

3.1 도로시설 IFC코드 구성절차

1 IFC코드 구성

빔 정보 표준의 핵심이 되는 IFC코드는 건축분야를 중심으로 개발되어 왔고, 토목분야는 교량 등이 일부 포함되어 있고 다양한 인프라 시설에 대한 코드가 개발되고 있다. 건축 시설물에 비해 토목 시설물은 토공, 수평형 시설물 등의 비정형 형상과 지반 물성 등의 다양한 정보로 구성되어 있기 때문에, 토목 시설물에 적용 가능한 IFC 코드 개발을 위해서는 구조적 형상을 우선적으로 파악하는 것이 필요하다. 도로시설 공사에 IFC코드의 구축과정은 그림 2-9와 같은 절차로 구성될 수 있다.

일반적으로 도로의 선형은 횡단면과 평면선형 및 종단선형설계 요소들의 조합으로 구성되고 그 형상은 연속적으로 표현된다. 그리고 횡단면의 구성요소와 평면선형 및

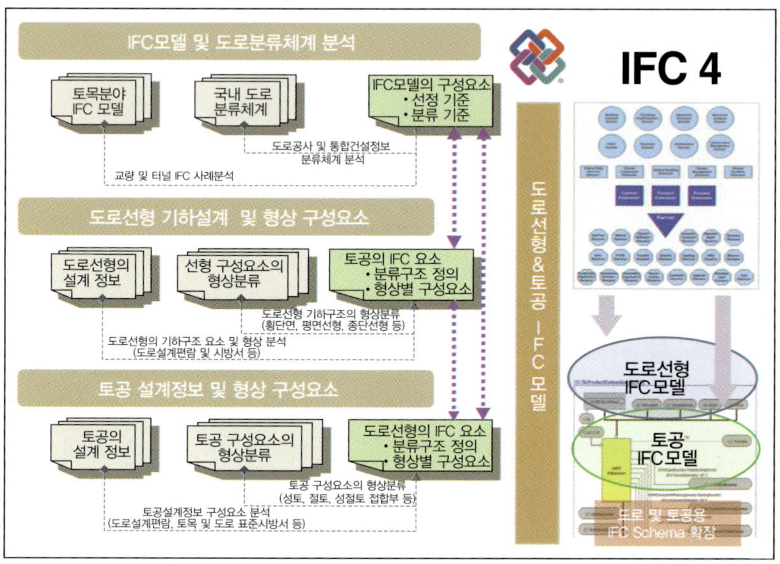

그림 2-9 도로시설물 IFC 구성도

종단선형의 구성요소에 따라 다양한 형태의 단면이 존재하게 된다. 이러한 단면의 다양성 때문에 도로 선형을 하나의 객체형상으로 표현하기 위한 3D모델링 작업에 어려움이 존재하게 된다. 따라서 도로선형의 IFC 표준모델개발을 위해서는 우선적으로 도로선형 기하구조 요소들을 3D객체형상으로 표현될 수 있도록 기하구조요소들의 형상분류가 필요하다.

먼저, IFC에서 도로선형에 관한 기하구조들의 형상 표현을 위해서는 예로서 그림 2-10과 같이 횡단면, 평면선형, 종단선형으로 구분하고, 각 형상분류에 관한 세부정보는 형상정보, 형상종류, 설계지침으로 구분할 수 있다. 세부정보에서 형상정보는 가로, 세로, 높이 등과 같이 각 객체의 기본형상을 표현할 수 있도록 구성한다. 형상종류 정보는 사용된 공법 및 재료 등에 따라 다양한 유형이 존재하는 객체들의 유형 정보를 나타낼 수 있도록 구성하고, 설계지침은 각 객체를 구성하기 위한 필수적인 지침을 나타내고 있다.

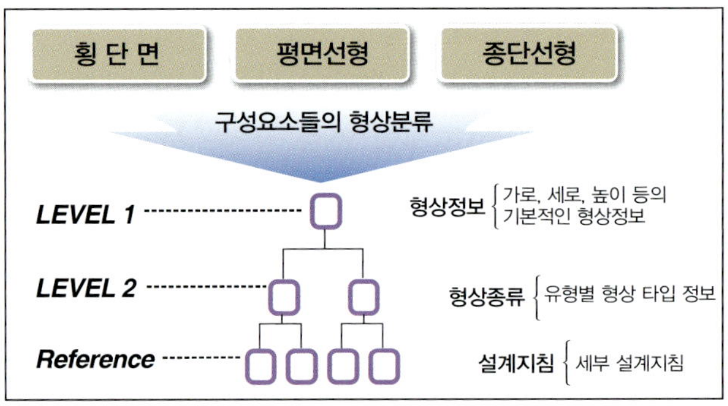

그림 2-10 도로선형 형상의 분류

2 횡단면 구성요소의 형상분류

횡단면 구성요소들의 형상분류는 '도로의 구조·시설기준에 관한 규칙', '도로설계기준', '도로설계편람'을 기초하여 표 2-1과 같이 형상정보, 형상의 종류 및 설계지침 등으로 구성한다. 구성 사례에서는 횡단면의 구성요소에 도로 선형단면과 토공부 단면을 모두 포함하지 않고, 도로의 선형과 토공의 형상을 구분할 수 있도록 도로 횡단면을 노면의 구성요소로 한정하여 적용한다. 표 2-1은 차도, 중앙분리대 등과 같이 10개로 구분된 도로 횡단면의 형상 구성요소들을 나타내고 있으며, 이들은 3D모델링 프로그램인 'Sketch Up'을 통해 3D모델로 구성하여 각 구성요소별 형상정보를 시각적으로 제시하고 있다.

표 2-1 횡단면 구성요소의 형상분류

구분	Level 1 (형상정보, Shape)	Level 2 (형상종류, Type of Shape)	Reference (설계지침)
차도 (Carriageway)	• 차로 수(Lane number) • 차로 폭(Lane width)	• 직진차로(Straight lane) • 회전차로(Turning lane) • 변속차로(Speed-change lane) • 오르막차로(Climbing lane) • 양보차로(Passing lane)	• 도로의 구분 및 기능 • 설계속도, 설계교통량 • 지역의 구분 • 지형상황 • 설계 서비스수준
중앙분리대 (Median strip)	• 중앙분리대 폭(Median strip width) • 측대 폭(Marginal stripe width) • 분리대 폭(Separator width) • 분리대 높이(Separator height)	• 녹지대(Green area) • 가드레일(Guard rail) • 콘크리트 방호벽(Guard fence of concrete) • 콘크리트 연석(Curb of con-crete)	• 도로의 구분 • 지역의 구분 • 설계속도
길어깨 (Shoulder)	• 길어깨 폭(Shoulder width) • 측대폭(Marginal stripe width) • 보호길어깨 폭(Soft shoulder width)	• 전폭 길어깨(Full shoulder) • 반폭 길어깨(Half shoulder) • 협폭 길어깨(Quarter shoulder) • 보호 길어깨(Soft shoulder)	• 도로의 구분 • 설계속도 • 지역의 구분
주정차대 (Stopping lane)	• 주정차대 폭(Stopping lane width) • 버스정류장 폭(Bus stop width)	• 주정차대(Stopping lane) • 버스정류장(Bus stop)	• 도로의 구분 • 지역의 구분 • 자동차 구분 • 교통량
자전거도로 및 자전거 보행자 도로 (Bike lane)	• 자전거도로 폭(Bike lane width) • 측대 폭(측방여유 폭)(Lateral clearance width) • 분리공간 폭(차도와 분리)(Separation of space width)	• 자전거 전용도로(Bike lane) • 자전거 보행자 겸용도로(Bike and pedestrian lane) • 자전거 자동차 겸용도로(Bike and motor lane)	• 지역의 구분 • 강변, 하천구분 • 측방여유 • 유효 보도폭 • 설계기준 자전거

표 2-1에 표기된 각 형상요소들을 IFC코드 구성을 위해 구체적으로 정의하면 다음과 같다. 각각 구분 정의된 형상요소들은 IFC코드 구성을 위한 형상 구성요소로 활용된다.

그림 2-11은 중앙분리대의 세부 형상정보를 나타낸 것으로써, 측대 폭과 분리대 폭으로 구성된 중앙분리대 폭과 분리대 높이로 구성된다.

그림 2-12는 길어깨의 세부 형상정보를 나타낸 것으로써, 길어깨 폭, 측대 폭, 보호 길어깨 폭으로 구성된다.

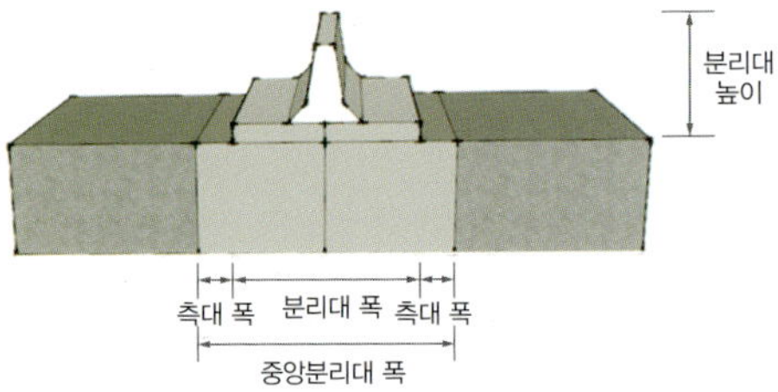

그림 2-11 중앙분리대의 형상 구성

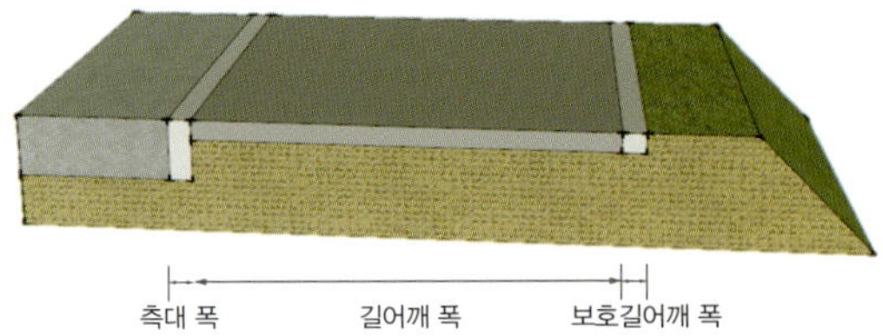

그림 2-12 길어깨의 형상 구성

3 평면선형 구성요소의 형상분류

'도로의 구조·시설기준에 관한 규칙', '도로설계기준', '도로설계편람'에서는 평면선형을 도로의 설계속도에 따라 직선, 원곡선, 완화곡선으로 구성하고 있다. 따라서 기존 설계지침들에서 제시한 평면선형의 분류와 동일하게 형상분류를 직선, 원곡선, 완화곡선으로 구분하고 이를 위한 세부정보를 표현한다. 각 형상요소들을 IFC코드 구성을 위해 구체적으로 정의하면 다음과 같다.

그림 2-13은 평면 원곡선의 세부 형상정보를 나타낸 것으로써, 원곡선이 시작하는 시작점 및 종료점, 접선의 교점, 원곡선의 중심 및 반경, 중앙종거, 외선길이, 편경사, 횡단경사, 확폭으로 구성된다.

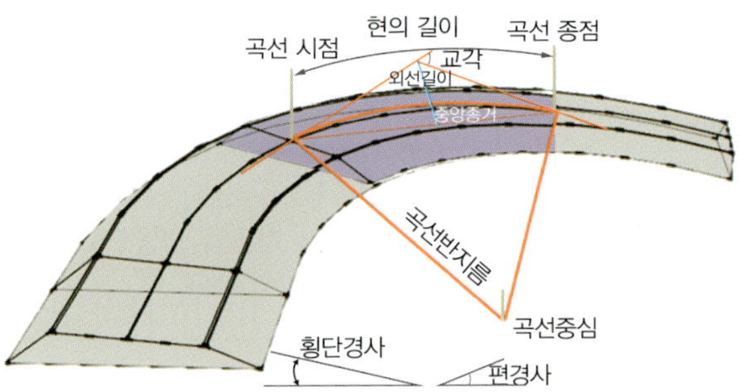

그림 2-13 평면 원곡선의 형상 구성

3.2 도로토공 구성요소의 형상분류

1 토공 설계구성요소

도로의 구조·시설기준에 관한 규칙, 도로설계편람을 통해 분석된 도로토공 설계 구성요소들을 형상정보로 표현할 수 있도록 도로 토공의 형상분류체계를 구성한 사례는 그림 2-14와 같다. 일반적으로 도로설계기준과 도로설계편람에서는 도로토공의 각부를 흙쌓기부, 땅깎기부, 노체, 노상, 포장층, 비탈면, 소단, 층따기로 구분하고, 설계기준과 지침을 제시하고 있다. 동시에 존재하는 구간으로 표현할 수 있도록 하고 있다.

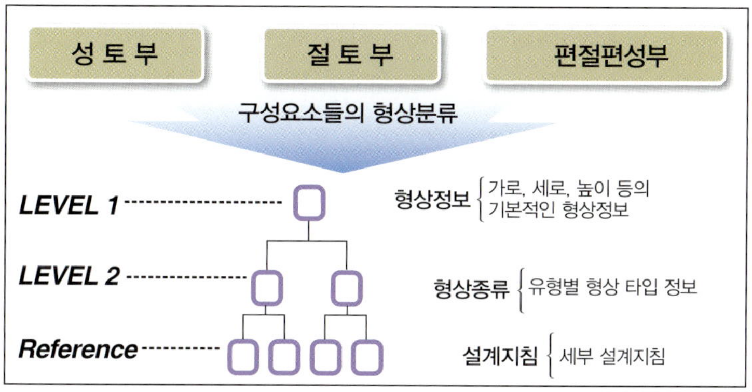

그림 2-14 토공 설계구성요소 형상의 분류체계구조

성토부, 절토부 및 편절편성부 형상분류에 관한 세부정보는 도로선형 구성요소들의 형상분류와 동일하게 형상정보, 형상종류 및 설계지침으로 구분한다. 세부정보에서 형상정보는 가로, 세로, 높이 등과 같이 각 객체의 기본형상을 표현할 수 있도록 구성하고, 형상종류 정보는 사용된 공법 및 재료 등에 따라 다양한 유형이 존재하는 객체들의 유형 정보를 나타낼 수 있도록 한다.

2 성토부 구성요소의 형상분류

성토부의 구성요소는 표층, 중간층, 기층, 보조기층, 노상, 노체, 성토비탈면, 소단, 원지반으로 구분할 수 있고, IFC코드 구성을 위해 구체적으로 정의하면 그림 2-15와

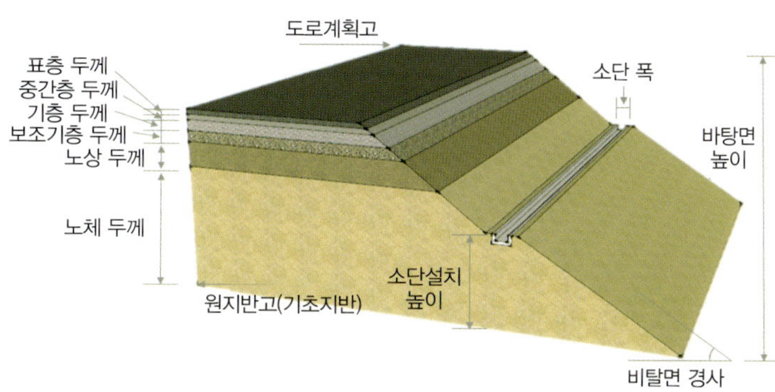

그림 2-15 성토부의 형상 구성

같이 포장을 위한 보조기층, 기층, 중간층 및 표층의 두께와 노상 및 노체 두께, 비탈면 경사 및 높이, 소단 폭 및 소단 높이, 원지반고와 도로계획고로 구성된다. 이와 같이 각각 구분 정의된 형상요소들은 IFC코드 구성을 위한 형상 구성요소로 활용된다.

그림 2-16은 도로토공의 형상 분류도에 따라 분류 및 상호관계 정보를 토공모델에 적용한 사례를 나타내고 있다. 그림 2-16과 같이 성토부, 절토부 및 편절편성부의 공간정보를 통해 개별형상들이 구성되고, 이는 평면선형 및 종단곡선으로부터 참조된 위치정보를 통해서 개별형상들이 조합되어 구간형상이 구성된다는 것을 나타내고 있다. 그리고 개별형상 및 구간 형상별로 제공된 형상타입(AlignmentSegmentType[ ]) 정보를 통해 형상의 유형정보를 나타내고 있다.

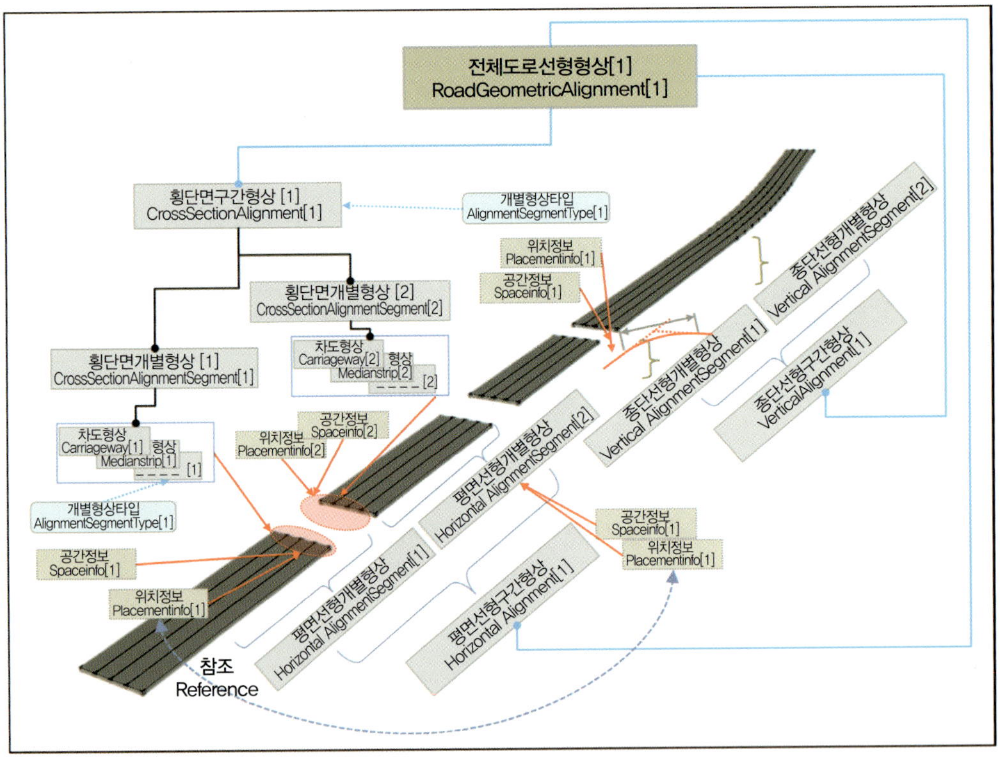

그림 2-16 도로토공 형상분류의 적용 예

3.3 IFC의 활용성

사이버시대의 정보공유는 건설산업 이라고 예외가 될 수 없다. 기타 산업에 비하여 배타적 성격을 많이 갖고 있는 산업분야이지만 정보화기술의 급속한 성장세속에서 건설정보의 공유는 건설인 모두에게 의식의 전환이 필요한 부분이다. 이러한 건설정보의 공유를 위해서는 각자(또는 기관)가 보유중인 도구(application system)내의 정보호환 기능이 필수적이며, IFC는 건설제품정보의 전자적 정보호환성 확보를 위해 구성된 것으로 IFC 모델 기반으로 더욱 발전된 응용 소프트웨어들이 개발될 것으로 기대되고 있다.

예로서 공사비 적산 시에도 품과 시간이 소요되는 모든 공종, 모든 제품의 상세 견적을 하지 않더라도, 제품정보가 IFC 표준으로 구성되어 있다면, IFC 기준만으로 모델 기반의 신속한 적산이 가능한 도구들이 상업화될 것이다. 특히, 현재의 2차원적 공정관리 도구들은 VR 기술의 적용으로 4D캐드 공정관리 도구들로 급속히 변화할 것이며, 이때 공정진행에 따른 4D캐드의 3차원 도면 정보 역시 IFC 모델 기반으로 구성된 시스템들이 사용되고 있다.

또한 STEP의 개발 완료 후 적용단계에서 건설분야 IFC 기준은 보다 기본적 도구가 될 것이며, 이는 국내 건설정보화 운용체계가 성공적으로 완료되는 시점에서는 더욱 가시화 될 것이다. 사이버시대 건설정보의 공개는 '나만 밑지는 장사'가 아닌 더욱 많은 '정보를 얻기 위한 투자'로 간주해야 하며, 이로써 '相生의 建設'이 가능한 것이고, 이를 위해서는 건설업계에서도 IFC 등의 건설정보 전자적 표준에 더욱 관심을 가져야 한다.

CHAPTER 3

건설공사 단계별 빔 적용

일반적으로 빔 적용을 설계단계 중심으로 생각하고 설계단계에서도 간섭관리 중심으로 간주하는 사례들이 많이 있다. 빔의 활용이 건축공사 중심으로 적용되면서 그러한 인식이 있기도 하고 또한 같은 이유로 토목공사에 빔이 적용되는 것이 어려운 이유이기도 하다.

빔은 건설공사의 기획단계부터 설계, 시공, 유지관리 전 단계에 활용성을 갖는다. 건축공사는 설계단계가 상대적으로 토목공사대비 중요하므로 설계단계에 보다 활용성을 가질 수 있고, 토목공사는 설계와 시공 모두 적용되어야 빔의 활용성을 높일 수 있다. 본 장에서는 공사단계별 빔 적용을 위한 절차와 방법론 및 사례를 파악한다.

1 공사단계별 공사정보 구성

1.1 공사단계별 정보관리 체계

1 기획단계 공사 정보관리

그림 3-1 건설공사 생애주기 단계별 정보관리 대상

건설공사는 생애주기 단계별 업무에 따라 다양한 정보가 생성되는데 그림 3-1은 건설공사의 기획단계부터 유지관리단계까지 업무별 정보관리 대상을 나타낸다.

기획단계에서는 사업의 타당성 분석이 중요한 업무 중의 하나이고, 타당성 분석을 위해 환경, 교통, 재해 등에 관한 영향평가를 수행한다. 도로공사의 경우에 발주자는 적정한 개략적 노선들을 기획하고 경제현황, 도로망, 교통량 조사를 통해 장래 교통수요를 예측한다.

2 설계단계 공사 정보관리

설계단계는 기본설계와 실시설계로 나뉘는데 기본설계단계에서는 개략적 시설물 규모, 위치선정, 개략공기 및 사업비 등을 결정하고 도로공사의 경우는 최적 노선을 선정하고 주요 구조물의 위치 및 형식을 결정한다. 이에 따라 개략 공사비를 산정하게 된다.

실시설계단계에서는 시설물의 상세설계와 정확한 공사비 산출 및 공사 시방서 작성을 수행한다. 또한 지질 및 지반조사 보고와 상세한 구조 및 수리 계산서와 2D 및 3D 설계도면을 작성한다.

이러한 설계단계 업무들은 목적에 따라 다양한 소프트웨어들이 설계, 구조해석, 지질분석, 공정분석 등에 사용되고 있으나 각각 다른 정보포맷으로 지원하기 때문에 상호 호환성 문제가 발생한다. 특히 설계를 변경할 경우에 기존에 작성된 도면을 모두 수정해야 함으로 많은 시간이 소비되며, 개인 능력에 따라 설계오류 및 누락이 발생할 가능성이 높다.

따라서 설계단계 업무의 효율성 향상을 위해서는 각각의 업무에서 발생하는 방대한 정보를 효과적으로 관리하기 위한 상호 호환성 및 연동성을 고려한 통합된 정보관리가 요구된다. 빔은 건설공사 생애주기의 발생정보들을 3차원 기반으로 통합 관리하는 프로세스 및 활용 도구이므로 이러한 기획 및 설계단계의 정보 단절문제를 해소할 수 있다.

3 시공단계 공사 정보관리

시공단계는 설계단계에 생성된 도면정보를 바탕으로 실제 공사를 진행하면서 발생되는 상세 도면 작성, 설계변경, 공사일정 및 실제 투입공사비 정보 등이 주요 정보가 된다. 이러한 정보들은 설계단계에 생성된 정보의 정확도에 따라 활용성을 달리하게 된다. 즉, 설계단계에 작성된 정보가 시공성을 고려하여 생성되었다면 상세 도면, 설계변경 등이 감소할 수 있으나, 현실적으로 시공단계를 고려한 설계 성과품이 생성되기 어려운 문제점이 있다.

특히 기타공사 발주방식과 같이 설계와 시공이 단절된 프로젝트 수행에서는 더욱 그러하다. 빔을 적용하면 설계단계부터 시공성을 사전 시뮬레이션 하여 시공성을 고려한 설계 성과품의 생성이 가능해질 수 있다.

4 유지관리단계 공사 정보관리

유지관리단계에는 설계 및 시공과정에 생성된 모든 정보들을 활용하여 시설물의 수명동안 최상의 상태가 유지되도록 하여야 한다. 건설 시설물의 생애주기 측면에서 보면 설계, 시공정보가 단절되면서 관리되는 관행에서 유지관리단계 정보관리 효율성을 기대하기는 어렵다.

최근의 유지관리업무는 정보화도구 적용으로 전자화체계 등으로 급속히 변화되고 있으므로 빔에서 객체화된 정보들의 활용성은 유지관리단계에 더욱 활용성을 갖게 된다. 또한 고품질의 건축물, 1종 시설물 등의 설계수명은 100년 이상이 되기 때문에 그만큼 유지관리에 소요되는 정보들은 다양하고 자산관리(asset management)까지 발전되므로, 빔 적용은 유지관리 및 자산관리에 활용하는 것이 궁극적인 목표이다.

1.2 건설공사 정보관리 현황

건설공사는 기획단계부터 유지관리단계까지 자원관리, 일정관리 등 업무의 효율화를 위해 많은 전산화된 도구들을 사용하고 있다. 이들 도구들은 공사단계별로 독립적 활용 또는 통합 활용 필요성이 있으나, 대부분 독립적 정보체계로 활용되고 있으며 이로 인해 다음의 문제점들이 발생된다.

1 정보 호환성 곤란

건설공사에서 공사단계별로 필요한 목적에 따라 사용되는 전사적 사업관리를 위한 ERP(enterprise resource planning), 설계를 위한 캐드, 구조해석을 위한 범용 해석 소프트웨어 및 적산, 공정, 자원관리 등의 시스템들은 대부분 각각의 상이한 정보 사용체계를 갖고 있다. 상이한 건설 정보 포맷은 정보 호환성이 부족하게 되며, 이는 정보관리의 효율화와 공사 참여자간의 의사소통에 방해 요인으로 작용한다.

2 단계별 공사의 독립적 진행

기획, 설계, 시공, 유지관리단계에 사용되는 각종 업무들이 각 단계별로 별도의 전산도구들에 의해 수행되고, 단계별 업무들 역시 독립적으로 수행되므로, 단계별 정보의 통합 활용이 곤란하다. 이러한 점은 설계단계의 각종 정보들이 시공단계에 재활용되지 못하고 사장되고 있는 사례에서 볼 수 있으며, 시공단계의 정보들이 유지관리단계의 이력 정보로 활용되지 못하고 있는 점도 예가 되고 있다.

이와 같은 환경에서는 의사결정시 공사참여자간의 원활한 의사소통이 어렵고 협력을 이끌어내는데 많은 시간이 소요되며, 복잡하고 대형화된 규모의 공사를 단기간에 수행해야 하는 경우에 공사수행의 제약요인이 되고 있다.

3 수치적 공사정보

현재 공사단계별로 활용되고 있는 정보의 대부분은 수치적 정보들이다. 즉, 설계단계의 해석정보들과 시공단계의 공정정보들 모두 수치적 정보들로 구성되며, 이러한 정보들은 비전문가 또는 경영진의 해석에 많은 시간을 필요로 한다.

기획단계에 시설물의 최적 위치 선정과정 등은 수치적 해석결과도 중요하지만 위치 변화에 따른 직접적인 시각적 변화 등을 파악하는 것도 중요한 분석과정이다. 또한 시공단계의 공정관련 정보들은 공정관리 전문가가 아니면 전산화 도구의 수행결과를 이해하지 못하고, 경영진 보고를 위해서는 별도의 정보 가공과정이 필요하게 된다.

1.3 공사단계별 빔 적용 개요

1 생애주기 빔 적용성

기획 및 설계, 시공, 유지관리단계를 포함한 건설공사 생애주기로 확대하여 적용 가능한 빔 활용 기능들을 토목공사를 예로 표현하면 그림 3-2와 같이 구성될 수 있다.

빔은 생애주기 동안 발생되는 정보를 모두 활용하고, 각 단계별로 생성된 정보들을 재생산하여 사용하므로 임의 단계에만 활용성을 갖도록 구성하는 것은 바람직하지 않다. 이러한 점을 고려하면 빔은 유지관리단계에 많은 활용성을 가질 수 있고, 설계단계에 생성된 정보가 가장 빈번한 사용 빈도를 갖게 된다. 그림 3-3은 교량시설물을 예로 기획, 설계, 시공, 유지관리 등 생애주기 단계별로 빔의 적용성을 표현하고 있다.

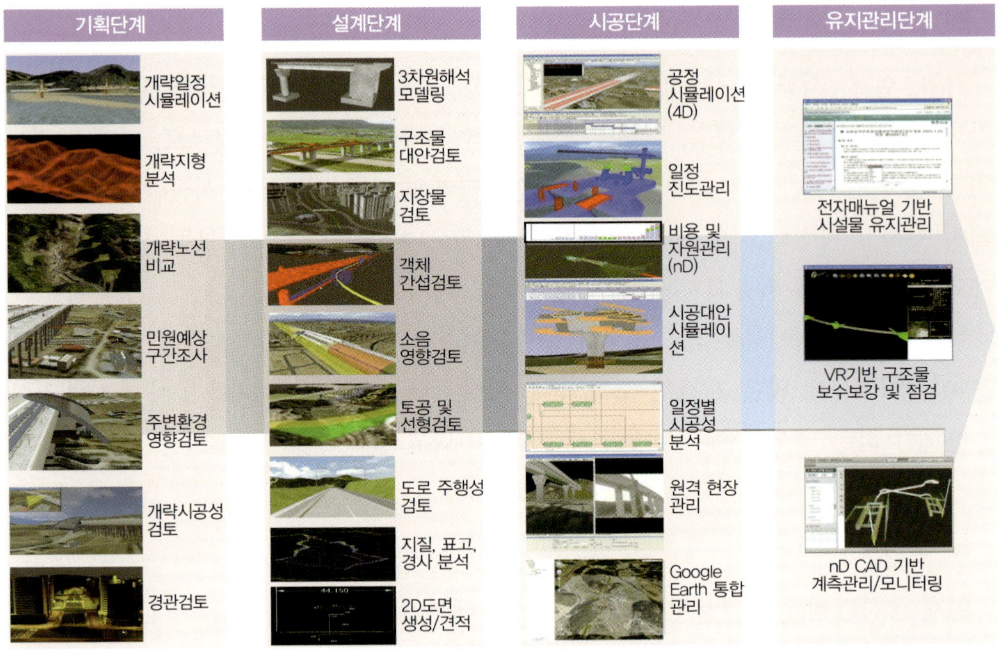

그림 3-2 건설공사 프로젝트 단계별 빔 적용 기능

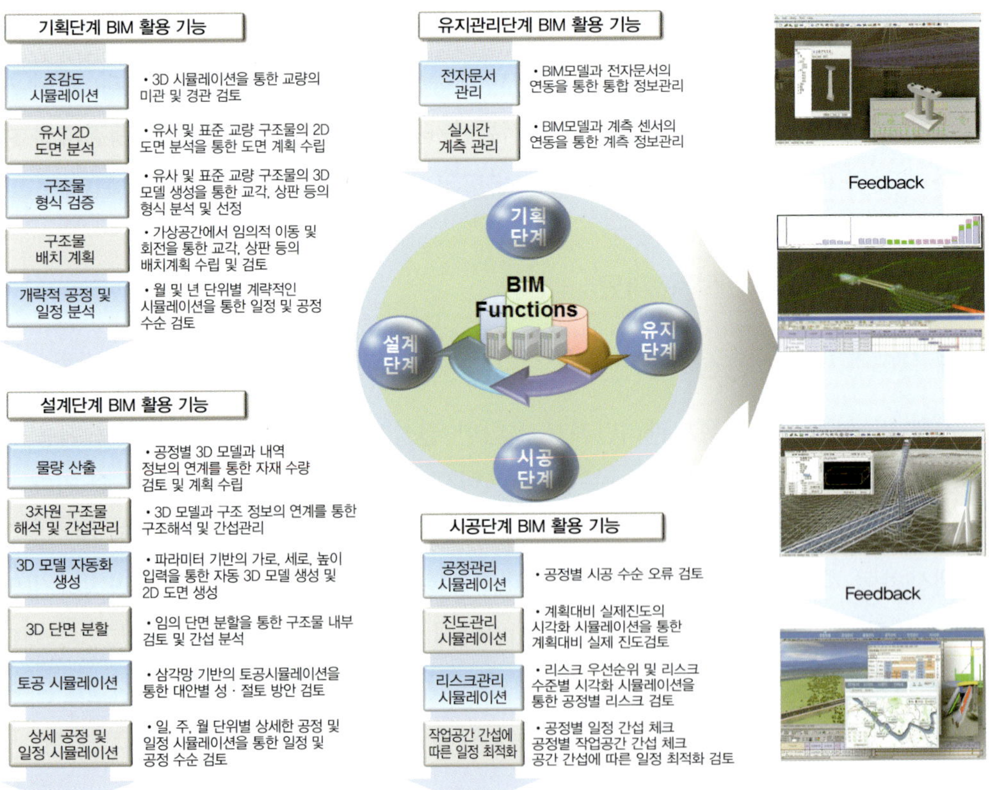

그림 3-3 교량 건설 프로젝트 생애주기 빔 적용성

빔은 단순한 시스템 개념이 아닌 정보 활용 프로세스를 포함하므로 빔 운영 효과의 최대화를 위해서는 기존 업무프로세스 개선이 중요하다. 그림 3-4는 건설공사 프로젝트의 단계별로 빔을 적용하는 업무프로세스를 표현하고 있다.

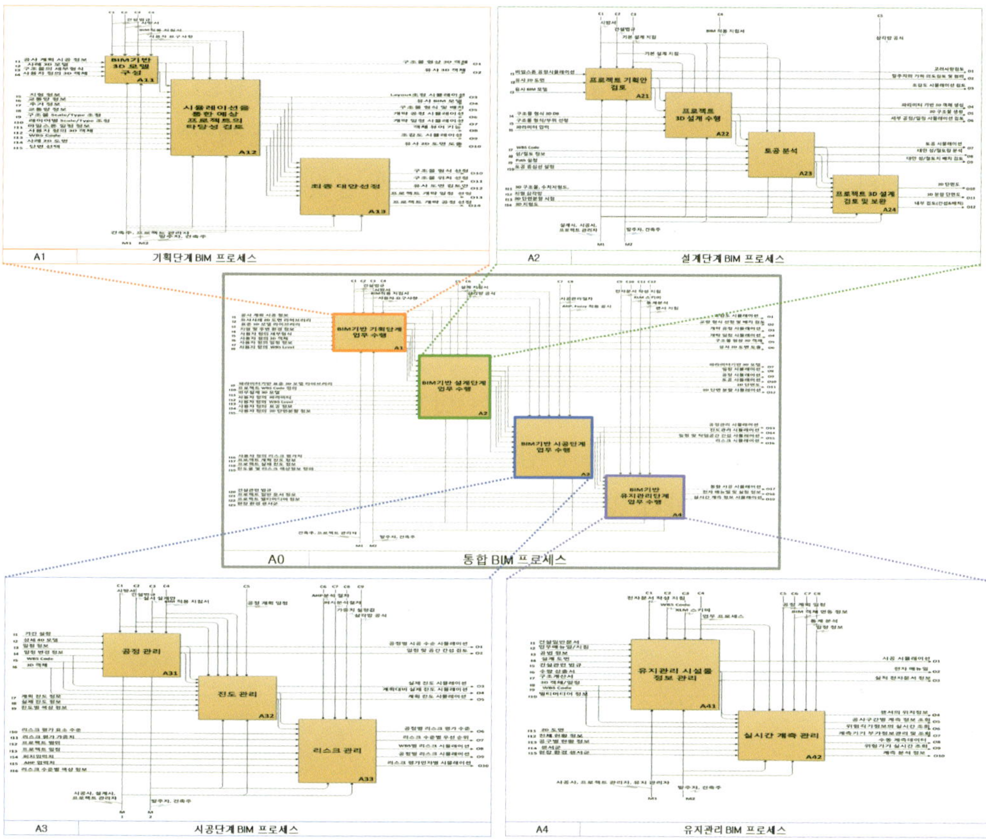

그림 3-4 생애주기 빔 환경의 공사관리 업무절차

2 기획단계 빔 적용성

기획단계에서는 프로젝트의 총체적인 진행 방향을 제시하는 단계로써 프로젝트의 성패를 결정지을 수 있는 중요한 업무단계이다.

기획단계에서부터 구체화된 프로젝트 정보를 생산하고, 이를 제공하여 발주자와 공사 단계별 참여자간의 원활한 의견수립을 통한 최적의 기획안을 구성할 수 있도록 해야 한다. 이러한 업무는 프로젝트의 기획 정보를 3D모델로 생성하여 시각적으로 제공될 때 편리성을 확보할 수 있다.

기획단계의 주요 업무는 프로젝트의 개략적 미관, 경관, 일정 및 시공 계획 등을 수립하는 것으로써 이를 구체화된 정보로 제공할 수 있는 빔 기능이 요구된다. 먼저 조감도 시뮬레이션은 기획단계에서 가장 활용도가 높은 기능이다. 이는 사전에 기획한 구조물의 형상을 개략적 수준의 3D 모형으로 구현함으로써 보다 현실적으로 구조물의 외관과 주위환경의 적합성을 검토할 수 있다.

구조물 배치계획 기능은 공사현장을 3D 지형도로 생성하여 완성된 구조물을 3D 지형도 상에 구현함으로써, 공사현장을 고려한 구조물의 배치 계획을 수립할 수 있다. 개략적 공정분석기능은 구조물의 상위 공정 및 개략적인 일정을 생성하고, 이를 3D모델에 연계하여 시뮬레이션 함으로써 개략적인 일정과 공정에 따른 시공과정 및 오류를 파악할 수 있다.

3 설계단계 빔 적용성

설계단계는 빔 정보가 가장 많이 활용되는 단계로서, 부위간 간섭관리, 시설물 배치, 상세도면 검토, 시공성 검토 등에 빔이 활용되고 있다. 토공사와 같은 작업은 특성상 3D모델 생성이 용이하지 않으므로 효율적으로 3D로 설계하고 검토할 수 있는 기능이 요구된다. 물량 산출과 3차원 구조물 해석 기능은 공정별 3D모델에 내역 및 구조 분석 정보를 연계함으로써 자동으로 물량과 구조 해석정보를 도출할 수 있다.

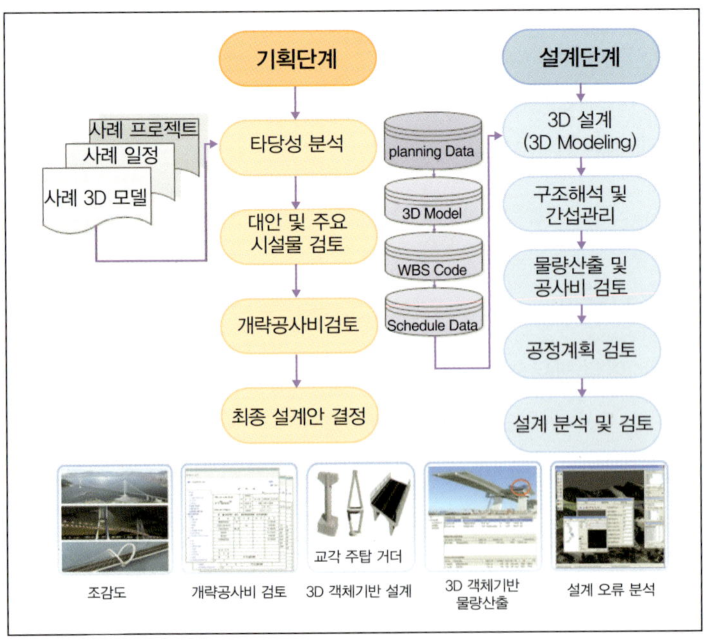

그림 3-5 기획 및 설계단계의 빔 적용 구상도

특히 이는 빈번한 설계 변경으로 인해 발생하는 재분석의 시간과 비용을 줄일 수 있다는 점에서 높은 활용성을 가질 수 있다.

설계단계에 3D모델은 기본적 빔 정보이며 파라미터 기반의 높이, 가로, 세로 등의 수치 입력으로 자동화된 3D객체 생성기능을 의미한다. 이를 통해 기존에 3D모델 생성에 소비되던 시간과 비용을 효과적으로 절감할 수 있다.

공사단계별 구분에서 빔 적용 효과를 가장 크게 볼 수 있는 단계는 설계단계이다. 프로젝트의 초기단계에 발생한 오류와 잘못된 판단은 대부분의 프로젝트 비용이 투입되는 시공단계에서 공사 성패의 원인이 될 수 있기 때문이다. 그림 3-5는 기획 및 설계단계에서의 빔 활용을 위한 주요 구성도를 표현하고 있다.

4 시공단계 빔 적용성

시공단계에서 빔은 4D시뮬레이션을 통한 공정관리, 안전관리, 일정관리, 공정간 간섭체크, 시공성 검토 등에 활용된다. 또한 광역현장에서의 효율적인 정보수집 및 공사 현황 분석과 작업별 리스크 분석을 통해 다양한 시공 리스크 정보를 빔 기반으로 시각화할 수 있는 기능들도 구성할 수 있다.

공정관리 시뮬레이션 기능은 사전에 시공과정에서 발생할 수 있는 공정 수순 오류를 파악함으로써 재시공을 방지할 수 있다. 또한 진도관리 시뮬레이션 기능은 공종별 실제 작업 시작일 및 종료일이나 소요 공사비를 입력하여 계획대비 실제 공사의 진도 상태를 파악할 수 있다. 특히 3D모델의 색상변화에 따라 진도 상태 파악이 가능하므로 공사 참여자 간의 정보 전달에 효과적이다.

기존의 빔 체계가 단순 정보의 시각화 중심 운영체계라면, 향후 빔 체계는 시각적 정보를 이용한 최적 공정계획을 분석하여 제공하는 의사결정도구 역할의 기능들이 다수 포함될 필요가 있다. 이러한 기능을 위해 일정별 작업공간 충돌을 최소화하여 생산성을 향상시키는 일정계획 시각화 기능 등이 주요 기능이 될 수 있다.

5 유지관리단계 빔 적용성

최근 전자문서를 활용하여 유지관리 업무를 수행하는 사례들이 있지만 여전히 도면, 시방서, 설계도서 및 지침 등의 많은 정보들이 문서형태로 사용되고 있다. 이러한 문서관리는 보관은 물론 이용 면에서도 자료 검색 및 휴대가 불편하여 활용효과가 낮은 실정이다. 따라서 유지관리 단계에서 공사정보를 전자문서화 하여 효율적으로 관리할 수 있는 기능이 빔 정보로 활용될 수 있다. 특히 GIS(geographic information system) 정보와 빔 정보가 연동되어 종합적인 자산관리 운영체계로 발전될 수 있다.

또한 시설물 유지관리를 위해 다양한 계측관리시스템이 활용되고 있으나 대부분 수치적 정보로 제공되어 활용성이 낮다. 이를 위해서는 계측 정보를 효과적으로 파악할 수 있는 시각화된 계측 정보 제공도 가능해진다. 실시간 계측관리 기능은 빔에서 시각화되는 공정정보와 구조물이 설치된 계측게이지의 계측 정보를 연동함으로써 공정별 계측 정보를 시각적으로 파악할 수 있다. 이를 통해 시설물내의 계측기 위치 및 위험경보를 빔 모델 상에서 실시간으로 확인할 수 있으므로 신속한 시설물의 계측 관리가 가능해진다.

1.4 공사단계별 빔 요구 기능

1 기획단계

토목분야 기획단계 빔 활용 기능은 주로 타당성 검토, 주변 환경성 평가 및 교통영향 분석, 조감도 등을 이용한 사업환경 분석 등의 업무를 지원하는 기능으로 구성된다. 표 3-1은 기획단계의 타당성 분석을 위한 빔 운영체계의 주요 요구기능을 제시한 것이다.

표 3-1 기획단계 빔 요구기능

단계	요구기능	기능 내용
기획 단계	대안 검토 시뮬레이션	대안구조물의 비교 시뮬레이션 구성
	개략일정 시뮬레이션	개략적인 일정에 따른 전체 일괄 공정의 시뮬레이션 수행
	배치/경관 계획 시뮬레이션	기획단계에서는 실제 작성된 도면에 따른 시뮬레이션 계획이 아닌 환경 및 외부 타당성 분석 평가를 위해 개략적 형상정보를 통한 구조물의 배치 및 경관 시뮬레이션 수행
	단지계획 시뮬레이션	단지의 구분 즉 상업용지, 공업용지, 주거용지 등의 구분을 위한 단지계획 검토 시뮬레이션 수행

기획단계에 적용되는 빔 기능은 프로젝트 수행의 적정성 및 설계를 구체화하기 위한 VR(virtual reality, 가상현실)정보를 제공하는 것이다. 즉 객체 컨트롤 기능을 통해 기본적 3D모델 정보를 포함하는 대안 검토 및 개략일정 시뮬레이션 기능이 구성될 수 있다. 이러한 기능으로는 3차원 지형정보 생성에 의한 지형분석 기능, 3차원 형상 모델을 기반으로 하는 개략일정 시뮬레이션 기능, 구조물 배치 및 경관 계획 시뮬레이션 기능, 대안 검토 및 선정 시뮬레이션 기능과 주변 환경평가 시뮬레이션 기능 등이

구성될 수 있다.

2 설계단계

설계단계 빔 활용의 기본 기능은 구조해석정보와 부위간 간섭 및 공사비 정보 등을 설계 객체 부위별로 관리할 수 있는 기능이다. 이러한 기본적 활용 외에도 지하시설물 시각화 검토 기능, 지형의 표고, 경사, 수계 분석 및 토공 시각화 분석 기능이 구현될 수 있다. 또한 객체의 설계 오류, 간섭, 위치 등을 파악하기 위해 횡단면 검토 및 객체 간섭검증 기능이 활용된다. 이와 같이 설계정보의 기하요소를 확인하기 위해 임의의 단면/거리/깊이/경사/표고 분석과 터널/교량 등의 선형 및 타입의 대안 검토, 유역면적 산출 등의 기능이 구현될 수 있다.

특히 토목공사는 토공과 직접 연관되므로, 토공의 성토 및 절토 상태를 시각적으로 분석할 수 있는 기능과 완성된 3차원 모델의 설계 정합성 분석 기능이 적용될 수 있다. 기본설계의 업무는 3D 형상정보가 설계기준 및 요건에 부합하는지의 여부를 확인하고 작성된 2D 및 3D도면정보의 누락 및 간섭 오류 항목 검토를 위한 인터페이스를 관리하는 단계이다. 또한 시설 규모 및 배치계획, 설계 단면정보, 전체 시설 및 규모의 적정성을 확인한다. 기본설계단계의 빔 활용 기능은 표 3-2와 같다.

표 3-2 기본설계단계 빔 요구기능

단계	요구기능	기능 내용
기본 설계 단계	형상정보 3D모델링	개략적 3D형상정보를 갖는 모델링 수행
	표고, 수계, 경사 및 지하매설물 검토 시각화	단지의 원지형 및 계획지형 표고, 수계, 경사 및 지하매설물을 시각화하고 분석하여 최적의 단지 설계 계획 시뮬레이션 수행
	배치계획 시뮬레이션	3D형상 모델을 활용한 개략적 구조물 배치 시뮬레이션 구성 [설계 적정성 검토]
	경관계획 시뮬레이션	구조물의 일조권, 조명, 경관, 기후변화에 따른 다양한 경관계획 시뮬레이션 수행

이외에도 기본설계단계에서는 구조물이 배치될 주변 지형의 표고, 수계(원지형 및 계획지형), 경사 및 지하매설물의 위치 검토사항을 빔의 시각적 정보로 제공함으로써 최적의 단지계획 시뮬레이션이 수행될 수 있다.

표 3-3 실시설계단계 빔 요구기능

단계	요구기능	기능 내용
실시 설계 단계	상세 도면 3D모델링	상세 부위의 자체 3D모델 생성 기능 구성
	단면정보 검토 시각화 기능	선택 구간에 의한 종/횡단면/거리 추출 및 단면정보 시각화 분석
	시공성 분석	단면분석 및 모델링 된 3D객체의 오류 및 사전 시공성 분석
	설계 간섭관리	3D 객체간 설계부위의 간섭관리

실시설계단계는 구조물의 3D Shop도면을 통해 세부 평면 및 단면의 부합여부에 따른 각 부재의 위치 및 주요 공법의 적정성과 설계정보의 간섭 오류를 검토한다. 또한 단면 검토를 통해 작업 공간 및 부재의 위치를 판별함으로써 설계정보의 정확성 및 품질을 높이고 시공단계의 설계변경에 따른 오류를 최소화할 수 있다.

3 시공단계

시공단계에서는 설계단계에 생성된 3차원 모델을 바탕으로 일정정보와 연계하여 순차적 객체 구현이 가능한 4D시뮬레이션 기능이 기본적으로 활용될 수 있다. 이를 토대로 계획대비 실적의 진도관리 시각화 검토 기능과 비용(5D)과 자원(6D)의 다차원 정보 분석 기능, 시공 및 위험도 시뮬레이션 및 설계변경 관리 기능 등을 활용할 수 있다.

표 3-4 시공단계 빔 요구기능

단계	요구기능	기능 내용
시공 단계	WBS코드 생성 및 관리 분석	파셋별 표준 WBS코드를 구성 및 시각화를 기반으로 객체정보를 관리
	4D모델생성/관리	일정정보와 3D모델을 WBS코드 기반 연동
	4D공정시뮬레이션	일정에 따른 구조물 완성상태를 시뮬레이션하여 일정계획의 적정성 및 구조물 완성부위의 오류 검토
	진도관리 시뮬레이션	진도정보의 입력으로 실적정보 중심의 새로운 4D모델이 업데이트되고 기존 입력된 계획정보와의 시각적 비교를 통해 진도관리 수행
	일정관리 시각화 분석	주공정 분석, 일정과 연계된 선후행 3D객체 구현으로 선택 객체의 집중관리 수행 (임의 기간 및 WBS기준의 공정관리 수행)
	시공성분석 시뮬레이션	객체간섭 시각화, 일정의 관계설정 오류 분석

계속

단계	요구기능	기능 내용
시공 단계	자원 및 비용관리 기능	자원 및 비용정보의 4D연계를 통한 일정별 자원 및 비용투입 상황의 예측 시각화 구현
	광역현장 및 원격지 관리	KeyMap을 이용한 건설현장 광역 구역의 직관적 인터페이스 관리 및 웹 무선 네트워크 기반의 실시간 진도정보 관리
	기타 VR 기능	시공단계의 프로젝트 관리를 지원하는 다양한 VR기능(Block Map, Viewing Control, Walk-Through, Flying View, 멀티미디어 공유 등) 제공

시공단계에서는 4D객체에 의한 개략적 일정 시뮬레이션이나 세부 액티비티 단위별 상세 4D시뮬레이션을 동시에 수행할 수 있다. 또한 3D객체의 색상변화에 따라 계획 대비 실적 진도상태를 비교할 수 있는 4D진도관리 기능이 활용된다. 일정관리 시뮬레이션은 프로젝트의 주공정 시각화 분석에 따른 대상 시설의 집중관리가 가능하고 선후행 객체 구현에 따른 연계된 공정의 관계를 직관적으로 파악할 수 있다. 시공성 분석을 통해 시공부위의 간섭과 일정간섭을 시각화함으로써 객체의 도면 오류를 설계변경 정보에 신속히 반영하며, 일정관계 설정의 오류를 즉시 변경할 수 있다.

4 유지관리단계

유지관리단계의 빔 지원 기능은 기획, 설계, 시공단계에서 도출된 시각화 정보들이 표준화된 전자문서 기반의 전자매뉴얼로 연동되는 기능들이 구성될 수 있다. 이를 통해 구조물의 유지관리 이력정보 등이 3D객체와 연동되어 소요 정보를 제공할 수 있다. 또한 손상부위의 확인과 VR 시뮬레이션 기반의 보수보강 및 점검 관리정보를 제공할 수 있으며, 4D시스템 환경에서 계측 정보 관리 기능도 구현될 수 있다.

5 단계별 빔 입출력 정보

프로젝트의 생애주기 진행 단계별로 빔 요구 기능을 갖추기 위해 필요한 입출력 정보들은 표 3-5와 같다.

표 3-5 프로젝트 단계별 빔 활용 입출력 정보구성

<table>
<tr><th colspan="2">프로젝트 단계</th><th>Input</th><th>Output</th></tr>
<tr><td colspan="2">기획
단계</td><td>• 입지분석정보
• 현장분석자료
• 건설계획정보(대안설정 등)
• 예산 및 공기 계획 정보
• 타당성평가 자료
• 프로젝트 규모 및 기간
• 공사시행계획</td><td>• 대안설정 시각화 정보
• 개략적 예산 및 공기 정보
• 구조물 배치계획 시뮬레이션 정보
• 단지계획 시뮬레이션 정보
• 개략일정 시뮬레이션 정보
• 경관 시뮬레이션 정보
• 기획단계 의사결정 시각화 정보
• 타당성분석 보고서</td></tr>
<tr><td rowspan="2">설계
단계</td><td>기본
설계</td><td>• 현장분석자료(대지/환경)
• 관련법규/설계기준
• 유사프로젝트사례
• 기본설계도서
• 프로젝트 정보 및 작성기준
• 기획단계 시뮬레이션 결과 정보</td><td>• 3D모델 형상정보
• 구조물 개략 배치계획 시뮬레이션 정보
• 개략 일정 및 공기 정보</td></tr>
<tr><td>실시
설계</td><td>• 실시설계요청서
• 기본계획서
• 상세설계 범위 및 내용
• 실시설계 지침
• 3D모델 형상 정보
• 공정/공사비/공법 정보
• 관련법규 및 설계기준</td><td>• 3D Shop Drawing
• 실시설계 도면(입/평면도)
• 공사공정표(공정별 일정정보)
• 설계정합성 분석 시뮬레이션 정보
• 단면오류 검토 시각화 정보
• 시공성 분석 시각화 정보
• 공간계획 시뮬레이션</td></tr>
<tr><td colspan="2">시공
단계</td><td>• 프로젝트 업무범위
• 시공절차서
• 프로젝트 규모정보
• 실시설계 3D Shop 모델
• 설계단계 시뮬레이션 분석 정보
• 현장시설물 확인 정보
• WBS 코드
• 공사공정표(일정계획정보)
• 가설계획 정보
• 토공사/골조/마감/설비 계획정보
• 원가 및 자원정보
• 프로젝트 실적 정보
• 공사진도관리 정보
• 설계변경관리 정보
• 관련법규 및 프로젝트관리 지침</td><td>• 전산 공정표(Excel, MS-Project, Primavera 등)
• 구조물 4D모델
• Project WBS 코드
• 4D일정관리 시뮬레이션 정보
• 4D진도관리 시뮬레이션 정보
• nD CAD 기반 의사결정 정보
• 비용/자원관리 시뮬레이션 정보
• 시공성 분석 시뮬레이션 정보
• 단면검토 시뮬레이션 정보
• 설계변경 분석 의사결정 정보
• 기타 공사관리분석 시뮬레이션 정보
• 공사 준공 도서</td></tr>
</table>

프로젝트 단계별 빔 정보의 활용주체는 기획, 설계, 시공, 유지관리 단계별로 발주기관, 설계사, 시공사, 발주기관이 된다. 그러나 빔 정보는 생애주기 동안 재활용되는

정보이므로 설계단계의 빔 정보는 시공과 유지관리단계까지 활용성을 갖게 된다. 각 단계별로 주요 활용주체는 표 3-6과 같다.

표 3-6 프로젝트 단계별 빔 활용주체 및 범위

<table>
<tr><th colspan="2">프로젝트 단계</th><th>빔 정보 활용주체</th><th>빔 정보 활용범위</th></tr>
<tr><td colspan="2">기획단계</td><td>발주자</td><td>• 의사결정 정보 제공
• 대안정보 비교 검토
• 개략정보 검토(일정 및 배치계획)</td></tr>
<tr><td rowspan="2">설계
단계</td><td>기본</td><td rowspan="2">발주자, 설계사, 시공사</td><td rowspan="2">• 설계도면 작성 및 설계 성과품 검증
• 설계 오류정보 검토
• 설계 인터페이스 관리
• 설계업무 지원기능 활용
• 설계도면 작성 및 설계 성과품 검증
• 설계 오류정보 검토
• 설계 인터페이스 관리
• 설계업무 지원기능 활용</td></tr>
<tr><td>실시</td></tr>
<tr><td colspan="2">시공단계</td><td>발주자, 설계사, 시공사,
프로젝트관리 팀</td><td>• 설계대비 완성도 시각화
• 공정별 진행현황 시각화
• 진도관리 시각화
• WBS기반의 3D/4D/nD 객체관리
• 광역현장 및 원격지 관리
• 설계변경 관리 시각화
• 최적 공정관리 수행</td></tr>
</table>

2 공사단계별 빔 적용 절차

2.1 기획단계 빔 적용 프로세스

건설공사 생애주기 단계별 빔 적용 절차모형을 제시하기 위해 세부 업무별 입력정보와 출력정보 표현을 IDEF0(Integrated DEFInition language 0) 다이어그램으로 표현한다.

기획단계의 빔 적용 절차를 표현하기 위해 도로공사를 사례로 업무프로세스를 그림 3-6과 같이 나타내었다. 타당성 검토부터 최종 설계안 결정 단계까지 4단계로 구성하였으며, 프로젝트가 기획 의도에 맞게 수행될 수 있도록 설계, 시공 그리고 유지관리 단계까지 고려하여 입출력 정보를 구성하고 있다. 그림 3-7은 동일한 기획단계 업무들의 상호간 관계도를 IDEF0로 나타낸 것이다.

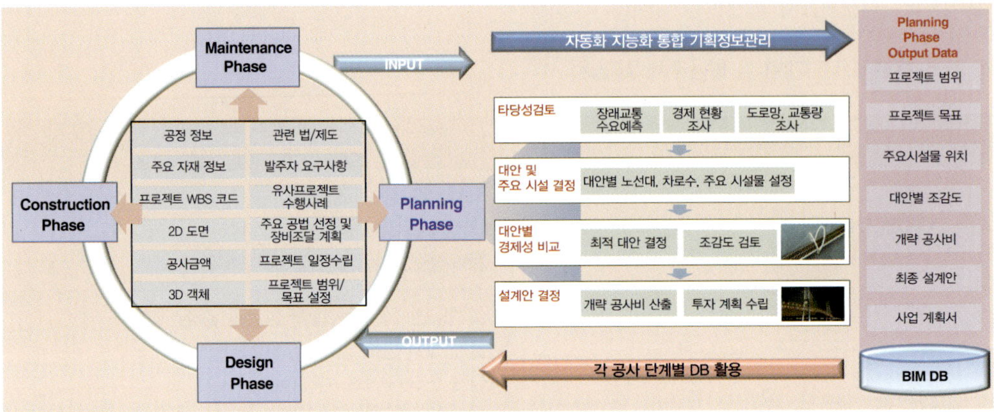

그림 3-6 빔 기반 기획단계 업무프로세스

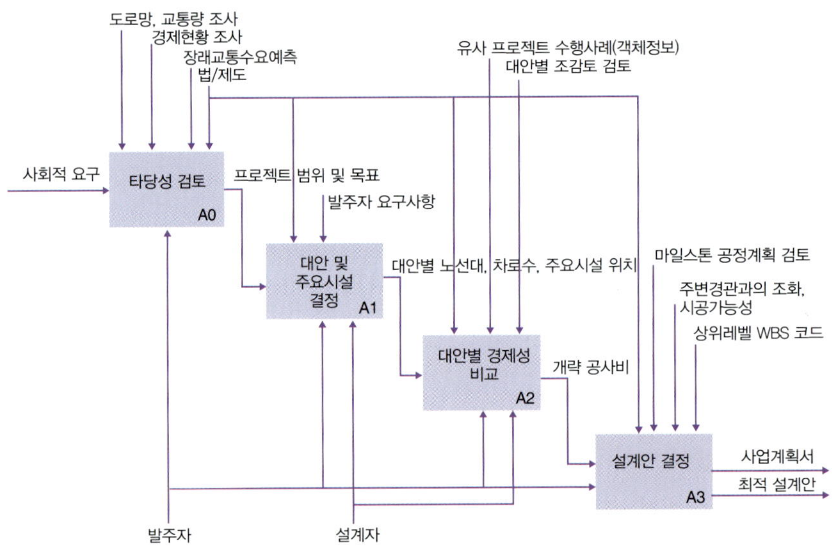

그림 3-7 기획단계 빔 프로세스 업무 상관도

먼저, 첫 번째 단계에서는 사회적 요구에 따라 환경적, 경제적 효과를 고려한 타당성 평가를 실시한다. 기획 초기단계에는 업무 성격상 빔 모델을 활용하기가 용이하지 않다.

두 번째 단계에서는 정해진 프로젝트의 범위 내에서 발주자의 요구사항을 반영한 대안별 주요 시설, 노선, 차로수 등을 결정한다. 이와 같이 발주자의 요구조건에 따라 개념적으로 프로젝트 계획이 수립되면, 이를 구체화하기 위한 3D모델을 구축한다.

세 번째 단계에서는 구축된 3D모델을 활용하여 대안별 3D모델을 검토하고 경제성을 비교하여 최적의 대안을 결정한다. 이와 같이 3D모델을 통한 최적 대안 결정방법은 대안구조물의 자유로운 위치 및 형상 변경과 주변 경관을 고려한 조감도 등을 시각화된 정보로 제시함으로써 공사 참여자들 간의 의사결정에 도움을 준다.

네 번째 단계에서는 마일스톤(milestone) 계획 일정 및 상위 WBS을 구성하여 3D모델과 연계함으로써 개략 일정에 따른 시공성을 검토한다. 이를 통해 최적의 설계안을 선정하고 이를 기반으로 사업계획서를 작성한다.

2.2 설계단계 빔 적용 프로세스

토목공사 설계단계에서 통합 설계정보관리를 위한 빔 기반 업무를 그림 3-8과 같이 표현할 수 있다. 설계단계의 역학적 해석, 공사비작성, 공사일정관리 등의 업무가 빔 기반으로 통합되는 모양을 나타내고 있다. 그림 3-9는 빔 기반의 설계단계 업무 흐름을 IDEF0로 구성하여 업무프로세스별 입출력 정보를 나타내고 있다.

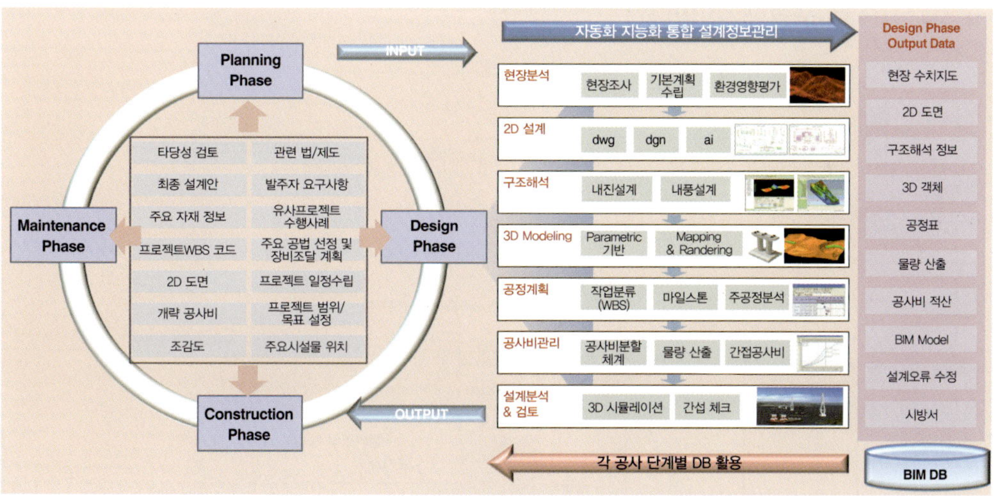

그림 3-8 빔 기반 설계단계 업무프로세스

첫 번째 단계에서는 기획단계에서 3D기반 대안별 위치 적정성, 경제성 등의 분석 자료를 기본 정보로 활용하여 현장분석을 실시한다. 교량 공사의 경우, 기본 정보는 교량의 연장, 지간분할, 지지 지반의 선정, 가설 공법 등을 말한다.

두 번째 단계에서는 발주자의 요구사항, 유사 프로젝트 수행사례의 설계데이터를 바탕으로 설계자는 2D 및 3D 설계를 한다. 그리고 도면 설계 시에는 공사 조건에 맞는 주요 공법과 자재선정을 고려하여 작성한다.

세 번째 단계에서는 앞서 2D 및 3D로 설계된 도면을 맵핑(mapping)과 랜더링(rendering) 기술을 이용하여 빔 기반 3D객체로 생성한다. 3D객체는 파라메트릭(parametric) 기반의 특성을 부여함으로서 설계 변경 시 간단한 치수 입력 및 수정만으로 모델의 손쉬운 변경이 가능하다.

네 번째 단계에서는 공정계획을 수립하기 위해 3D객체, WBS코드 및 일정정보를 연계함으로써 주요 공정별 공기를 분석한다.

다섯 번째 단계에서는 3D객체의 속성정보에 자재 종류 및 수치 등을 입력하여 물량 및 공사비를 도출한다. 또한 물량 산출 및 공사비 도출은 3D객체, WBS와 일정 연계에 의해서 총 물량 및 공사비는 물론 객체별, 공정별, 일정에 따라 정확하게 물량과 공사비를 도출할 수 있다.

여섯 번째 단계에서는 빔 모델을 통해 설계 오류를 검토 및 수정하여 시방서를 도출한다. 설계 오류 검토는 3D객체의 시뮬레이션을 이용하여 시각적으로 공정 및 일정간의 간섭을 체크 할 수 있다. 즉 간섭이 발생한 부위에 특정 색상으로 나타나게 함으로써 시각적으로 구별할 수 있다.

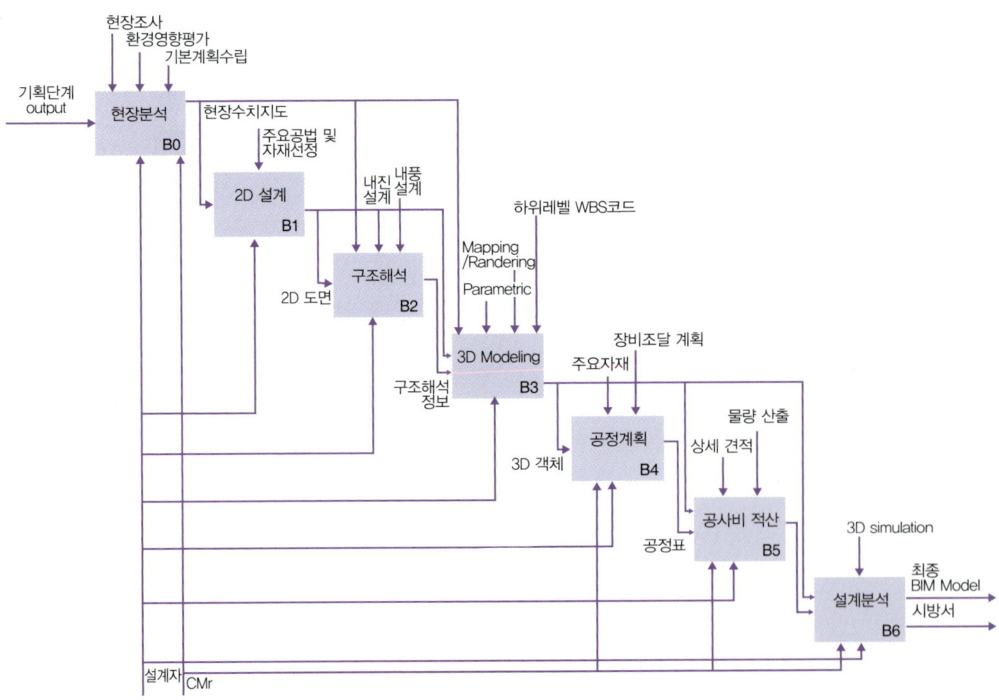

그림 3-9 설계단계 빔 프로세스 업무 상관도

이와 같은 과정을 통해 완성된 빔 모델은 기존의 복잡하고 중복된 정보교환에서 벗어나, 빔 정보를 중심으로 3D객체 기반의 통합 정보관리 환경을 제공할 수 있다. 즉, 발주자, 설계자, 시공자, 하청업체들 간의 즉각적인 정보 교환이 가능한 통합된 환경을 제공하여 적시에 정확한 의사결정을 가능하게 함으로써 공기 단축 및 비용의 절감이라는 효과를 가져 올 수 있다.

2.3 시공단계 빔 적용 프로세스

시공단계 빔 활용은 공정관리 시각화분야에서 대표적으로 활용될 수 있다. 첫 번째 단계는 그림 3-10과 같이 설계단계에서 도출된 3D객체와 일정 데이터의 링크 자동화 또는 수작업을 통해 액티비티(activity)를 생성하고 4D시뮬레이션을 실행한다. 시공자 및 건설 사업관리자는 시뮬레이션을 통해 일정에 따른 공사의 진척 정도를 확인하고, 공정 순서의 오류를 검토할 수 있어 사전에 공정 오류 리스크를 방지할 수 있다.

두 번째 단계에서는 시공성을 분석하고 시공 수순의 오류를 검토하고 부재간의 충돌 등 간섭을 체크한다.

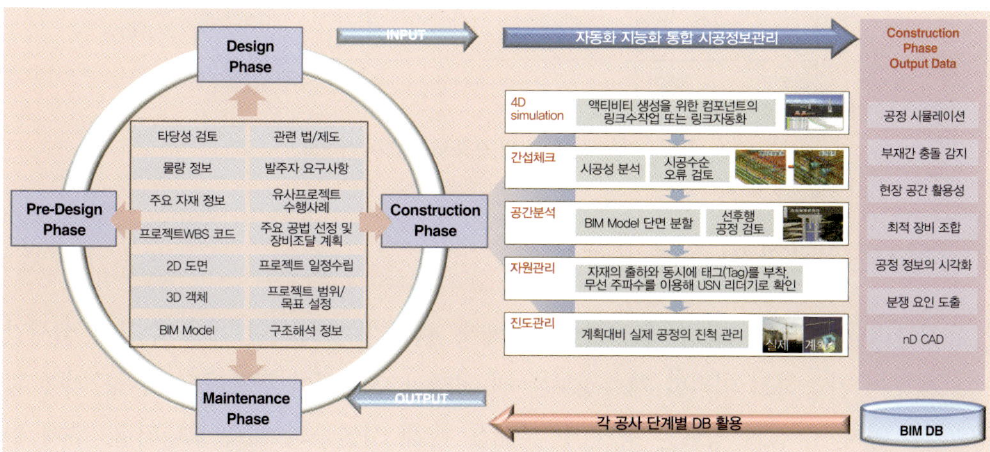

그림 3-10 빔 기반 시공단계 업무프로세스

세 번째 단계에서는 빔 모형의 단면 분할, 선후행 공정 검토 현장에서의 효율적인 공간 활용을 위해 공간 분석을 수행한다.

네 번째 단계에서는 철골과 같은 자재의 생산이 시작되면 출하와 동시에 RFID (radio frequency identification) 태그(tag)를 부착하고 무선 주파수를 이용해 USN (ubiquitous sensor network) 리더기를 통해 자재의 운반, 입고, 양중, 야적, 가공조립, 설치까지 정보를 확인할 수 있다. 이를 통해 자재가 적시에 현장에 투입됨으로써 현장 부지의 공간 낭비와 충돌을 줄일 수 있다. 그림 3-11은 이러한 단계를 IDEF0로 나타낸 그림이다.

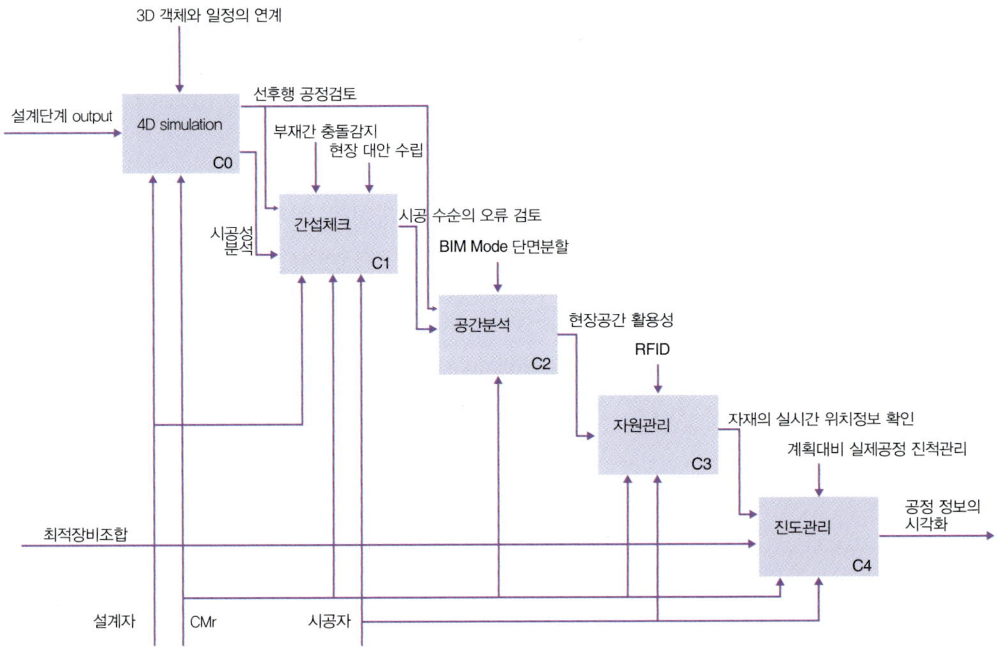

그림 3-11 시공단계 빔 프로세스 업무 상관도

2.4 유지관리단계 빔 적용 프로세스

유지관리단계에서는 완공 후 시설물에 계측 센서가 부착되면 계측 수치의 실시간 정보제공이 가능하고 이러한 계측정보는 빔 모델과 연동되어 구조물의 이력관리에 활용될 수 있다. 수집된 정보는 평가 및 분석을 통해 시설물의 계측 모니터링, 부재 결함 정보, 보수보강정보 등으로 활용될 수 있다. 또한 자연적 조건에 따른 주변 환경의 위험지도(hazard map) 등의 시각적 정보제공이 가능해진다. 이외에도 빔의 각종 3D 기반 객체들과 전자매뉴얼(interactive electronic technical manual, IETM) 기능을 연동하여 시각화된 통합유지관리시스템을 구축하여 운영할 수 있다. 그림 3-12는 유지관리단계에서의 빔 모형을 나타내며 그림 3-13은 이를 IDEF0로 표현한 그림이다.

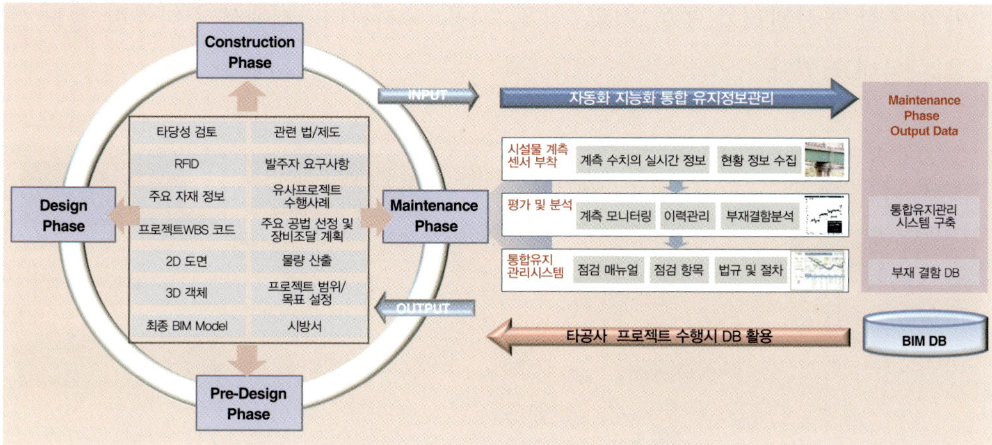

그림 3-12 빔 기반 유지관리단계 업무프로세스

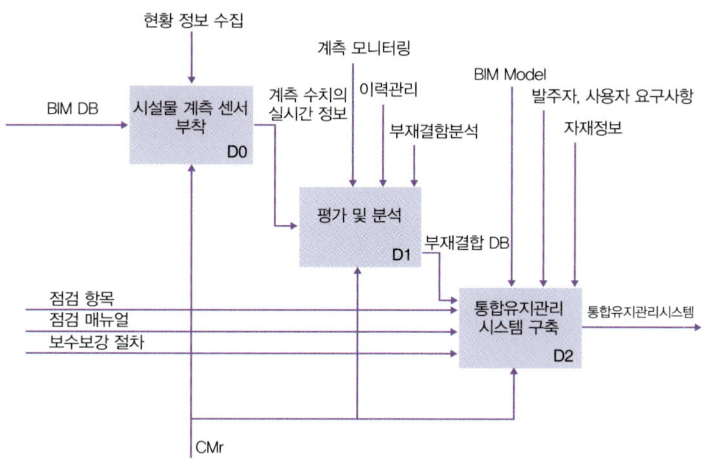

그림 3-13 유지관리단계 빔 프로세스 업무 상관도

3 공사단계별 빔 활용 사례

3.1 기획단계 빔 활용

1 빔에 의한 통합 공사관리

빔 운영체계의 궁극적 목표는 기획부터 유지관리단계까지 빔 기반으로 통합 공사관리 운영체계를 구축하는 것이다. 건설공사의 단계별로 빔이 적용될 때 주요 기능과 업무 환경의 변화를 교량공사를 대상으로 표현하면 그림 3-14와 같으며, 그림에서는 빔 기반의 통합 공사관리를 통한 기획, 설계, 시공, 유지관리단계에서의 다양한 정보 흐름을 나타내고 있다.

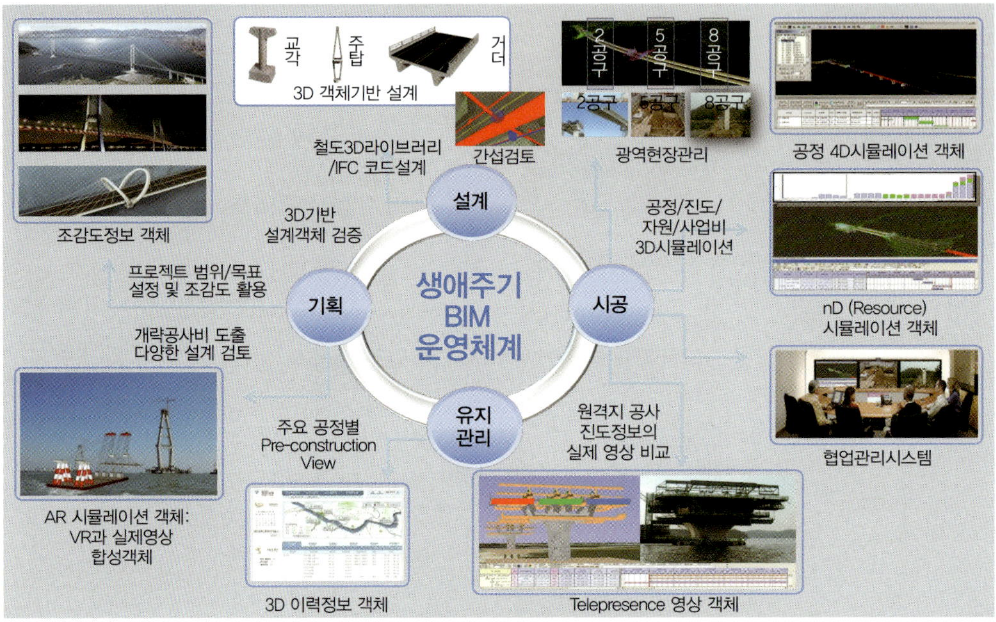

그림 3-14 생애주기의 빔 기반 통합 공사관리

설계단계 빔 객체가 구성되면 시공 및 유지관리단계까지 활용되므로 설계단계에 빔 객체 구성의 정확성이 중요하다. 시공단계에는 별도의 빔 제작이 없이 설계단계 빔 객체를 활용하는 것이 바람직하므로 설계단계부터 시공단계의 공정을 고려한 빔 객체 제작이 필요하다. 시뮬레이션을 위한 별도의 객체는 시공단계에 추가로 제작해야 하는 부분이고 유지관리단계에도 기본적인 정보는 설계 및 시공단계에 완성된 빔 객체로 활용하게 된다.

2 기획단계 빔 정보 구성

기획단계에서의 빔 활용을 위한 데이터 구성은 교량을 예로 표현하면 그림 3-15와 같이 개념적인 계획이 수립되었다는 가정 하에 구조물 및 공사 현장 지형을 개략적 3D 형상 모델로 구축할 수 있다. 기획단계에 개략적 일정 확인과 마스터플랜(master plan)의 완성도 확인 및 조감도 구성 등의 업무를 수행하기 위해서는 개략적 공정검토를 위한 월별 및 년별 단위의 대략적인 마일스톤 공정계획 정보와 상위 레벨로만 구성된 3D객체 정보 등이 필요하다.

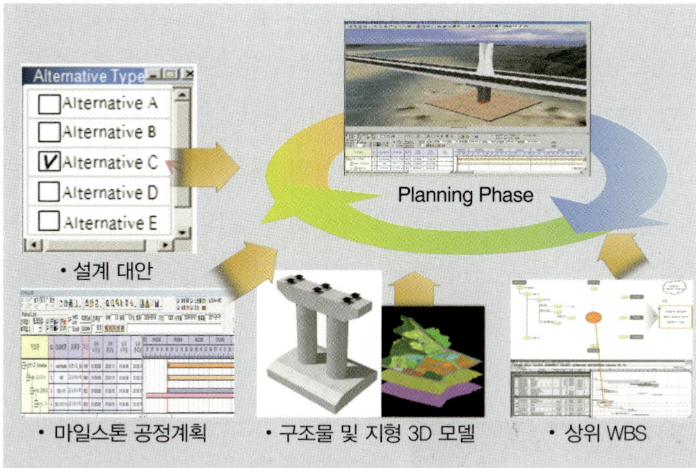

그림 3-15 기획단계 빔 정보 구성

기획단계에는 WBS 등이 작성되기 어려우므로 그림에 표기된 WBS는 최상위레벨의 시설분류 수준으로 이해할 수 있다. 기획단계에 개략적 3D 완성도 등의 작성은 추가적 업무가 될 수 있으나 빔 정보의 활용성 측면에서는 설계단계까지 활용이 가능하므로 최소한의 빔 정보 구축도 필요한 부분이다.

3 시설물의 위치 선정

기획단계는 프로젝트의 정보들이 상세하지 않고 개략적이고 포괄적인 정보들만이 존재하므로 빔 활용 시에도 구체적인 객체 정보들을 사용할 수 없다. 기획단계에 사용 가능한 사례로서 교량시설물이라면 교량의 거치 위치 선정에 빔 정보가 사용될 수 있다. 그림 3-16은 교량 가설 위치를 선정하기 위해 개략적 3D 형상으로 구성된 교량 객체를 노선에 따라 위치를 달리 하면서 가설 위치의 적정성을 시각적으로 파악할 수 있도록 하고 있다.

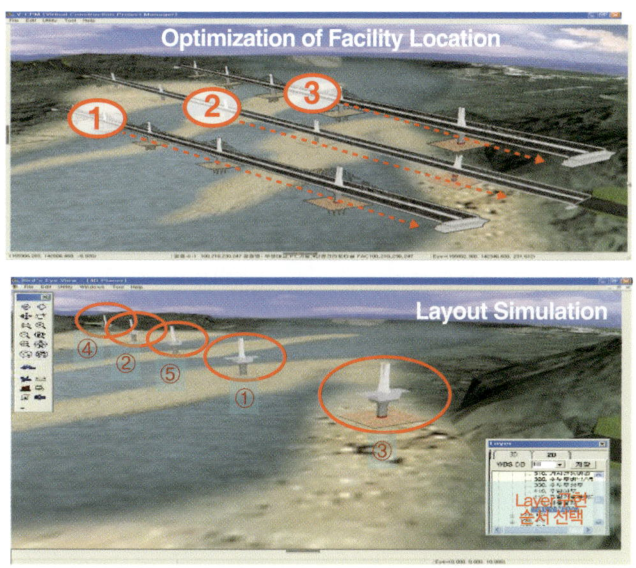

그림 3-16 기획단계 시설물 최적 위치 선정

그림 3-17은 입력된 데이터 정보로부터 수행된 결과를 나타낸다. 그림 3-17과 같이 발주자는 지형 및 구조물의 3D 형상 모델로부터 구조물의 위치, 외관, 지형의 형상 등을 시각적으로 파악함으로써 프로젝트의 범위와 목표를 파악할 수 있다. 또한, 주요 시설물 구간의 지형 및 노선도를 통해 지형의 개략적인 성절토 및 주변 노선을 3D 형태로 고려한 교량의 최적방안을 확인할 수 있다. 그리고 대안별 조감도기능에서는 사용자가 교량의 형식 및 위치 변경이 가능함으로써 다양한 대안 설계안을 3D기반으로 나타내어 시각적으로 비교 및 검토가 가능하다.

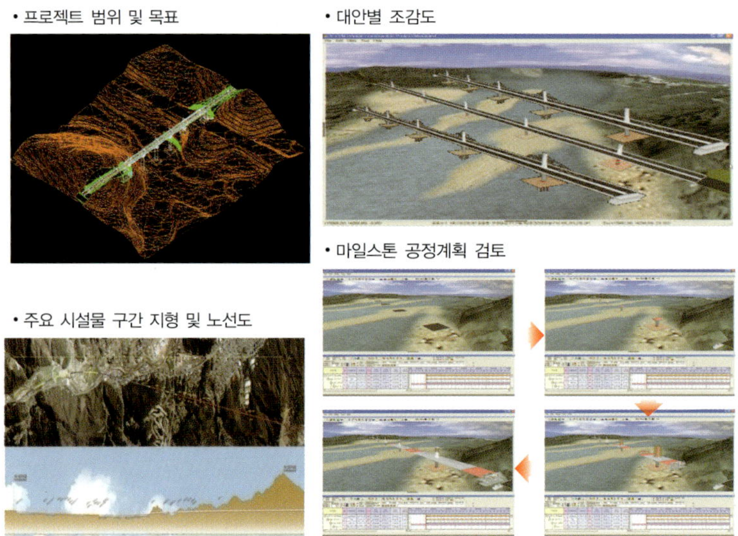

그림 3-17 기획단계 빔 시스템 적용사례

4 Milestone 공사일정 확인

기획단계에는 공정 정보들도 상세 일정 정보가 확보되어 있지 않으므로 개략적 일정 정보(milestone schedule)만을 사용하게 된다. 즉 5년 기간의 공사라면 6개월 단위의 완성도를 빔 객체로 표현하여 개략적인 시기별 시설물의 완성 모습을 시각화 할 수 있다. 그림 3-18은 해상교량 공사의 6개월 단위 개략 공정 완성도를 표현하고 있다.

이러한 마일스톤 개념의 개략적 공정 완성도 확인은 기획단계에서 계획 시설물의 개략적 완성 모습과 주요 일정별 완성도를 가시적으로 확인할 수 있으므로 기획 업무의 정확성을 높일 수 있다.

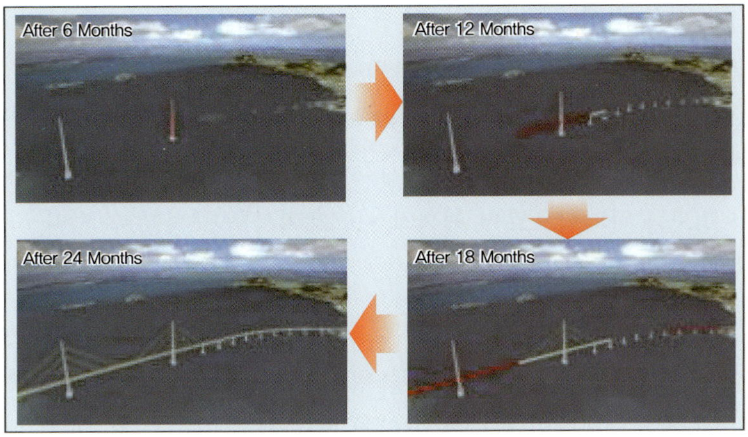

그림 3-18 개략 공정 완성도 확인

5 마스터플랜 개략 확인

빔을 기획단계에 활용하면 계획 시설물의 전반적인 마스터플랜을 가시적으로 확인할 수 있는 장점이 있다. 특히 신도시 조성 등과 같은 대형 사업에서는 기획단계에 개략적인 도시의 완성 모습을 단계적으로 확인할 수 있으므로 수치적 정보만으로 기획 업무를 하는 것과 비교시 업무 효율을 개선할 수 있다. 그림 3-19는 6년 기간 동안 시행될 도시 기반조성 프로젝트에 대해 개략적 일정별로 3D 완성도를 표현하고 있다. 즉, 6개월 단위의 도시 모양 완성도이므로 기획단계에 활용될 수 있는 4D시뮬레이션이라 할 수 있다.

마일스톤 일정에 따른 공정계획 검토는 4D시뮬레이션을 통해 사업기간에 따라 1년

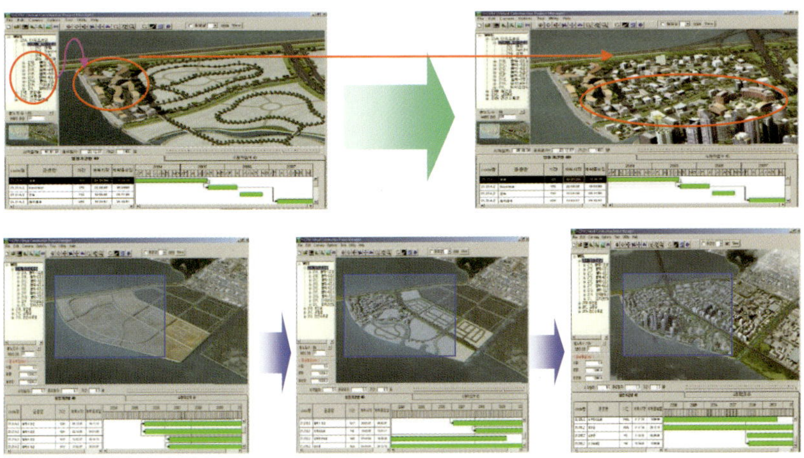

그림 3-19 기획단계 마스터플랜 확인

이상의 단위로 공사 진행 상황을 검토할 수도 있다. 6개월 또는 1년 단위로 시설물이 완성되는 모습을 발주자에게 제공함으로써 보다 정확한 공사기획 정보를 제공할 수 있다. 이에 따라 발주자는 기획단계에서부터 시설물의 기능적인 면, 형태 및 규모 뿐 아니라 질감과 색채를 고려한 시설물의 시각적 가치, 지역의 자연환경과의 조화 등의 다양한 공사 정보를 파악함으로써 최적의 사업계획서를 구성할 수 있다.

6 공사 개요 검증

기획단계에는 그림 3-20과 같이 구조물 형식 검증과 구조물 배치계획 기능을 활용하여 계획된 교량 프로젝트의 형상을 개략적 3D모델로 구현할 수 있다. 3D모델 생성은 표준 교량의 3D모델 라이브러리에서 교각의 상부 및 하부 구조물 형식을 선택함으로써 표준 3D모델로 생성된다. 이와 같이 상하 부위별로 생성된 3D모델들은 위치 및 Scale 조정 또는 조합 과정을 통해 완성된 교량 구조물 모델로 생성된다. 이를 통해 교량 구조물의 형식 및 외관을 파악할 수 있으며, 또한 완성된 구조물을 외부로부터 맵핑한 공사현장 3D 지형도상에 구현함으로써 공사현장의 환경을 고려한 교량의 규모(교각의 개수, 경간 크기 등) 및 위치를 파악할 수 있다.

그림 3-20 구조물 형식 검증 및 배치 계획 수립

완성된 교량의 3D모델로부터 교량의 형식 및 배치계획을 수립하면, 그림 3-21과 같이 개략적인 공정 및 일정 시뮬레이션과 유사 2D도면 기능을 수행한다. 상위 수준의 WBS와 1년 단위의 일정을 생성하고, 공정과의 연계과정을 반복 수행하면 1년 단위로 프로젝트의 진행 상태를 시뮬레이션으로 구현할 수 있다.

그림 3-21 기획단계 공정/일정관리 및 2D도면관리

이를 통해 교량 프로젝트의 개략적인 공정과 일정을 파악할 수 있으며, 또한 WBS Code에 연계된 유사 2D도면을 검토할 수 있게 함으로써 해당 공정의 이해도를 높일 수 있다.

3.2 설계단계 빔 활용

1 설계단계 빔 정보 구성

설계단계 빔 활용을 위한 정보구성을 교량을 예로 표현하면 그림 3-22와 같이 구성할 수 있다. 설계단계에 빔 정보 구성 시에는 WBS를 구성하여 가능하면 WBS수준별로 3D객체를 구성하고, 시공단계의 공정 구분을 고려하여 객체를 구성하는 것이 시

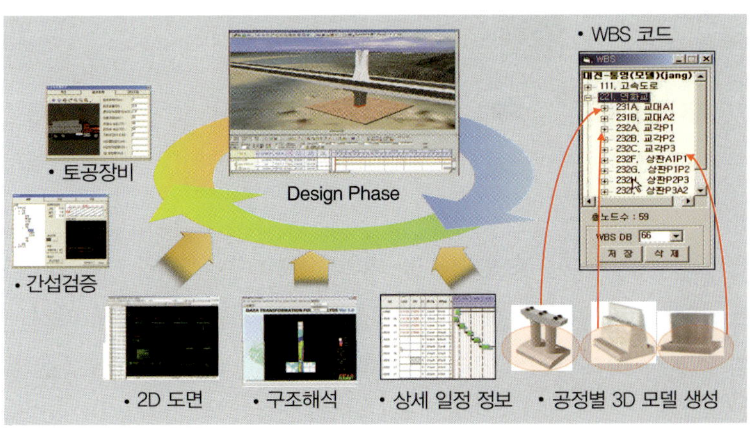

그림 3-22 설계단계 업무 빔 정보 구성

공단계의 활용성을 높일 수 있다.

설계단계 빔 정보 구성 사례를 들면 그림 3-22에서 교량공사의 WBS를 세분화하여 구성하고, 각각의 공정에 해당하는 3D모델을 생성한다. 그리고 기존의 마일스톤 공정 계획을 일별 단위로 관리할 수 있도록 공정일정을 보완할 수 있다.

2 설계객체의 3D 확인

설계단계의 기본적 업무는 주요 부위별 2D, 3D도면 해석이며 부위별 3D객체 해석을 통한 간섭검증 등이 주요 업무들이 된다. 그림 3-23과 같이 교량의 교각, 상판 등의 구조물의 상세설계는 구조해석 정보와 연계하여 안정성 해석을 할 수 있으며, 또한 2D 설계의 평면도, 정면도, 측면도 등의 도면 산출이 가능하다.

그리고 기본 설계안 또는 유사한 다른 구조물을 생성할 경우에는 추가적인 3D모델링 작업 없이 파라미터 기반의 3D객체 생성 기능을 활용하여 그림과 같이 교각과 기초를 가로, 세로, 높이 등의 일정한 변수 값 입력만으로 객체를 생성할 수 있다.

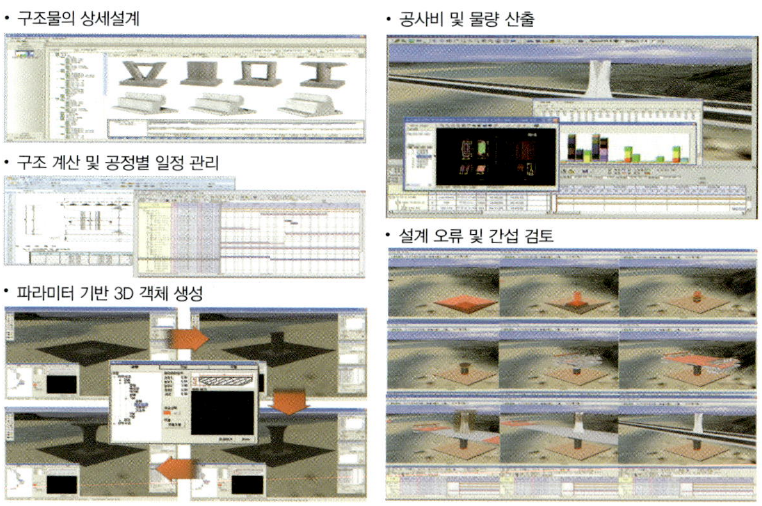

그림 3-23 설계단계 3D객체 활용

빔의 3D객체는 주요 장비, 자재의 조달 계획을 고려한 교각의 거푸집 제작, 철근 조립, 콘크리트 타설 등의 일정 정보를 포함할 수 있다. 따라서 일정에 따라 생성된 공정으로부터 주 공정을 파악할 수 있으며, 정확한 공정별 공사비 내역정보 등을 파악할 수 있다.

세분화된 WBS 및 공정 일정에 따라 공정별 수순에 따른 설계 오류 및 공정 간의 간섭뿐만 아니라 일정에 따른 설계 오류 및 간섭은 4D시뮬레이션으로 파악할 수 있다. 또한 토공작업 등에 대해서도 3D객체기반으로 성절토 상태를 분석하여 최적 토공 설계안의 도출이 가능하게 된다.

3 파라미터기반 객체 구성

3D객체 제작은 외부 설계 소프트웨어를 통해 작성된 모델을 임포팅(importing)하거나 자체적으로 생성할 수 있다. 특히 자체적으로 3D모델을 생성하는 경우, 프로젝트 파라미터 수치를 통해 다양한 형태의 3D객체를 자동으로 생성할 수 있다. 사례적용을 위해 그림 3-24와 같이 교량공사 교각을 대상으로 구조물 유형을 분류하고, 파라미터 수치 변경이 가능한 3D모델을 트리구조로 구축하고 있다.

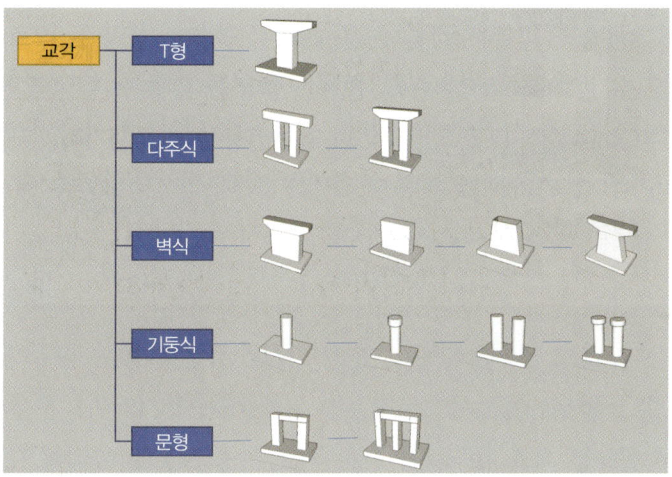

그림 3-24 파라미터기반 교각 형식별 모델

파라미터기반의 모델 생성은 WBS 트리에서 형식을 선택한 후 생성된 구조물의 파라미터 수치를 입력하게 되면, 미리보기 형태로 3D객체가 생성되어 사용자에게 제공된다. 파라미터기반의 3D모델 생성이 가능한 형상은 가로, 세로, 높이의 입력 값을 가지는 육면체와 높이, 개수, 반경의 입력 값을 가지는 원기둥 형태로 구성함으로써 다양한 구조물의 형상에 적용할 수 있도록 구성한다.

파라미터 기반의 3D모델 생성은 그림 3-25와 같이 교각 형식별 라이브러리를 통해 교각의 기초부위를 선택하면, 3D모델 생성모듈에 생성된 기초부의 3D모델을 확인할 수 있다.

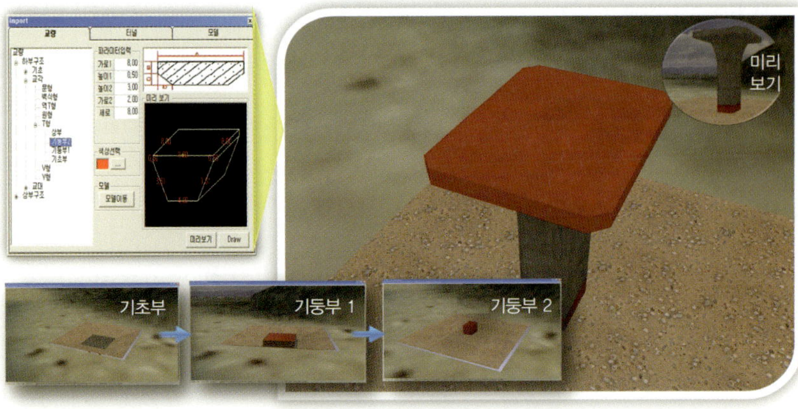

그림 3-25 파라미터기반 3D객체 생성

4 경관분석 시뮬레이션

빔으로 도면이 완성되면 완성된 3D객체의 조합으로 시설물 완성도를 가정하여 사전에 주변 경관분석 등에 사용할 수 있다. 경관 시뮬레이션에서는 시설물 주변의 경관 분석을 포함하여 사용자 시점에서 움직이며 경관 시뮬레이션을 할 수 있다. 그림 3-26은 대단위 주거시설의 경관분석 사례를 표현하고 있다.

그림 3-26 주거단지 경관분석 시뮬레이션

그림 3-27은 지하철 시설물에서 정거장 내부의 경관분석 사례를 표현하고 있다. 지하철 내부에 아바타(avatar)를 설정하여 아바타가 움직이는 경로의 시각대로 시뮬레이션이 가능하며 이로써 시설물 사용자 시각에서 시설물의 활용성을 평가할 수 있다.

이러한 경관분석은 시공단계에도 활용될 수 있으나 설계단계에 설계대비 완성도의 정합성 분석 등에도 활용성을 갖는다.

그림 3-27 지하철 경관분석 시뮬레이션

5 설계 노선 선정

설계단계에는 실시설계 종료 시에 상세 도면이 작성되므로 설계단계의 노선 대안별로 적정성을 검토할 수 있다. 건축시설물에서 설계단계는 3D도면 작성과 함께 간섭관리로 빔 활용효과를 극대화할 수 있는 단계이며, 토목시설에서도 그림 3-28과 같이 도로시설의 대안별 토공 노선 선정에 활용할 수 있다. 대안 노선별 기본적인 물량정보와 공사비 정보까지 확인할 수 있으며 이러한 정보는 설계단계에 대안 선정의 정확성을 개선할 수 있다.

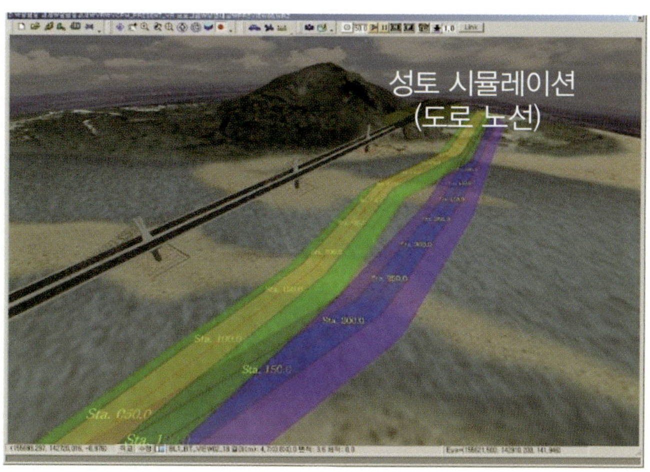

그림 3-28 도로 노선 선정

6 지반 주상도 작성

그림 3-29는 철도시설 통과 노선에 대한 지반 상태를 나타내는 주상도를 3D객체로 시각화하여 표현한 것이다. 주상도에 표현된 토사 및 암반 종류별로 색상을 달리하여 지반의 상태를 시각적으로 파악할 수 있도록 하고 있다.

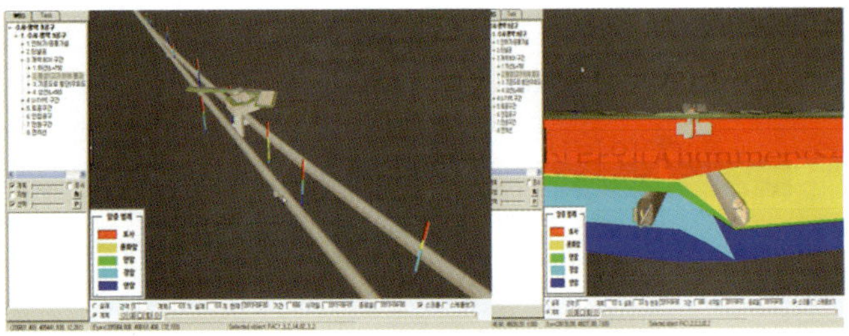

그림 3-29 4D객체와 연동된 지반 주상도

그림 3-30은 이러한 지하에 설치되는 구조물의 지하 상태를 3D객체로 표현한 것으로서, 지하의 지반상태와 함께 시설물의 위치를 같이 표현하고 있다. 특히 4D시스템에서 지하공사의 일정별로 완성상태를 연속 시뮬레이션하여 지반상태와 시설물의 완성도를 동시에 표현하고 있는 모습이다.

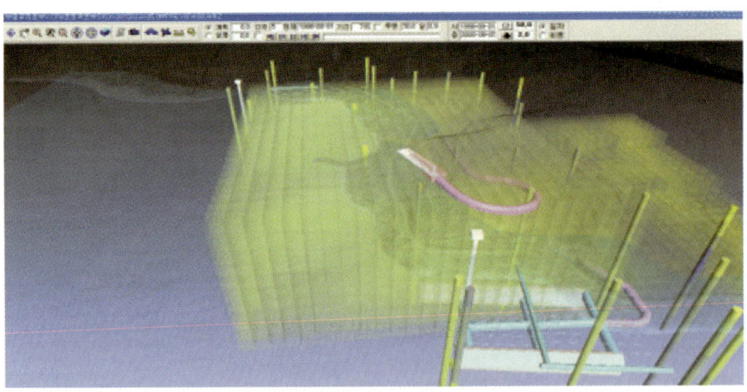

그림 3-30 4D객체와 연동된 지반정보

7 도면 정합성 개선 및 분할도면 3D 확인

기본적으로 3D도면이 작성되면 2D도면에서는 어려운 정합성을 개선할 수 있다. 즉, 2D도면으로 시설물의 부위별로 여러 장의 도면을 작성하면 모든 도면의 치수를 일치시키기가 어렵다. 일정 구간단위로 도면이 일치하지 않는 부정합성 현상이 빈번히 발생한다.

반면에 3D도면에서는 객체가 한 개의 도면으로 입체적으로 작성되므로 어느 부위에서 분할하여도 모든 치수는 일치하는 효과를 가지므로 도면의 정확성이 개선된다. 그림 3-31은 설계 도면의 임의 위치에 대한 단면도를 3차원으로 가시화한 모습을 나타내고 있다. 우측 그림은 도로 지하에 설치되어 있는 지하철 터널 단면을 나타내고 있으며, 이러한 3D객체는 터널 본선을 따라 주행하면서 시뮬레이션이 가능하다. 그림의 좌측은 터널 단면이고 우측은 정거장의 분할 단면형상을 표현하고 있다.

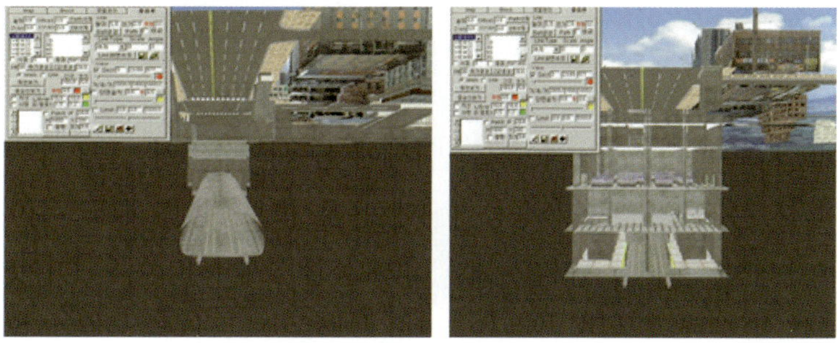

그림 3-31 빔 객체에 의한 지하 단면 분할정보

그림 3-31에서는 지하철 터널 단면을 어느 부위에서든 분할하여 단면도를 직접 확인할 수 있으므로 지하 터널과 지장물의 간섭 상황 등을 직관적으로 확인할 수 있다. 그림 3-32는 도로면을 따라 임의 도로 위치에서 해당 도로의 지하까지를 분할 단면으로 표기하는 사례를 표현하고 있다. 이러한 분할 단면에서는 지중 매설물의 단면 내 깊이까지 표현될 수 있다. 그림의 우측은 도로상에서 분할 지점을 가시적으로 3차원으로 표현하고 해당 단면의 지하 깊이별 매설물 상태를 2D도면으로 표현하고 있다.

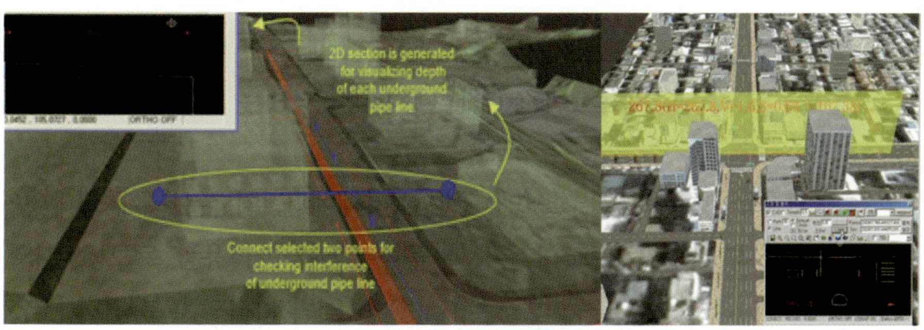

그림 3-32 도로 단면 분할 사례

3D단면 분할 및 2D도면 생성 기능을 활용하여 구조물의 내부형태 또는 지하시설물의 매설형태를 시각적으로 파악할 수 있으며, 분할된 단면의 2D도면을 자동으로 생성할 수 있다. 우선 단면 분할하려는 구역을 마우스로 지정하면, 그림 3-33과 같이 시점과 종점의 위치 및 사이 거리와 지정된 구역이 황색으로 나타난다. 황색으로 표시된 구역을 기준으로 마우스를 움직이면, 이동방향에 따라 구조물 내부의 형상을 확인할 수 있다.

그림 3-33 3D단면 분할 및 2D도면 생성

8 지장물 확인

GIS 정보로 지장물을 확인할 수 있다면 지장물을 빔 객체로 표현하여 설계단계부터 지장물의 위치와 크기, 종류 등을 가시적으로 표현할 수 있다. 그림 3-34는 도시조성사업 설계 3D 조감도에서 지하에 매설된 지장물 위치 정보 등을 확인하는 모습이다.

그림 3-34 지장물 확인

이러한 지장물 확인 기능은 유지관리단계에도 지장물의 위치와 깊이 파악 등에 유용하게 활용될 수 있다. 즉, 시설물의 지하 단면 분할 기능으로 2D도면이 자동 추출되면 단면도에 지장물별 깊이 파악이 가능한 것이다.

9 설계부위 간섭 확인

설계단계 빔의 적용에서 가장 많은 활용성을 갖는 기능이 설계 부위간 간섭사항의 사전 확인이다. 빔 모델이 3차원 모델로 제작되어 있기 때문에 부재간 또는 부위간 충돌 부분의 확인이 가능한 것이며, 사전 확인된 간섭사항은 미리 수정 조치되어 재설계 및 재시공 오류를 감소시킬 수 있다. 그림 3-35는 빔 설계객체를 이용한 간섭사항의 확인 모습이다.

그림 3-35 설계 부위 간섭 확인

간섭이 확인되면 해당 부위가 색상을 달리하여 표현될 수 있고, 간섭 관리 기능의 구성 정도에 따라 전체 설계에서 간섭 정도를 수치적으로 파악할 수도 있다. 또한 간섭 허용범위를 설정해 놓으면 일정 수준의 간섭은 허용되는 기준도 설정이 가능하다.

10 설계 객체 속성에 따른 활용도

설계단계에 완성된 빔 객체는 캐드 소프트웨어의 기능에 따라 다양한 모양으로 활용될 수 있다. 예로서, 주간 및 야간 경과기능을 가미하여 주간과 야간의 조명 환경에 따라 시설물의 사용성 검증도 가능하고, 구조물단위로 투영성을 가미하여 객체 표현을 상쇄시킬 수도 있다. 그림 3-36은 주거단지 시설물에 투영성 기능을 가미하여 지상 시설물의 투영정도에 따라 지하구조물만 투시되는 모양을 표현하고 있다.

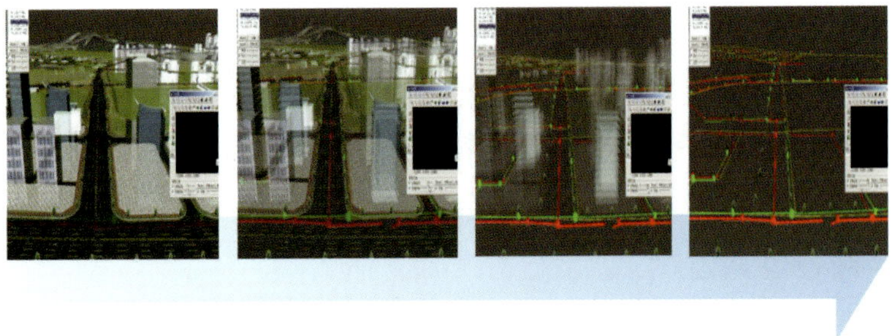

그림 3-36 조감도 투영정도에 따른 객체 표현

3.3 시공단계 빔 활용

1 시공단계 빔 정보 구성

시공단계 빔 활용을 위한 정보 구성을 교량을 예로 표현하면 그림 3-37과 같다. 시공단계 빔 활용의 정보중심은 WBS 코드를 중심으로 활용되는 것이 바람직하다. 즉 WBS 코드에 공사일정정보와 공사비정보 등을 모두 집약시켜 놓으면 WBS 코드만으로 시공단계 각종 정보의 통합관리가 편리해질 수 있다. 시공단계에 활용되는 빔 객체는 설계단계에 작성된 3D도면을 활용하여 공사일정, 공사비 등의 정보를 속성으로 한 다차원 캐드객체로 활용성을 확대할 수 있다.

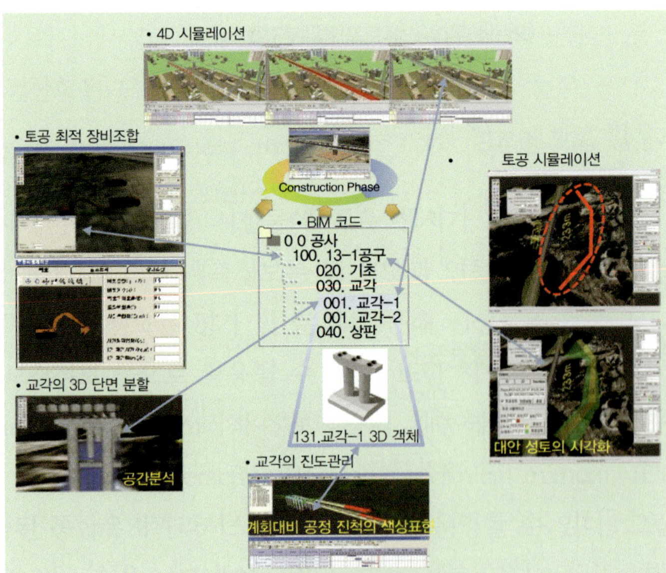

그림 3-37 시공단계업무 빔 정보 구성

2 4D CAD에 의한 공정시뮬레이션

시공단계 빔에서 가장 활용성이 높은 기능 중의 하나는 4D CAD 시스템이다. 4D CAD 시스템은 기존 공정표 일정(time)에 각 공정의 3D도면을 연계하여 공사 진행 일자별 시설물 완성모양을 3차원으로 연속 시뮬레이션(simulation)하는 도구를 의미한다. 즉, 실제 공사이전에 당해 공사의 일정기간 경과후의 완성상태를 3차원의 가상적 모습으로 사전에 구현할 수 있는 도구이다. 그림 3-38은 4D CAD 시스템의 대표적 구현 모습을 표현하고 있으며, 하단의 공정표 진행 일정에 따라 상단에 완성도가 3D 형태로 연속 시뮬레이션되는 모양이다.

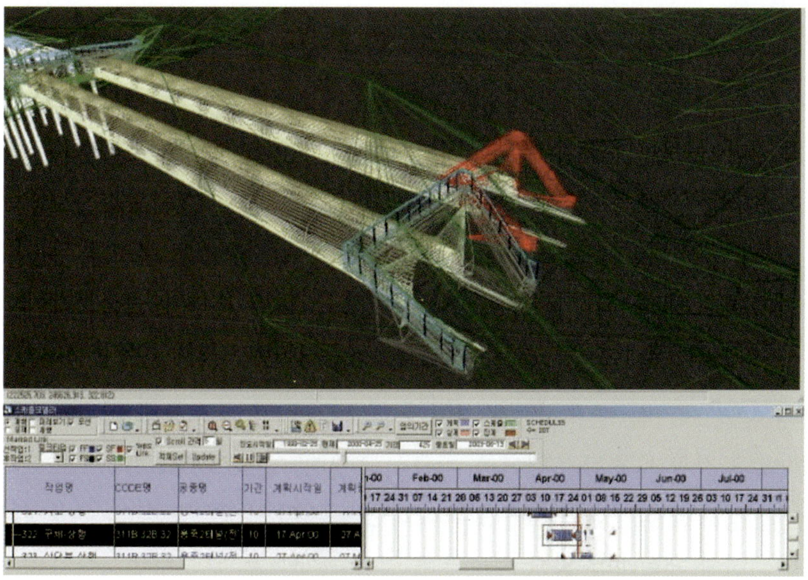

그림 3-38 시공단계 4D CAD 구현 모습

기존의 공정관리시스템에서 산출되는 공사일정 정보들은 수치적 정보들로 구성되어 있으므로 다양한 공사참여자간 효율적 의사결정도구로서의 역할이 곤란하다. 이러한 수치적 공정정보들을 CAD에 의해 시각화하는 방법들에서 대표적인 것이 4D CAD 시스템이며 그림 3-39는 4D 공정관리시스템의 공사일자별 완성도를 표현하고 있다. 이러한 4D객체정보에 공사비, 자원 등의 다양한 정보를 연계하여 다차원 캐드시스템(nD CAD)으로 발전시킬 수 있다.

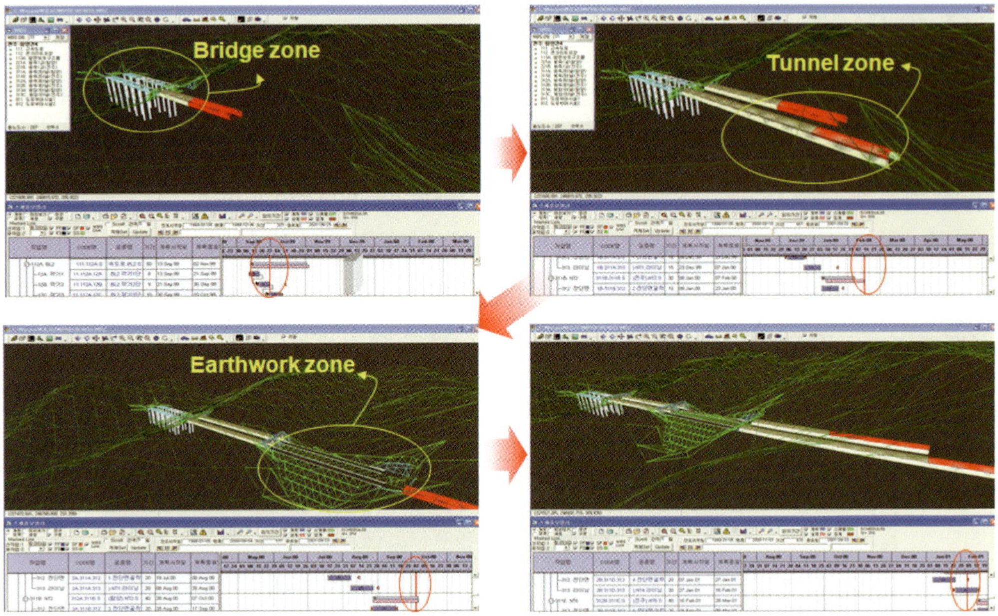

그림 3-39 시공단계 일정별 완성도 시뮬레이션

3 시공 진도의 시각적 표현

4D시스템의 사용과 함께 공정의 진도현황도 시각적으로 표현할 수 있다. 공사규모에 따라 공정 진도관리 도구가 상이하지만 소규모인 경우는 엑셀정도로만 하고 중대형 규모라면 공정관리 소프트웨어를 이용하고 있다. 이러한 도구의 진도 표현정보는 모두 수치적 정보로 나타나므로 진도관리의 효율성이 낮은 실정이다. 빔 정보를 이용하면 임의 시점에 계획대비 실행 진도를 공정별 색상으로 구분하면서 3차원으로 시뮬레이션 할 수 있다. 그림 3-40은 공정 진도의 시뮬레이션 모습을 표현하고 있다.

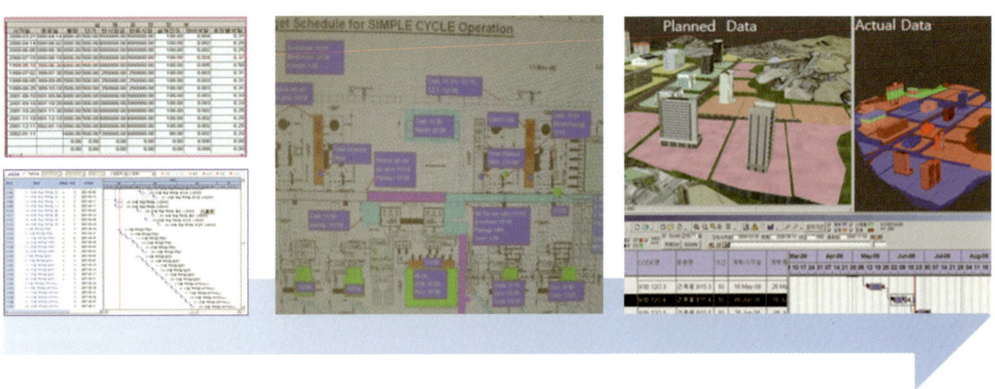

그림 3-40 시공 진도현황의 시각화

그림 3-40에서 좌측은 엑셀 또는 공정관리 소프트웨어에 의한 진도 정보를 표현하고 있고, 이러한 정보 표현이 이해하기 어렵기 때문에 공사현장에서는 가운데 그림처럼 일정 시점별로 주요 공정의 완성상태를 그림으로 그려서 표현하기도 한다. 즉 그만큼 공정 진도에 대한 시각화 요구가 있는 것이며, 우측 그림은 빔 정보에 의한 시각적 표현 사례이다. 우측 그림은 좌우에 동일한 시점에서의 계획대비 실제 공정 진도를 표현하여 지연정도에 따라 완성된 부위를 색상으로 구분하고 있다.

4 시공 간섭 검토

설계단계의 간섭 검토도 중요하지만 시공단계의 간섭도 중요한 검토 사항이다. 가능하면 시공 중에 부위간 간섭 및 충돌은 발생하지 않아야 하며, 이를 위해서는 사전에 간섭 발생 여부를 인지할 수 있어야 한다. 이를 위해서는 4D시스템에서 공정별로 작업공간을 사전에 할당해놓고 공정 진행시에 상호간 작업공간에 침범하면 간섭성황을 시각화하는 기능이 필요하다. 그림 3-41은 이러한 기능에 의해 시공 간섭이 시각화된 모양을 나타내고 있다.

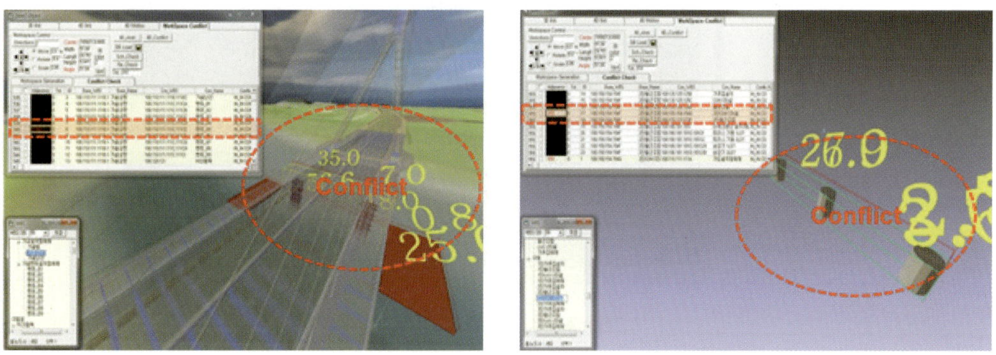

그림 3-41 시공부위 간섭상황 표현

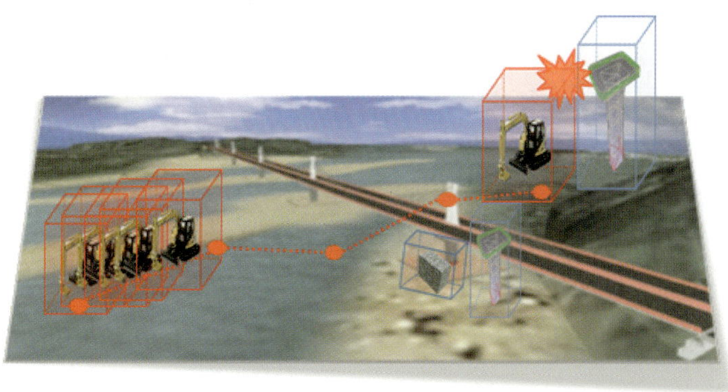

그림 3-42 시공 장비 간섭상황 표현

시공단계의 간섭은 작업 공간 간섭 외에도 장비 간섭 검토도 필요하다. 특히 현장에 설치된 크레인의 작업 이동 공간과 주변 구조물간의 간섭 등은 시공성에 중요한 부분이므로 빔 정보가 완성되면 이러한 장비 간섭 검토 기능도 필요하다. 그림 3-42는 현장의 장비 간섭상황을 표현하고 있다.

5 계측정보 시각화

시공단계 주요 관리 정보중의 하나가 계측정보이다. 계측정보는 특성상 대부분 수치적 정보로 관리되고 있으나, 이러한 이유로 위험상황 발생 시 대처가 늦은 이유가 되기도 한다. 즉, 계측정보가 시각화되어 표현되면 위험구간의 계측정보를 직관적으로 파악할 수 있으므로 대처 시간과 예방측면에서 효율적이다. 그림 3-43은 빔 정보에 계측관리 기능을 도입하여 계측정보를 시각적으로 운영하는 사례이다.

그림 3-43 계측관리 빔 활용

6 시공 전후 완성도 비교

빔 객체로 시공 구조물이 구성되어 있으면 시공 전후의 모습을 가상적 공간에서 비교하여 파악할 수 있다. 그림 3-44는 터널 시공 시에 라이닝(lining)을 하기 전 모습과 시공 후 모습을 비교하여 주행 시뮬레이션을 하는 모습이다. 이러한 모습에서 시공 후의 완성도에 대한 적정성 파악을 할 수 있다.

7 시공 협업관리

시공과정에는 다양한 부서가 참여하고 또한 다양한 운영주체가 참여하기 때문에 협

그림 3-44 터널 라이닝 시공 전후 모습

그림 3-45 빔 룸에 의한 협업관리(www.odehengineers.com)

업관리가 필요하다. 수치적 정보기반에서는 협업관리가 어려운 요소이지만 빔 정보 활용체계에서는 협업관리가 비교적 쉬운 기능으로 활용될 수 있다. 철도시설물 공사를 예로 들면, 궤도부, 터널부, 교량부 등 동일 회사 내에서도 다양한 부서가 참여하면서 부서간 2D도면 정보 등의 공유가 어렵지만, 빔 운영체계에서는 3D도면 정보 등 다양한 빔 정보들이 공유체계로 활용되므로 상호간 협업이 용이해진다. 그림 3-45는 시공과정에 빔 룸(bim room) 환경에서의 협업관리 모습을 표현하고 있다.

빔을 활용해서 협업관리의 효율성을 높이기 위해서는 그림과 같이 빔 정보를 전문으로 활용할 수 있는 별도의 공간(bim room)을 마련하여 해당 공간에서 주기적으로 부서간 미팅을 하면서 시공과정의 이슈(issue)들을 협의하는 것이 적절하다.

특히 건설공사 발주방식을 IPD(integrated project delivery) 체계로 운영하면 빔 정보의 협업관리 기능은 절대적으로 중요하다. IPD 발주체계에서는 설계단계부터 시공사와 하도급사들까지 모두 참여하면서 협업관리를 하며, 설계단계부터 정확한 공사비 결정 없이 시공사가 결정되므로 프로젝트의 이윤과 위험을 발주자와 참여기관들이 공유하는 발주체계이다. 즉 설계단계부터 시공성을 고려한 설계를 하기 위한 협업체계가 구성되어 운영되므로 빔 정보의 활용성은 극대화 될 수 있다.

8 시공과정 위험관리

시공시에 발생할 수 있는 리스크를 사전에 파악하기 위해 그림 3-46과 같이 공정별로 시공 위험정도를 시각화한 리스크 시뮬레이션 기능을 활용할 수 있다. 우선, Risk Analysis모듈에 분석기간을 입력하여 리스크 분석 대상 공정을 WBS Tree로 생성한다. 리스크 분석 값의 입력이 완료되면 리스크 평가 알고리즘을 통해 자동으로 리스크별 우선순위, 리스크 수준, 리스크 종합점수 및 리스크 수준별 색상이 도출된다.

그리고 이와 같은 분석결과를 4D기반의 리스크 시뮬레이션으로 구현할 수 있다. 이를 통해 효율적으로 공정별 리스크 관리 계획을 수립할 수 있으며, 특히 리스크 수준이 색상으로 표현된 3D모델 및 시뮬레이션을 통해 리스크 일정 및 부위별 리스크 정도를 별도의 해석 없이 시각적으로 파악할 수 있다.

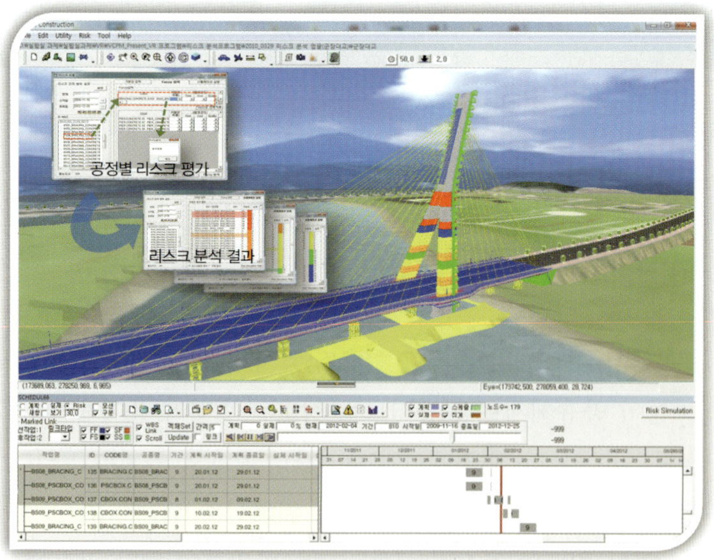

그림 3-46 리스크 시각화 관리 시스템

3.4 유지관리단계 빔 활용

1 유지관리단계 빔 정보 구성

시공단계까지의 축적된 정보를 포함한 3D객체는 유지관리 시 필요한 정보를 빔 데이터베이스에서 산출하여 필요시 2D도면, 구조해석 정보 등을 활용할 수 있다. 3D객체는 유지관리 단계 시 정기점검을 통한 점검 현황과 점검 결과 수행한 보수보강의 이력관리 정보를 포함하여 통합 유지관리시스템의 정보관리에서 핵심이 된다. 그림 3-47은 유지관리단계에서의 통합 유지관리시스템 구축을 교량을 예로 표현한 것이다.

유지관리단계에서는 교량 점검 항목에 대한 전자매뉴얼과 계측센서의 교량의 변형률, 온도, 처짐, 신축이음부 변위, 교각의 경사, 풍향, 풍속 등의 측정을 통해 능동적인 정보의 전달이 이루어지고 교각의 균열, 처짐, 점검부위에서의 실시간 센서 정보가 수집된다. 수집된 정보는 부재 결함의 분석을 통해 통합 교량유지관리 시스템에 포함된다.

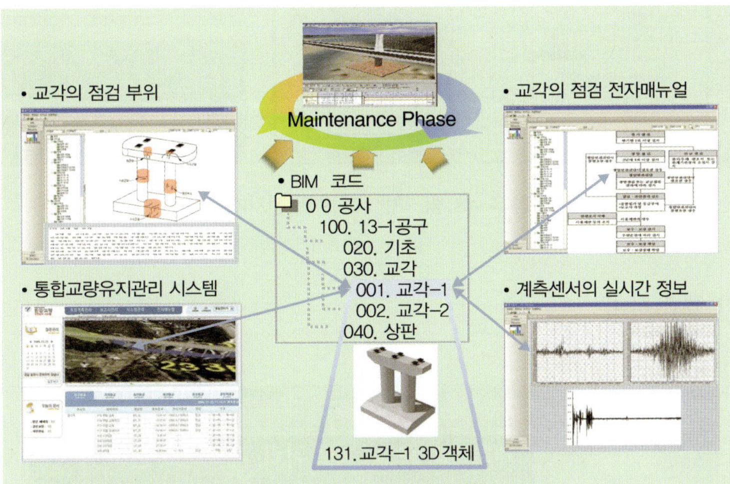

그림 3-47 유지관리단계 업무 빔 정보 구성

2 전자매뉴얼 활용

전자매뉴얼은 유지관리에 사용되는 각종 문서기반 매뉴얼을 전자적 체계로 구성한 것이고, 단순히 문서의 전자적 표현이 아니고 각종 3D정보와 멀티미디어 정보들을 연계하여 유지관리 매뉴얼을 시각적 정보로 구성한 것이다. 그림 3-48은 유지관리단계에 활용 가능한 전자매뉴얼 모양을 나타내고 있다.

유지관리 전자매뉴얼에서는 유지관리 업무별로 매뉴얼을 활용 시에 매뉴얼내의 각종 업무내용에 관련된 3차원 도면정보, 시공 동영상, 준공도면, 이력관리 사진 정보 등을 종합적으로 연계하여 파악할 수 있으므로 문서 형태의 매뉴얼과 비교 시 활용성을 높일 수 있다. 이러한 기능은 설계 및 시공단계에 작성된 빔 정보가 유지관리단계에 공유될 때 적용이 가능한 기능이다. 특히 시설물의 보수 및 보강에 필요한 공법 선정과 재료 및 부품 선정 시에 활용성을 가질 수 있다.

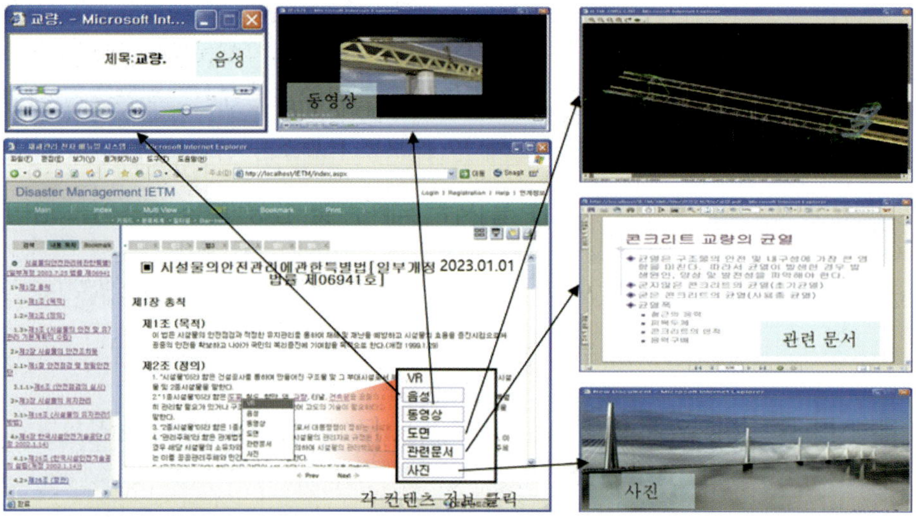

그림 3-48 빔 기반 유지관리 전자매뉴얼

3 빔 기반 계측관리

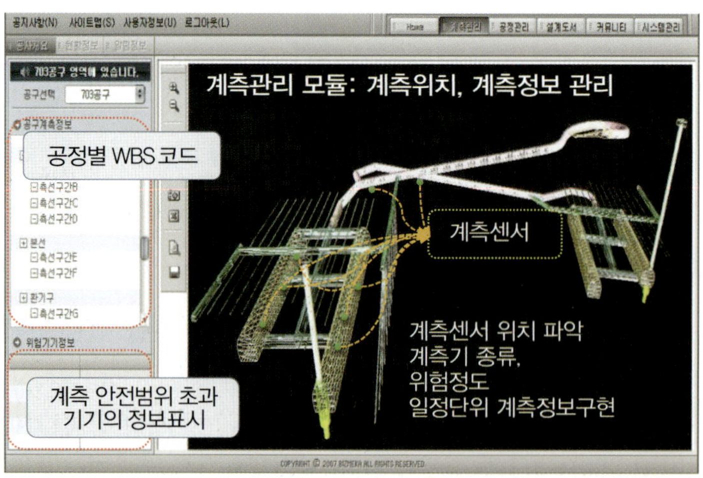

그림 3-49 빔 기반 계측관리 시스템

그림 3-49는 빔 모델과 계측시스템의 연계를 통한 계측정보관리의 시각화 기능을 나타낸다. 계측기기가 장착된 위치를 빔 모델에 연계한 후 계측기기를 활성화하면 그림과 같이 빔 모델을 통해 계측기기의 위치를 파악할 수 있다. 그리고 빔 모델에 표시된 계측기 아이콘을 선택하면 해당 기기의 종류 및 위험정도를 시각적으로 파악할 수 있다. 또한 일정에 따라 계측정보를 수집 및 기록함으로써 향후 계측정보의 재활용이 가능하다.

4 재해위험지도 활용

유지관리단계에 빔을 활용하는 업무는 GIS정보와 연계하여 시설물의 관리에 적용성을 가질 수 있고, 특히 재해위험지도(hazard map) 작성 시에도 활용성을 갖는다. 그림 3-50은 빔 객체와 연계되어 지진, 홍수 등의 재해위험정보를 재해 강도에 따라 3차원으로 시각화하여 표현하는 모습을 나타내고 있다.

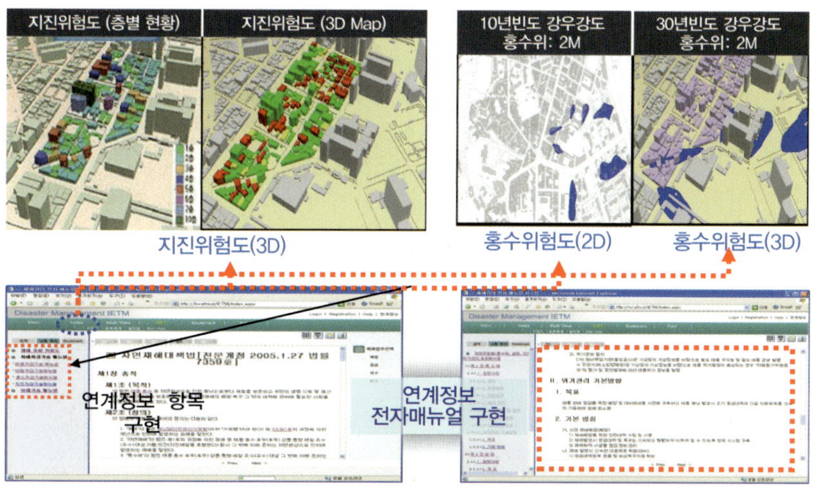

그림 3-50 빔 객체와 재해위험도 정보 연계

이러한 재해위험지도는 재해 유형별로 재해 강도에 따라 시설물의 손상 범위를 파악할 수 있고, 예로서 홍수재해라면, 강우 지속시간에 따라 범람 범위의 변화 정도를 시각적으로 표현하여 사전에 재해 예방 및 대처가 가능하도록 할 수 있다.

사전에 제작된 3D모델은 유지관리단계의 수재해 관리를 위해서도 활용될 수 있다. 그림 3-51의 우측은 지하 관망에 연계되는 지상의 유출지도를 표현한 것으로 강우가 지속될 때 강우량이 지하 관망으로 유출되는 정도를 3차원으로 표현하고 있다. 이러한 모습은 시공 완료 후에 3D객체 형상의 시설물 완공도가 제작되어 있기 때문에 가능한 작업이다.

그림 3-51 빔 객체기반 우수 관망 유지관리

5 시설물 사용자 편의성 향상

설계단계에 제작된 빔 정보는 시설물의 사용자 활용단계에 사용 편리성과 민원 해소 등에도 활용성을 가질 수 있다. 그림 3-52는 주거단지에서 일조권 관리를 위한 적용 범위를 가시적으로 표현하고 있는 모습으로 주민들의 일조권 관리에 활용성을 갖게 된다.

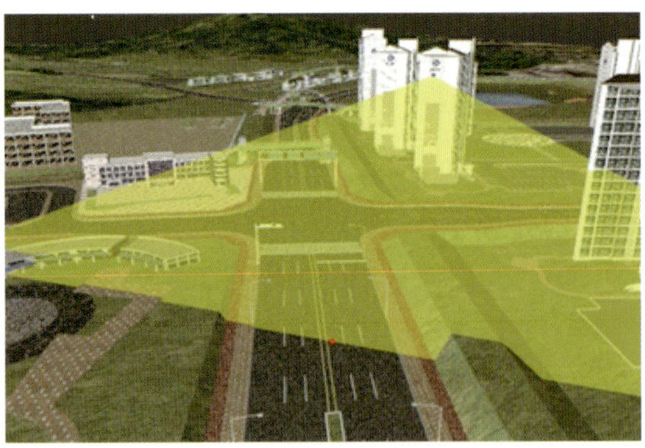

그림 3-52 일조권 관리

그림 3-53은 주거단지의 소음 영향권을 빔 객체로 가시적으로 표현한 것이다. 즉 소음 발생원으로부터 소음 크기를 입력하면 해당 영향범위가 색상으로 표현될 수 있다.

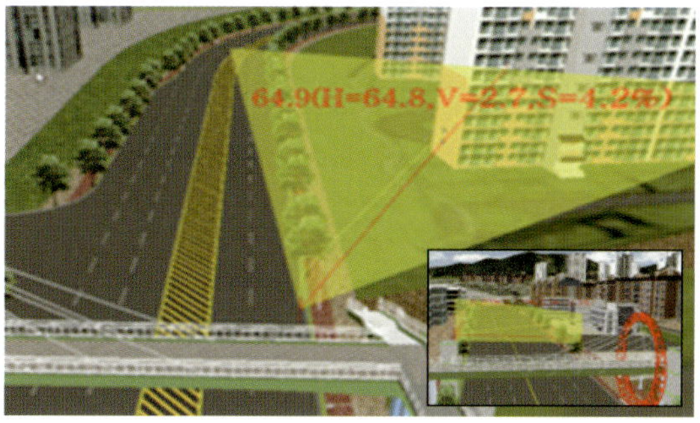

그림 3-53 소음영향도 확인

특히 도로, 철도 시설물 주변은 소음 발생원에 영향을 많이 받는 지역이므로 시설물 활용단계 이전에 소음 영향권을 파악해야 하며, 그림 3-54는 철도 시설물에서 열차의 통과 구간별로 발생 소음 정도와 영향권 범위를 가시적으로 나타내는 모습이다.

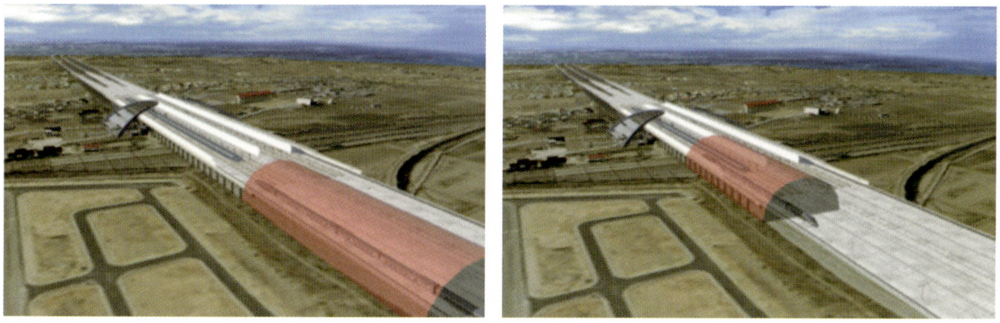

그림 3-54 기차통과 구간 소음영향도 분석

이러한 소음 영향권 분석은 유지관리단계에도 통과 열차의 종류 변경 및 통과 횟수 증대에 따라 재분석이 필요할 때 동일한 방법으로 활용성을 가질 수 있다.

3.5 생애주기 빔 활용

1 생애주기 빔 활용 프로세스

건설공사의 빔 활용은 일반적으로 설계단계가 높은 활용성을 갖고 있으나, 설계단계에 3D모델 제작이 완료되면 시공단계의 빔 활용은 설계단계의 3D객체를 활용할 수 있으므로 추가적인 업무를 최소화하면서 빔 효과를 나타낼 수 있다. 이와 같이 시공단계에 설계 빔 객체를 활용하려면 설계단계 3D모델이 최대한 시공성을 고려하여 제작되어야 하지만 용이하지 않으므로, 시공단계의 공정 단위로 3D객체를 분리하고 병합하는 기능 도구들이 있다면 더욱 편리하게 활용이 가능하다.

교량건설공사를 사례로 기획부터 유지관리단계까지 빔의 주요 기능별 활용절차를 종합하여 표현하면 그림 3-55와 같이 나타낼 수 있다. 그림 3-55에는 각 단계별로 필요한 정보구성과 주요 기능들을 종합적으로 표현하고 있다.

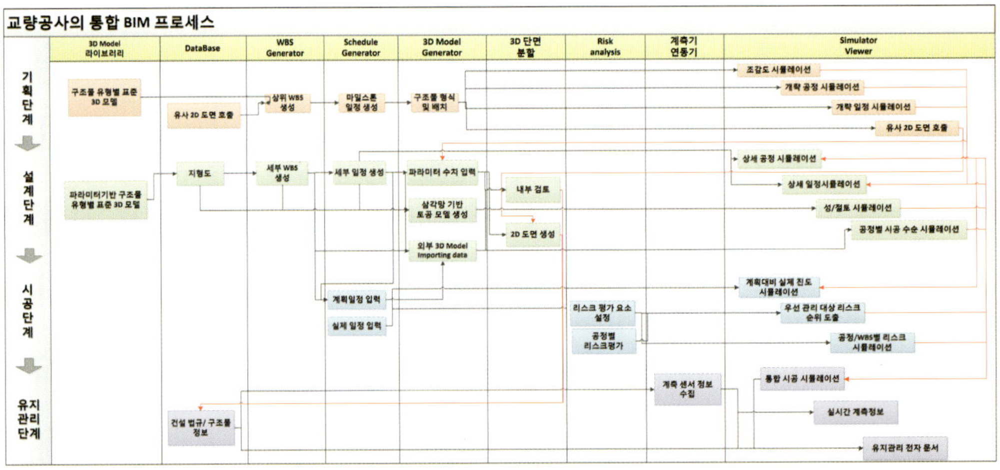

그림 3-55 교량 공사의 생애주기 빔 활용 프로세스

2 생애주기 빔 활용 시스템

교량공사 수행단계별 업무지원을 위한 생애주기의 빔 통합 시스템 시안을 구축하면 그림 3-56과 같이 구성할 수 있다. 구축된 시스템은 Visual Basic 6.0 언어와 VRML (virtual reality modeling language)을 활용할 수 있고 주요 아키텍처는 그림 3-56과 같이 구성할 수 있다.

사례로 제시한 통합 시스템은 교량공사의 수행단계별 활용 기능들의 효율적인 구현을 위해서 3개의 정보생성 모듈과 3개의 정보 분석 모듈 그리고 2개의 DB로 구성되어 있다. 그림에서는 시스템 모듈들의 상호연계성과 프로젝트 수행단계별 입출력 정보로 구성되어 있다.

정보 생성 모듈을 살펴보면 "WBS Generator"는 시스템내의 정보 연계의 중심체인 WBS Code를 생성하는 모듈로써 시설, 공간 및 부위 등으로 분류하여 다양한 레벨(level)별로 생성할 수 있다. "Schedule Generator"는 프로젝트의 일정을 생성하는 모듈로써 WBS와 공정별로 계획 및 실제 일정을 입력할 수 있다.

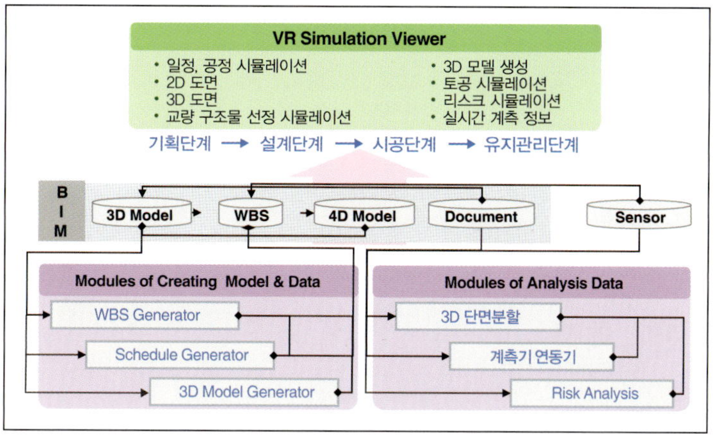

그림 3-56 통합 빔 시스템의 아키텍처

"3D Model Generator"는 3D모델을 생성하는 모듈로써 구조물의 3D모델뿐만 아니라 토공 모델을 생성하거나 외부에서 제작된 3D모델을 불러와 사용할 수 있다. 정보 분석 모듈에서는 3D모델의 정보를 분석하는 모듈로써 단면을 분할하여 내부를 관찰하거나 2D도면을 생성할 수 있다. 이와 같이 각각의 모듈로 통해 생성된 정보는 Simulator Viewer 등에서 3D모델 및 시뮬레이션으로 구현된다. 그림 3-57은 6개의 주요 모듈로 구성된 통합 빔 시스템의 메인화면을 나타낸다.

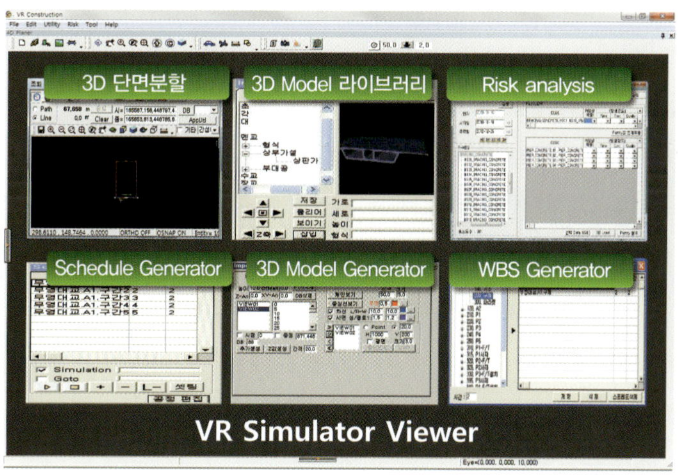

그림 3-57 통합 빔 시스템 사례의 메인 화면

CHAPTER 4

빔 성과 측정

1 빔 성과측정 방법론

1.1 빔 활용 편익 측정

1 빔 편익 정량화

기업이나 발주기관에서 빔을 도입하고자 할 때 우선적으로 파악하고자 하는 사항이 빔 도입에 소요되는 비용과 투자 대비 효과가 정량적으로 어느 정도 되는가에 대한 정보이다. 특히 투자대비 효과 측정을 정량적으로 파악하는 것은 더욱 파악하기 어려운 정보이기 때문에 다양한 빔 관련 문헌에서도 신뢰할 만한 정보들을 취득하기가 어렵다.

조달청, 한국도로공사, 철도시설공단 등 많은 공공기관에서는 빔 발주를 위한 가이드라인을 개발하거나 빔 도입을 의무화하는 정책을 제시하고 있으나, 빔에 대한 명확한 기대치와 객관적인 기회비용을 분석하지 못하고 있다. 이러한 이유로 많은 건설기업들도 빔 도입과 운영에 대한 의사결정에 어려움을 겪고 있다.

빔을 포함하여 정보화도구의 투자대비 활용 편익을 계산하는 것은 동일한 프로젝트를 적용한 사례와 적용하지 않은 사례로 구분하여 비교하지 않는 한 주관적 판단 정보들이 많이 포함되어 정량화가 어려운 것이다.

이러한 문제를 해결하기 위해서는 빔 도입 전후의 비용효과를 예측할 수 있는 신뢰도 높은 빔 수행평가시스템(BIM performance assessment system)을 활용할 필요가 있다. 일반적인 빔 성과평가 도구는 정량적인 측면보다는 정성적인 측면에 중점을 두고 있다. 정성적인 빔 성과평가도구는 기업들의 빔 구현을 위한 역량을 파악하여 빔 운영전략을 수립하기에는 효과적이지만, 빔 투자에 대한 비용효과, 즉 빔 투자로 기대되는 이익을 파악하기에는 많은 어려움이 따른다.

2 빔 성과평가 도구

최근에는 대학이나 연구소를 중심으로 다양한 빔 성과평가 도구들이 개발되고 있으며, 대표적인 빔 성과평가 도구는 미국의 NIBS(national institute of building science)에서 개발한 빔 성과평가 모델, 인디애나 주립대학의 빔 Proficiency Matrix, 스탠포드 대학의 빔 SCORE 등이 있다.

이러한 빔의 성과평가 도구들은 성공적인 빔 수행을 위해서 조직이나 개인이 갖추어야 하는 수행 역량을 정의하고, 이를 평가하기 위한 성숙도 모델 및 영향인자들을 개발하는데 초점을 맞추고 있다.

그러나 이러한 수행능력에 대한 평가 기준들은 많은 제약사항을 가지고 있다. 이는 평가 체계가 수행된 국가, 조직 및 단체에 따라 성숙도 모델 및 영향인자들의 기준이 상이하기 때문이다. 그래서 잘못된 성숙도 모델과 영향인자를 활용하여 빔의 성과를 평가할 경우, 잘못된 결과가 도출될 가능성이 높고, 대다수 평가자가 평가항목에 직접 입력하는 방식이기 때문에 평가결과에 신뢰성이 낮을 수 있다.

특히, 빔의 경우, 프로젝트의 전 생애주기에 걸쳐 활용되기 때문에 적용단계에 따라 수익구조도 다르게 발생될 수 있으며, 간섭검토, 공사기간 단축 등과 같은 유형효과와 기업의 이미지 개선 등의 무형효과 등을 비용화 하는 방안이 필요하다. 따라서 빔의 도입 및 운영효과를 ROI(return on investment)를 통해 분석하기 위해서는 빔의 적용단계 및 사용되는 기간을 고려하여 효과를 지속적으로 수집하고 평가할 수 있는 투자 성과평가에 관한 체계가 필요하다.

3 빔 성과평가항목의 신뢰도

합리적인 빔 투자성과평가를 위해서는 사용되는 세부 평가항목 및 산출근거를 빔 객체와 연동하는 방안이 필요하다. 이는 ROI의 세부 평가항목에 대한 입력정보를 빔 모델로부터 직접 참조할 수 있고, ROI 결과분석에 반영된 상세한 정보를 연동된 빔 객체로부터 확인할 수 있다. 이러한 데이터의 수집 및 검증 방법은 평가항목별 측정치에 대한 산출근거와 관련된 정보뿐만 아니라 평가자, 위치, 발생시점 등의 다양한 정보 등과 같이 이들에 대한 출처도 명확하게 파악할 수 있으므로 데이터의 신뢰도를 확보할 수 있다.

4 빔 성과분석 시스템

빔 성과분석 시스템은 빔 수행능력 평가와 같이 비재무적이고 정성적인 평가체계 위주로 제시되고 있으며, 특정 국가, 지역 및 단체를 대상으로 구축되었기 때문에 그 외 조직에서 빔 성과를 평가할 경우 신뢰성 검증이 어려운 점이 있다.

최근에는 데이터마이닝(data mining) 등 최신 평가기법을 이용하는 사례들도 있으며, 유사프로젝트 도출 기능을 활용하면 다수의 프로젝트들이 공통적으로 적용하고 있는 평가항목과 측정치들의 정보 획득이 용이하고, 전체 또는 세부 공구별 빔 성과 분석이 가능하다. 특히, 반복적인 분석이 가능함으로써 수정이 용이할 뿐만 아니라 평가항목을 유연하게 적용할 수 있으므로 다양한 상황을 반영하여 빔 성과분석을 수행할 수 있다.

1.2 빔 ROI 분석

1 빔 ROI 분석 개요

ROI 분석은 투자 비용대비 투자효과를 정량적 수치로 분석하는 기법으로 값이 클수록 투자의 적정성이 크다고 볼 수 있다. ROI에서 투자 수익률은 자본투자에 따른 수익을 의미하는 일반적 개념으로 수익은 지출 경비에 대비한 비율로 표현된다. 정보화 투자를 결정할 때는 ROI의 가치를 인식하는 것이 중요하며 이는 비용에 대비하여 프로젝트의 경제적 가치를 정확히 표현해 주기 때문이다.

ROI 분석에서 순현재가치(net present value, NPV)는 예상 투자비용의 할인 가치를 예상수익의 할인 가치에서 공제했을 때 나온 결과 값을 합한 금액이다. 내부 수익률(internal rate of return, IRR)은 예정 프로젝트의 현금 흐름에 대비하여 투자에 따라 발생되어야 할 수익을 의미한다. 또한 내부 수익률은 프로젝트의 순현재가치를 '0'으로 만드는 할인율(discount rate)을 의미한다.

2 ROI 분석모형

많은 기업에서는 조직의 효율성과 생산성을 향상시킬 목적으로 정보화에 대한 투자가 증가하고 있다. 또한, 이러한 정보화 투자가 사업의 목적을 충족할 만큼의 성과를 달성하였는지를 평가할 수 있는 방법에 관한 관심도 증가하고 있다. 대표적인 정보화 투자에 대한 평가는 그 목적과 시기에 따라서 사전평가(pre evaluation), 중간평가(middle evaluation), 사후평가(post evaluation)의 세 가지 체계로 구분될 수 있다.

사전평가는 정보화투자를 진행하기 전에 투자에 대한 타당성을 평가하여 투자 여부를 결정하는 단계이며, 중간평가는 투자 사업을 진행하는 과정에서 해당 사업이 적절하게 추진되어 있는지를 평가하기 위한 목적으로 수행되는 단계이다. 또한, 사후평가는 완료된 사업이 본래의 목표에 맞게 성과를 내고 있는지에 대한 평가를 수행하는 단계로써 추후 개선작업의 방향을 결정하는데 활용된다.

3 ROI 평가 모형의 고려사항

빔의 비용효과 분석을 위해 ROI를 활용하면 정보화 조직의 예산과 인력을 효율적으로 운영할 수 있는 중요한 정보를 제공받을 수 있다. 특히, 단순히 빔 도구만을 프로젝트에 적용하는 것이 아니라 빔의 사용목적에 따라 조직체계 및 업무 프로세스 등의 변화가 요구되므로, 빔의 ROI 평가모형에서는 이러한 요인들이 평가항목에 포함될 필요가 있다.

표 4-1 빔 성과평가 유의사항

빔 성과평가도구 문제점	빔 성과도구가 갖추어야 할 주요 특성
프로젝트 특성 및 유형을 고려하지 않는 획일화된 평가방법	각 프로젝트의 고유특성에 맞추어 프로젝트 유형별 특성에 맞는 평가 가능
지역을 고려하지 않은 평가	각 프로젝트별 빔 도입 목적에 따른 적절한 평가 가능
프로젝트와 관련된 비즈니스 정보의 부족함	빔 프로젝트간의 차이점을 제시할 수 있는 기능
평가 데이터 준비로 인한 비용 소비	평가자의 주관에 따라 평가결과가 변동 될 수 있는 요소의 최소화
프로젝트에 관한 부정적인 평가의 남용	평가지표가 최소화되어 평가에 대한 노력 및 시간의 최소화
평가결과에 대한 신뢰성 문제	전문적 지식이 없는 사람의 평가도구의 활용 가능

표 4-1은 한국건설기술연구원에서 빔 성과평가도구의 개발 방향성과 활용 시 유의해야 할 사항들을 빔 전문가의 인터뷰 및 실무자들의 설문조사를 통해 도출한 결과이다. 이러한 조사결과를 살펴보면, 프로젝트 특성 및 유형뿐만 아니라, 지역, 관련 비즈니스 정보 등의 전반적인 프로젝트의 정보들이 빔 성과평가에 반영되어야 할 주요 요인임을 알 수 있다.

빔의 ROI 분석을 위한 다양한 평가항목들이 제시되어 있지만 각각의 항목을 검토해 보면 빔의 ROI를 산출하는데 적용되는 평가항목간의 일관성이 부족한 점이 있다. 이러한 이유는 프로젝트 및 연구의 목적에 따라 평가항목들이 개발되고, 실제 평가에 적용된 평가항목들도 사용자에 따라 상이하게 적용되기 때문이다.

한 예로, 동일 프로젝트의 ROI 분석 결과가 200% ~ 1000%까지 다양하게 제시되는 사례도 있는데 이는 프로젝트의 크기나 유형에 따라 다양한 평가항목들이 적용되기 때문이다. 이는 아직까지 빔의 ROI 분석을 위한 일관된 평가항목들이 제시되지 않고 있음을 의미하며, 이를 해결하기 위해서는 일관된 평가항목을 도출하고 적용하는 방법이 필요하다.

4 ROI의 유형 및 무형효과 구성 항목

기존의 ROI 분석에서는 정보화를 통한 이익을 평가하기 위해 유형효과와 무형효과를 통해 이익을 비용으로 산정한다. 유형효과는 명확한 금전적 이익으로 환산되는 것으로 노동생산성 향상, 프로세스 생산성 향상 등으로 세분화된다. 무형효과는 회사의 잠재적인 이익이 되는 비금전적인 효과로써 브랜드 우위, 지적 자산 등으로 세분화된다.

ROI 평가항목들은 선정과정에서 프로젝트의 특징 및 유형 그리고 빔 성과분석의 목적에 따라 고려될 수 있는 평가항목들이 다양하게 존재한다. 이를 통합하고 일관된 평가항목으로 구성하기 위해서는 유사한 프로젝트들이 활용하고 있는 평가항목들의 유형을 파악하여 유사한 평가항목들을 점진적으로 통합하는 과정이 필요하다.

표 4-2는 빔 ROI 분석을 위한 평가항목의 예를 나타내고 있다.

표 4-2 빔 ROI 평가항목

<table>
<tr><th>빔 비용 항목</th><th colspan="3">세부항목</th></tr>
<tr><td rowspan="6">직접비용
–빔구축을 위한 인건비용–</td><td colspan="3">외주</td></tr>
<tr><td colspan="3">어플리케이션 및 DB개발</td></tr>
<tr><td rowspan="4">빔기능별 구축</td><td>Modeling</td><td>지형모델링, 객체모델링, 철골모델링, 철근모델링, MEP모델링, 조경모델링, 선형모델링, 에너지모델링, 랜더링</td></tr>
<tr><td>물량 및 비용산출</td><td>자재물량산출(콘크리트, 철근), MEP물량산출, 토공량산출, 자재비용산출(철근, 콘크리트), MEP비용산출, 토공비용산출, 공사비용산출</td></tr>
<tr><td>공사관리_ 간섭검토</td><td>객체간 간섭검토, MEP간 간섭검토, 철근간 간섭검토, 작업공간 간섭검토, 일정 간섭검토, 장비간 간섭검토</td></tr>
<tr><td>공사관리_ 시뮬레이션</td><td>일정시뮬레이션(4D), 비용시뮬레이션(5D), 자원시뮬레이션(6D), MEP시뮬레이션, 에너지시뮬레이션, 열차주행시뮬레이션, 항공뷰시뮬레이션, 조도분석시뮬레이션, 전기부하분석시뮬레이션, 토공사시뮬레이션, 소음영향도 분석시뮬레이션</td></tr>
</table>

계속

빔 비용 항목	세부항목		
직접비용 –빔구축을 위한 인건비용–	빔기능별 구축	공사관리_기타	일정최적화, 비용최적화, 자원최적화, 증강현실 안전관리시스템, 프로젝트사업관리(PMIS), Tele-presence기반협업관리
		업무 분석기능	법규분석, VE/LCC/LCA분석(기능성/경제성/환경성),지형 및 공간분석, 디자인분석, 구조분석, MEP분석, 자원분석, 장비분석, 진도분석, 리스크 분석기능, 환경성분석, 에너지분석
		유지관리 분석기능	빔기반 유지관리, 빔기반 자산관리, 증강현실 시설물유지관리
일회성 간접비용	자산구매 및 교육비용	HW구매	
		SW구매	
		기타 장비구매	
		작업환경(작업공간)의 변경 및 수정비용	
지속성 간접비용	HW/SW & equipment upgrade	HW구매	
		SW구매	
		기타 장비구매	
	운영 및 교육비용	사용자 교육 및 재교육	
		지속적 검토와 기획	
		어플리케이션 업데이트/지속적 개발	

1.3 ROI 분석을 위한 빔 모델 연동

1 ROI 분석과 빔 모델 연계

빔 성과평가를 위해 빔 모델을 연동하는 과정을 사례로 구성하여 기술한다. 사례 빔의 ROI 분석에 사용되는 세부 평가항목 및 산출근거와 빔 모델을 연동하고, ROI 결과 분석에 반영된 무형 및 유형의 효과에 관한 상세한 정보를 연동된 빔 객체로 확인할 수 있는 기능을 기술하고 있다.

신뢰할만한 ROI 분석을 수행하기 위해서는 분석에 사용된 데이터의 신뢰도가 중요하다. 신뢰도가 높은 데이터는 정보를 제공하는 사람과 제공되는 시기에 따라서 신뢰도의 정도가 좌우될 수 있다. 즉, 각 평가항목에 입력되는 정보의 특성이 상이하기 때문에, 각 평가항목에 적합한 지식이나 경험을 가지고 있는 평가자를 찾고, 데이터의 유효기간이 초과하지 않게 적절한 시기에 데이터를 수집해야 한다.

그러나 대다수 회사에서는 ROI 분석기간에 팀을 구성하여, 정해진 기간 동안에 자료를 수집하여 ROI를 분석하고 있다. 이와 같이 한정된 기간 동안, 평가항목별 특성을 고려하여 해당 인력을 찾고, 데이터의 출처와 생성시기를 확인하는 등의 복잡한 과정을 통해 데이터를 수집하는 것은 현실적으로 어려움이 많다. 그림 4-1은 ROI 분석과정과 빔 모델을 연동하여 ROI 분석에 필요한 데이터를 쉽게 연계할 수 있는 방법론을 나타내고 있다.

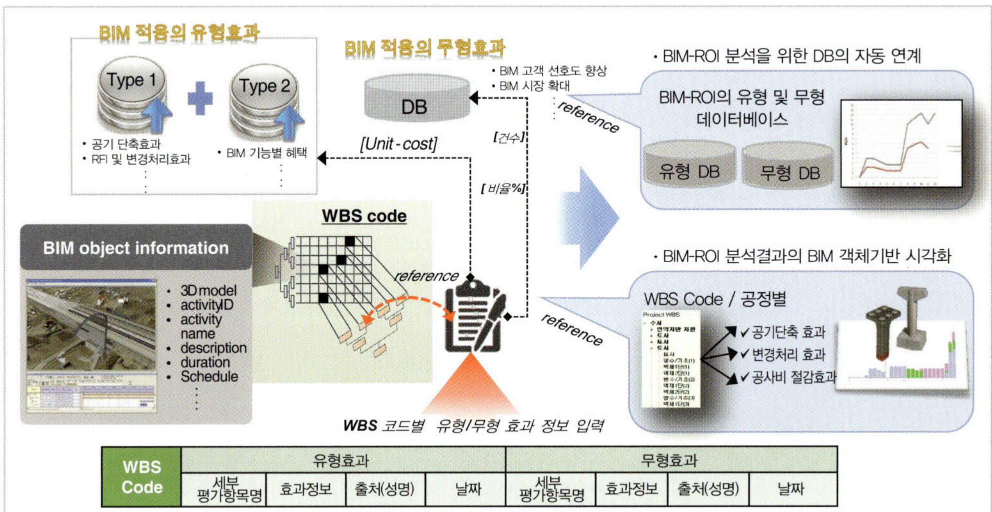

그림 4-1 빔 ROI 분석을 위한 WBS연계 방안

2 WBS기준 빔 모델 평가

ROI 분석에서 무형 및 유형효과에 대한 평가항목들을 살펴보면, 변경 처리 건수, 계획대비 실제기간의 비율, 재작업 발생 건수 등과 같이 업무에서 발생하는 사건 위주로 구성되어 있다. 즉, 이러한 사건들은 프로젝트를 수행하는 과정 중에 불특정 시간과 다수에게 발생하게 된다.

따라서 이러한 일련의 사건들을 수개월 또는 수년이 지난 시점에 ROI를 분석하기 위해서 선불리 취합하는 것보다는 사건이 발생할 때 사건발생 시간 및 출처 등의 정보를 포함하여 데이터베이스에 입력하고 관리하는 것이 신뢰도가 높은 데이터를 수집하는 최선의 방법이 될 수 있다.

빔은 다양한 3D객체 뿐만 아니라 일정정보, 비용정보, 자원정보 등과 같이 다양한 정보들을 포함하고 있으며, 이러한 정보들의 연계를 위한 방법으로는 그림 4-1과 같이 작업분류체계(WBS)가 일반적으로 활용되고 있다.

WBS 코드로 연계된 빔 모델은 3D객체, 공정명, 공사기간, 일정, 비용 등의 정보들을 4D, 5D 등의 nD시뮬레이션 기능에 따라 자유롭게 연계함으로써 각각의 기능을 자유롭게 구현할 수 있다. 이러한 정보 연계성을 고려할 때, ROI 분석을 위한 데이터들은 기존 WBS 코드에 연계하는 것이 가장 효과가 높다.

3 빔 모델과 연계한 ROI 구현절차

ROI 분석에서 벤치마킹 및 참조모델들의 세부평가항목들을 빔 모델과 연계하여 구체적이고 시각적인 정보로 제공받기 위해서는 WBS 코드와의 연계정보 및 관련 빔 모델 정보들이 포함되어야 한다.

이러한 빔 연계정보는 빔의 운영단계에서 실시간으로 발생하는 무형 및 유형효과들의 측정된 효과정보를 사용자가 WBS 코드별로 입력하거나, 별도의 수작업에 의한 연계과정을 통해 구축될 수 있다. 사례프로젝트들이 빔 연계정보 및 빔 모델 정보를 가지고 있고, ROI 분석에서 유형 및 무형 효과가 발생한 부분을 빔 모델을 통해 검토한다고 가정하고 그에 대한 구현절차를 살펴보면 그림 4-2와 같이 표현할 수 있다.

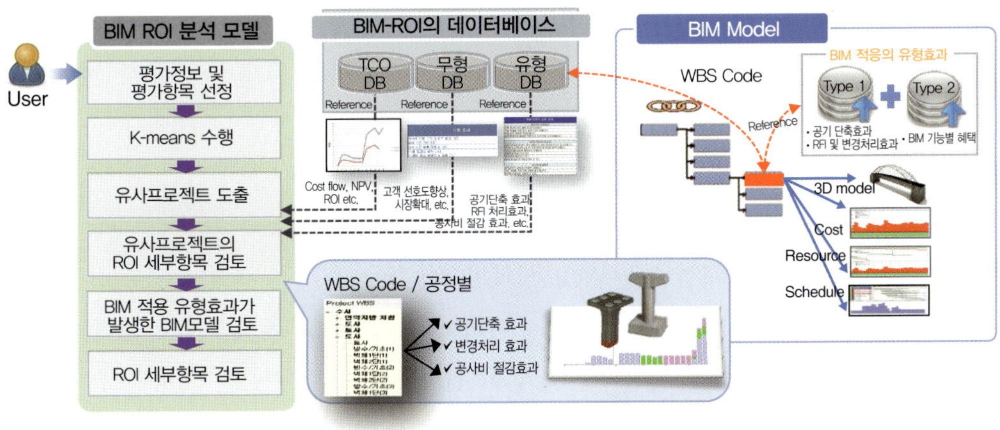

그림 4-2 빔 객체와 연계된 ROI 분석 절차

먼저, 군집화된 사례프로젝트를 도출하기 위해서 평가정보 및 평가항목을 선정하고, K-평균알고리즘 등의 분석 방법을 적용할 수 있다. K-평균알고리즘이 완료되면, 군집화된 유사프로젝트를 확인할 수 있다. 군집화된 유사프로젝트들 중, 빔 연계정보가 있는 사례프로젝트를 선택하면 ROI의 유형 및 무형효과를 상세하게 빔 모델로 확인할 수 있다.

2 빔 성과평가시스템

2.1 빔 성과평가시스템 개요

1 빔 성과평가시스템 모형 구축

빔 도입 및 투자에 따른 성과를 평가하기 위한 적합한 ROI 분석항목을 도출하고, 실질적인 빔 효과 비용을 측정하기 위해서는 체계적인 빔 성과평가시스템을 구축할 필요가 있다. 이러한 시스템은 기본적으로 빔의 효과에 대한 ROI 분석이 가능하며, 이를 위한 평가항목들은 문헌분석과 전문가 인터뷰를 통해 구축된 항목을 사용할 수 있다.

빔 평가시스템에서는 평가항목들을 표준적으로 정의하기 어려운 부분을 사용자가 선택적으로 평가항목을 구성할 수 있고, 신규 평가항목도 추가하여 사용할 수 있어야 한다. 그리고 K-means 군집 알고리즘 등을 통해 다수의 사례프로젝트로부터 베스트 사례들을 구분하여 평가항목 및 관련 정보들을 벤치마킹할 수 있어야 하고, 빔 시스템과의 연동을 통해 빔 ROI 관련 비용 및 효과가 발생한 공정에 대해 3D객체기반으로 시각화하여 검토할 수 있어야 한다.

2 단계별 빔 효과분석

빔 운영시스템에서 신뢰성 있는 ROI 성과평가를 위해서는 구체적인 정보들이 필요로 하나, 빔 도입을 희망하는 기관에서는 이러한 정보들이 부족하기 때문에 최소한의 정보로 빔 도입의 타당성을 판단하는 방법이 필요하다. 그림 4-3은 사용자 요구수준에 따른 단계별로 빔 시스템의 성과분석이 가능하도록 사용자 요구수준별 평가단계를 나타내고 있다.

사용자 요구수준별 평가단계는 그림 4-3과 같이 1단계(빔 도입단계 타당성평가), 2단계(빔 시행단계 효과분석), 3단계(빔 검증단계 성과분석)의 세 가지 단계로 구분할 수 있다. 먼저 1단계로써 빔 도입단계 타당성평가는 프로젝트를 수행하기 이전에 빔 도입 및 투자 여부에 관한 이해관계자들의 합리적인 의사결정을 지원할 수 있도록 빔 도입과 투자를 통해 얻을 수 있는 예상되는 가치를 평가할 수 있다. 특히, 빔 관련 수행 경험이 없고 관련정보가 부족할 경우에도 빔 도입 환경과 관련된 최소한의 정보입력으로 빔 도입 및 투자에 관한 타당성을 개략적으로 평가할 수 있어야 한다.

이러한 분석방법을 통해 개략적인 ROI 수치, 개략적인 투자비용, 투자비용의 주요평가항목, 개략적인 빔 수익비용, 빔 유형 및 무형 효과의 주요 평가항목 등의 다양하고 실질적인 빔 성과분석 정보들을 검토할 수 있다.

3 ROI 분석정보의 활용

이러한 유사프로젝트들의 ROI 분석정보들은 빔 도입 및 투자에 대한 사전 타당성을 평가할 수 있는 빔 적용성 판단 기준으로 활용될 수 있으며, 특히 동종 기업 및 유사 프로젝트들의 빔 활용과 관련한 동향을 파악하여 향후 빔 도입 및 운영에 대한 방향과 계획을 수립할 수 있는 기초자료로 활용될 수 있다.

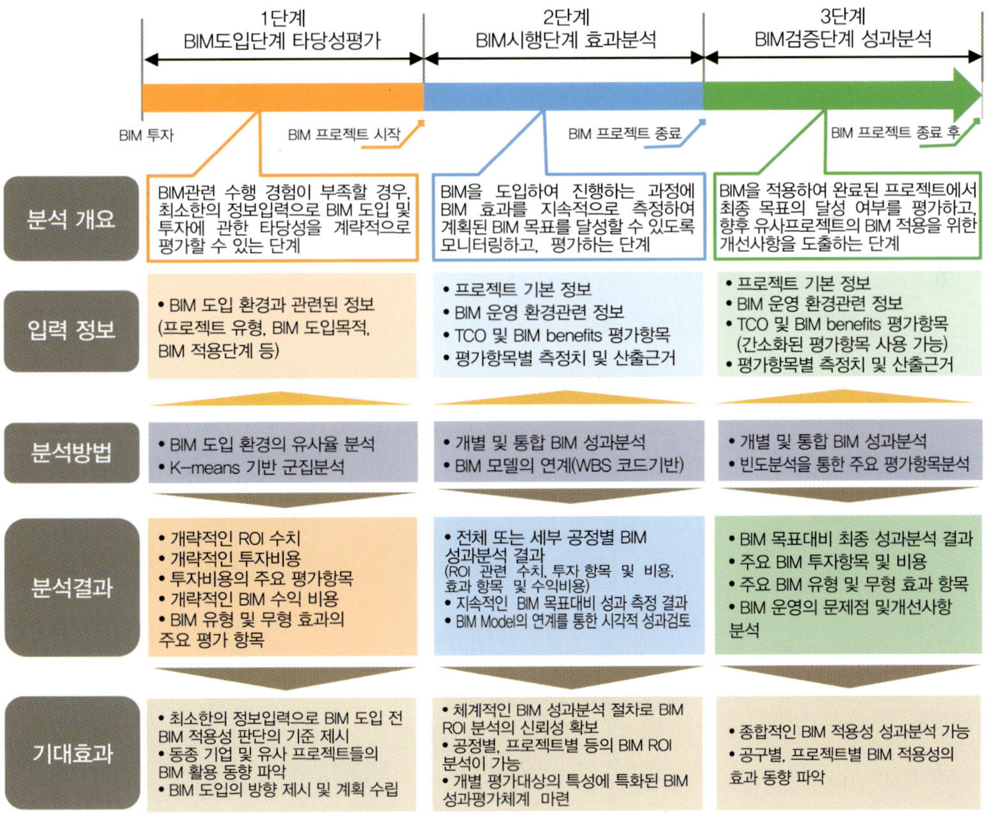

그림 4-3 단계별 빔 효과분석 방법

특히, 빔 모델과 연계하여 각 ROI 평가항목별 분석의 산출근거에 관한 정보를 시각적으로 검토할 수 있다. 이러한 지속적인 ROI 성과분석의 점검을 통해 현장의 요구사항을 파악하고, 이에 대한 피드백을 제공함으로써 점진적으로 효과적인 빔 운영의 체계를 수립할 수 있다.

빔 검증단계 성과분석에서는 빔 도입 및 투자를 통해 완료된 프로젝트를 대상으로 본래의 최종 목표를 달성하였는지를 평가하고, 향후 이와 유사한 프로젝트의 빔 성과분석에 활용하기 위해서 기존 빔 ROI 성과분석의 문제점을 분석하여 개선방안을 도출한다.

2.2 빔 효과측정을 위한 빔 시스템 연동

1 빔 시스템과 ROI 분석시스템 연계

그림 4-4는 평가항목별로 작성된 산출근거에 대한 상세한 정보를 빔 객체 기반으로 검토할 수 있도록 산출근거의 참조코드 항목에 해당 빔 객체의 WBS 코드를 등록

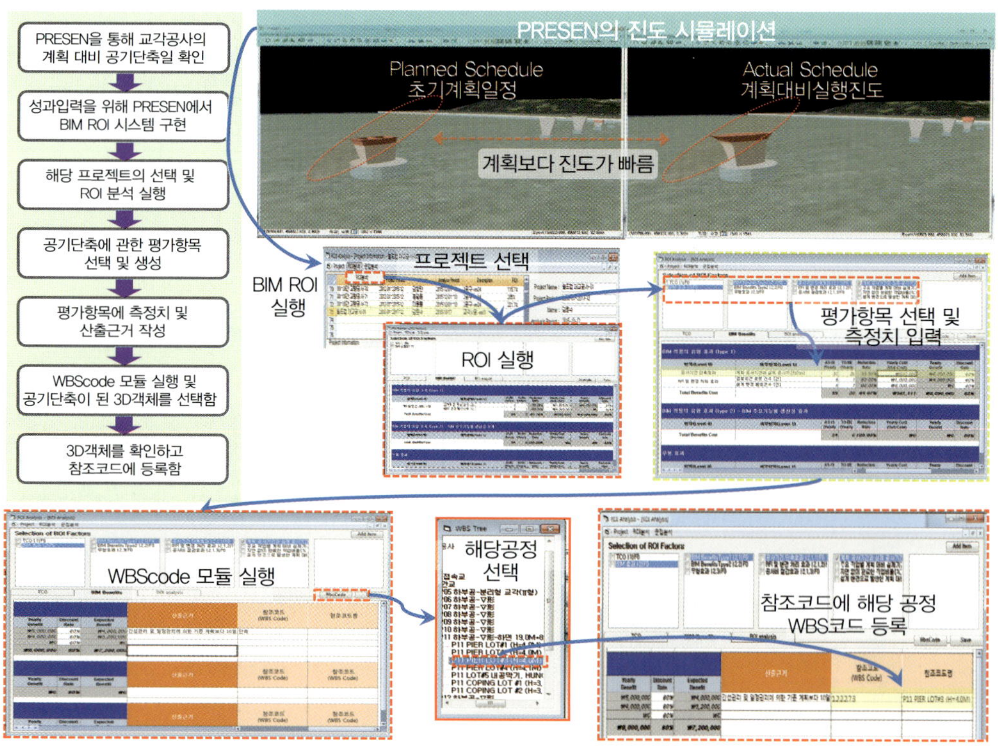

그림 4-4 빔 시스템과 ROI 분석시스템의 연동

하는 사례를 나타내고 있다. 본 사례에서는 그림 4-4의 상단과 같이 빔 운영시스템(PRESEN)을 통해 교량공사의 진도를 시뮬레이션으로 검토하여 초기 계획일정보다 일정이 단축된 11번 교각에 대한 빔 효과를 입력하고 있다.

먼저, 그림 4-4와 같이 해당 성과를 빔의 ROI 분석시스템에 입력하기 위해 빔 시스템과 연동되어 있는 빔 ROI 분석시스템을 실행한다. 시스템에서 해당 프로젝트를 선택하고 ROI 분석을 실행하면 기존에 등록되어 있는 평가항목을 확인할 수 있다.

2 WBS 수준별 빔 성과측정 사례

사례에서는 'WBS Code' 모듈을 실행시키면, 그림 4-5와 같이 WBS 코드창이 ROI 시스템과 빔 시스템에 각각 나타나게 된다.

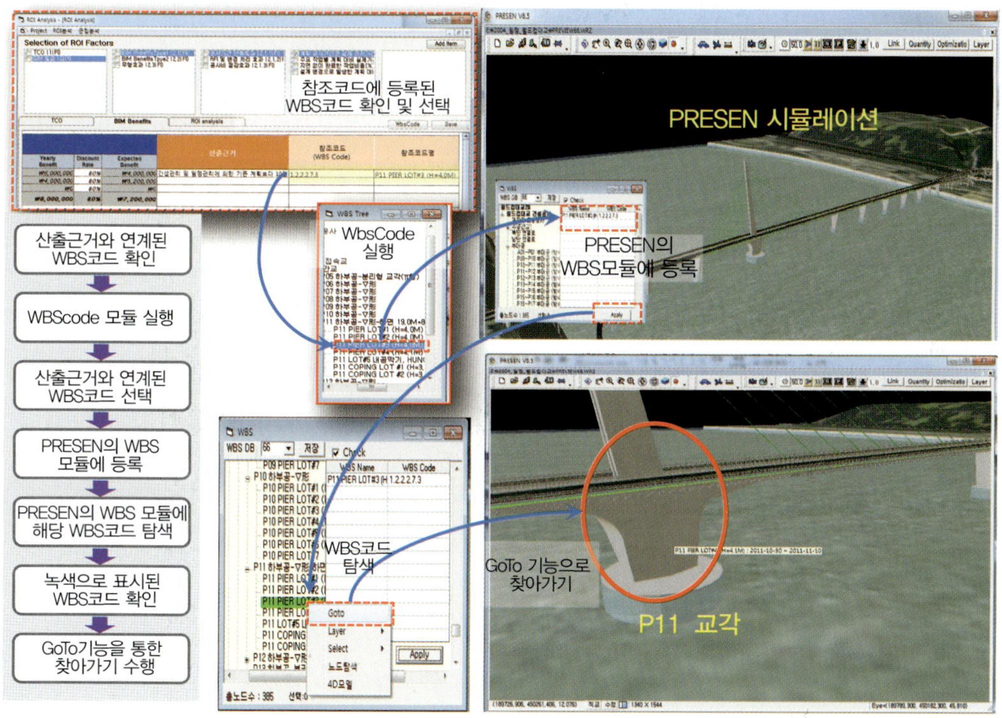

그림 4-5 빔 시스템과 연동된 성과분석 화면

그림 4-5와 같이 검토하고자하는 평가항목을 선택하고, 산출근거를 확인한 후, 참조코드에 등록된 WBS 코드를 확인한다. 등록되어 있는 WBS 코드를 3D객체와 연동하여 확인하기 위해 빔 시스템을 실행하고 해당 프로젝트로 구현한다. 해당 WBS 코

드를 선택하고 GoTo 기능을 수행하면, 그림 4-5의 하단과 같이 빔 정보로 인해 공기 단축이 발생한 P11번 교각의 3D객체를 시각적으로 확인할 수 있다.

이와 같은 절차에 따라 프로젝트가 공구별로 구분되어 있다면 각 공구별 현장의 담당자들은 지속적으로 빔의 성과를 파악할 수 있다. 이러한 각 공구별 ROI 성과분석 정보들은 총괄관리자를 통해 주기적으로 취합되며, 이는 전체 프로젝트 차원에서의 빔의 ROI 성과를 파악할 수 있다. 빔 성과의 공구별 데이터의 값은 단순히 합산하여 제공하는 것이 아니라 평가항목 수준별 통합이 가능하기 때문에, 평가항목별 투자비용이나 사용빈도가 높은 평가항목들을 파악하기 용이하다.

3 빔 성과측정과 빔 활용

빔 성과측정을 위한 방법론과 시스템은 기존 사례에서 빔 효과가 우수한 프로젝트들의 실질적인 ROI 성과정보를 제공함으로써 빔 성과분석의 비경험자들에게는 빔 도입 및 운영의 타당성을 평가할 수 있는 벤치마킹 도구로 활용될 수 있다.

빔 기반 프로젝트들의 성과분석에 관한 실질적인 데이터가 부족한 상황에서는 한정된 평가항목만을 분석할 수 있으나, 적용사례들로부터 지속적인 사례 정보의 축적 및 분석을 통해 빔 프로젝트의 유형별 평가항목과 측정치들의 통합적이고 체계적인 기준이 필요하다.

개별 기관에서 빔을 활용하기 위해서는 유사기관의 빔 활용 성과를 확인할 수 있다면 적절한 기준이 될 수 있다. 빔 성과측정을 공기와 공사비 절감 값 중심의 정량적 수치로만 판단하면 빔을 능동적으로 적용하기 어려우므로, 정량적 성과 값과 함께 정성적 성과 효과가 동시에 고려되어야 빔을 선제적으로 적용할 수 있다.

PART 3

4D/nD CAD 시뮬레이션

CONTENTS

CHAPTER 1

4D CAD 시스템 구성

1 4D시스템 개요

1.1 4D시스템 구성요소

1 4D CAD 정의

건설공사에서 빔의 응용은 생애주기 전 과정에 활용될 수 있으나, 대표적 활용은 설계단계와 시공단계이다. 특히 시공과정에는 사전 시공 시뮬레이션(simulation, 모의조작)과 공정관리에 활용되는 4D CAD 시스템(이하 4D시스템)이 대표적인 빔 활용기능이다.

4D시스템은 공사일정표(schedule)와 3차원 도면(space)이 연계되어 건설공사 경과기간에 따른 시설물의 완성상태를 3차원으로 연속 구현해주는 운영체계이다.

즉, 3D모델에 공사일정이 한 차원(dimension)으로 추가되어 4차원(4 dimension, 4D) 시스템이라 한다. 그림 1-1은 공사일정정보와 3D모델정보가 연계되어 4D객체가 생성되는 과정을 표현하고 있다. 그림에서는 교량의 각 공정별 3D모델이 해당 공사일정정보와 연계되어 4D시스템에서 공사일정이 경과됨에 따라 시설물의 공정 진행 모습이 시뮬레이션되는 모습을 나타내고 있다.

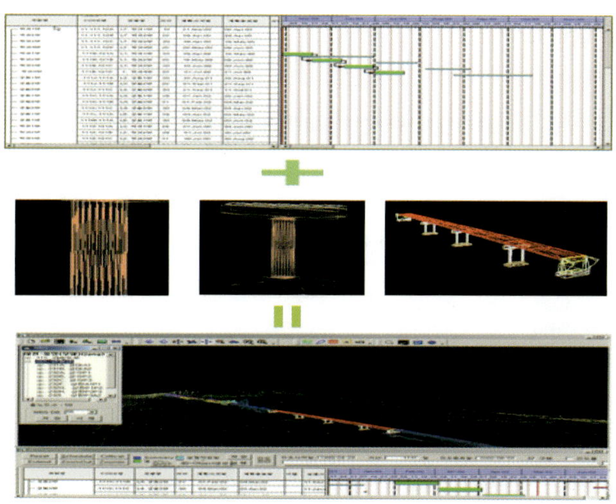

그림 1-1 4D객체 생성과정

4D시스템에서는 공사일정의 경과에 따라 순차적으로 완성물의 3D모습이 변화되므로 임의 공사기간 동안의 완성물 모습을 사전에 시각적으로 검증할 수 있고, 사전 시공 시뮬레이션으로 실제 시공시의 오류를 검증해 볼 수 있다.

이러한 4D객체의 생성과정에서 공사일정정보는 외부의 공정관리 소프트웨어 수행결과를 갖고 올 수 있다. 그림 1-2는 4D시스템의 개요로서 공정관리 소프트웨어의 일종인 Primavera와 3D 캐드를 연계하는 모양을 나타내고 있다.

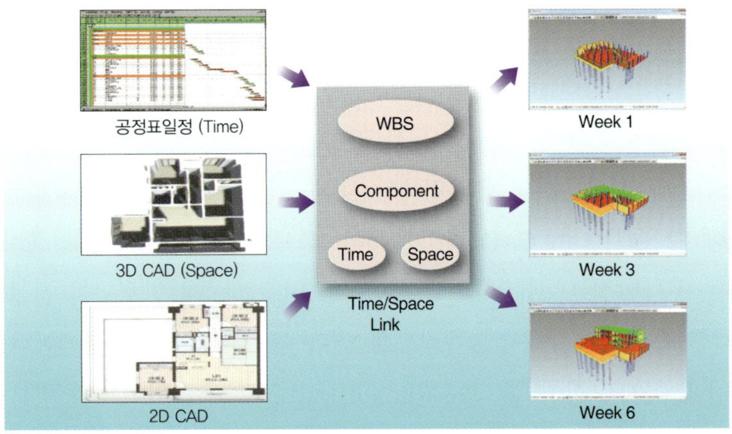

그림 1-2 4D 공정관리시스템의 개요

2 공정과 3D도면 연계

그림 1-2에서 4D시스템은 Primavera 등에 의한 2차원적 공정표에 설계도면을 3차원화 한 3차원 객체(3D object)가 연계되어 공사 진행 일자별(1주, 3주, 6주째)로 완성

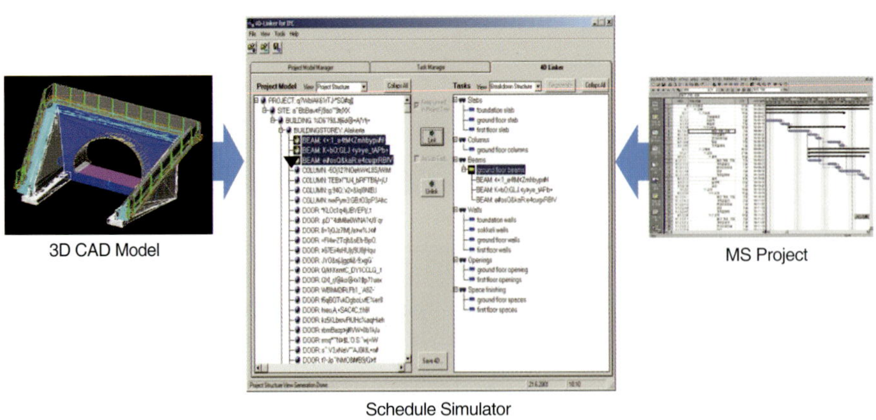

그림 1-3 일정 및 도면의 연계도구

상태를 모의조작하는 모양을 나타내고 있다. 공정표와 3D도면의 연계를 위해서는 일반적으로 상호정보를 연결해주는 별도의 시뮬레이터(simulator)가 4D시스템 내에 포함되어야 하며, 그림 1-3은 이러한 연계도구의 기능을 나타내고 있다.

그림 1-3에서 일정시뮬레이터(schedule simulator)의 역할은 기존 공정관리시스템의 공정표계산 결과에 맞추어 해당 활동(activity)의 3D도면정보를 연결하여 4D객체를 생성시키는 역할을 한다. 일정분석 정보의 연계는 4D시스템 내에서 직접 공정파일을 생성시키는 직접 연계기법과 공정분석결과 파일을 외부에서 호출(import)하여 사용하는 방법이 있다.

3 4D시스템의 엔진 구성

4D시스템의 엔진(engine)체계는 일정대비 시설물 완성상태의 연계를 위한 시뮬레이터를 중심으로 일정과 도면(3D객체)이 연결되는 모양으로 구성되어 있으며 그림 1-4와 같다.

4D시스템 내에서 도면정보와 일정정보의 직접 생성이 가능한 3D객체 생성(3D modeler)과 일정정보 생성(schedule modeler) 기능을 추가적으로 구성할 수도 있다. 이러한 기능이 있으면 별도의 공정관리 소프트웨어를 운영할 필요가 없고, 간단한 3D객체는 자체 생성이 가능하므로 시스템의 활용성이 배가될 수 있다.

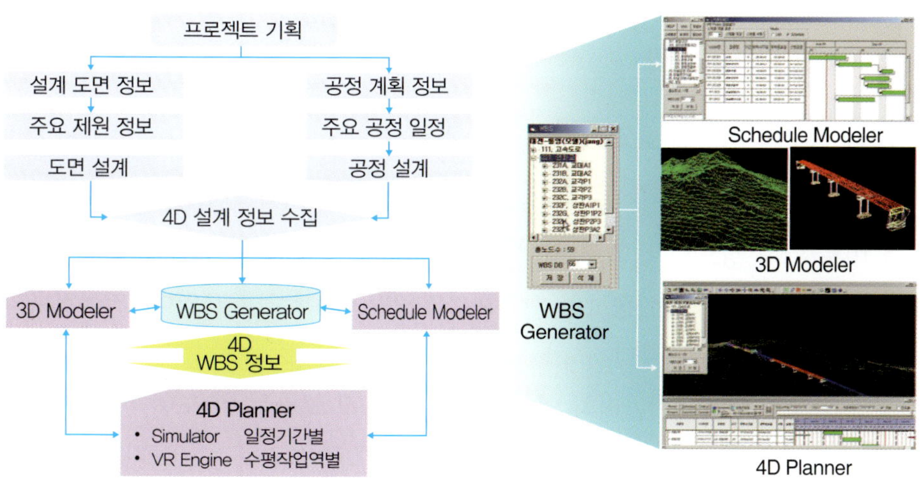

그림 1-4 4D시스템 구성도 예

그림 1-5는 4D시스템의 전체 모듈을 분류체계 생성(WBS generator), 일정정보 생성(schedule modeler), 3D모델 생성(3D modeler), 4D구현(4D planner), 멀티미디어

도구연계(Multi-4D) 등의 5개 모듈로 구성한 사례이며, 편의상 명칭을 V-CPM(virtual construction project manager)으로 표기하고 있다. 이러한 4D의 주요 기능별 표준화된 모듈구성은 세부기능 구현 및 전체 기능의 연계 작업 시에 시스템 내부의 정보흐름을 원활히 하는 장점을 갖게 된다.

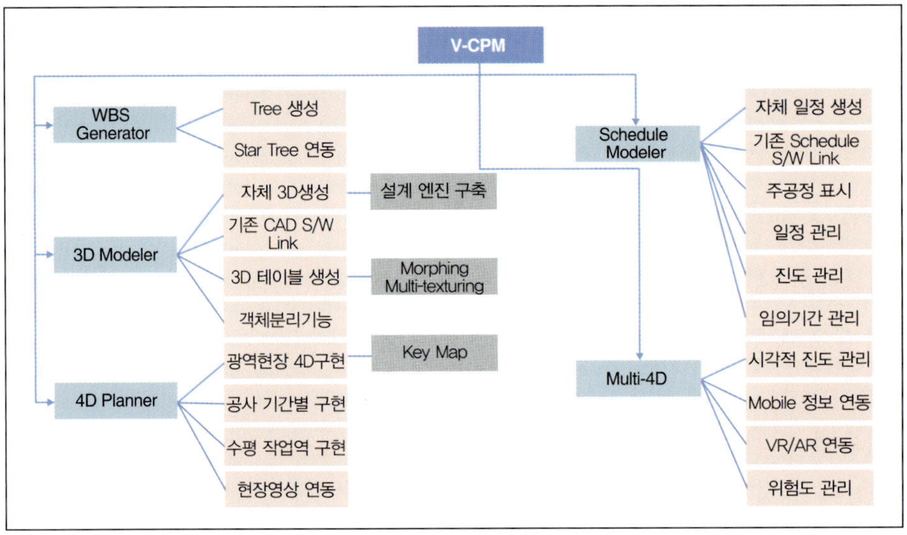

그림 1-5 4D시스템 모듈별 기능 구성도

1.2 4D시스템 적용효과

1 시공 정보의 시각화 효과

설계 및 시공단계에 발생되는 각종 건설정보들은 대부분 수치적 정보로 표현되고 있으나 이로 인해 정보의 전달력 및 이해도가 저하되고 있다. 이러한 이유로 각종 정보화 도구의 활용으로 건설정보의 시각화가 다양하게 시도되고 있다. 건설정보의 시각화 효과는 그림 1-6과 같다.

즉, 시설물의 외형을 100마디의 언어로 표현하는 것 보다는 2D도면 한 장으로 표현하는 것이 적절하고, 교량의 외형을 2D도면 100장으로 설명하는 것보다는 3D도면 한 장으로 표현하는 것이 더욱 효과적이다. 또한 건설공사의 시공기간 동안 시설물의 공정 진행현황은 100장의 3D도면보다는 연속된 4D객체의 시뮬레이션 영상으로 표현하는 것이 더욱 높은 정보 전달력과 이해도를 갖게 된다.

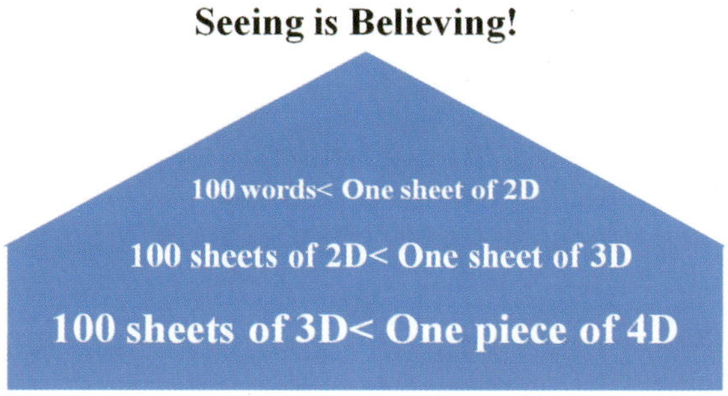

그림 1-6 건설정보의 시각화 효과

기존의 공정관리 소프트웨어들은 수치적 정보중심이고 일부의 그래픽 정보도 2차원적 정보제공에 그치고 있는 반면에, 4D시스템은 공사일정과 3차원 도면정보를 연계한 4차원적 정보를 제공함으로써 시각적 정보 활용의 극대화를 추구하고 있다. 공사일정 경과에 따른 시설물 완성상태를 3차원으로 연속 구현하는 기능은 기존 공정관리도구와 비교시 공사관리의 효과를 향상시키는 도구가 될 수 있다.

이러한 기본적 기능 이외에 4D시스템은 다음과 같은 적용효과를 갖는다. 즉, 현재 시점에서 시설물 완료 상태에 대한 불확실성과 공정수순의 오류 및 작업 공간 활용에 따른 생산성효과 등을 시각적으로 확인시켜 주는 강점을 갖고 있으므로, 기존의 2차원적 공정분석 결과와는 활용범위를 달리하고 있다.

2 공정 완성도의 시각화

4D시스템의 활용시 기본적 효과는 공사일정별로 시설물의 완성도를 사전에 시뮬레이션하여 확인할 수 있는 점이다. 즉, 공사 시작 이전에 향후 임의기간 동안 시설물의 완성도를 파악할 수 있고, 공사기간에 따라서 비례적으로 완성도를 3차원으로 확인할 수 있다. 그림 1-7은 공사일정별로 완성도가 변화되는 도로건설공사의 모습을 표현하고 있다.

이러한 공사일정별 완성도의 표현은 설계단계에 완성된 설계 객체의 시공 완성도를 비교하여 설계대비 외관의 오류를 시각적으로 확인하는 것도 가능해진다. 이러한 점은 시공 이전에 설계도의 완성도를 검증할 수 있게 되는 장점이 있고 시공시의 오류를 사전에 감소시키는 효과를 갖는다.

특히 진도관리 정보와 연동하면 임의 시점에 공정 진도의 계획대비 완성도를 비교하여 표현할 수 있으므로 진도관리의 효율성을 높일 수 있다.

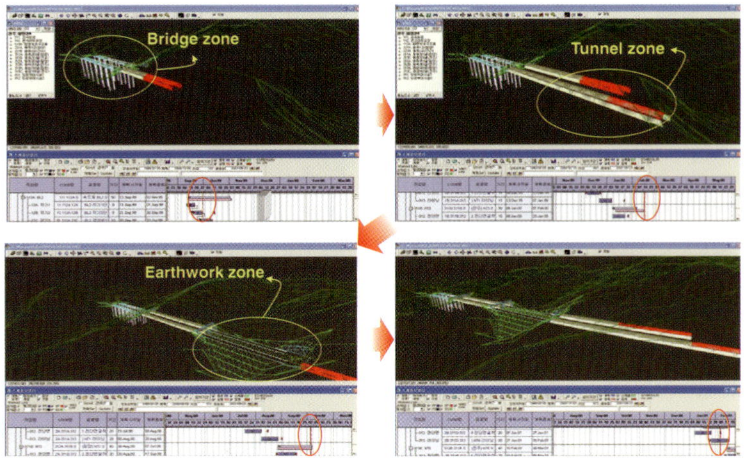

그림 1-7 공사일정별 완성도 구현

3 공정수순의 오류 조기판단

2D 공정관리개념과 비교시 4D시스템에서 기대되는 효과는 단순한 공정진행상태의 시각화 외에 공정수순 오류의 조기판단이 가능하다는 것 등이 있다. 4D시스템의 실행은 공정표의 일정계획 순서대로 시설물의 완성상태 변화모습을 나타내므로, 초기 일정계획이 잘못되었을 때 잘못된 부분을 용이하게 파악할 수 있다.

즉, 그림 1-8(www.stanford.edu/group/4D)에서와 같이 2층 바닥슬래브 하단부에 설치되는 배관 설비가 2층 바닥슬래브 타설 이전에 먼저 설치되는 모습이 구현된다면, 공정의 선후관계가 잘못되었음을 나타내는 것이며, 이러한 시스템의 실행으로 초기 공정계획의 모순점을 손쉽게 파악할 수 있는 것이다.

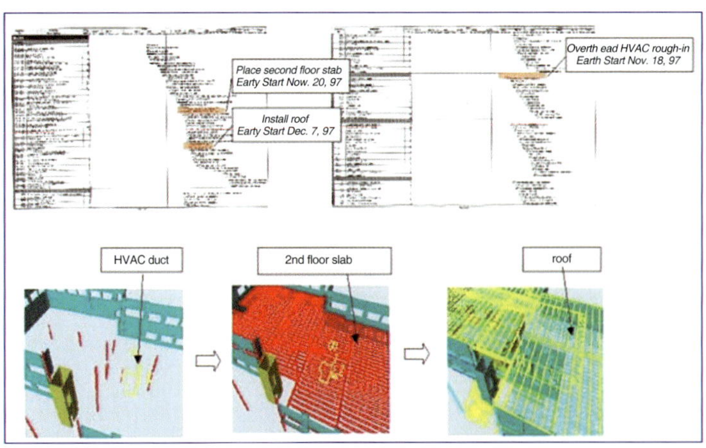

그림 1-8 건축물공사의 공정수순 오류 파악

교량공사에 적용하였을 때 공정수순의 오류를 파악할 수 있는 사례는 그림 1-9와 같다. 그림 1-9에서 당초 계획공정의 순서는 교각, 상판, 트러스 순서로 진행되어야 하나, 4D시스템의 구현 결과 교각, 트러스, 상판 순서로 진행되어 상판이 완성되기 전에 상판 위의 트러스가 시공되는 모습을 구현하고 있다.

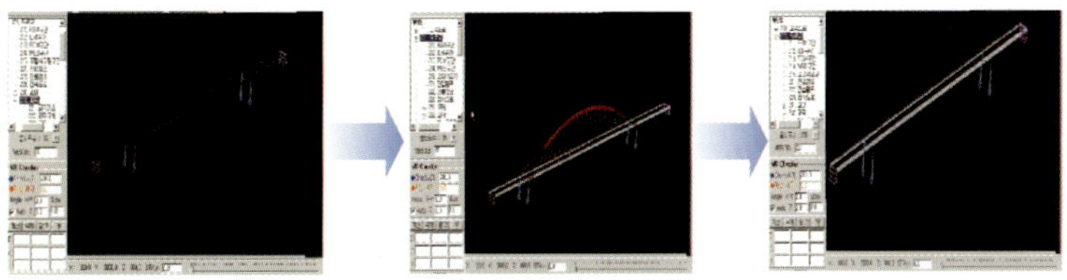

공정 오류의 확인 (교각 → 트러스 → 상판)

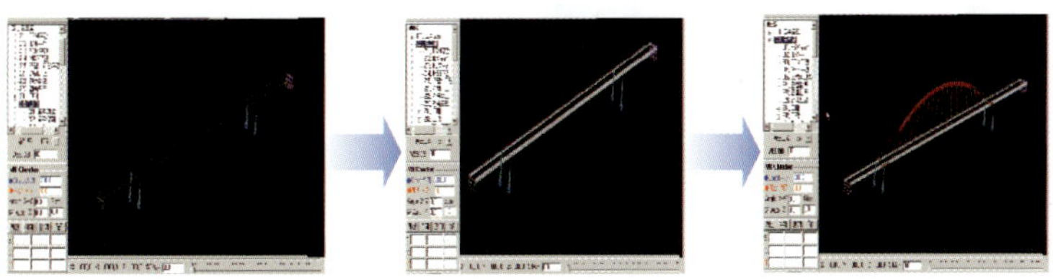

공정 오류의 수정 (교각 → 상판 → 트러스)

그림 1-9 교량공사의 공정수순 오류 파악

4 시공성 및 작업효율의 파악

또한, 4D구현 화면에서는 시공성 및 작업효율의 파악이 시각적으로 가능해진다. 즉, 초기 공정계획에 근거하여 4D시스템을 실행한 결과, 안전성 및 손실가능성(예로서, 지붕작업과 콘크리트 타설 작업의 병행으로 인한 지붕재의 낙하 및 타설면 손상) 등을 파악할 수 있으며, 이와 같은 공정계획의 사전 모의조작으로 부적합한 공정계획은 실제 공사가 진행되기 전에 조정이 가능하여진다.

그림 1-10(www.stanford.edu/group/4D)은 창고건물의 외벽공사에서 시공성 및 작업효율을 고려한 공정표의 해석과정을 나타내고 있다.

그림 1-10에서 창고건물 좌측외벽의 창호설치작업(상단 좌측 공정표의 첫 번째 활동) 후반부분은 당초 계획에 의하면 두 번째 활동인 C-Channel 작업과 병행하도록 계획되어 있고, 세 번째 활동인 지붕작업은 네 번째 활동인 외벽의 콘크리트타설 작업과 병행작업토록 계획되어 있다.

그러나 그림 1-11과 같은 모양으로 이러한 공정계획에 근거하여 4D시스템을 실행한 결과 그림 1-10의 하단부에 있듯이 시공성 및 작업효율(작업여건상 창호작업과 C-Channel 작업의 병행불가)이 좋지 않음을 파악할 수 있고, 또한 안전성 및 손실가능성(지붕작업과 콘크리트타설 작업의 병행으로 인한 지붕재의 낙하 및 타설면 손상) 등을 파악할 수 있는 것이다.

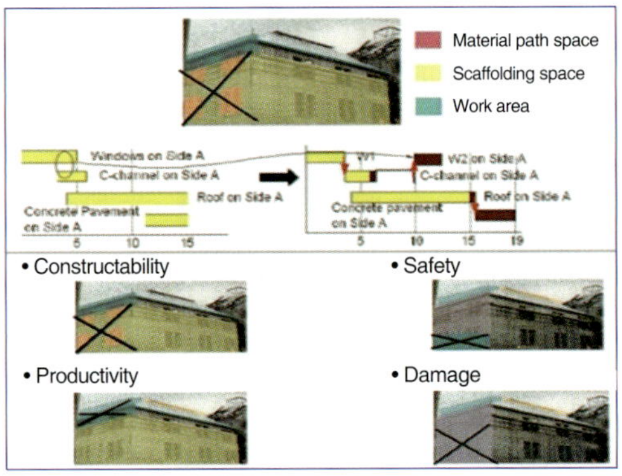

그림 1-10 시공성 파악

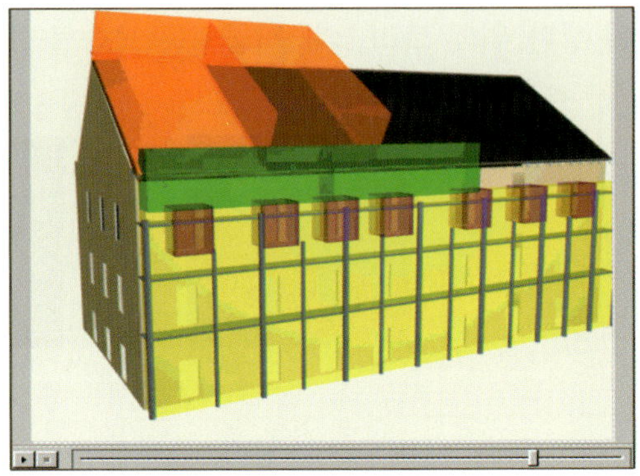

그림 1-11 실행화면

5 공간 생산성의 파악

4D시스템의 구현은 공간 생산성의 파악도 가능하다. 공간 생산성이란 일정한 작업 공간 내에 동시에 다수의 작업이 진행됨으로 인해 발생 가능한 작업생산성의 상태를 표현하는 것이다.

즉, 4D시스템의 실행결과로서 좁은 공간 내에서 여러 활동들이 동시 진행됨으로 인한 생산성 저하를 사전에 예측할 수 있게 된다. 그림 1-12(www.stanford.edu/group/4D)에서 하단 우측그림은 실제 작업공간을 비교하여 나타낸 것이다.

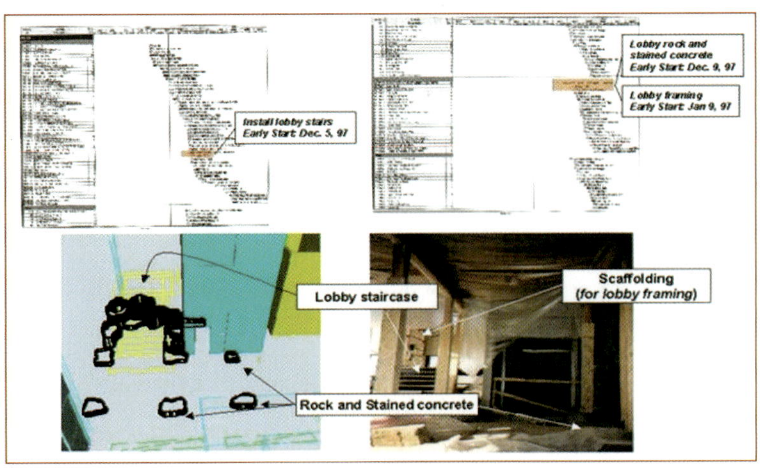

그림 1-12 공간 작업생산성의 확인

그림 1-12에서 당초 계획대로 공사가 시행되면 2층 슬래브 및 지붕공사가 11월 말부터 1월 초까지 진행되는데, 1층 로비의 계단 마감작업과 로비골조공사가 동일한 시기에 진행되어 로비계단 공사로 인해 2층과 지붕작업조의 이동경로가 폐쇄되는 공간 충돌현상을 4D시스템의 실행으로 사전 예측이 가능함을 보여주고 있다.

이러한 4D시스템의 적용효과를 종합적으로 표현하면 그림 1-13과 같이 정리할 수 있다.

이러한 효과 이외에도 4D시스템은 공사에 참여하는 다양한 시공사 간은 물론이고 발주자와 건설사업관리자 간의 공정회의시에 공구 및 구역별 공정진도 현황을 시각적으로 실시간 파악할 수 있다. 이로써 시각화된 공정정보에 의해 공사참여자간의 의사소통 효율화 및 경영진에 대한 공사계획 및 진도보고 등에 효율적 도구로 활용될 수 있다.

<table>
<tr><th>적용효과</th><th>적용방법</th><th>4D구현사례</th></tr>
<tr><td>공정수준의 오류 조기 판단</td><td>• 공정표상의 잘못된 수순이 있는 경우 오류상태로 시뮬레이션 수행
• 공정수순의 오류를 시각적으로 조기 파악 가능
• 예로서, 교각 → 트러스 → 상판의 공정수순 오류 파악 가능
(교각 → 상판 → 트러스)</td><td rowspan="3">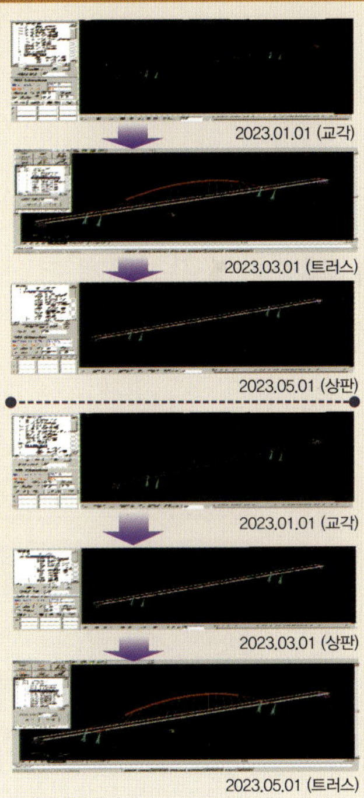
</td></tr>
<tr><td>시공성 및 작업 효율의 시각적 파악</td><td>• 실제 작업 공간이 4D에서 재현되므로,
• 시각적으로 재현된 작업 공간내 가상 작업 상황 파악이 가능하고,
• 실제 작업에서의 작업 시공성 및 작업 효율 시각적 파악 가능</td></tr>
<tr><td>시설물 이력 관리 시각화기능</td><td>• 시설물 유지관리단계에서 부위 또는 구조물 별 노후화 정도의 4D 표현
• 시설물 해체시 해체수순의 4D 표현 가능</td></tr>
</table>

그림 1-13 4D시스템 적용효과 요약

2 4D시스템 활용 현황

국내외에서 수십여 종의 다양한 상용 4D시스템이 사용되고 있으며, Navisworks, Synchro Pro, Bentley Navigator 등의 3종에 대하여 대표적 기능을 소개한다. 상용 4D시스템은 주로 건축공사에 활용성을 갖고 있으나 토목공사에 독자적인 4D시스템의 구축시에 주요 기능으로 참조될 수 있다.

2.1 Navisworks

1 Navisworks 기능 분석

Autodesk사의 Navisworks 제품은 건축, 설계 그리고 시공 프로젝트 결과를 보다 효율적으로 표현할 수 있도록 지원하고 있다. 또한 AutoCAD 및 Autodesk Revit 기반 응용프로그램 등 여러 응용프로그램에서 작성한 설계 데이터를 파일 크기와 상관없이 다양한 설계 도구에서 얻은 형상 정보와 다양한 파일 형식으로 결합할 수 있다. Navisworks 소프트웨어 제품군은 프로젝트 이해 관계자에게 보다 효과적인 협업, 조정 및 공유를 보장할 수 있는 적합한 도구를 제공한다.

2 기본 화면 구성체계 분석

Navisworks의 기본 및 주요 기능 화면 구성체계는 아래의 그림 1-14와 같다.

그림 1-14의 상단은 Navisworks 최초 실행 시 구성되는 화면이다. ①은 자주 사용

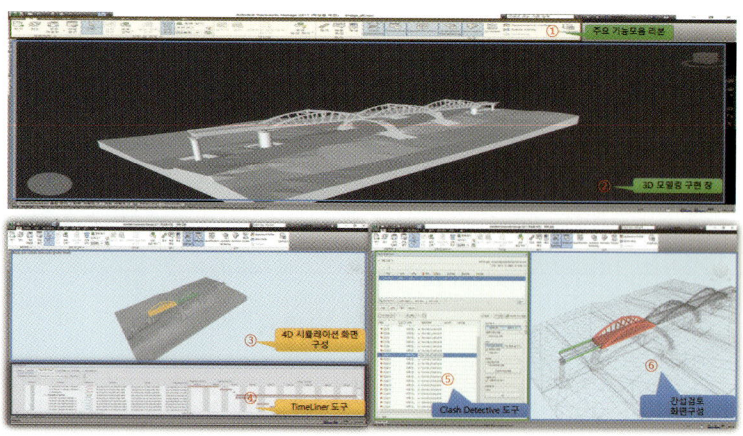

그림 1-14 Navisworks 기본 화면 구성

하는 검토 및 탐색 도구에 쉽게 접근할 수 있도록 구성되어 있어 보다 효율적으로 검토가 가능하다. 또한 Navisworks의 주요 도구인 Clash Detective(간섭검토), TimeLiner(4D시뮬레이션), Quantification(물량산출), Animator(애니메이션 기능) 등이 메인 화면에 구성되어 있어 사용자의 접근성이 보다 간편하다. ②는 설계 프로그램을 이용하여 제작된 3D모델링이 구현되는 모습을 나타내고 있다.

그림 1-14의 하단은 4D시뮬레이션 및 간섭검토 수행 시 구성되는 화면이다. ③은 빔 모델이 정해진 일정에 따라 4D시뮬레이션이 수행되는 뷰어창이다. 해당 뷰어에서는 Autodesk Rendering을 이용하여 특정 객체의 색상을 변경하거나 재질, 조명, 환경 및 태양광 등을 조정할 수 있다. ④는 TimeLiner로 Navisworks의 4D 일정 시뮬레이션을 담당하는 도구이다.

3 4D 기본 시뮬레이션

(1) 4D시뮬레이션

Navisworks의 4D시뮬레이션 기능은 Autodesk 제품군 및 IFC(industrial foundation class) 등 건설 분야에 활용되는 대부분의 파일 포맷과의 연동으로 설계 데이터와 공정 및 형상정보 결합이 원활하다. Navisworks에서 4D시뮬레이션을 담당하는 도구는 TimeLiner이며 다양한 공정관리 프로그램에서 산출된 공정표를 불러들여 사용이 가능하다. 이러한 부분을 통해 공정표의 작업을 3D 빔 모델링 객체에 연결하여 시뮬레이션을 시행할 수 있다.

그림 1-15는 Navisworks의 TimeLiner창으로 작업, 데이터 소스, 구성 및 시뮬레이트 탭으로 구성되어 있다. 데이터 소스 탭에서는 MS Project, Asta 및 Primavera와 같은 일정 소프트웨어에서 제작한 공정을 가져올 수 있다. Navisworks에서의 4D시뮬레

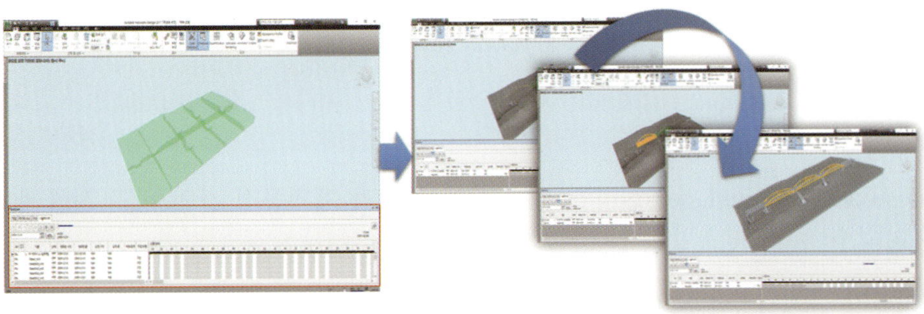

그림 1-15 Navisworks의 4D시뮬레이션

이션은 Revit 등 설계 소프트웨어에서 제작한 3D모델을 불러와 TimeLiner를 이용해 모델링의 속성정보와 공정정보를 결합하여 4D시뮬레이션을 구현한다. 특징적인 부분은 작업 상태를 식별할 수 있는 아이콘이 있어 계획공정과 실제 공정을 파악할 수 있다는 부분이다.

(2) 간섭검토 기능

Navisworks는 점과 선 기반의 간섭검토 기능을 지원하고 있기 때문에 건축, 구조 및 MEP 등 공종 간의 간섭체크를 통해 사전에 이에 대한 방도를 마련할 수 있도록 도움을 준다. 이러한 간섭체크를 통해 프로젝트 관리자는 실제 현장에서의 빈번한 설계변경, 공기지연 및 추가 공사비 발생 방지 등을 프로젝트 수행 이전에 파악이 가능하다.

그림 1-16은 간섭검토를 수행할 객체를 선택하는 Clash Detective의 선택 탭이다. 선택 탭을 사용하면 자체적으로 전체 모형이 아닌 한 번에 항목 세트를 테스트하여 간섭 테스트를 정의할 수 있다.

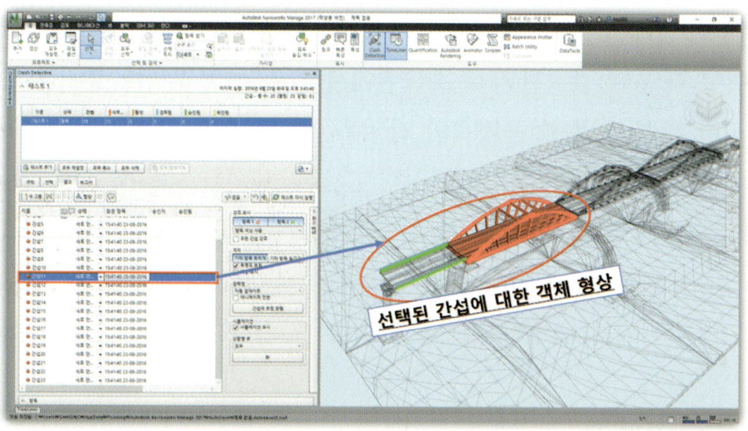

그림 1-16 Navisworks의 간섭검토

4 기타 기능

Navisworks는 TimeLiner 설정을 통해 실제 공정과 계획공정 간의 비교 시뮬레이션을 수행할 수 있다. Synchro 4D와 같은 경우에는 양화면으로 분할되어 각 공정의 시뮬레이션이 진행되지만 Navisworks의 경우에는 계획대비 실제 공정이 빠를 경우에는 4D시뮬레이션 상에서 차기 진행될 공정을 투명한 노란색으로 표시한다.

최근 여러 소프트웨어에서 모바일 기술과 클라우드 기반 협업도구를 제공하고 있다. Autodesk사에서는 2D 및 3D 환경용 현장 관리 소프트웨어로 BIM 360을 제공하고 있다. BIM 360은 프로젝트에 관련된 사용자가 리뷰 및 해석 작업의 결과 뷰를 공유할 수 있다. 프로젝트 참여자 간의 공유 폴더를 통해 연결된 팀과의 공유 및 관련 담당자가 실시간으로 액세스가 가능하다.

2.2 Synchro PRO

1 Synchro Pro 기능 분석

Synchro Pro는 프로젝트 라이프 사이클 전반에 걸쳐 안전성, 품질 및 비용을 향상시키기 위해 제공되는 솔루션이다. 통합 빔 데이터 및 그래픽이 포함된 CPM(critical path method)계획, 일정관리 및 프로젝트 관리 소프트웨어로 계획에 따라 모든 유형의 프로젝트를 관리할 수 있는 시각적 기능을 지원하고 있다.

2 기본 화면 구성체계 분석

Synchro PRO의 기본 화면 구성체계는 그림 1-17과 같다. Synchro는 Window 소프트웨어와 동일하게 탭과 패널, 특성창 등으로 구성되어 있다.

그림 1-17의 ①은 리본 메뉴로 기본적인 도구를 제공한다. 리본 메뉴는 File, Home, Task, 3D, Play, Window로 구성되어 있다. File 메뉴를 통해 프로젝트를 새로 만들거나 여는 등의 기본적인 탭으로 구성되어 있으며, Home 메뉴에서는 빠른 설정,

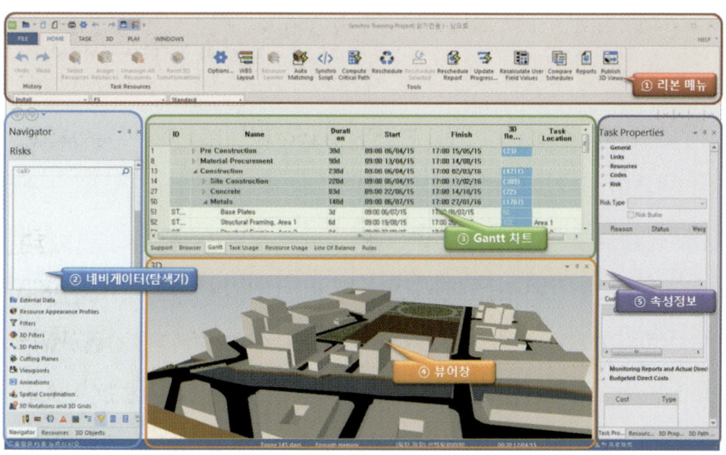

그림 1-17 Synchro PRO 기본 화면 구성

Task Resource 명령 및 도구가 포함되어 있다. Task 메뉴에서는 Task 목록을 만들고 편집하거나, 간트 차트(Gantt chart)의 모양을 지정하는 옵션이 포함되어 있다.

3 4D 기본 시뮬레이션

(1) 4D시뮬레이션

Synchro Pro는 그림 1-18과 같이 4D시뮬레이션을 일정별로 동시에 시뮬레이션 할 수 있는 특징이 있다. 이러한 기능을 양화면 분할 시뮬레이션이라 하며 사용자는 계획 일정과 실제 일정 시뮬레이션을 동시에 구현하여 실제 일정이 계획 일정대비 지연 혹은 초과하였는지를 비교할 수 있다.

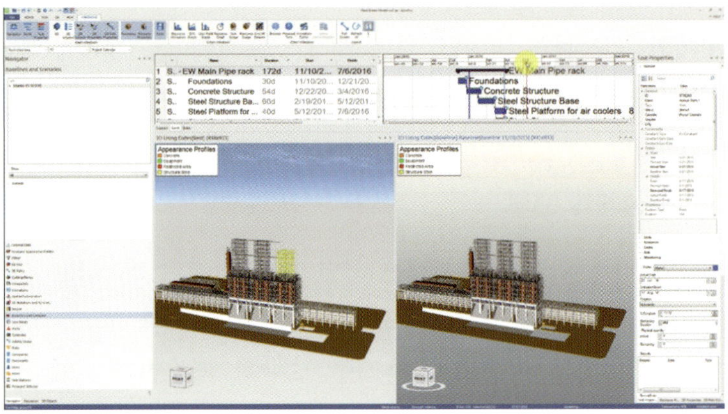

그림 1-18 양화면 분할 4D시뮬레이션

(2) 간섭관리 기능

Synchro Pro는 객체들 간의 공간간섭 체크가 가능하다. 사용자가 공간간섭 체크를 위해 사용할 작업날짜, 3D객체들 간의 간섭 최소 간격 등을 지정하여 공간간섭이 일어나는 부위를 체크할 수 있어 건설 공사 진행 중에 발생될 수 있는 문제를 사전에 발견하여 진도 관리 업무에 도움을 줄 수 있다.

또한 그림 1-19처럼 투입되는 자원, 장비들의 작업공간 설정을 통해 이들의 간섭체크 또한 가능하여 발생할 수 있는 리스크를 미리 체크하고 확인할 수 있고 안전상의 문제를 해결할 수 있는 장점이 있다.

Synchro Pro에서 4D시뮬레이션은 3D 창에서 구현할 수 있다. Synchro Pro는 4D 시뮬레이션을 구현하기 위해서 다양한 3D 정보(AutoCAD, Revit, IFC 등)와 일정정보(MS Project, Primavera 등)를 임포트할 수 있으며, 불러들여진 정보들은 Auto-matching 기능을 통해 모델이 포함하고 있는 객체의 정보 조건을 만족시키는 경우 공정을 자동적으로 연결하는 특징이 있다.

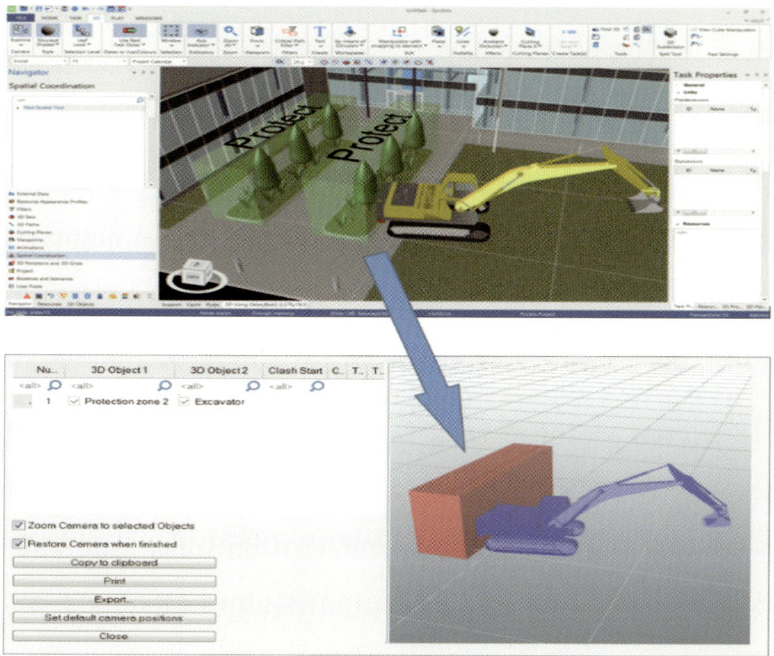

그림 1-19 Synchro 간섭검토

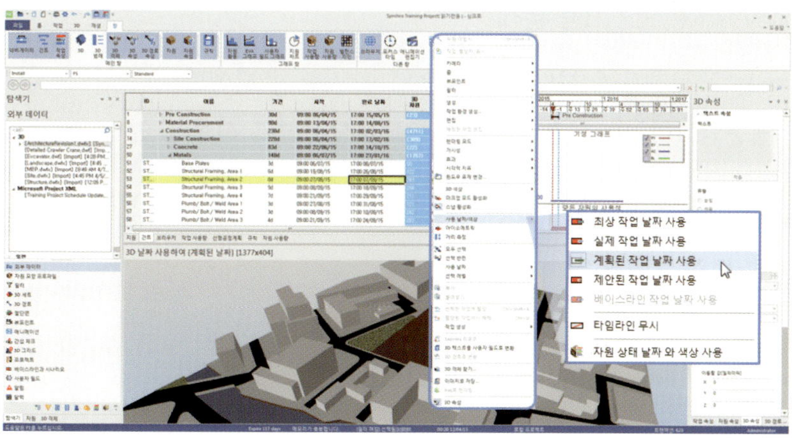

그림 1-20 기본 4D시뮬레이션

입력된 정보를 바탕으로 애니메이션 기능 및 뷰포인트 기능을 활용하여 사용자가 지정한 뷰포인트를 바탕으로 구현된 4D시뮬레이션의 동영상 녹화가 가능하다. 동영상

자료는 .avi 파일로 생성되어 협의나 민원처리 등에 사용될 수 있다.

Synchro Pro는 4D시뮬레이션 창을 서로 비교할 수 있는 특징이 있다. 측면, 정면 등 여러 각도를 비교하여 4D시뮬레이션을 진행할 수 있으며, 계획 일정과 실제 진행 일정, 주공정 등 여러 조건을 입력하여 4D시뮬레이션을 비교할 수 있다. 이러한 특징은 사용자에게 정보를 직관적으로 비교할 수 있도록 한다.

4 기타 기능

Synchro Pro는 Task에 입력된 비용, 자원, 자원비용 등을 분석하여 일어날 수 있는 리스크를 체크하여 일정, 비용, 자원비용에 대한 리스크를 분석하여 진행 중인 프로젝트의 일정에서 리스크로 인해 일어날 수 있는 일정 지연이나 비용에 대해 추가로 사용자에게 알려주어 사전에 일어날 수 있는 리스크를 대비할 수 있다.

또한 전체 건설 공사에 투입되는 인력, 자재, 자원 등의 균일화 기능을 지원한다. 주공정은 전체 공사기간을 결정하는 주요 요소로서 추출된 주공정과 공정관리에서 사용되는 자원(인력, 자재 등) 평준화 기능을 토대로 공정 최적 안을 제공하는 기능을 갖추고 있다. 이러한 공정 최적화 기능을 통해 공기 단축, 비용 감소 등과 같은 효과를 얻을 수 있다.

2.3 Bentley Navigator

1 Bentley Navigator 기능 분석

Navigator는 프로젝트를 보다 효율적으로 관리하여 발생할 수 있는 위험을 줄이는 목적으로 제공되고 있다. 현장 관리자가 보다 신속하고 신뢰성 있게 문제를 해결하여 프로젝트 조정을 개선할 수 있도록 협업기능을 지원하고 있다.

2 기본 화면 구성체계 분석

Navigator V8i 및 Navigator CONNECT Edition의 기본 화면 구성체계는 아래의 그림 1-21과 같다.

Navigator V8i의 기본 화면 구성체계는 기타 소프트웨어와 같이 리본 메뉴, 속성정보, 객체 뷰어 등으로 구성되어 있다. ①은 기본 리본 메뉴로 각종 기능 도구로 구성되어 있다. 또한 리본 메뉴 도구들은 모델의 확대 축소 및 반전 등을 수행할 수 있다. ②는 객체 속성정보 창으로 3D 빔 객체의 요소 특성을 정의하는 속성정보 창이다. 3D 빔 객체의 세세한 속성정보를 선택했을 경우에는 선택된 해당 객체의 뷰를 확인할 수 있다.

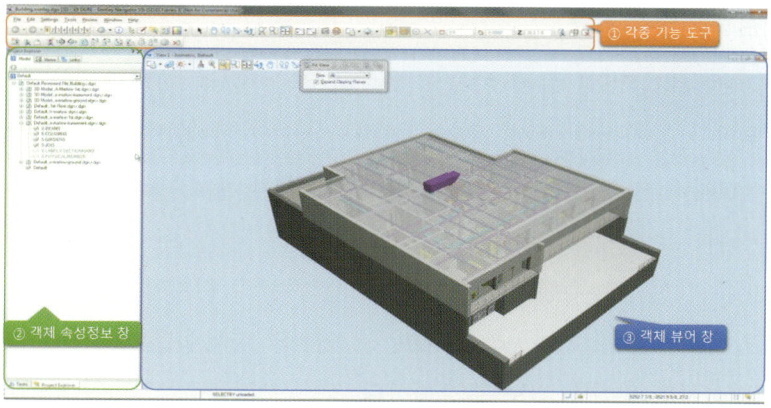

그림 1-21 Navigator V8i 기본 화면 구성

3 4D 기본 시뮬레이션

(1) 4D시뮬레이션

Navigator V8i의 일정 시뮬레이션 기능을 사용하면 3D객체 데이터를 일정정보와 통합하여 일정에 따라 3D객체를 시각화할 수 있다. 아래의 그림 1-22는 Navigator V8i의 4D시뮬레이션 구동화면이다.

Navigator V8i의 4D시뮬레이션 도구는 속성정보 창, 공정정보에 대한 간트 차트 형식의 타임라인 및 공정 패널로 구성되어 있다. Navigator V8i 4D시뮬레이션의 특징은 속성정보 창에서 특정 객체를 On/Off 할 수 있다. 이와 같은 기능을 통해 사용자는 특정 객체에 대한 시공과정을 자세히 파악할 수 있다.

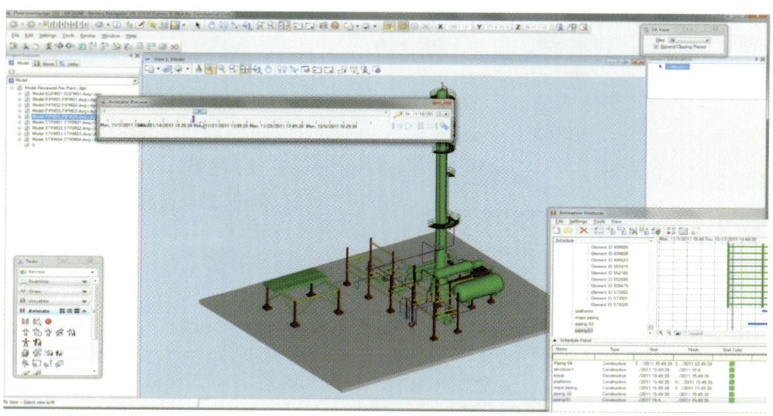

그림 1-22 Navigator V8i 4D시뮬레이션

(2) 간섭검토 기능

사용자가 정의한 규칙에 따라 간섭을 검토할 수 있으며, 발견된 간섭은 Navigator 상에서 검토가 가능하며 필요한 경우 시각화된 보고서를 작성할 수 있다. Navigator 간섭검토는 그래픽 요소 집합을 식별하고 이러한 개체 요소 집합간의 기하학적 충돌을 감지하는 원리로 설계되었다.

그림 1-23은 간섭검토 수행 시 화면으로 그림 하단의 펀치리스트 항목을 선택하게 되면 해당 간섭객체의 뷰로 이동하게 되며, 그 이외의 항목들은 투명처리가 되어 사용자는 해당 간섭사항의 집중 검토가 가능하다.

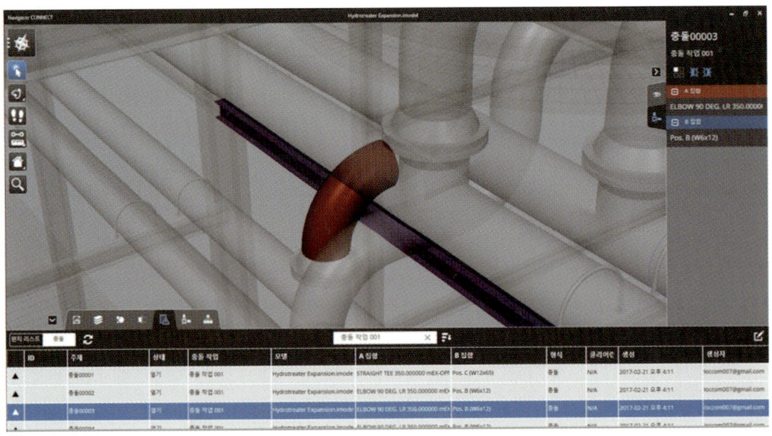

그림 1-23 Navigator CONNECT Edition 간섭검토

4 기타 기능

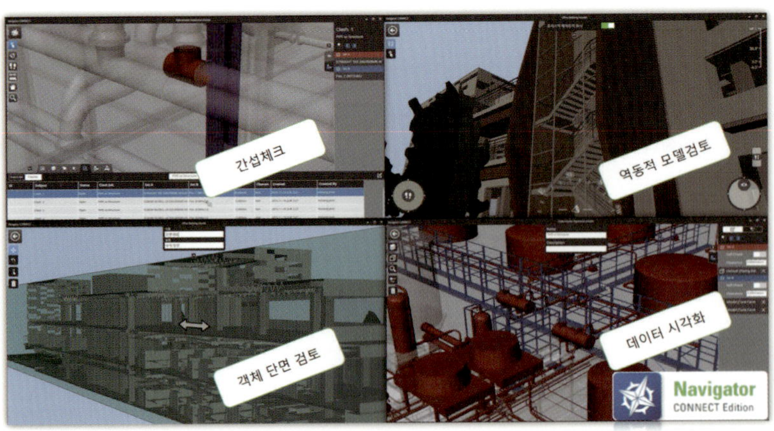

그림 1-24 Navigator CONNECT Edition

Bentley Navigator는 결과물 관리 및 설계검토 등을 위한 하이브리드 클라우드 서비스를 제공하고 있다. 이와 같은 기능들은 클라우드(cloud) 기반으로 관리하여 다수의 관리자가 공유 폴더에 액세스가 가능하여 프로젝트 이해관계자 간의 실시간 협업을 지원하고 있다. 아래의 그림 1-24는 Navigator의 CONNECT Edition의 주요 기능이며 프로젝트 모델의 시각화 및 클라우드 기반의 데이터 공유가 가능하다.

3 4D시스템 기능 분류

3.1 4D시스템 기능 분류체계

4D시스템의 활용성이 높아지면서 다양한 상용 시스템들이 활용되고 있고, 기관별로 고유 시스템을 개발하는 사례들도 증대되고 있다. 4D시스템의 활용성을 높이기 위해서는 기본적인 시뮬레이션 기능 이외에 다양한 기능들이 포함될 수 있으므로 4D시스템이 갖추어야 할 주요 기능들의 분류체계를 구성해 놓으면 필요 기능에 대해서 선택적으로 구성할 수 있다.

그림 1-25 4D시스템 기능 분류체계

4D시스템의 기능 분류체계의 구성을 공정관리부분에 대해 예를 들면 그림 1-25와 같이 표현할 수 있으며, 상용 소프트웨어 등을 분석하여 주요 기능 10개(Level 1), 세부 기능 37개(Level 2), 세세부 기능 103개(Level 3)와 세부 기능에 대한 주요 입력정보를 제시하고 있다. 그림 1-25에서 주요 기능은 레벨 1의 공정분석 기능, 빔 모델 생성 및 컨

트롤 기능 등 10개의 핵심 기능으로 분류하였고, 레벨 2 및 레벨 3로 구성되어 있다.

그림 1-25에서 레벨 2는 레벨 1의 기능을 구성하기 위한 필수 기능들로 구성되어 있고, 레벨 3은 레벨 2의 각 기능을 구성하기 위한 필수 기능들로 표현되어 있다. Input data란은 레벨 2의 개별 기능을 완성하기 위해 필요한 입력정보들로 구성되어 있다. 즉, WBS 및 OBS를 생성하기 위해서는 WBS 및 OBS 생성기능이 하위레벨에 필요하고, 이를 완성하기 위해서는 해당 프로젝트의 WBS ID 및 WBS 명칭, OBS ID 및 OBS 명칭이 필요함을 알 수 있다.

3.2 기능 분류체계 상세도

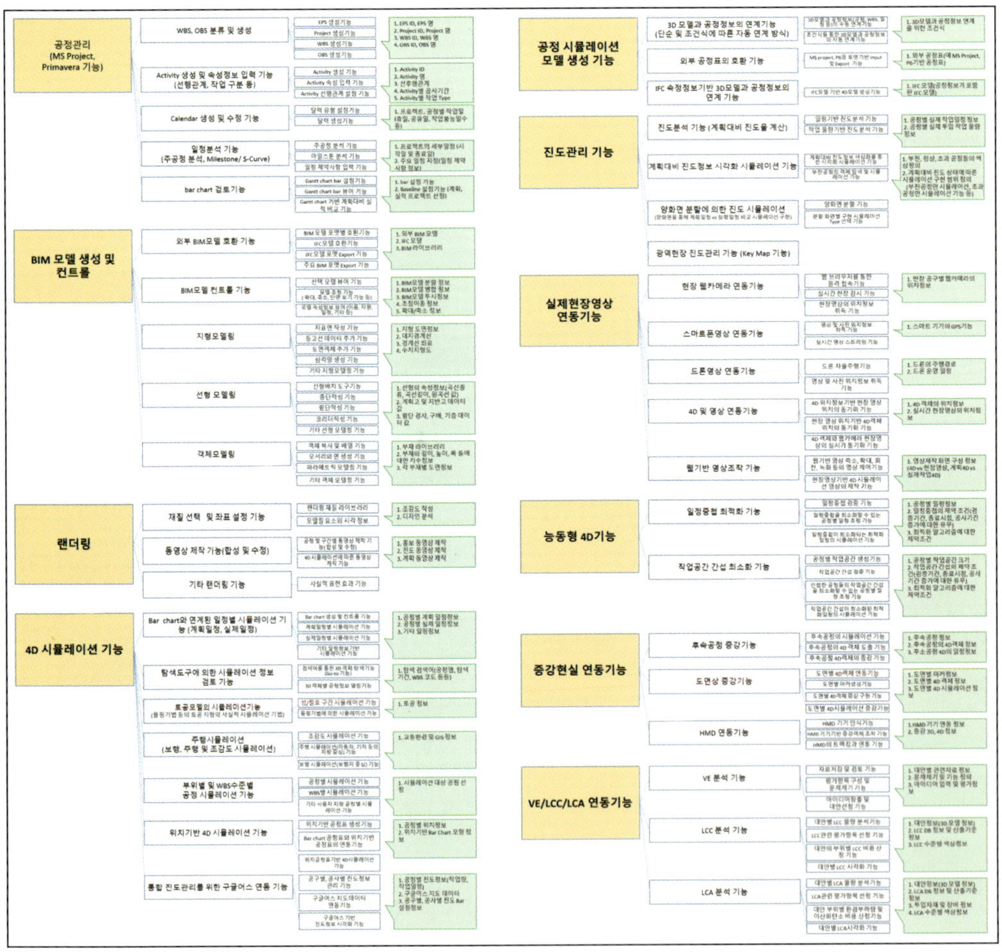

그림 1-26 4D시스템 상세 기능 분류

4D시스템의 모든 기능들을 자세하게 분류하면 그림 1-26과 같이 나타낼 수 있다. 표현된 기능 분류는 상용 시스템을 포함하여 독자적으로 개발 시에도 포함될 수 있는 상세 기능들을 모두 구성한 것이다. 4D시스템의 기능 구성은 적용하는 프로젝트의 특성에 따라 달리할 수 있고, 적용 범위에 따라서 달리 구성할 수도 있다.

토목공사용 4D시스템은 다량의 토공사 구간과 수평적 작업공간에서 공사 연장이 길게 구성되어 있으므로 이러한 공정의 표현에 특화된 기능들이 필요하다.

CHAPTER 2

4D CAD 시스템 구성절차

1 공정 및 도면정보의 연계

1.1 3D 및 4D모델링 도구

1 3D모델링 도구의 이용

3D모델링 도구에 의한 4D시스템의 구현은 기존의 캐드 제품에 의한 3D객체와 공정관리 소프트웨어에 의한 일정정보 및 양 정보의 연계 프로그램으로 구성된다. 즉, 3D객체와 일정정보는 각각 외부 소프트웨어에서 작성된 후, 4D 도구 내에서 상호 연계되어 4D객체를 생성하게 된다.

3D모델링의 방법은 객체기반과 비객체기반으로 구분되나, 다양한 정보를 갖고 있는 시설부위 또는 활동이 객체가 되는 건설분야 4D시스템 구현을 위해서는 객체기반 모델링이 적절하다. 객체의 클래스(class), 속성(attribute) 구성은 일정정보까지 포함하여 구성함이 정보 수정시 편리성을 갖게 된다.

2 4D모델링 도구의 이용

4D시스템을 구축하기 위해서는 우선적으로 구축해야 할 기능이 공정관리의 일정계산이 완료된 공정정보와 3D도면정보의 연계 작업이고, 4D시스템 구성 시에 가장 많은 시간과 노력이 소요되는 작업이다.

통상 3D객체 및 공사일정 결과물은 외부의 별도 소프트웨어들을 이용하여 생성한 후에 임포트하여 사용하는 경우가 대부분이다.

4D시스템에 자체적 생성 기능이 있다면 활용할 수도 있으나 시스템 자체가 무거워지고 일정 및 3D객체의 생성 기능도 외부 전문 소프트웨어보다 성능 면에서 저하 될 수 있는 점을 고려할 필요가 있다. 일정과 3D객체를 연결하기 위한 방법은 3D 캐드에 시간개념의 공사일정을 연계하는 과정에서 상이한 방법들이 있을 수 있다.

4D객체의 구현에 사용되는 3D 캐드 도구들은 AutoCAD, MicroStation, Allplan 등이 있으며, 공정분석을 위한 공정관리도구들은 MS Project, Primavera 등이 대표적이고, 공정과 도면을 연계하기 위한 4D모델링 도구들은 Autodesk의 Navisworks, Bentley의

Schedule Simulator, Intergraph의 Schedule Review 등이 있다. 공정과 도면을 연계하기 위한 이러한 연결도구가 4D시스템을 의미하기도 한다. 일반적 구현방법은 그림 2-1과 같고, 3D모델링 및 4D모델링 도구에 의한 구현방법으로 구분 표기하고 있다.

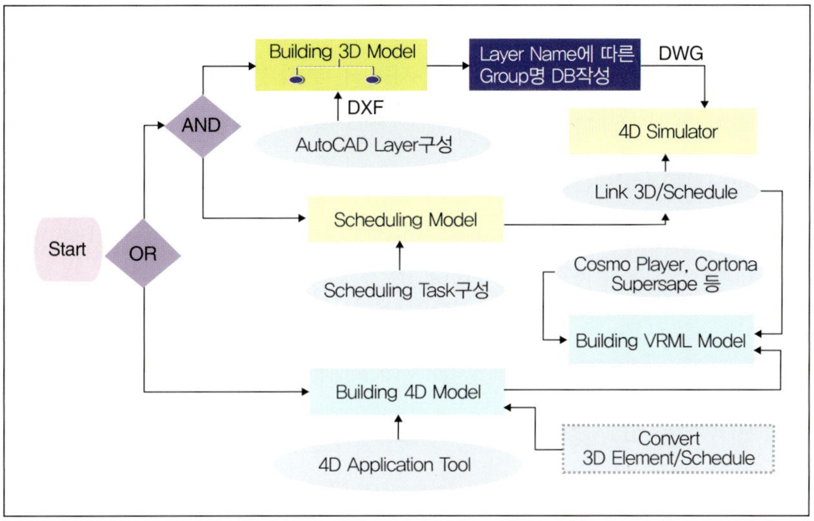

그림 2-1 4D객체정보의 생성 방법

3 공정단위 구분 모델링

4D모델링 도구는 기존의 3D모델링 도구와 공정분석 기능을 하나의 시스템 내에 구성한 새로운 통합 환경의 도구를 이용하는 방법으로서, 3D객체와 일정정보의 연계작업을 용이하게 한다.

4D시스템의 구현시 일반적 방법은 현재 대부분의 3D 도구들이 지오메트릭(geometric) 정보를 레이어(layer)에 의해 표현하므로, 공정과 3D도면의 연계를 위해서도 각 활동 역시 최소한 한 개의 레이어 이상으로 구성되어야 한다. 또한 WBS에 의해 적절한 조합으로 구분된 각 부위들의 캐드정보는 일정한 수의 세부 공정단위로 구분되어야 한다.

예로서, 한 층을 표현하는 슬래브는 캐드정보로는 하나의 부위일 수 있으나, 실제 작업시에 한 층의 슬래브는 다수의 구역으로 분할될 수 있으며, 콘크리트 타설 역시 다수의 작업으로 분할되어 슬래브가 완성되므로, 시간에 따른 완성상태를 표현하기 위해서는 세부 공정단위로 구분될 필요가 있는 것이다.

1.2 공정과 도면정보 연계 방식

1 공정과 도면정보 연계 개요

4D시스템을 구성하기 위해서는 개별 공정들을 구성하고 각 공정의 완성모습에 해당하는 3D도면 객체를 상호 연계하여야 공사일정에 따라 3D완성도의 연속 시뮬레이션이 가능해진다. 일정과 도면정보를 연동시켜서 통합정보를 생성시키기 때문에 시스템 내부의 데이터베이스는 방대한 양의 공사정보를 갖게 된다.

4D시스템에서 일정과 도면정보의 연계는 기술한 바와 같이 시스템 내부기능에 의한 통합연계방법과 외부의 소프트웨어에서 수행된 기존 정보를 갖고 와서 물리적으로 연계하는 방법이 있으며, 이러한 연계방법에 따라 활용 및 발생되는 정보의 양은 다양하게 구성된다.

일정대비 도면정보 연계의 간편성은 4D시스템의 활용성에 영향을 미치게 되며, 이러한 정보의 연계성은 4D시스템 내부의 정보관리기법과 밀접한 관계를 갖고 있다.

2 공정과 도면정보 개별코드에 의한 연계

4D시스템에서 일정과 도면정보는 개별적으로 관리되므로, 이들을 연동시키기 위한 별도의 연계작업이 필요하게 된다.

일정정보 생성을 위해서는 사용자가 공사일정관리 도구에서 공정계산을 하여 개별 작업별 일정정보를 생성시키게 된다. 도면정보 생성을 위해서는 외부의 3D 캐드 도구

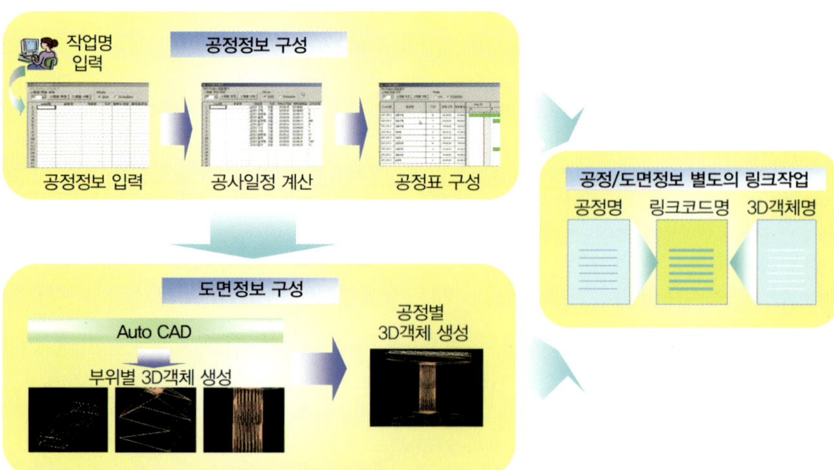

그림 2-2 공정과 도면정보 개별코드 연계방식

에서 만들어진 도면 객체들을 별도의 객체명칭으로 구성하여 각 도면정보를 저장하게 된다. 이렇게 별도로 저장된 일정정보와 도면정보는 4D시스템 내에서 일정정보의 작업명과 그에 해당되는 도면 객체정보를 개별적으로 링크(link)시키는 작업을 수행해야 된다. 그림 2-2는 이러한 연계방식을 나타내고 있으며, 현재 사용되는 대부분의 4D시스템은 이러한 방식을 이용하고 있다.

3 공정과 도면정보 공통코드에 의한 연계

일정과 도면정보의 개별코드 연계와 비교될 수 있는 방식은 양 정보를 동일한 코드를 갖는 공통코드로 연계하는 방식이다. 즉, 사전에 4D시스템 내부에 표준적인 건설정보 분류체계(WBS)를 내장파일로 구성한 후, 4D시스템의 모든 기능구성을 WBS를 중심으로 구성하는 방식이다.

일정관리 모듈에서 일정정보 구성을 위해서는 사전에 제공되는 WBS의 코드와 작업명을 기준으로 일정정보를 직접 구성하고, 도면정보 구성시에도 시스템에서 제공되는 WBS코드를 중심으로 해당되는 도면 객체정보를 저장해 놓게 된다. 이러한 방식에서는 일정정보와 도면 객체정보가 모두 동일한 WBS코드를 중심으로 저장되므로, 4D 구현시에 별도의 연계작업이 필요 없이 자동 연동되는 체계가 된다. 그림 2-3은 WBS를 공통코드로 한 연계방식을 나타내고 있다.

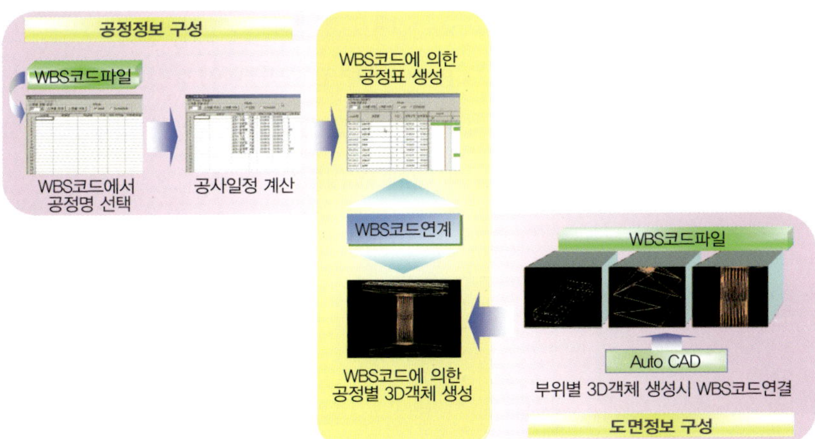

그림 2-3 공정과 도면정보 공통코드 연계방식

4 공정과 도면정보 연계방식 비교

개별코드 연계방식에서는 공정정보와 도면 객체정보의 공통인식정보가 사전에 제시되어 있지 않으므로, 4D시스템에서 공정 및 도면 객체정보의 개별적인 구성완료 후, 별도의 작업으로 양 정보를 링크하여 링크코드명을 생성시켜야 하는 불편함이 있다. 반면에 공통코드 연계방식에서는 공정과 도면정보의 입력초기부터 양 정보의 공통코드로서 WBS코드를 이용하고 있으므로, 상호간 정보구성 후 별도의 링크작업을 생략할 수 있게 된다. 이러한 링크작업의 생략은 4D시스템에서 문제시되고 있는 과다한 초기정보 입력작업을 감소시킬 수 있다.

또한 WBS를 정보중심으로 활용하면 4D시스템의 세부 기능에 대한 활용성을 개선할 수 있다. 예로서 WBS코드가 갖고 있는 상하위 수준에 따라 하위공종(operations)부터 공종을 구성하는 부위(elements), 부위를 구성하는 공간(spaces), 최상위수준인 시설(facilities)에 이르기까지 집계수준별로 4D구현이 가능해진다.

이러한 기능은 관리수준에 따라 공종규모를 강제 구분하여 사용자 목적에 맞는 4D구현을 가능하게 하므로 4D시스템의 공정관리기능을 향상시킬 수 있다.

1.3 공통코드 방식의 공정과 도면정보 연계

1 공통코드 방식에 의한 자동 연계체계

공사일정에 관련된 각종 공정정보들과 3D객체 구성을 위한 도면정보들은 4D시스템의 핵심 정보로서, 이들 정보들은 4D데이터베이스 내에서 체계적으로 관리되는 정보중심 역할의 공통코드가 필요하며, WBS는 대표적 공통코드가 될 수 있다.

즉, 그림 2-4에 표현된 바와 같이 WBS의 개별코드별로 일정정보를 연계하고, 역시 동일한 WBS코드에 대하여 관련된 3D객체정보를 연계하므로, 일정정보와 3D객체정보는 별도의 링크작업이 없이 4D시스템 내에 WBS코드를 기준으로 상호 간 연계체제

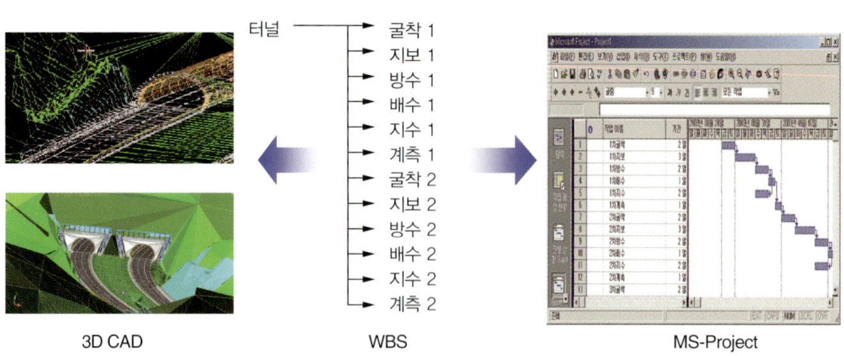

그림 2-4 WBS중심의 공정정보 및 3D정보 연계

가 자동 구성되는 효과를 갖게 된다.

2 공통코드에 의한 연계 사례

연계를 위한 공통코드는 4D시스템의 데이터베이스에 내장되어 사용자에게 사전에 제시될 필요가 있으며, 그림 2-5의 중앙부에는 시스템에 내장된 WBS Generator에서 생성된 공통코드에 의한 일정 및 도면정보의 동시 연계기능을 나타내고 있다.

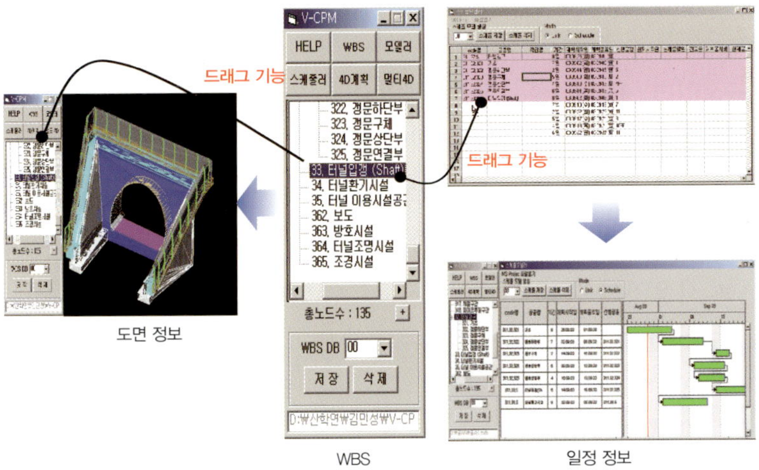

그림 2-5 내장 WBS에 의한 공정정보 및 3D정보 연계

그림 2-5에서 일정과 도면정보는 모두 중앙의 WBS코드 중 "33. 터널입갱(shaft)"코드를 공통적으로 갖게 되어 별도의 정보연결작업이 필요 없게 된다. 이로써 좌측의 입갱부위 3D객체와 우측의 입갱공정리스트들은 4D구현 시에 "33. 터널입갱(shaft)" 코드로서 자동으로 연동되어 일정대비 3차원 완성상태를 구현할 수 있는 것이다.

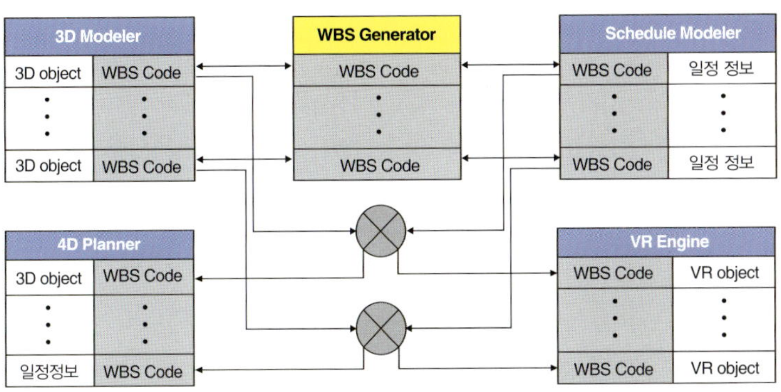

그림 2-6 WBS를 정보중심으로 한 4D시스템 구성도

4D시스템 내에 주요 모듈별로 발생되는 각종 정보를 담고 있는 데이터베이스의 구성은 그림 2-6과 같다.

그림 2-6에서 3D Modeler, Schedule Modeler, 4D Planner 등은 4D시스템의 3D객체, 일정객체, 4D객체를 생성시키는 대표 모듈의 구성 예이고, WBS Generator는 공통코드로서 사용하는 WBS를 내장하고 있는 파일을 의미한다.

3 WBS코드의 공통정보 활용

WBS가 공통정보로 활용되는 것은 4D시스템의 모든 입력정보들을 WBS를 중심으로 구성하는 것이며, 4D 엔진의 데이터베이스에 있는 모든 정보들이 WBS코드를 키필드(key field)로 하여 연동되는 체계를 의미한다.

데이터베이스내의 모든 정보들이 동일한 키필드를 갖고 있다면, 4D시스템의 세부 모듈들은 독립적 기능수행과 모듈 간 복합적 기능수행 모두에서 산출되는 성과물을 키필드를 이용해 사용자의 목적에 따라 활용할 수 있다. 그림 2-7은 공통정보코드를 중심으로 실제 구축된 4D시스템의 정보연동상태를 나타내고 있다.

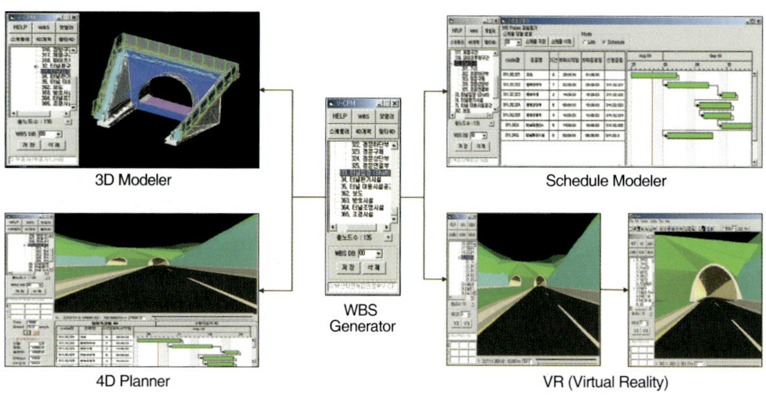

그림 2-7 공통정보코드에 의한 4D시스템의 모듈별 연동체계

이러한 공통정보 중심의 4D시스템은 일정대비 3차원 완성상태의 연속 구현 모양도 WBS코드 수준별로 자유스럽게 구현할 수 있고, 사용자의 선택에 따라 시설분류항의 최상위수준인 고속도로를 선택하면 해당 프로젝트 전체에 대한 공사일정대비 3차원 완성상태를 구현하게 된다. 그림 2-8은 고속도로공사를 예로 WBS코드 중심으로 공정정보와 도면정보가 연계된 모습이다.

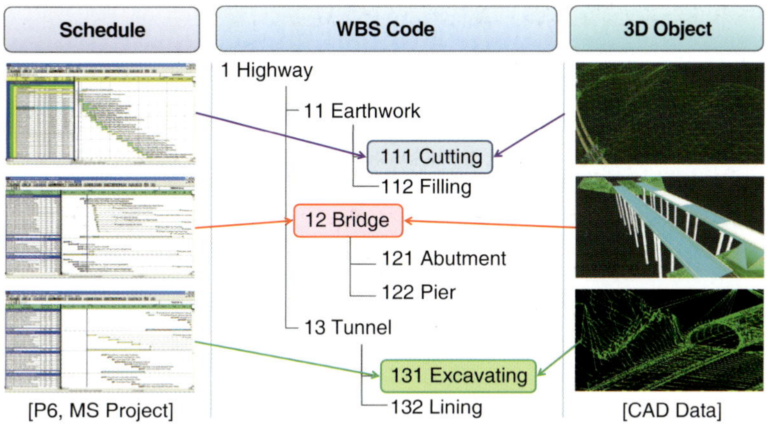

그림 2-8 WBS코드 중심의 공정 및 도면정보 구성

2 일정정보 생성

4D시스템의 가장 기본적 정보는 공사일정정보이다. 통상 일정정보는 외부의 공정관리 도구들(Primavera, MS Project, Excel 등)에서 생성시킨 후 4D시스템에 호출하여 사용한다. 이러한 외부 공정정보는 4D시스템에 불러온 후 코드 연계가 필요하다. 그림 2-9는 외부의 공정관리 도구로부터 작성된 일정정보를 4D시스템에서 WBS코드를

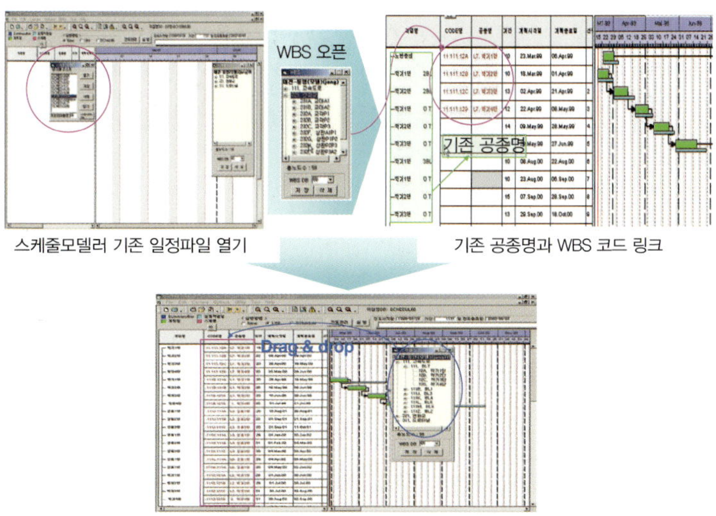

그림 2-9 기존 공정정보의 WBS연계 방법

기준으로 연계하는 과정으로서, 내장된 WBS코드에서 공종들에 해당하는 WBS코드를 마우스로 드래그하여 상호 연계하는 절차를 표현하고 있다.

본 사례에서는 공정관리도구의 하나인 MS Project에서 생성된 공정정보를 연동하고 있다. 즉, MS Project 파일을 열어 각 데이터 필드별로 코드매핑작업에 의해 공정데이터들을 4D시스템 공정정보로 사용하고 있으며, 그림 2-10은 MS Project 파일을 4D시스템 내의 일정정보로 활용하기 위한 변환 과정을 도시하고 있다.

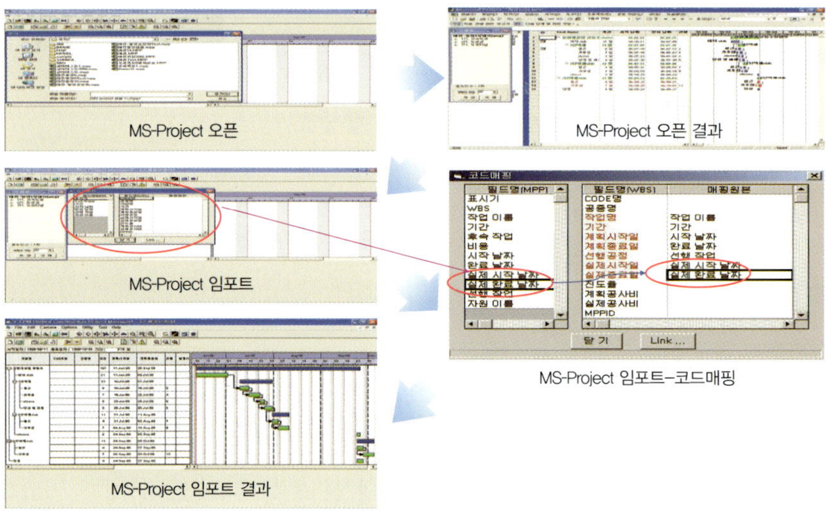

그림 2-10 MS Project 일정정보의 4D시스템 연동

MS Project파일(mpp파일)의 임포트를 위한 코드매핑은 mpp파일의 필드명들을 드래그 하여 우측의 필드명과 매핑 시키고자 하는 곳의 오른쪽 '매핑원본' 영역에 드롭하는 과정으로 진행된다. 그림 2-10의 하단 그림은 이러한 과정을 거쳐 최종적으로 임포트가 완료된 상태의 모양이다.

3 3D객체정보 생성

3.1 토공정보의 3D객체

1 지형정보 생성

3D도면정보는 캐드 소프트웨어에서 생성된 객체정보를 4D시스템에 불러와서 공정

정보와 연계하게 된다. 건축 시설물의 3D도면정보는 정형화된 객체로서 작성과정과 4D시스템의 연동이 비교적 간편하게 수행될 수 있으나, 토목시설물의 토공사 부분은 그림 2-11과 같이 지형정보와 연계되므로 3D객체의 생성이 간단하지 않다.

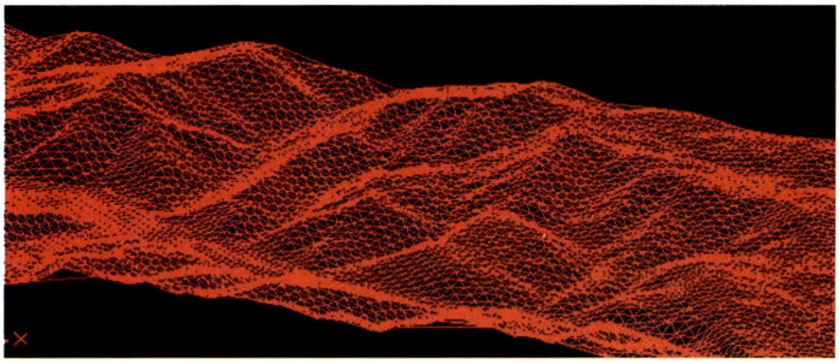

그림 2-11 지형삼각망 정보를 포함하는 토공 객체

그림 2-12는 WBS에 토공 객체를 연계하는 보다 상세한 절차를 표현하고 있다. 즉, 토공 3D도면에서 연계하고자 하는 부분을 클릭 한 후에 WBS를 불러와서 코드를 연결하고, 수평거리 측점(station number)별로 연결할 수도 있다.

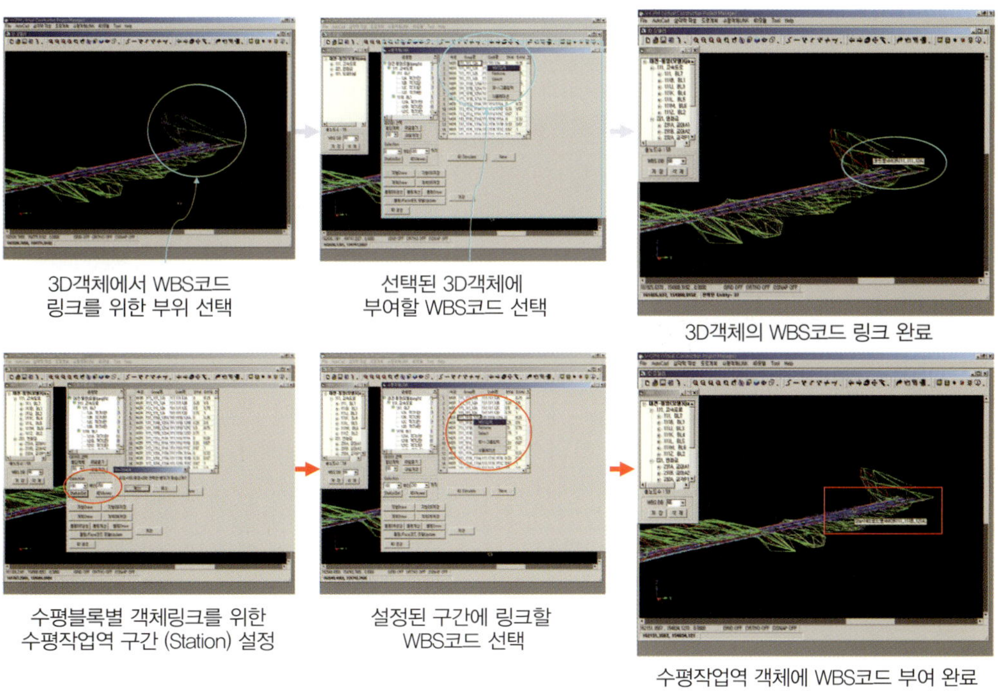

그림 2-12 토공사의 3D객체 생성

토목공사에서 토공구간의 경우에는 원 지반으로부터 최종 완성단면으로의 절토 및 성토에 의한 변화과정을 표현할 수 있어야 하며, 이에 앞서 계획단면에 대한 3D모델을 원 지반에 대한 3D모델과 합성하는 과정이 함께 요구된다.

2 계획삼각망 구성

시공진행에 따른 변화과정 표현을 위해서는 원 지반 및 계획단면에 대한 3D모델 합성이 필요하고, 3D모델간의 합성을 위하여 시도되는 방법은 원 지반에 대한 지형삼각망을 수치지도에서 생성하고, 완성하고자 하는 계획삼각망을 작성한 다음에 지형삼각망 위에 계획삼각망을 위치시킨다.

그 후에 중복되는 부분의 지형삼각망을 부분적으로 삭제하고 연결부위에 대해서는 각 지점별로 수작업에 의해 삼각망을 연결 구성하는 방법을 사용한다. 이러한 작업진행과정의 예를 그림으로 설명하면 그림 2-13과 같다.

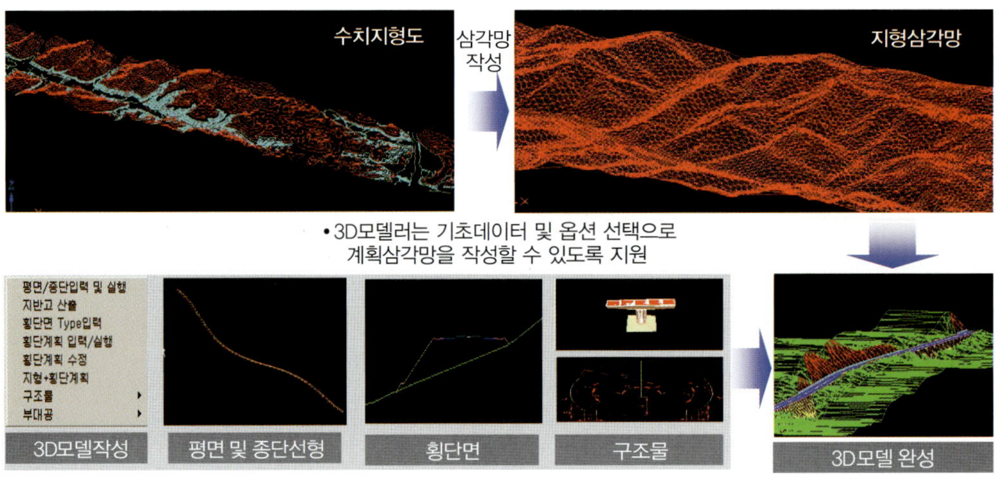

그림 2-13 토공 3D모델 구성

이러한 작업에 소요되는 기간은 하나의 대형 프로젝트에 대해 1~2개월이 소요될 수 있다. 방대한 3D모델링 작업량으로 인하여 토공구간의 3D모델 구축을 시도하는 것은 용이치 않으므로 도로시설 등의 토목시설물에 대한 4D시스템 활용이 보편적으로 확대되지 않는 이유이기도 하다.

3.2 지형삼각망 및 계획삼각망의 합성

1 삼각망 합성

토목시설물의 4D구현을 위하여 지형삼각망과 계획삼각망의 합성 과정이 시스템 상에서 자동으로 이루어질 수 있도록 함이 필요하고 그러한 3D모델의 합성과정을 도식화하면 그림 2-14와 같다.

그림 2-14는 계획단면으로부터 생성되는 계획삼각망이 지형삼각망 상에서 중복되는 부분의 경계를 인식하여 지형삼각망의 중복부분을 경계선을 기준으로 제거하고 경계선을 기준으로 양 삼각망을 자동으로 연결 합성하는 과정을 보여주고 있다.

이러한 삼각망 합성 작업의 자동화는 수작업 방법과 비교 시에 수십 일이 소요되던 작업을 짧은 시간에 자동 처리할 수 있도록 한 것으로서, 토목시설물에 대한 4D시스템 구현의 대중화 및 보편화에 대한 주요 문제점을 해결하는 도구가 될 수 있다.

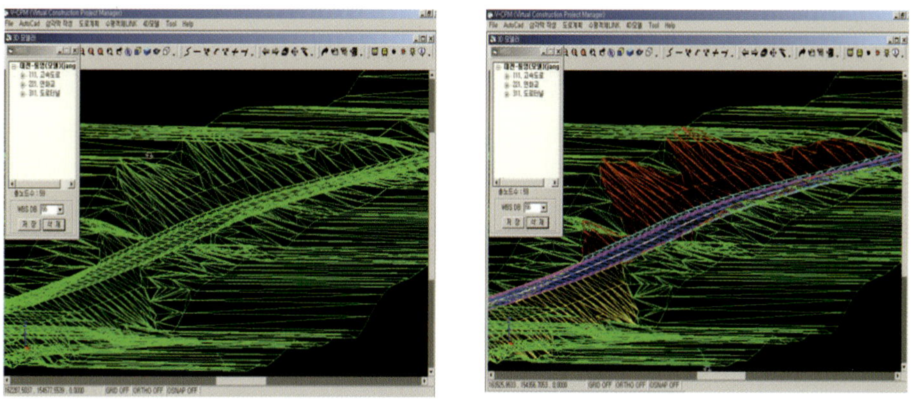

그림 2-14 지형삼각망과 계획삼각망의 합성 과정

2 멀티텍스처링기법의 4D시스템 적용

멀티텍스처링(multi texturing)은 그림 2-15에서와 같이 질감을 가지는 이미지(texture map)에 조명지도(light map)를 곱하여(multiply) 조명지도에 의한 그림자가 생성되도록 하는 기법이다.

멀티텍스처링 기법을 적용하지 않은 상태에서 매핑(mapping)된 지형삼각망과 계획삼각망의 3D모델을 겹쳐 놓을 경우에는 성토가 이루어지는 구간은 멀티텍스처링이 적용된 것과 동일하게 보여질 수 있으나, 절토구간은 지형삼각망이 더 위쪽에 위치함으로 인하여 도로계획 삼각망 부분이 가려지게 되므로 하나의 합성된 3D모델로서 인식하게 하는 것은 불가능하다.

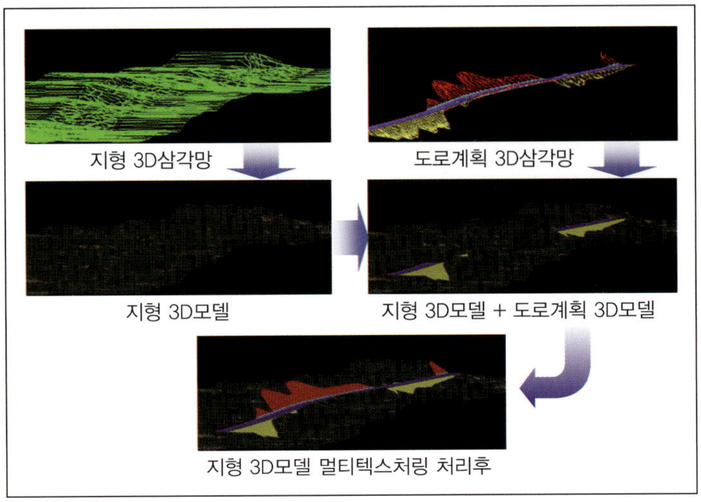

그림 2-15 V-CPM의 멀티텍스처링 기능 적용 과정

멀티텍스처링 적용 방법은 계획단면에 해당하는 3D모델이 동일 4D시스템이 아닌 별도의 상용 캐드 소프트웨어로부터 작성되어 전달되는 경우에 효과적으로 활용될 수 있다.

3 성절토의 표현

그림 2-15에서와 같이 3D삼각망을 합성하는 과정을 생략하고, 단순히 두 3D모델을

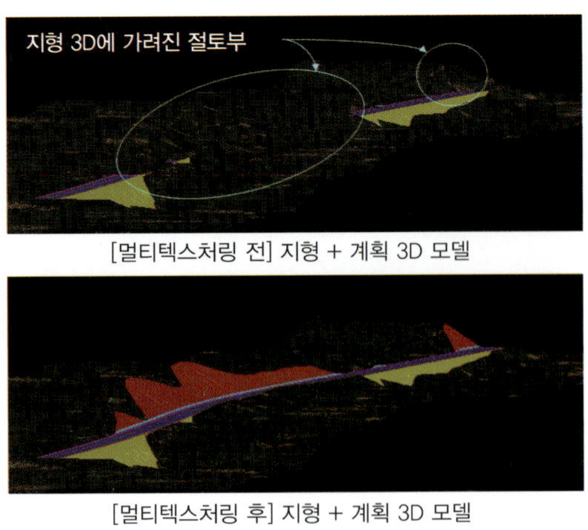

그림 2-16 토공모델 멀티텍스처링 적용 전후 비교

겹친 후 지형 3D모델에 대해 멀티텍스처링 기법을 적용하는 것만으로 두 3D모델이 합성된 효과를 얻을 수 있다. 그림 2-16은 최종적으로 구성된 토공구간의 합성 3D모델의 그림이며, 멀티텍스처링이 적용되지 않은 것(그림의 위)과 적용된 것(그림의 아래)을 비교하고 있다.

토목시설물에 대한 4D구현의 활성화를 위해서는 위와 같은 토공을 포함한 3D모델을 간편하게 생성할 수 있는 방법 개발과 함께 궁극적으로 최종 4D모델 생성까지의 작업을 최소화 할 수 있는 방법이 필요하다.

CHAPTER 3

4D CAD 시스템 주요 기능

1 공정시뮬레이션

1.1 기본 일정 시뮬레이션

1 4D시스템 기본 화면

4D시스템의 기본적 기능은 공사일정별로 완성도를 시뮬레이션하는 기능이며, 기본 화면 모습은 그림 3-1과 같다. 대부분의 4D시스템이 하단에 공정정보를 표현하고 상단에는 일정별로 시뮬레이션되는 형상을 구현하고 있다.

시스템 내에 WBS를 포함할 경우에는 그림과 같이 WBS트리 박스를 나타낼 수 있으며, 하단의 공정표는 사용자 선택으로 임의로 조정이 가능하여 해당 일정까지 임의의 시뮬레이션이 가능하다.

그림 3-1 4D시스템 기본 화면

2 일정별 완성도 시뮬레이션

그림 3-2는 2022년 1월부터 5월까지 교량공사의 공사일정별 완성도를 표현하고 있다. 이러한 완성도 시뮬레이션은 일, 주, 월 등 사용자 편리대로 선택할 수 있고, 주공정(critical path) 단위 및 WBS코드 수준별로 구현할 수도 있다.

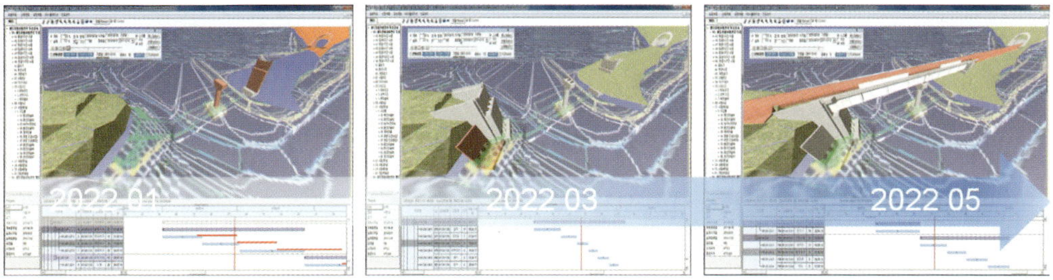

그림 3-2 공사일정별 완성도 시뮬레이션

그림 3-3은 일정별 시뮬레이션과 함께 토공사의 일정별 변화 모습을 표현하고 있다. 이러한 4D 기능에서는 단순히 시공수순만 제공하는 것이 아니라 계획, 실제작업일정 등 다양한 공정일정에 대한 작업의 진행상황을 나타낼 필요가 있다. 따라서 막대도표(bar chart)와 연계된 일정 시뮬레이션 기능, 시뮬레이션 구현 도중에 공정정보를 검토할 수 있는 기능, 토공 3D객체와 같이 선형프로젝트에 특화된 4D시뮬레이션 기능 등이 요구된다.

3 토공사 시뮬레이션

특히, 그림 3-3과 같이 토공시뮬레이션 기능에서는 계획된 절토 또는 성토단면이 공사일정별 작업량에 따라 단면이 변화되는 모양을 3차원으로 표현하고 있다. 이러한 기능

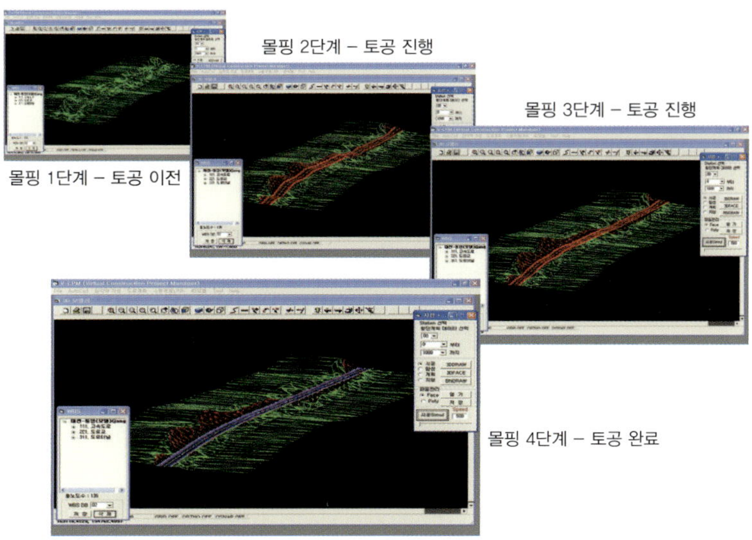

그림 3-3 토공사 시뮬레이션

은 사용자가 작업일정에 따라 변화되는 자연지형 단면의 변화단계를 여러 단계로 설정함으로써 공사일정에 따른 변화모양을 상세히 관찰하면서 공정관리를 수행할 수 있다.

1.2 임의기간별 공정시뮬레이션

1 임의기간 일정 선택

일정관리 도구의 기능에서 기본적인 일정계산 외에 현장 공사관리 실무자들에게 필요한 기능으로서, 임의로 선택된 기간의 일정관리 결과를 별도로 구현하는 기능이 요구된다. 이러한 기능은 계획대비 공정진도의 변동이 있을 경우, 설계 변경시 변경된 부위만의 일정관리 기능구현 및 기타 집중적 공정관리가 필요한 기간 등의 구성 시에 필요한 기능이다.

그림 3-4는 전체 일정정보 중 임의 선택기간(2022년 1월 17일~2022년 4월 29일)에 대한 일정정보를 선별적으로 볼 수 있도록 하는 과정과 그 결과 모습의 예이다. 이러한 기능들은 공사 관리자가 원하는 기간 동안의 집중적 일정관리를 위한 해당 활동만의 특화된 공정관리계획을 수립하는데 활용될 수 있다.

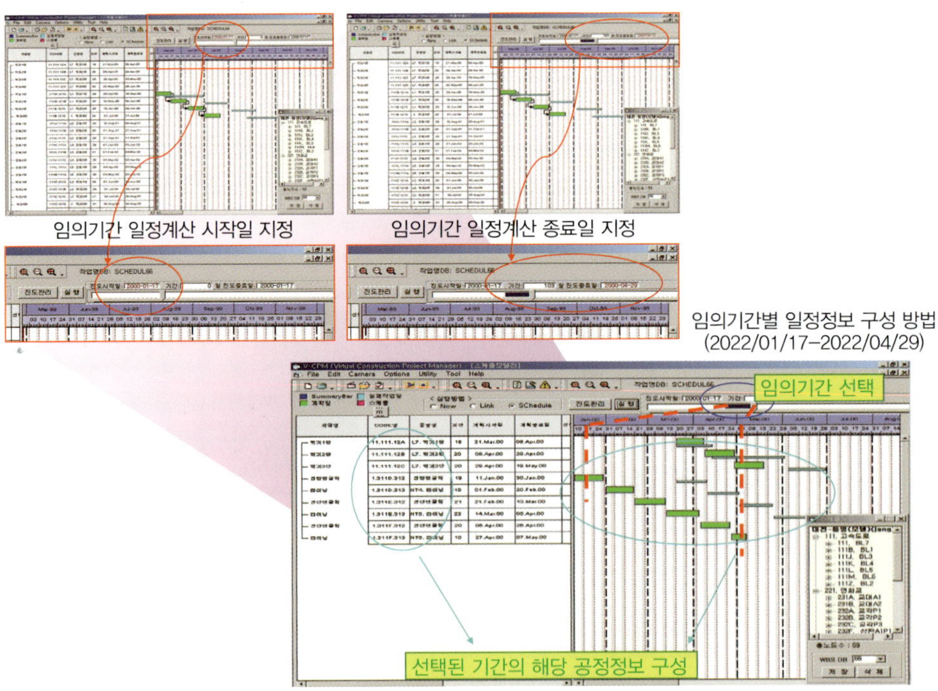

그림 3-4 임의기간의 일정정보 구현

2 임의기간 4D시뮬레이션

이러한 임의기간별 일정관리기능을 4D객체 구현과 함께 표현하면 그림 3-5와 같으며, 사용자가 일정기간을 입력하면 해당기간 동안의 완성상태가 경과일정대비 구현될 수 있다. 선택된 일정은 마우스조작만으로도 작동되며, 원하는 기간까지 드래그(drag) 시 해당기간 동안의 객체 시뮬레이션이 구현될 수도 있다.

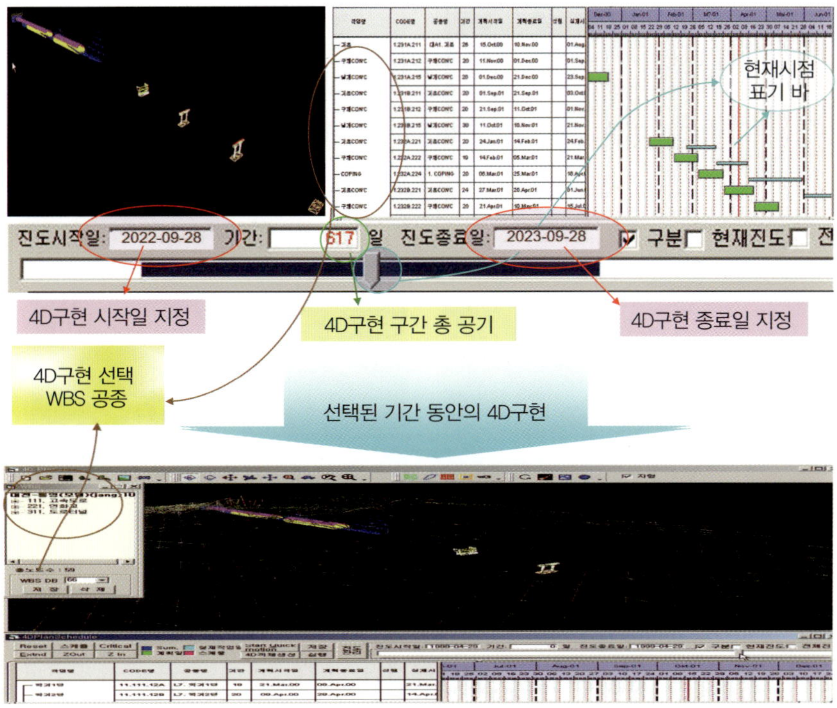

그림 3-5 일정기간별 4D구현 방법

2 공정 진도관리 시뮬레이션

2.1 진도정보의 생성

1 계획대비 진도의 표현

진도관리기능은 당초 계획대비 실제 작업의 진척상황을 효과적으로 표현하기 위함이며, 이를 위해서는 계획대비 진도율을 계산하는 기능과, 계획대비 실제 진도정보를 시각화 시뮬레이션으로 구현하는 기능 및 양화면 분할에 의한 진도 시뮬레이션 및 광역현장 진도관리 기능 등이 필요하다.

계획대비 진도율 계산 기능은 공정별 작업물량이나 실제 작업일정정보를 활용하여 계산할 수 있으며, 이와 같이 계산된 진도율을 그림 3-6과 같이 진도정보 시각화 시뮬레이션 기능에서 계획대비 실제 진도정보를 시각화하여 4D시뮬레이션으로 나타낼 수 있다.

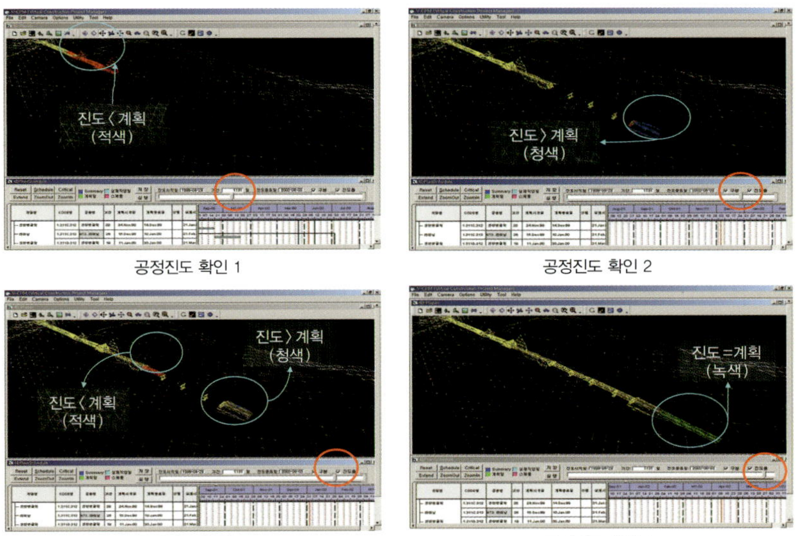

공정진도 확인 1 공정진도 확인 2

공정진도 확인 3 공정진도 확인 4

그림 3-6 계획대비 진도정보의 시각화 시뮬레이션

공정관리에서 가장 기본적 기능이 일정계산과 계산결과의 공정표 표현이라면, 이러한 결과물 활용의 중요 단계는 진도관리 단계가 된다. 일반적인 공정관리 도구들에서 진도관리기능은 당초 계획대비 현재시점의 진도율과 지연공정을 표현하고 있으나, 수치적 정보로 표기되므로 이의 해석을 위해서는 공정 전문가나 숙련된 실무진의 해석이 요구된다. 이러한 진도관리 분석결과는 즉각적인 의사결정도구로 활용되기가 용이하지 않다.

2 진도율 계산

계획 및 실제 작업일정에서 진도율 계산 방법은 그림 3-7과 같은 방법을 사용할 수 있다. 작업물량을 기준으로 물량에 단가를 곱한 공정별 공사비를 계산한 후, 해당 공정의 공사비가 전체공사비에서 차지하는 비율로 보할 계수를 구한다.

계획 일정과 실제 일정 모두 동일한 방법으로 총 진도율을 계산하며, 계획진도율 계산 시에 현재 시점에 작업이 진행 중인 활동에 대한 진도율은 해당 작업의 계획시작일부터 현재시점까지의 경과일을 기준으로 계산할 수 있다.

i 공종의 계획금액(J_i) = 계획물량(H_i) * 계획단가(I_i)
공종별 계획현재진도(K_i) = [(현재기준일 − 계획시작일) / (계획종료일 − 계획시작일)] * 100
현재기준일이 계획종료일보다 늦으면 K_i = 100
공종별 총공정대비보할(L_i) = J_i / (ΣJ_i합)
계획현시점 공종별 보할(M_i) = K_i * L_i
현재작업물량(Q_i) = 현시점의 실제작업물량
현재금액(S_i) = 현재작업물량(Q_i) * 실제단가(R_i)
완료금액(T_i) = 계획물량(H_i) * 실제단가(R_i)
공종별 실제진도(U_i) = 현재작업물량(Q_i) / 계획물량(H_i)
공종별 총공정대비 보할(V_i) = T_i / (ΣT_i합)

그림 3-7 진도율의 계산 방법

4D시스템에서 진도관리를 위해 요구되는 입력사항은 진도관리화면에서 해당 시점까지의 실제작업일 및 작업물량, 실제단가를 직접 입력하는 것이며 기타 진도율 계산 부분은 진도관리 기능에서 자동 계산된다. 그림 3-7에 산정 방법에 근거한 실제 공사의 진도율 산정 사례는 그림 3-8과 같다.

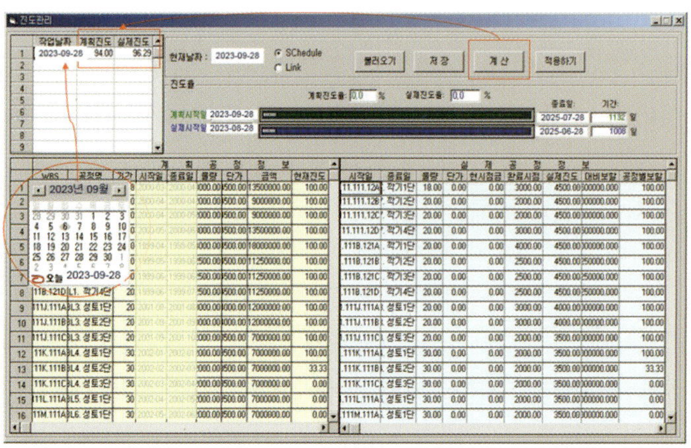

그림 3-8 진도객체 생성을 위한 진도율정보 산정사례

2.2 진도정보의 4D시스템 표현

1 진도율 정보 확인

특정 시점에 진도율을 계획대비 실제 진도로 비교하기 위해서는 그림 3-9에 있는 두 개의 바(bar)에서 계획 바(상단)를 드래그 했을 때, 실제 작업의 위치로서 진도의 비교가 가능해진다.

즉, 그림에서처럼 계획진도 바에서 마우스를 드래그할 때 자동 연동되는 실제 진도 바(하단)의 위치는 이미 앞서 가고 있음을 알 수 있고, 이로써 실제진도가 계획보다 앞서고 있음을 직접 확인할 수 있다.

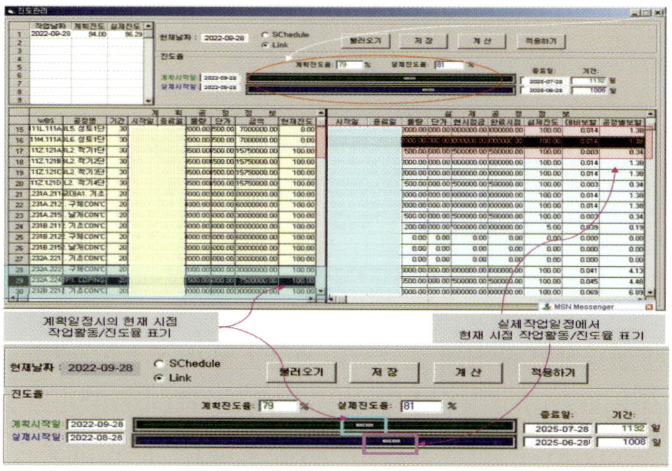

그림 3-9 계획대비 진도율 검토기능

그림 3-9에서 현재 일자를 입력하면 최종 전체 진도율은 81% 진행되었으며, 계획진도율은 79%임을 표현하고 있다. 이러한 진도관리 기능은 4D구현 시에 계획대비 실제 작업상황의 진도를 나타내기 위하여 사용되며, 4D객체 구성시에는 진도관리기능에서 계산된 각종 진도정보를 3차원 부위별 색상으로 표현하여 진도의 초과, 지연, 정상 여부를 실시간으로 파악할 수 있게 된다.

2 색상에 의한 진도 구분

계획대비 실행진도의 초과, 지연, 정상작업 상태는 그림 3-10에서와 같이 사례로 각각 청색, 적색, 녹색 등으로 구분할 수 있다. 즉, 계산된 진도율 정보에 의해 초기의 계획공정대비 실행이 초과 또는 지연된 부위를 3차원 진도 객체로 별도 구분하여, 해당

부위를 색상으로 구분함으로서 현재의 진도상태를 시각화할 수 있다. 이러한 시각화된 진도부위는 수치적 정보로 초과 또는 지연일정 등의 상세정보를 표현할 수도 있다.

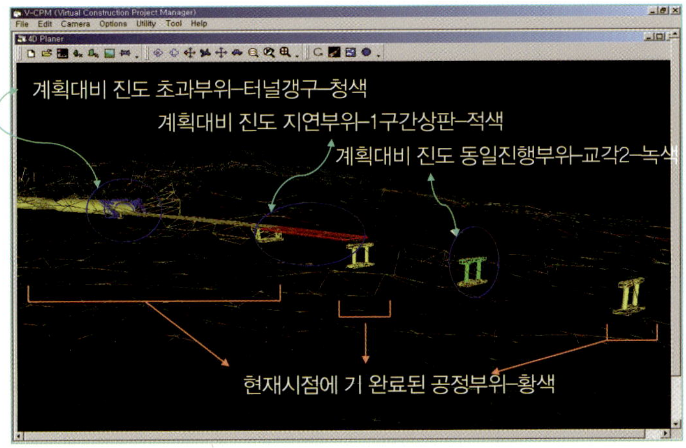

그림 3-10 4D객체의 진도관리 정보 표현 방법

3 4D시스템의 진도정보 시뮬레이션

그림 3-11에 표현된 두 개의 화면은 도로공사의 4D시스템에 의한 공정 진도정보의 시각화 모습이다. 각 그림에서 좌측 창에는 현재 시점까지 초기 계획 일정에 근거한 시설물의 완성도가 시뮬레이션되어 있고, 우측 창에는 동일 시점까지 실제 작업 진도에 근거한 실제 완성도가 표현되어 계획대비 작업 진행 현황을 바로 파악할 수 있다.

각 그림의 우측 창에서 당초 계획대비 지연부분은 적색부분으로 표현되어 있고, 초과 달성된 부분은 청색으로 표현되어 있다. 이로써 좌우 창의 시뮬레이션 객체만으로

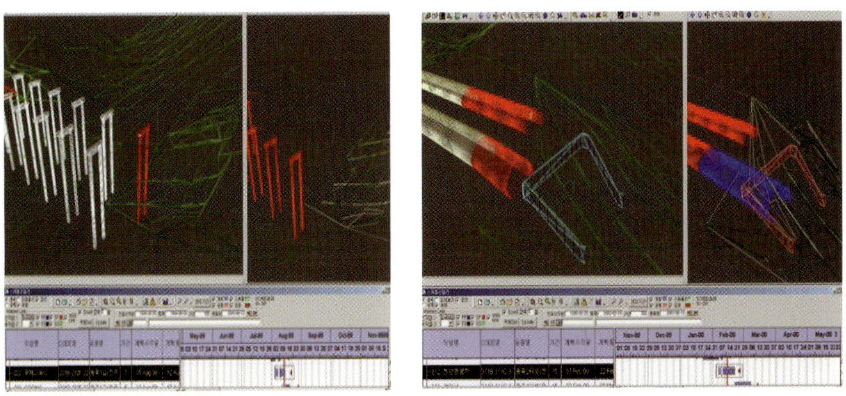

그림 3-11 계획대비 실행진도 동시 표현모습

당초 계획대비 실제 작업의 진도 상태를 시각적으로 직접 확인할 수 있다.

그림 3-11에서 좌측의 계획 완성도대비 우측의 실행진도 표현에서 계획대비 지연, 정상, 초과 공정들이 우측 그림에서는 각각 적색, 녹색, 청색으로 구분되어 표기되므로 현재 시점의 진도 현황을 직관적으로 쉽게 파악할 수 있다.

이러한 시각적 진도정보는 실제공사 개시 이전은 물론 공사 시행과정에도 관리자가 원하는 기간만큼 공기가 가상적으로 진행되었을 때의 시설물 완성상태를 화면상에서 3D객체로 확인할 수 있으므로 공사관리의 정확성을 높일 수 있다.

3 토목공사 특화 4D시스템

3.1 수평 작업공간 공정시뮬레이션

1 수평적 작업 개념

건축공사는 한정된 작업공간에서 수직적으로 공정이 반복되므로 4D객체 구현이 용이하나, 토목시설물은 선형공간에서 수평적으로 공정이 진행되므로 4D객체의 구현이 상대적으로 쉽지 않다.

도로공사를 예로 들면, 도로의 전 구간에 대한 주요공종을 4D구현 화면상에 수평적으로 펼쳐 놓은 후, 사용자는 수평적 공정메뉴에서 원하는 구간의 4D를 구현할 수 있도록 하는 방법론을 사용할 수 있다. 즉, 그림 3-12와 같이 시점부터 종점까지의 전 구간을 실제 작업 상황에 따른 토공구간, 개착식 터널구간, NATM구간, 교량구간개념으로 구분해 놓은 후, 마우스로 해당구간을 클릭하면 구간의 4D구현이 수평적으로 구성되는 개념이다.

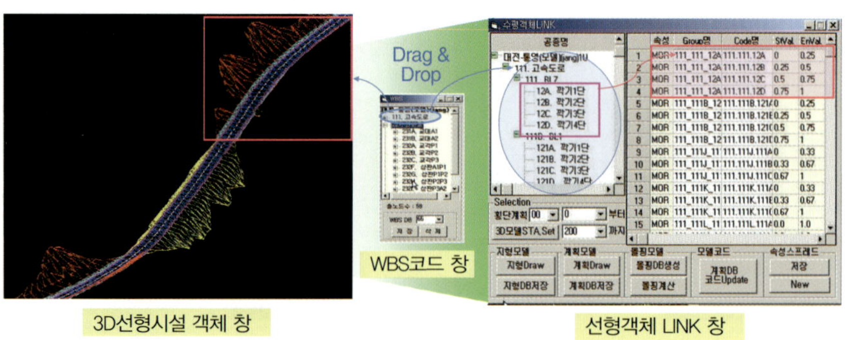

그림 3-12 수평 공간 토공 작업구간의 선택

그림 3–12는 4D시스템에서 수평 작업구간을 선택하여 해당 구간의 4D객체를 로드하는 과정을 보여주고 있다. 그림에서와 같이 사용자는 우선 좌측 창에 로드된 전체 구간에서 원하는 수평 작업구간을 마우스로 선택한다. 다음으로 선택된 수평작업 구간의 3D객체에 해당하는 WBS코드를 로드하게 된다.

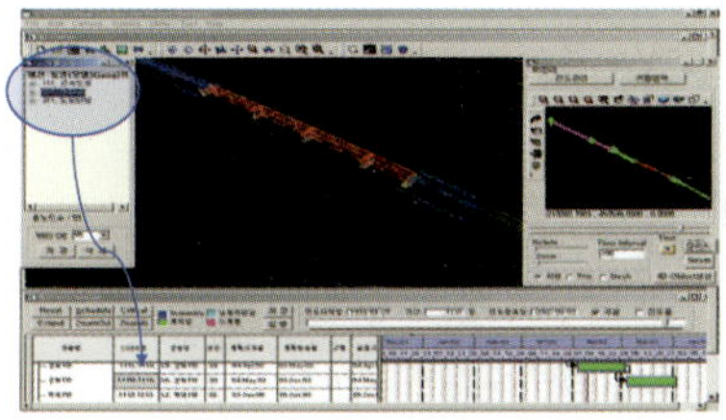
원하는 WBS수준의 선택

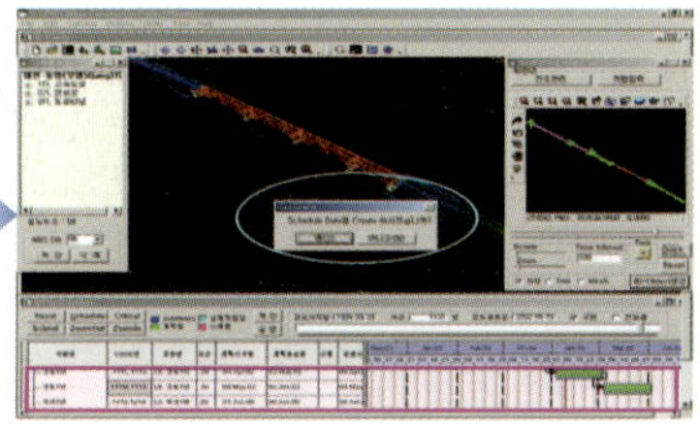
선택 WBS수준에 대한 일정정보 로드

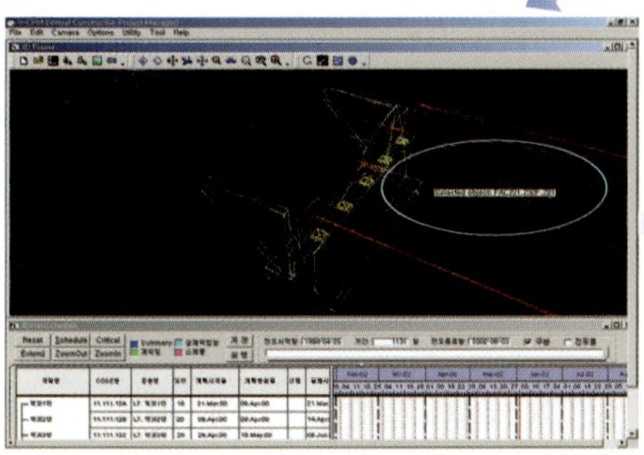
4D Planner에서 3D객체 WBS코드 확인 (상판슬래브)

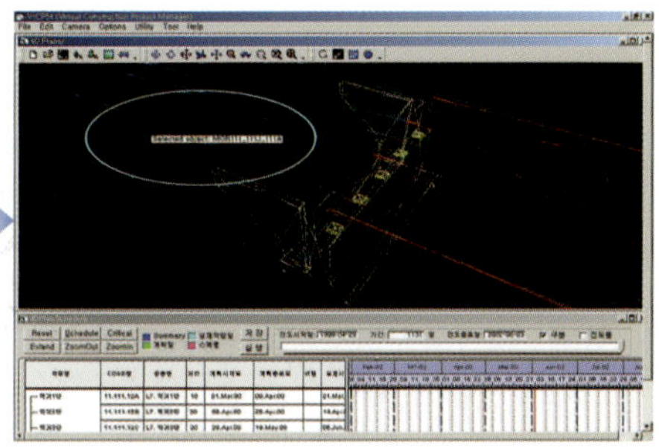
4D Planner에서 3D객체 WBS코드 확인 (성토부)

그림 3–13 시뮬레이션객체의 WBS코드 확인

토공 객체를 WBS코드로 연계하기 위해서는 화면상에 전체 사업구간을 펼쳐 놓고 마우스로 임의 구간을 캡쳐하여 그 구간을 WBS코드로 연결할 수 있다. 그림 3–13은 사업구간에서 선택된 객체의 WBS코드를 시뮬레이션 화면에서 확인하는 모습이다.

2 수평작업 공간 시뮬레이션

그림 3–14는 좌측의 전체 사업구간에서 수평작업 구간을 마우스로 선택하여 선택구간을 우측에 일정별로 시뮬레이션 하는 모습을 표현하고 있다.

토공사 등은 지형 삼각망 정보를 포함하고 수평 작업구간에서 공정이 진행되고, 공사일정별로 완성도를 자연스럽게 시뮬레이션 되도록 하는 방법론이 요구되므로, 일반적인 상용화된 4D시스템에는 포함되어 있지 않은 기능들이다. 그러나 도로, 철도 등의 수평적 토목시설공사에서 4D객체를 구성하기 위해서는 필요한 기능이므로 4D시스템의 별도 개발시에 포함되어야 할 기능이다.

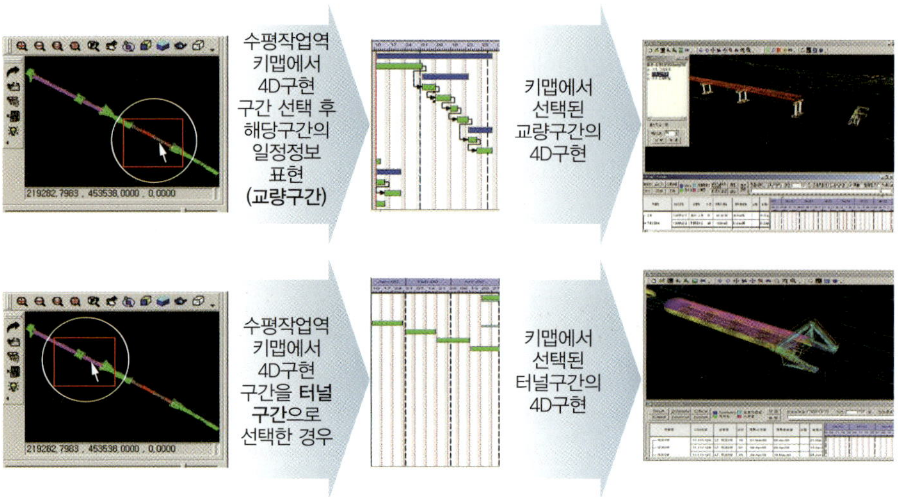

그림 3-14 수평작업 구간 선택과 4D시뮬레이션

3.2 WBS 수준별 공정시뮬레이션

1 시뮬레이션 수준 정의

4D시스템 구현시에 중요 변수 중의 하나는 어느 정도 수준까지 공정을 시뮬레이션 하는지 정해야 하는 부분이며, 이 수준에 따라 공정정보와 3D객체정보의 생성 작업이 결정되므로 중요한 순서이다.

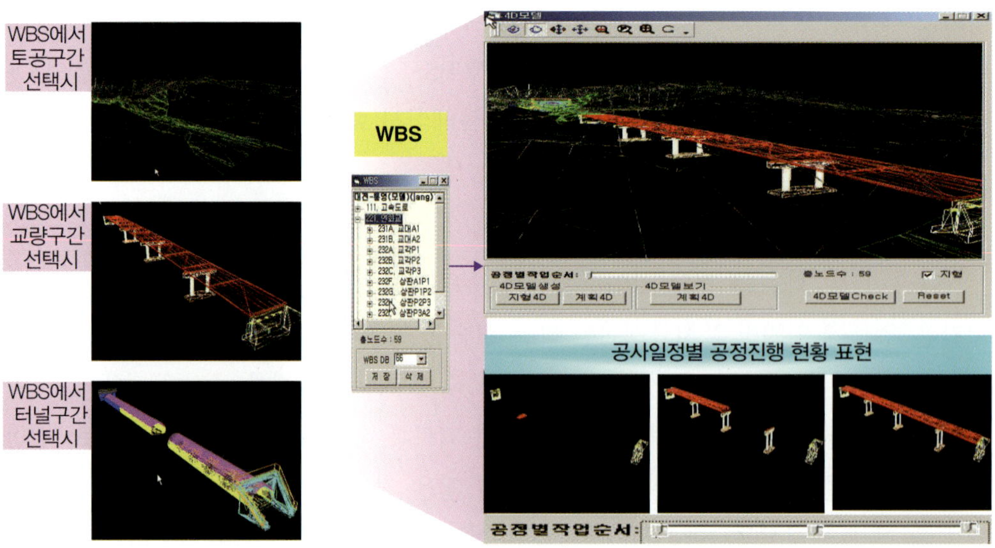

그림 3-15 구조물단위 4D객체 구성

상세하게 시뮬레이션하기 위해서는 그만큼 자세한 공정과 3D객체 구성이 완료되어야 하므로 시간과 노력이 많이 소요되지만, 실제 공사 진행시에 진도관리 수준을 그만큼 자세히 파악할 수 있으므로 실무진의 활용도가 기대될 수 있다.

반면에 너무 개략적 수준으로 4D객체를 구성하면 공정 및 3D객체 생성작업도 그만큼 개략적으로 되므로 시간과 비용면에서는 절감이 되지만 실무적으로 사업관리에 활용할 수 있는 4D객체의 구성이 어려울 수 있다.

따라서 적정 수준의 4D객체 구성 수준을 사전에 설정해야 하며, 대체로 교각의 경우에 교각의 터파기, 기초, 구체작업 수순 정도까지 분할된 시뮬레이션이면 적정 수준이 될 수 있다. 그림 3-15는 사용자가 사업구간의 주요 구조물단위로 4D객체를 구현하는 모습을 나타내고 있다.

2 WBS 수준별 시뮬레이션

상세 단위까지 공정과 3D객체가 구성되어 있다면 사용자 수준별 시뮬레이션은 WBS코드를 사용하여 원하는 수준별로 시뮬레이션을 수행할 수 있다. 즉, WBS에서 선택되는 상하위 공종 수준에 따라 해당 공사기간이 표현되고, WBS 선택공종의 총공기 내에서 일정기간별 4D구현이 가능할 수 있다.

이러한 WBS 수준별 4D구현은 공사관리 측면에서 공정수준별 사전 공정계획을 원활히 할 수 있는 기능으로 사용된다. 그림 3-16은 WBS코드별로 임의 공정을 선택하였을 때 4D시스템의 구현 모양을 나타내고 있다.

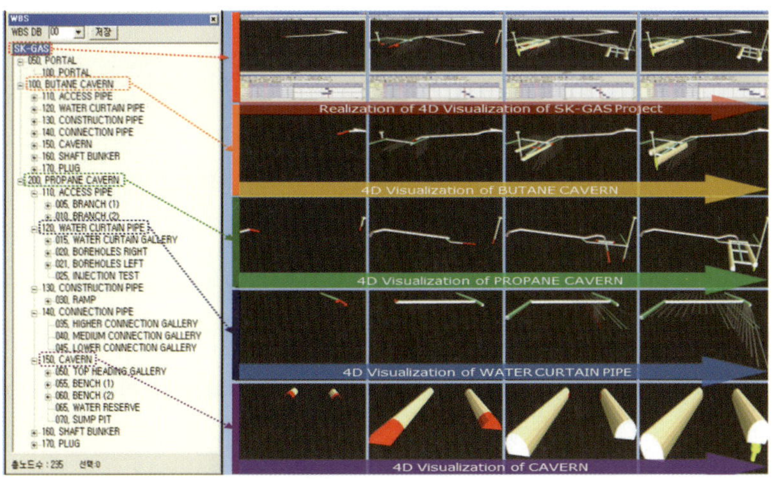

그림 3-16 WBS코드 수준별 4D시뮬레이션

그림에서는 첫 번째로 WBS코드에서 상단의 최상위 코드를 선택하면 사업 전체 범위가 구현되고, 2레벨, 3레벨 수준을 선택함에 따라 해당 레벨의 하위 코드들만 4D로 구현되는 모습을 보이고 있다. 도로시설이라면 토공구간, 교량구간, 터널구간을 각각 선택하였을 때 그에 따른 독립적인 4D구현이 가능해진다.

그림 3-17은 시스템 내에 있는 WBS 트리를 시각화가 가능한 소프트웨어(Star tree)로 표현한 모양이며, 중앙부에 있는 WBS 트리에서 선택되는 코드에 대해 하위코드들이 시스템 내에서 환상형태로 표현되고, 환상형태의 해당 코드를 선택하면 선택된 공정의 4D시뮬레이션이 가능하게 구성된 사례이다.

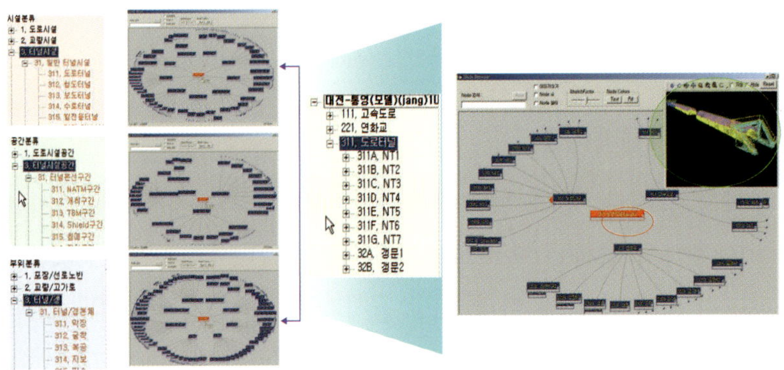

그림 3-17 시각화된 WBS 트리의 4D구현

3.3 4D시스템에 의한 광역현장관리

1 키맵 기능

토목공사 시설물은 도로, 철도와 같이 통상 수십 km의 사업구간에서 공정들이 진행되므로 전체 현장을 통합 관리하는 기능들이 요구된다. 이러한 목적으로 사업구간 전체를 펼쳐 놓고 임의 구간에 대해 4D구현이 가능하도록 하는 기능이 키맵(key map)기능이다.

그림 3-18은 키맵기능의 기본 구성화면으로 키맵창은 우측 상단에 표현된 박스이다. 박스 안에는 해당 프로젝트의 전 구간이 표현되고, 마우스로 적정구간을 키맵 안에서 선택하면 선택된 구간에 포함된 모든 부위에 대한 4D객체가 좌측 4D구현 창에 구현된다.

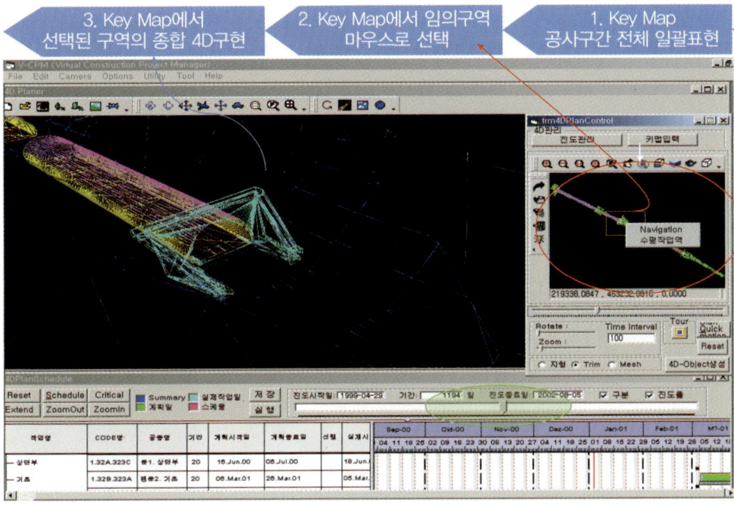

그림 3-18 광역현장관리를 위한 키맵기능

2 키맵 시뮬레이션

일정 구역 내에 시공되는 건축 및 플랜트 시설과 달리, 토목시설물은 수평적으로 광범위한 영역에 걸쳐 시공되므로 키맵기능은 도로 및 철도시설 등의 광범위한 3D객체 영역에서 국부적인 3D객체를 찾아서 확대하여 파악할 수 있는 기능이다.

그림 3-19는 토공 사업구간 전체에서 터널구간, 갱문구간 등으로 키맵을 확장하여 시뮬레이션 한 모양을 나타내고 있다. 키맵에서 선택된 구간에 대해서는 해당 구간만 4D객체로 시뮬레이션된다.

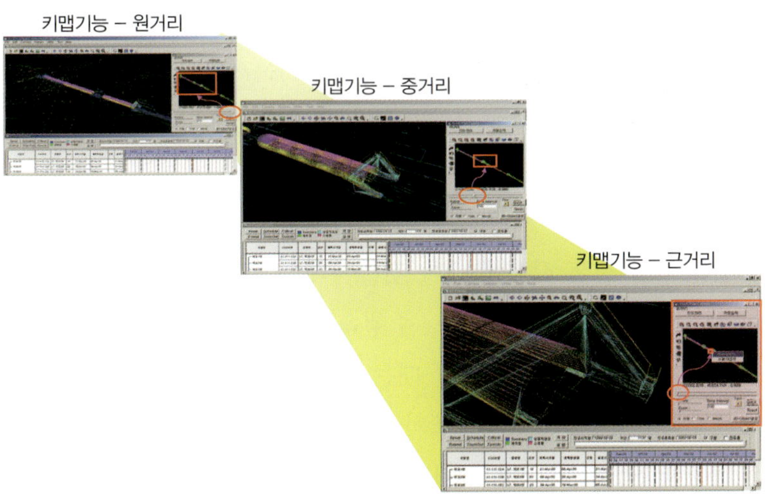

그림 3-19 키맵 구간별 4D시뮬레이션

3.4 4D시스템과 VR 연동 기능

VR기능은 도로시설물의 경우 완성된 도로상에서의 주행 시뮬레이션 중 적정시거 확보 검토 등을 가능하게 하여 노선 설계의 적합성 검토 등에 활용할 수 있다. 그림 3-20은 4D시스템 내에서 주행시거 검토과정의 예시화면이다.

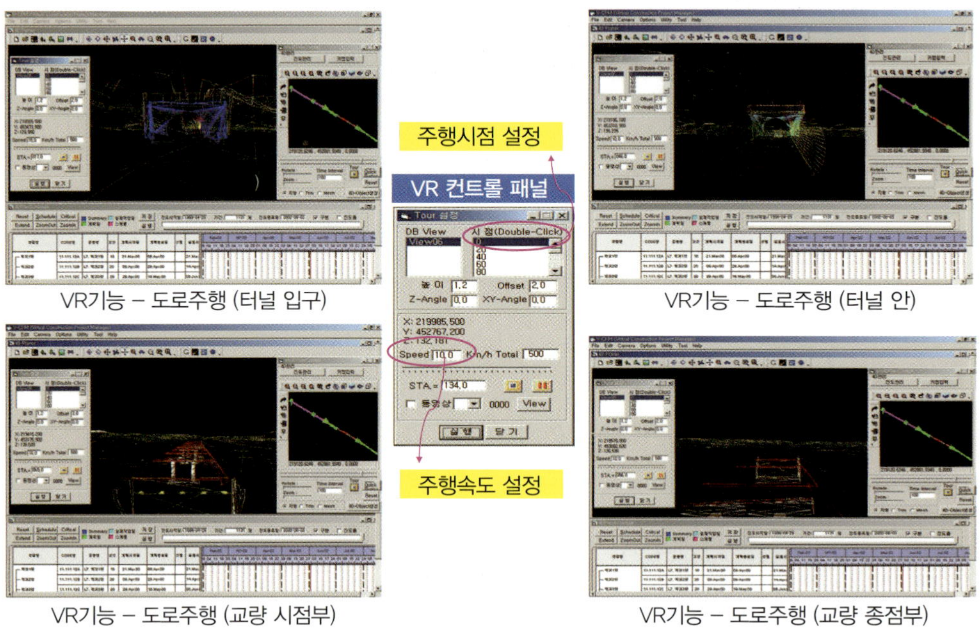

그림 3-20 VR기능에 의한 도로주행 구현 과정

그림에서와 같이 VR에 의한 도로주행 중 설정된 시거를 기준으로 그 이상의 시거가 확보되는 구간에서는 청색, 확보되지 않는 구간에서는 적색으로 시거 확보 여부를 쉽게 검토할 수 있다.

시스템에서 구현은 VR 컨트롤 패널에서 주행시점과 주행속도를 설정한 다음, 실행 명령 버튼을 클릭하여 VR을 가동하게 된다. 그림에 나타난 화면들은 터널구간 진입 전후와 교량구간 진입 전후 시점에 대한 것들이다.

VR 컨트롤 패널에는 주행 중의 좌표, 주행속도, 총 주행거리 등을 실시간으로 나타내어 준다. 컴퓨터상에서 VR이 구현될 때는 컴퓨터의 비디오 카드 성능에 따라 사용자가 체감하는 속도는 설정된 주행속도와 많은 차이를 나타낼 수 있다.

4D시스템 내에 VR을 활용한 시거체크 기능을 포함하면 4D시스템이 시공단계에서의 활용성에 중점을 두고 있는데 비해, 설계단계에서의 활용가능성을 보여준다는 점

에서 의미를 가질 수 있다.

즉, 설계단계에서 설계자는 4D시스템을 통하여 4D모델을 간편하게 생성할 수 있으므로, 최종 설계가 완료되는 시점 이전에 VR기능을 활용하여 노선설계의 적정성 등을 검토할 수 있게 된다.

4 의사결정기능의 능동형 4D시스템

4.1 작업공간 최적화를 위한 능동형 4D시스템

1 능동형 4D시스템 정의

일반적인 4D시스템은 단순히 공사일정에 따른 시설물 완성도의 시뮬레이션만을 표현하는 수동적 기능만을 갖고 있으므로 실무적 활용도가 저하될 수 있다.

반면에 능동형 4D시스템이란 이러한 기본적 기능 외에 총 공사기간의 지연없이 공사일정의 중첩 정도를 최소화하여 작업간 간섭을 최소화하고 시공성을 향상시킬 수 있는 최적화된 공정표를 생성하고, 그에 따라 시뮬레이션 객체를 생성하는 일종의 의사결정 기능을 갖춘 4D시스템을 의미한다.

기존 4D시스템이 일정에 따른 완성도만을 표현하는 수동형 기능 중심인 반면에 능동형 4D시스템은 시스템 내부에서 간섭 최소화 일정 등을 스스로 파악하여 제시한 후 시뮬레이션하므로 능동형 기능을 갖추고 있는 것이다. 작업공간 중첩과 공사일정 중첩이 최소화된 공정표를 분석하여 분석된 공정표에 근거하여 4D객체를 시뮬레이션하는 기능은 대표적 의사결정 기능이다.

2 작업공간 정의

건설공사의 특성상, 협소한 공간에서 다수의 공정들이 동시에 진행됨에 따라 이들의 작업공간에서 간섭이 자주 발생한다. 이와 같은 작업공간 간섭은 건설 프로젝트의 시공성, 생산성과 안전사고 등에 영향을 미친다. 따라서 공종 간 작업공간의 간섭을 최소화하여 효율적으로 작업공간을 관리할 수 있는 방안이 요구된다.

일반적인 작업공간이란 안전하게 작업을 할 수 있는 최소한의 작업공간을 지칭하며, 구조물의 구축 과정에 직접적으로 요구되는 공간과 세부 공종의 활동 및 자원의 운용을 위해 요구되는 공간으로 정의할 수 있다.

즉, 그림 3-21과 같이 하나의 구조물을 구축하기 위해서는 인력, 장비, 자재 등의 다양한 자원이 필요하며, 이와 같은 작업들은 일정한 크기의 작업공간을 필요로 한다.

그리고 이들 작업은 독립적으로 수행되는 것이 아니라, 동시다발적으로 진행됨으로서 장비와 인력, 인력과 자원 및 인접한 공종간의 간섭이 발생하게 된다. 따라서 효율적인 작업 수행을 위해서는 각 작업들의 작업공간이 가능하면 충돌하지 않는 환경을 갖추는 것이 필요하다.

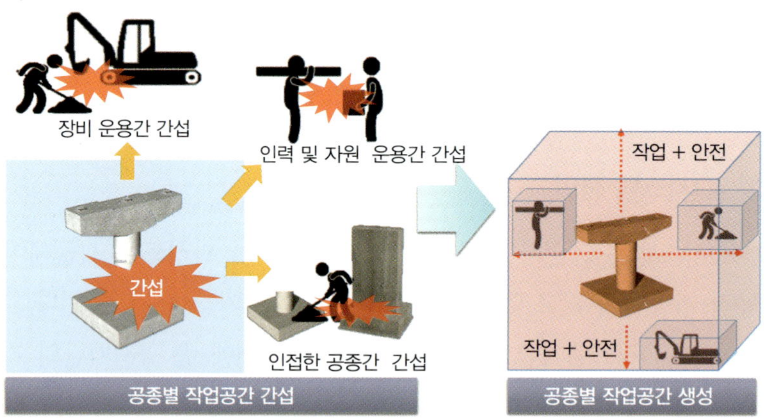

그림 3-21 작업공간의 정의

3 작업공간의 간섭 형태

그림 3-22는 작업공간의 간섭 형태들을 표현하고 있다. 그림 3-22의(a)는 Activity A와 Activity B 작업 수행시에 객체간의 충돌이 아닌, 객체 작업을 위한 작업공간들이 충돌하는 일반적인 모양을 나타내고 있다.

공정표에서 그림 3-22의 A, B 작업이 동시에 진행되도록 되어 있다면, 상호간 작업공간 충돌로 작업의 효율성이 저하될 수 있다.

이러한 작업공간 충돌은 사전에 확인될 수 있다면, 두 작업의 일정을 재조정하여 작업생산성을 높일 수 있을 것이다. 특히 좁은 공간에서 많은 작업들이 진행되는 플랜트 공사에서는 개별작업간 작업공간의 간섭관리가 공정계획시에 중요한 요소가 된다.

4 작업공간의 간섭

공정순서에서 기 시공된 파이프라인 때문에 후속 객체의 작업공간이 간섭 받는다면, 기 시공된 객체는 불가피하게 철거 후 재시공해야 한다.

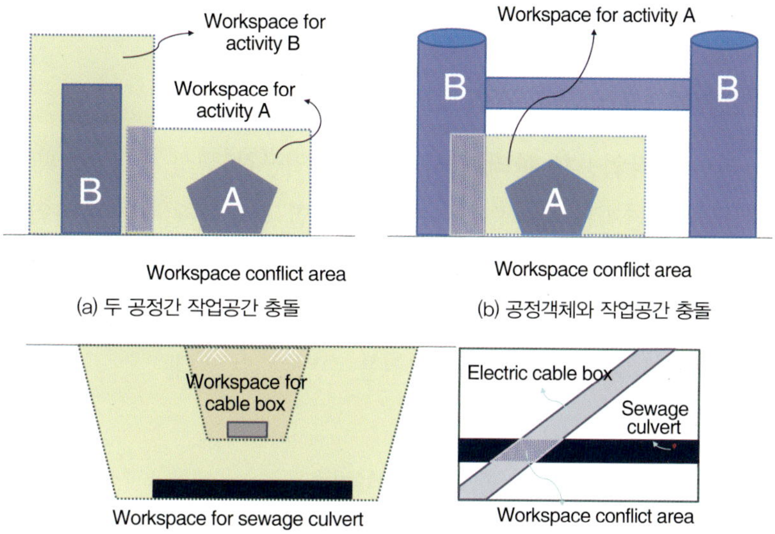

(a) 두 공정간 작업공간 충돌
(b) 공정객체와 작업공간 충돌
(c) 굴착 공정 작업공간 충돌

그림 3-22 작업공간의 충돌 형태

그림 3-22의(b)에서 'workspace conflict area' 는 기 시공된 B객체로 인해 A객체 완성을 위한 작업공간이 간섭받는 모습이다. 이러한 경우는 공사의 완성물이 되는 부위간의 간섭만 체크하고, 해당 부위를 시공할 때 소요되는 작업공간을 고려하지 않았기 때문에 발생하게 된다.

또한 그림 3-22(c)는 부지의 터파기 작업에서 작업공간 충돌모습을 표현하고 있다. 공정순서상 하수관거(sewage culvert)를 굴착하여 시공된 후, 전력선관거(electric cable box)가 시공되어야 한다.

전력선관거가 먼저 시공되었다면, 그보다 깊은 위치에 시공되어야 하는 하수관거의 통과부분에서 workspace conflict area가 발생하게 되어 재시공이 불가피하게 된다. 특히, 이들 두 개의 작업은 작업일정도 중첩되지 않고, 본 구조물 객체간에도 충돌되지 않고, 담당부서도 상이하므로 간섭상태를 사전에 확인하기가 어렵다.

따라서 이러한 작업들은 전체작업에 대한 작업공간 간섭을 종합적으로 분석해보아야만 간섭상태를 확인할 수 있다. 이와 같이 작업공간의 간섭관리는 인접하여 동시에 진행되는 작업간에 작업공간이 간섭되지 않도록 하는 것이 기본적인 관리기능이다.

4.2 공정간 작업공간 간섭 분석

1 공사일정중첩과 작업공간 간섭

4D시스템 기반의 작업공간 관리는 시각적인 작업공간 생성 및 간섭 확인뿐만 아니라 작업공간 모델과 연계된 일정정보에 따른 공종별 간섭을 일정별로 파악할 수 있다.

특히, 그림 3-23과 같이 일정별 공정이 진행됨에 따라 작업공간이 생성되고 소멸되는 모습을 시각적으로 파악함으로써 일자별로 작업공간의 간섭공종과 간섭정도를 파악함으로써 효율적인 일정계획 및 자원계획을 수립할 수 있다.

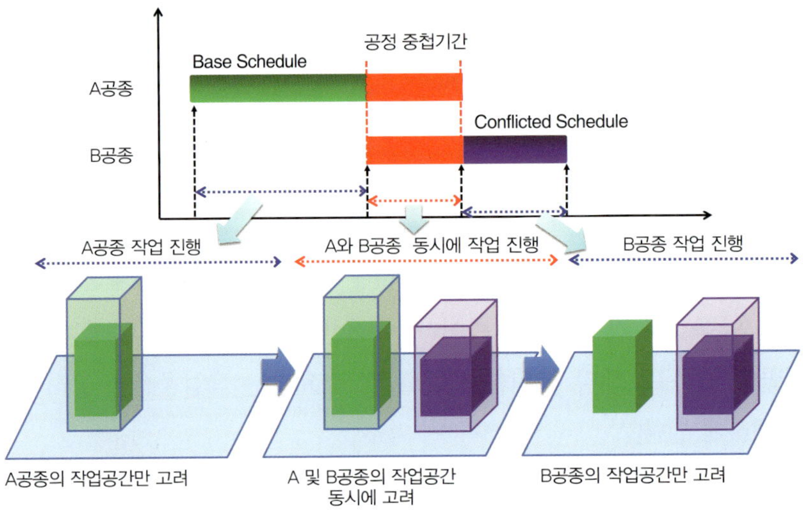

그림 3-23 공사일정의 중첩 형태

이와 같이 작업공간 간섭을 최소화하기 위해서는 시스템 내에 관련 분석 기능이 포함되어야 하며, 최적화된 일정을 시각적 시뮬레이션을 통해 기존 계획 일정과 상호 비교함으로써 공종별 변경된 일정을 손쉽게 구별할 수 있다.

공종별 작업공간의 물리적인 간섭을 파악하기 위해서 대상 모델의 인접도에 따라 간섭 여부를 판단하며, 인접도는 기준공종과 대상공종의 생성된 작업공간간의 거리를 나타낸다. 기준공종과 대상공종 간의 인접도를 산정하기 위해서는 이 두 공종사이의 거리가 가장 최소가 되는 포인트 좌표를 탐색하는 방법이 있다.

포인트 좌표는 각각의 객체와 작업공간을 구성하고 있는 3D모델의 면에 포함되어 있으며, 두 면에 포함된 좌표를 순차적으로 생성하여 비교함으로써 두 면사이의 거리가 최소가 되는 포인트 좌표를 도출할 수 있다.

2 일정중첩 최소화

작업공간 간섭을 최소화하여 작업생산성을 향상시키기 위해서는 인접한 작업들의 작업공간 간섭 확인 그리고 간섭을 최소화할 수 있도록 공사일정을 조정할 수 있어야 한다. 작업공간의 최적화란 인접하여 동시에 진행되는 공종들에 관하여 상호 작업 간에 작업공간이 간섭되지 않도록 하거나, 작업공간 간섭이 발생하더라도 이를 최소화할 수 있는 최적의 일정을 제공하는 것이다.

이를 위해 건설 프로젝트의 전체 공사기간에 영향을 주지 않으면서 각 공종이 활용할 수 있는 일정 범위 내에서 최적의 일정을 도출할 수 있도록 최적화 분석기법을 적용해야 한다.

공종별 일정중첩은 그림 3-24와 같이 각 공종들의 작업이 수행되는 기간 동안에 작업일이 겹치는 관계를 말하며, 일정이 중첩되어 인접한 작업이 시행되면 작업공간 역시 중첩되는 경우가 대부분이므로 공사 시공성 확보를 위해서는 공기변동이 없는 범위에서 일정간의 중첩은 최소화됨이 바람직하다.

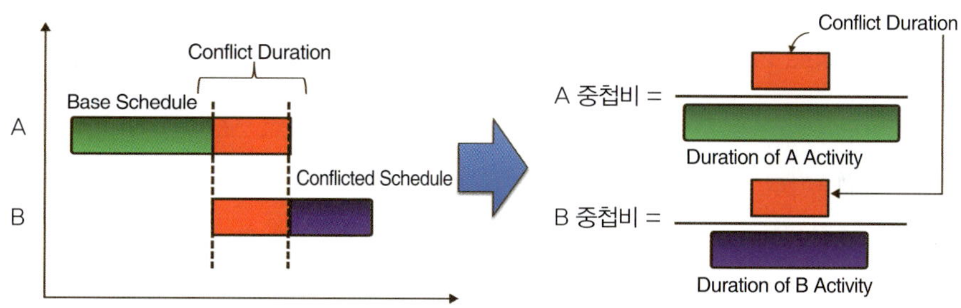

그림 3-24 일정중첩 형태 및 중첩비

3 중첩률 계산 방법

공사일정별 중첩을 최소화하는 방법은 각 공정을 여유시간(float time) 내에서 하루씩 전후로 변경시키면서 그때마다 전체 공정의 중첩률을 계산하여 계산 값이 최소화된 일정계획을 선택하게 된다. 이러한 중첩률의 계산과정은 그림 3-25와 같다.

그림 3-25에서 일정중첩일은 겹치는 기간, 중첩비는 공종별 공사기간대비 중첩되는 정도를 나타내는 수치로써 공종별 중첩일의 합을 해당 기준 공종의 공사기간으로 나눈 값이다.

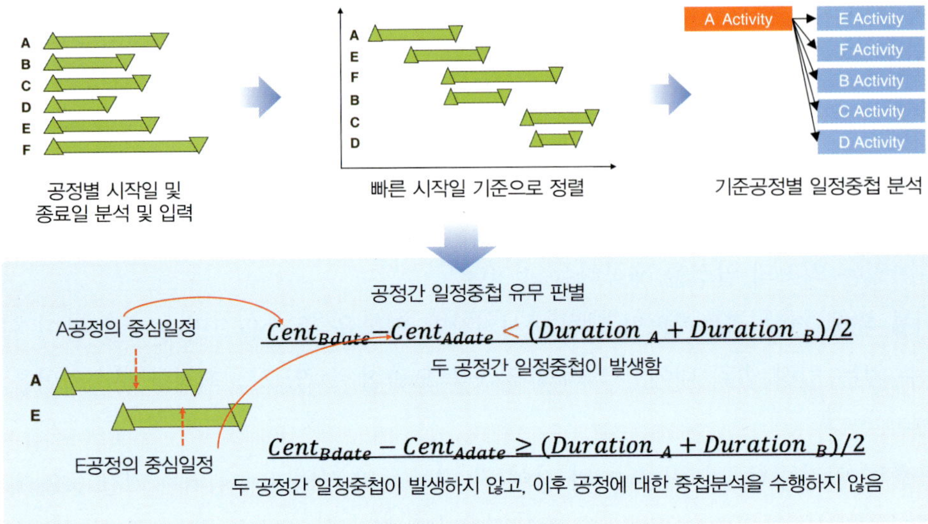

그림 3-25 공종별 일정중첩 검증 방법론

4.3 능동형 4D시스템 사례 적용

1 사례 프로젝트 개요

능동형 4D시스템의 실무 적용성 검증을 위하여 프로젝트 모델을 선정하여 사례분석을 실시한 사례이다. 사례모델은 수도권 고속철도 프로젝트이며, 총 61.08km구간 중 3.7km구간에 해당된다. 공사기간은 5년이며 개착터널 공법으로 터널공사를 포함한다.

사례 모델은 공정관리를 위해서 4D모델로 구성되어 그림 3-26과 같이 4D시뮬레이션으로 계획 일정에 따른 공종별 진행 상황을 시각적으로 파악할 수 있다. 사례 모델은 타 공사에 비해 상대적으로 일정중첩과 작업공간 간섭이 높은 터널공사로 그림

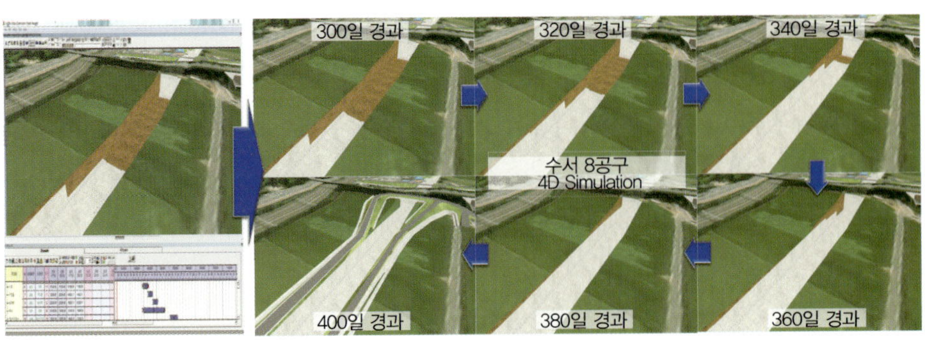

그림 3-26 사례 프로젝트 4D시뮬레이션

3-26과 같이 시뮬레이션 상에서 확인할 수 있듯이 좁은 공간에서 다수의 작업이 동시에 진행됨으로써 잦은 일정중첩 및 작업공간 충돌이 예상된다. 따라서 간섭되는 일정과 작업공간을 최소화할 수 있는 최적의 일정을 제시함으로서 실무 활용성을 검증할 수 있다.

2 사례 프로젝트의 일정 및 일정중첩 분석

사례 프로젝트의 4D모델을 표현하기 위해서 각 공종의 기초 입력값을 통해 공종의 주공정 여부, ES, EF, LS, LF, TF, FF값을 자동적으로 분석한다. 공종별 일정분석을 위한 기초입력값은 WBS코드, 공종명의 공사기간, 선후행 관계 등의 정보는 외부에서 작성된 파일에서 불러들이거나 기존 4D모델에서 참조할 수 있다.

4D모델로부터 참조 받은 WBS코드, 공종명의 공사기간, 선후행 관계 정보를 통해 일정을 분석하면 그림 3-27과 같이 공종별 ES, EF, LS, LF, TF, FF 등의 일정정보를 확인할 수 있고, 주공정의 탐색이 용이하도록 적색으로 표현되어 있다.

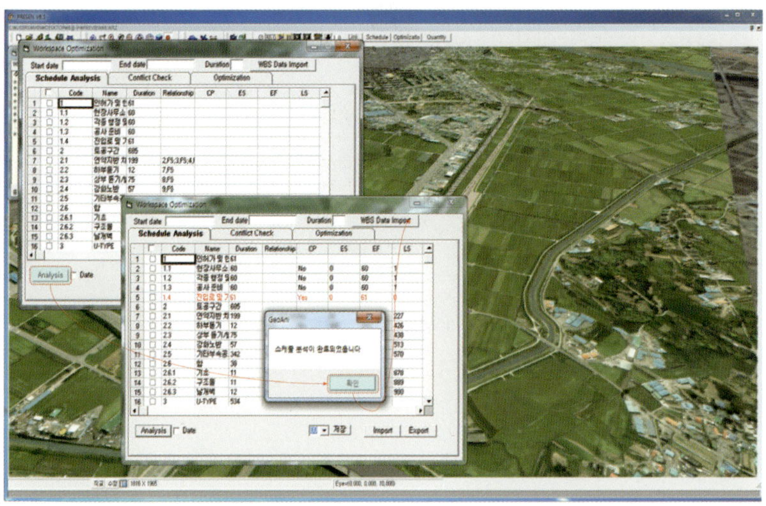

그림 3-27 일정분석모듈을 통한 사례모델 분석

일정분석이 완료되면 공종별 중첩을 분석한다. 일정중첩은 일정분석 결과 시트에서 분석된 일정정보를 자동으로 참조하여 분석된다. 일정중첩분석이 완료되면 대상공종과의 중첩 시작일, 중첩 종료일, 중첩 일자, 중첩비, 중첩비 합 등의 결과를 확인할 수 있다.

사례모델은 총 공종수 163개, 중첩도 총합 704.346, 적합도 값 0.999, 중첩공정수

147개, 중첩공정수 합계 1625개, 중첩공정일 합계 29206일로 분석되었으며, 총 공종수와 중첩공정수를 비교할 때 과반수 이상의 공종에서 일정중첩이 발생한 것을 확인할 수 있다.

3 작업공간의 생성

공정별 작업공간 간섭을 파악하기 위해서는 공정별로 작업공간을 설정하여야 한다. 작업공간의 크기는 기본값으로 0.2를 사용하여 모든 모델을 기존 모델보다 1.2배 크기의 작업공간 모델을 생성한다. 생성된 작업공간은 메인모듈에서 같이 비교하여 볼 수 있으며, 지형도 및 대상 외 공종의 모델을 제거하거나 반투명하게 표현하여 주변과 같이 시각적으로 확인이 가능하다.

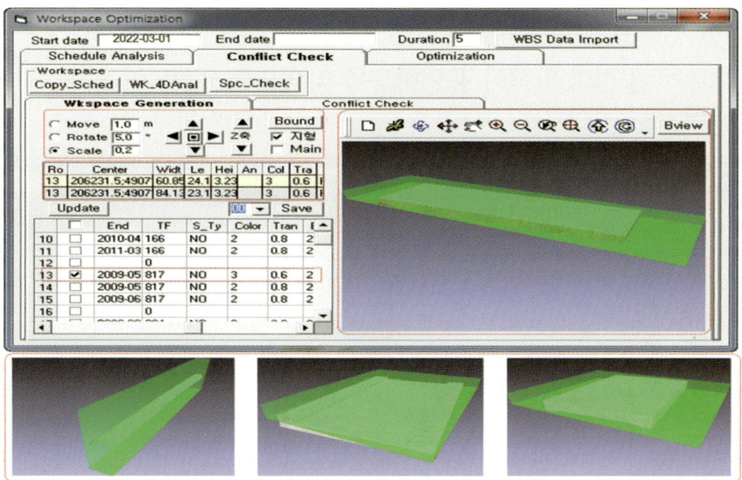

그림 3-28 작업공간 속성 변경

이렇게 생성된 작업공간은 Move, Rotate, Scale 옵션을 선택한 후, x, y, z방향 컨트롤을 이용하여 조정함으로써 보다 정확한 위치에 작업공간을 배치한다. 그림 3-28은 공종 중에서 구조물공사, 방수 및 기초, 헌치 및 슬래브의 공종을 대상으로 작업공간이 이동 및 확장된 모양이다.

4 중첩공정 최적화 결과

의사결정 4D시스템의 최적화된 일정은 그림 3-30에 표현되어 있다. 이는 최적화 분석을 통해 새로 생성된 일정을 기존의 일정과 상호 비교함으로써 어떻게 공종별 일정

중첩 변화가 일어났는지 쉽게 확인할 수 있다.

그림 3-29에서 초기에 계획된 공정 계획은 일정분포가 좌측에 일률적으로 분포되어 있는 반면에 최적화 분석 이후에 중첩이 최소화된 공정 분포는 우측에 광범위하게 분포되어 있다.

즉, 우측의 최적화 일정은 그만큼 공정 상호간에 일정상의 중첩이 최소화되어 있으므로 동일한 총 공사기간 내에서 공정의 분포가 공사일정 전체에 걸쳐 넓게 분포되어 있음을 알 수 있다.

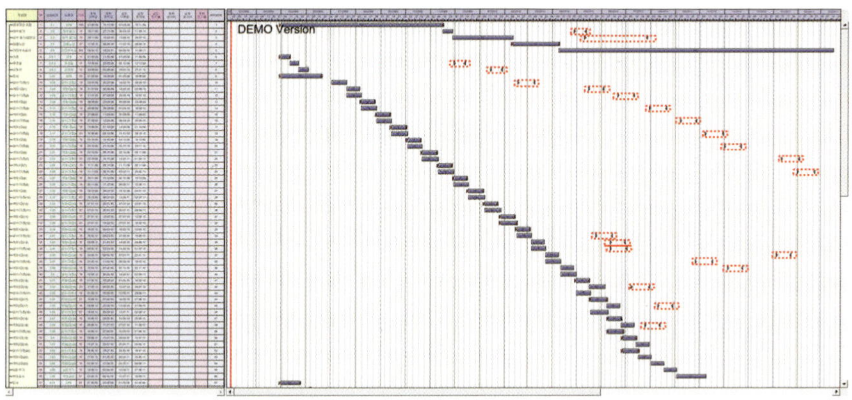

그림 3-29 공간간섭 수행 이전과 수행 이후 최적화 일정 비교

5 최적화 4D시뮬레이션

이러한 최적화된 일정으로 4D시뮬레이션을 수행한 결과는 그림 3-30에 표현되어 있다. 그림에서 좌측은 초기 일정계획으로 수행한 모습이고 우측은 동일한 시기까지 최적화된 일정으로 수행한 모습을 표현하고 있다.

그림 3-30은 전체공종에 대한 최적화 결과를 나타낸 것이다. 그림 3-30에서 보이는 바차트 형식은 기존의 계획공종을 의미하며, 점선으로 표시되어 있는 화살표는 최적화 과정을 통해 새로 얻어진 이동된 공종을 의미한다.

이렇게 공종의 이동을 통해 사례 프로젝트는 기존의 중첩비 704.35에서 504.88로 28%의 감소효과를 갖고 있다.

그림과 같이 양단으로 분할된 시뮬레이션 모듈을 통하여 동일 시점에서 계획과 최적화 일정을 비교하여 살펴볼 수 있으므로 어느 공종이 이동을 어떻게 하였는지 쉽게 판단할 수 있다.

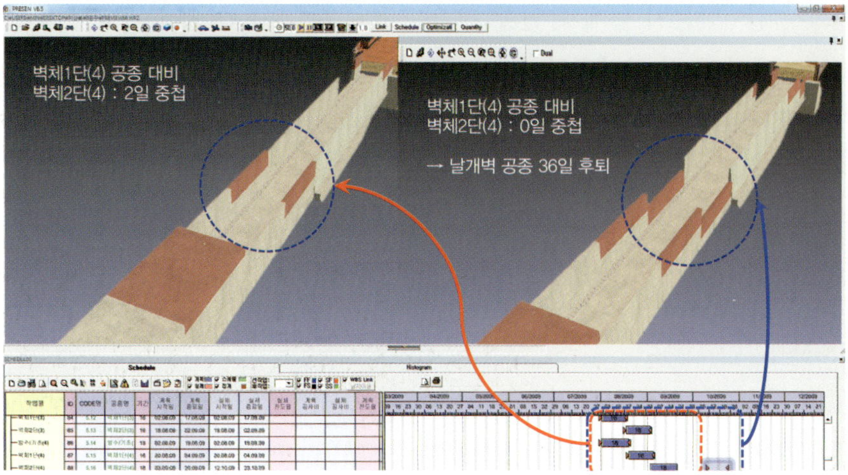

그림 3-30 최적화 시뮬레이션 수행

그림 3-31은 일정최적화를 통해 변경된 일정의 다른 구간의 사례로서 4D구현 모습을 나타내고 있다. 이는 프로젝트 205~295일 경과의 공종흐름을 계획공종과 최적화된 공종을 비교하여 나타낸 것으로써, 터널구간 입구 구역의 진행 흐름의 변화를 나타내고 있다.

기존의 4D시뮬레이션을 최적화 4D시뮬레이션과 비교하여 보면 기본적으로 빠른 시간(early start)기준으로 작성된 계획 일정에 비하여 비교적 최적화 4D시뮬레이션이 공종간 일정중첩이 덜 발생하는 것을 볼 수 있다. 따라서 최적화된 일정조정으로 일정중첩을 최소화함으로써 시공성과 생산성 향상에 도움을 줄 수 있다.

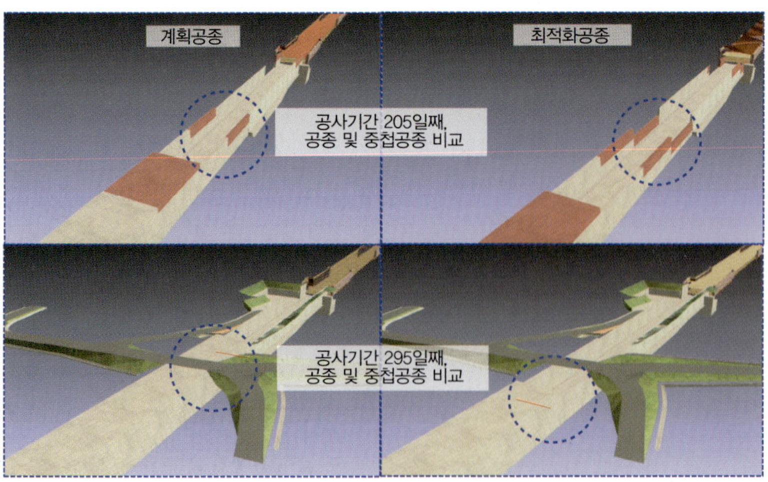

그림 3-31 계획 및 최적화 일정 4D시뮬레이션 비교

동일 시점에서 계획 일정과 최적화된 일정에 해당하는 공종을 비교해 보면 계획 일정에서는 날개벽이 존재하고 있으나, 최적화된 일정에서는 날개벽의 일정이 변경되어 나타나지 않는 것을 확인할 수 있다.

이는 기존 작업 공간 간섭이 발생한 공종이 최적화 과정을 통해 간섭이 발생하지 않는 일정으로 변경되었음을 의미하고, 이로써 시공성과 생산성 향상에 도움을 줄 수 있다.

CHAPTER 4

nD CAD 시스템 구성 및 기능

1 nD시스템 개요

1.1 nD객체 구성

4D에 비용(물량), 자원정보 등을 별도의 차원(dimension)개념으로 추가 연동하면 5D 및 6D CAD객체를 생성할 수 있고, 이와 같이 4D에 다양한 공사 정보들이 연계된 형태를 nD(다차원, multi-dimension) CAD 체계라 할 수 있다. 7D CAD에는 유지관리, 계측, 리스크(risk) 등의 정보가 연계될 수 있으며, 시설물의 생애주기를 위한 통합 빔 운영체계는 이러한 nD CAD 체계가 유용한 도구가 될 수 있다.

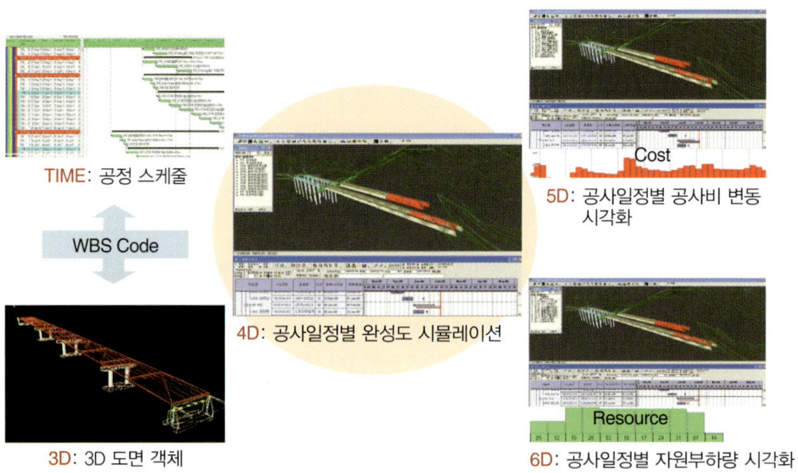

그림 4-1 건설공사 nD CAD 시스템 구성

4D객체에 비용정보를 연동하면 공사일정에 따라 시설물 완성도와 함께 비용정보(5D)의 변동현황을 동시에 시뮬레이션할 수 있고, 5D객체에 자원정보(6D)를 연동하면 공사일정에 따라 시설물의 완성모습과 비용 및 자원 투입현황을 동시에 시뮬레이션할 수 있다.

4D객체에 비용이 아닌 자원정보만 한 차원으로 추가해도 5D CAD가 되는 것이고, 자원이나 비용이 아닌 다른 어떤 정보를 4D객체에 추가하면 그것은 역시 5D객체로

불릴 수 있다. 이와 같이 4D객체정보에 다른 임의의 정보들을 공사일정에 따라 연동하는 체계를 일반화하면 다차원캐드(nD CAD)라 할 수 있다.

1.2 4D객체와 비용정보 연동(5D)

1 5D시스템 개요

5D CAD는 4D개념에 비용(cost)정보를 도입하여 4D객체에서 비용과 연동된 원가분석을 시각적으로 파악할 수 있도록 한 시스템이다. 즉, 공사의 일정변동에 따라 3D 형태의 완성 형상을 시뮬레이션하면서 일정별 공사비의 변동현황을 시각적으로 표현한다.

그림 4-2는 도로공사의 5D CAD 시스템 구축 사례를 나타내고 있다. 그림에서 상단의 좌측 시뮬레이션객체는 당초 계획 진도에 의한 현재시점까지의 4D 모습이고, 우측은 동일 시점에서 실제 진도정보에 의한 완성물의 모습을 표현하고 있다. 이로써 현재 시점의 계획대비 실제 공사 진도를 시각적으로 표현할 수 있다.

그림 4-2에서 하단에는 공사비 정보가 연동된 5D CAD 객체를 표현하고 있다. 공사일정별 진도에 따라 하단부의 공사비 변동현황이 시각적으로 표현될 수 있다.

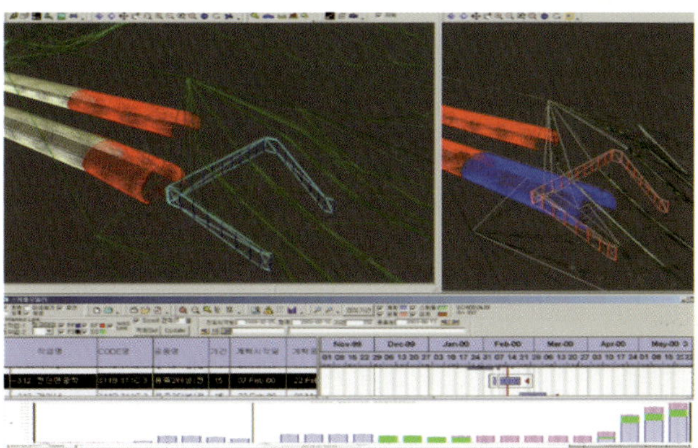

그림 4-2 도로공사 5D CAD 시스템 구축 사례

2 5D시스템 기능구성

공사비를 포함한 원가관리업무는 다양한 전산화 관리시스템들이 활용되고 있으나 계획비용과 실적비용의 비교, 분석 및 집계 등의 결과가 수치적 정보로 표현되어 종합적인 원가관리현황의 실시간적 분석이 용이하지 못한 실정이다.

즉, 공사비 정보들의 계획대비 변동현황들이 수치적 정보로 표현되어 공사비 변동현황의 일괄적 파악이 어렵고, 일정 기간별 공사비 변동현황의 집중 관리도 어려운 부분이 있다.

5D CAD 시스템은 이러한 비용정보의 시각화를 위해 4D시스템 내부에 원가관리 정보를 연계하여 설계변경이나 공정관리에 따른 비용변동의 상황을 실적과의 비교를 통해 시각적 정보로 분석하여 최적의 비용관리를 가능하게 하는 도구이다. 5D CAD의 구현을 위한 기능 구성은 그림 4-3과 같이 할 수 있다.

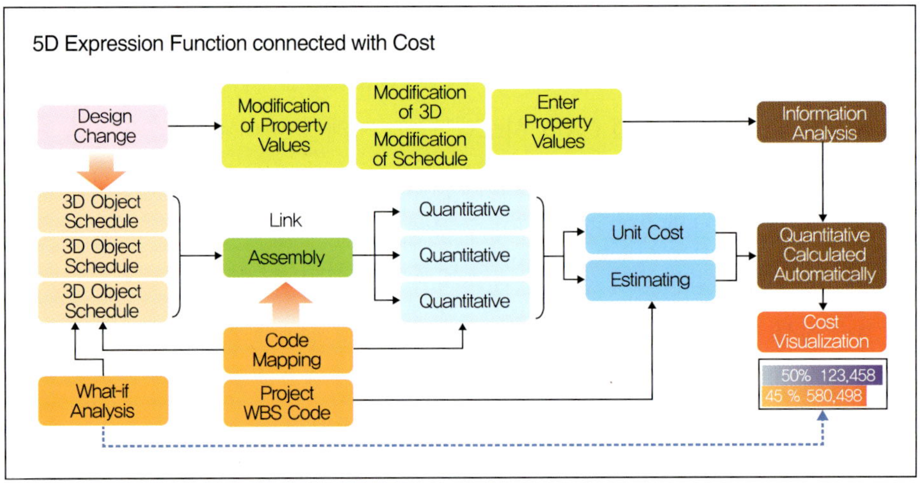

그림 4-3 비용정보를 연계한 5D CAD 구현

5D CAD 시스템이 구축되기 위해서는 그림 4-3에서와 같이 3D객체와 공사일정이 연계된 후 공사비 연동을 위한 공종코드가 4D객체에 연동되어야 한다.

각 공종코드는 하위공종의 경우 공종별 단가를 갖게 되고, 상위공종의 경우 공사비 집계정보를 갖게 된다. 이로써 공사일정별 시설물의 완성도가 3차원으로 시뮬레이션 될 때, 필요에 따라 일자별 공사비 변동현황도 시각적으로 표현할 수 있다.

3 5D시스템 활용

이러한 5D CAD 시스템에서 공사비정보 연계를 위한 공종코드구성은 프로젝트 WBS코드를 기준으로 연계할 수 있으며, 자체생성 또는 외부 임포트된 일정정보의 활동 별로 투입비용정보를 입력하여 연계할 수 있다. 이에 따라 일정에 따른 전체 혹은 활동 단위별로 비용의 투입상황을 시각화된 형태로 제공받을 수 있게 된다.

이러한 시스템에서는 현장 진도관리를 위해 변경되는 비용정보의 실적대비 비교가 가능하며, 시나리오 기반의 분석을 통해 최적의 비용 투입량을 산정할 수 있게 된다.

이로써 일정별 비용의 투입상황을 시각화 할 수 있으며, 향후 비용분배에 있어서의 최적 분배량을 예측할 수 있는 기반이 된다. 또한 자원에 투입량에 따른 비용의 변화량을 시각적으로 파악할 수 있고, 비용정보의 EVMS(earned value management system)지표를 시각화함으로써 원가관리 체계의 오류를 줄일 수 있을 뿐만 아니라 프로젝트 관리자들의 원가관리 업무를 수행하는 기반이 될 수 있다.

1.3 5D객체와 자원정보 연동(6D)

1 6D시스템 개요

4D객체와 비용정보를 연동한 5D객체에 자원정보를 연동하면 6D CAD 시스템이 되며, 6D객체에 의해 공사일자별 시설물의 완성도 파악과 함께 자원변동현황을 시각적으로 파악할 수 있다.

건설 프로젝트의 자원관리기능은 최적의 자원을 제한된 공사비에 따라 적재적소에 투입함으로써 비용절감이나 공기단축 등의 효과를 얻을 수 있도록 하는 것이다.

자원관리 업무에서는 사전 투입되는 자원들 간의 적절한 연계를 통해 최적의 프로젝트관리가 이루어질 수 있도록 해야 하므로 개별적인 자원관리보다는 통합 자원관리 체계가 바람직하다.

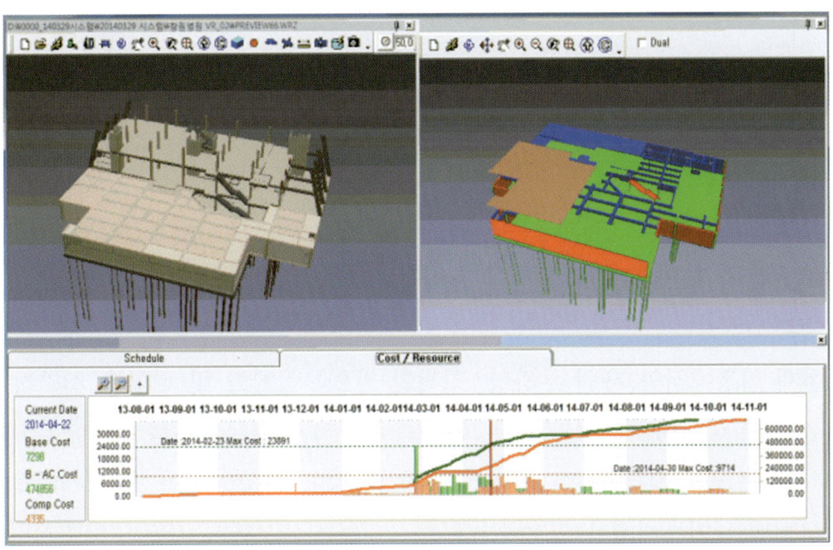

그림 4-4 건축공사 6D CAD 시스템 구축 사례

기존의 공정관리 시스템에서 자원관리는 자원별 투입한도 입력에 의해 일자별 자원 투입 원활화 등의 자원배당기법 위주로 활용되고 있다. 그림 4-4는 6D CAD 시스템의 구축 사례이다.

2 6D시스템 기능 구성

6D CAD 시스템은 비용정보를 연계한 5D개념에 자원정보를 연계하여 임의기간별 주요 자원의 현장 투입현황을 시각적으로 관리하도록 한다. 6D시스템에서 자원배당 시뮬레이션 외에 공사기간에 걸친 자원 투입현황 등은 여전히 수치적 정보로 표현되어 종합적인 자원관리현황의 파악이 어려운 점이 있다.

이를 4D시스템과 통합 연계하여 자원정보를 시각적으로 구현하도록 할 필요가 있으며 시스템의 기능은 그림 4-5와 같이 구성할 수 있다.

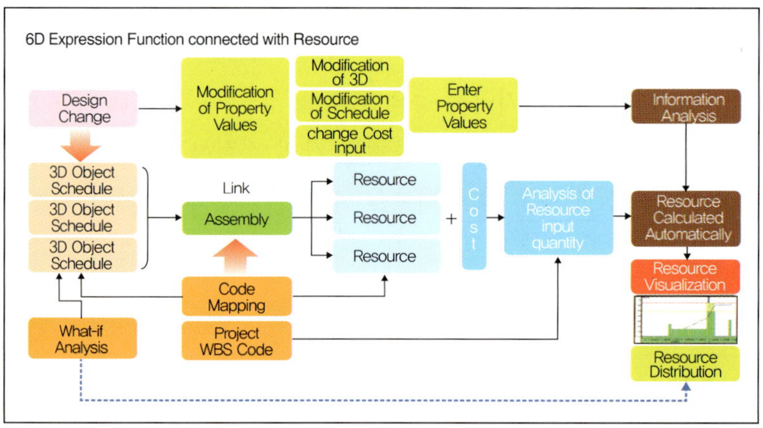

그림 4-5 자원정보를 연계한 6D CAD 구현

자원정보의 기본적인 연계개념은 비용정보를 연계한 5D CAD 시스템과 유사하며, 비용정보와 같이 WBS코드나 일정의 관리정보로서 4D시스템에 동시적으로 연계되어야 한다.

또한 현재 일정에서의 자원 부하량, 최적의 자원투입계획 및 현황을 시각적으로 파악할 수 있도록 what-if 분석과 같은 자원의 종합적인 분석기능을 도입할 수 있다. 이에 따라 시설물의 특정부위/임의공정/일정별 비용과 자원의 투입 및 분석결과가 시각적으로 구현되는 기능체계가 될 수 있다.

건설공사는 특성상 공구별 및 주요 독립시설물별로 관리가 이루어지므로, 사전에 설정한 개별적 시나리오에 따른 공정계획의 비교 분석이 어렵다. 건설공사 nD CAD 시스템 내에 비용과 자원정보를 연계하여 최적공정계획을 위한 개별 시나리오별로 분석을 실시한다면 기존의 건설 프로젝트관리기법의 상당부분을 개선할 수 있다. 즉, 각각의 시나리오별로 비용과 자원정보를 일정과 연계하여 분석함으로써 이들 정보들이 시각적 정보로 구현되는 공정계획 수립이 가능해진다.

1.4 6D객체와 공사위험도 정보 연동(7D)

6D객체에 공종별 위험도(risk) 정도를 표현하는 정보를 연동하면 7D CAD 시스템이 될 수 있다. 또한 4D객체에 직접 공종별 리스크정보를 연동해도 비용정보가 아닌 리스크관리 정보를 갖는 5D CAD 시스템이 될 수 있다.

기존의 건설공사 리스크관리는 리스크 발생강도와 발생확률에 의해 리스크의 우선순위를 결정하여 관리하는 수치적 정보기반의 리스크관리 방식으로서, 대부분의 실무자 입장에서도 리스크 분석 결과정보를 이해하는 것이 어려운 실정이다.

4D객체와 리스크관리 정보를 연동하면 이러한 리스크관리 체계를 시각적으로 표현하여 효율적인 공정 위험정보관리 체계로 변화시킬 수 있다. 그림 4-6은 4D객체와 공정별 작업 리스크 정보가 연동되는 모습을 표현하고 있다.

그림 4-6의 그림은 4D 구성체계, 리스크 정량화 분석, 4D 연동 및 시각화 방법론으로 구성된다. 4D 구성 단계는 4D시뮬레이션 구현에 필요한 3D모델 등의 구성요소를 나

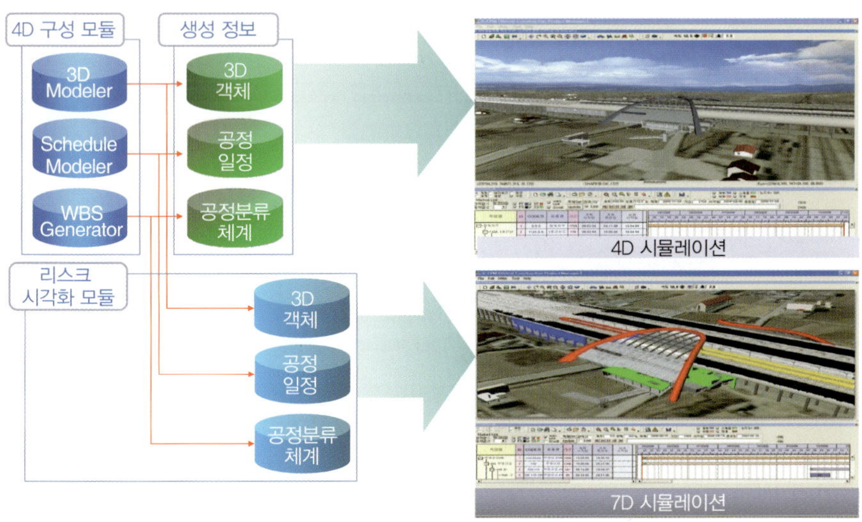

그림 4-6 리스크 시각화 7D시스템 구축 사례

타낸다. 리스크 정량화 분석 단계는 AHP(analytical hierarchy process) 및 퍼지 분석기법을 활용하여 공정별 리스크 인자들의 우선순위 및 리스크 정도값을 산출하게 된다.

리스크 시각화 단계는 리스크 정량화 분석 모듈과 4D 체계의 연동 방안을 제시함으로써 수치적으로 분석된 공정들의 리스크 정보를 색상으로 구분하고, 이를 시각화 시뮬레이션으로 구현하게 된다.

2 비용연동 능동형 5D CAD 시스템

2.1 능동형 5D시스템 개요

1 비용과 연계된 5D시스템

빔 기술 확대와 함께 5D CAD 관련 시스템 적용도 증가하고 있다. 건설분야 5D CAD 체계는 빔 모델로부터 정확한 물량정보와 비용정보를 도출하기 위해 관련 정보들을 통합하고, 이들 결과를 시각화하는 기능이 필요하다.

5D객체의 시뮬레이션은 그림 4-7과 같이 공정별 비용을 추정하고, 공사일정에 따른 비용 투입현황을 3D형태의 시뮬레이션 객체로 구현하는 모습을 갖게 된다.

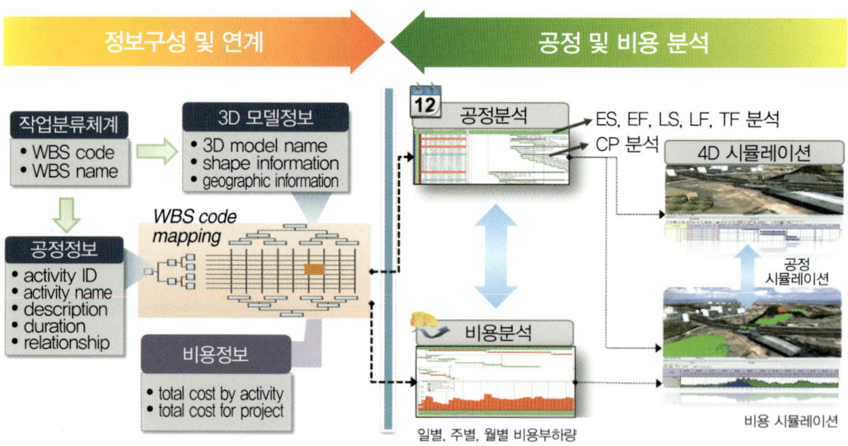

그림 4-7 능동형 5D시스템 구성 개요

2 사업비 변동 요인

공공 건설공사에서 발주기관의 귀책사유로 인한 공기 연장 비율은 증대되고 있으며, 공기 연장의 주요 사유는 국가 재정상황에 따라 연차별로 사업비용이 변동되기 때문이다. 토목공사와 같이 장기간 계속되는 공사에서는 초기 계획대비 사업비 변동이 더욱 심하게 나타나고 있다.

사업비가 연차별로 변동되면 초기 계획대비 변동된 사업비 범위에 적합한 공정계획을 재수립하는 과정이 필요하다.

이러한 상황이 발생할 경우, 대부분의 현장에서는 공정계획의 적절한 재수립 과정이 없이 당초 계획대로 작업을 진행하면서 사업비가 소진되면 차기 사업비 배정시까지 작업을 중단하거나, 임의로 작업 물량을 줄여 사업비에 맞추는 경우가 많다. 또는 변동된 사업비를 고려한 합리적 판단 없이 현장관리자의 경험에 의해 임의로 공정의 우선순위를 결정하여 진행하는 경우들도 많이 있다. 이러한 방식은 무계획적 공정 단절 및 공정 지연으로 차년도 공정계획 수립에 영향을 미쳐 공기 연장 요인이 되기도 한다.

3 사업비 변동을 고려한 5D시스템

5D시스템 구성 시에는 단순한 일정별 공사비 시각화 외에 연차별로 변동된 사업비에 최적화된 시뮬레이션 운영체계를 구축할 필요가 있으며, 이러한 운영체계를 능동형 5D시스템으로 정의한다.

이러한 시스템에서는 변경된 연차별 예산에 대하여 사용자가 직접 우선 공정들을 선택하여 공정계획을 재수립할 수 있고, 선택된 공정들은 선후행 관계를 고려하여 변동된 사업비 내에 가장 근접할 때 최적화된 공정계획으로 표현되도록 한다.

이러한 시스템은 프로젝트관리자에게 변동된 사업비에 적합하게 공정계획을 재수립할 수 있도록 하여 5D시스템 기능의 활용성을 확장할 수 있다. 또한 변동된 사업비에 최적화된 공정을 탐색하여 공정계획을 재수립하고 초기 공정계획과 변동된 공정계획에 따른 사업비 비교 시뮬레이션 등을 가능하게 하는 의사결정형 기능을 표현할 수 있다.

이러한 기능은 일반적인 5D시스템이 공사기간 동안 단순히 비용변동현황의 시각화에 중점을 두고 있는 점과 비교될 수 있다.

2.2 능동형 5D시스템의 공정계획 재수립

1 연차별 사업비 분석 절차

능동형 5D시스템은 첫째, 조정된 예산범위 내에서 연차별로 수행 가능한 공정들을 재계획하여 도출하는 기능을 갖고 있다. 둘째, 초기 및 변경된 공정계획에 따라 일정별 비용변동현황을 시뮬레이션 하는 기능을 도입하여 사용자로 하여금 사업비 변동에 최적화된 공정계획을 수립할 수 있다. 셋째, 비용 산정을 위한 물량 산출시에 3D 객체기반의 물량산출기능을 포함하여 향후 5D시스템의 적산 기능 연동시에 활용성을 가질 수 있다.

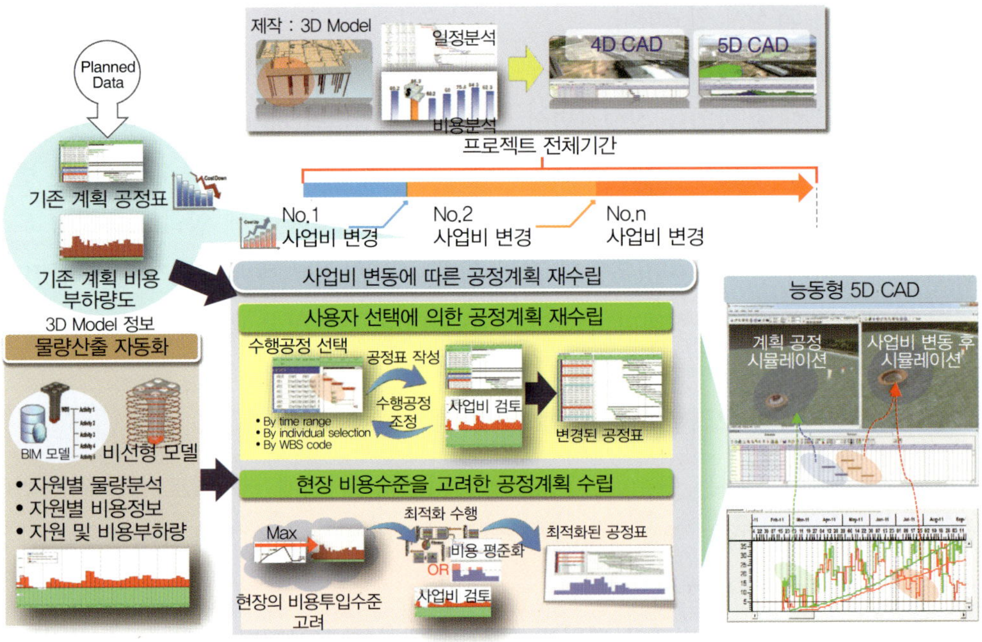

그림 4-8 능동형 5D시스템 구성 개요

이를 위한 능동형 5D시스템의 구축 방법은 그림 4-8과 같으며, 기본적인 4D객체의 시뮬레이션 기능이 필요하고, 일반적 3D기반 물량산출기능과 비정형 토목구조물 물량산출기능을 포함할 수 있다.

2 사업비 변동에 따른 공정계획 재수립 방법론

변경된 예산에 적합한 공정계획을 재수립하기 위해서는 해당연도의 예산범위 내에서 수행 가능한 공정들을 합리적으로 도출하는 것이 필요하다. 이를 위해서는 전체 공정 또는 선택된 공정들의 일정정보와 비용정보를 분석할 수 있는 기능들이 우선적으로 요구된다.

이러한 방법에서는 선택된 공정들이 대다수일 경우, 대다수 공정들의 선행관계를 다시 파악해야 함으로써 작업의 효율성이 떨어질 수 있다. 이러한 작업의 비효율성을 극복하기 위해서 기존 계획공정표를 활용하여 선택공정들의 일정과 비용을 분석할 수 있다.

2.3 능동형 5D시스템 구성

능동형 5D CAD 시스템은 4D 엔진과 비정형 토목구조물 물량산출기능을 포함하여 구성할 수 있다.

시스템을 구성하는 주요 모듈은 일정분석 및 3D모델 생성 등의 4D구현을 위한 모듈 이외에 '물량산출 자동화 모듈', '선택공정에 의한 5D 모듈' 및 '최적화 모듈'로 구성되며, 이를 통해 3D모델로부터 직접 물량과 비용을 산출하고, 예산에 적합하게 일정계획을 수립할 수 있다.

물량산출 자동화 모듈은 솔리드(solid) 및 서피스(surface)모델로부터 물량을 산출하기 위한 것이며, 이를 통해 산출된 면적과 부피의 물량은 자원의 단위비용과 곱해져 비용정보로 반영할 수 있다. 따라서 설계변경으로 인한 구조물 물량변화를 신속히 비용정보에 반영하여 공정별 일정정보에 관한 비용투입량을 나타낼 수 있다. 그림 4-9는 5D시스템의 메인화면을 나타내고 있다.

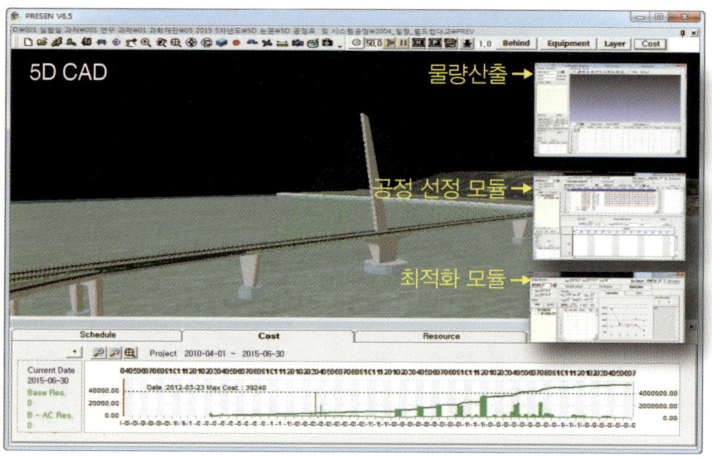

그림 4-9 5D시스템 메인화면

최적화모듈에서는 현장의 비용투입 수준과 가장 근접하게 비용투입계획을 수립할 수 있도록 최적화된 일정을 제시할 수 있다. 또한 최적화된 공정에 따른 5D 시뮬레이션과 기존 계획공정에 따른 5D 시뮬레이션을 비교하여, 계획대비 공정의 변경사항과 비용투입상황을 용이하게 파악할 수 있다.

2.4 능동형 5D시스템의 사례적용

1 3D기반 물량 산출

사례프로젝트는 총 공사기간이 5년이고, 공사비가 약 1000억원인 OO교량공사로 선정하였다. 이 현장은 현재 국고지원 예산부족으로 기존 계획 일정보다 공사기간이 지연된 상황이다. 계획대비 연차별 사업비의 변동이 높기 때문에 변동된 사업비에 대한 공정계획의 재수립이 필요한 시점이다. 따라서 현장의 여건에 적합한 공정계획을 본 시스템을 통해 제시하여 실무적 활용성을 검증한다.

그림 4-10은 비용정보 취득을 위한 물량산출 자동화 기능을 나타낸 것으로, 그림의 상단과 같이 특정 공정들을 부분 또는 전체적으로 선택하여 물량분석을 수행할 수 있다.

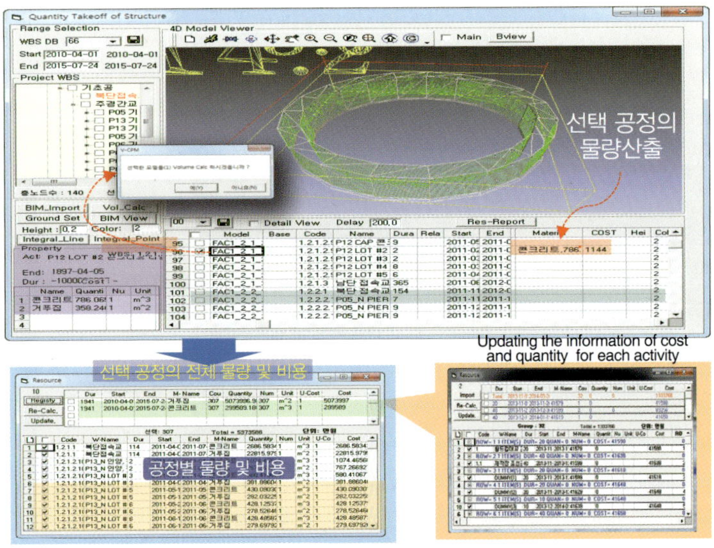

그림 4-10 5D시스템 내 물량산출 기능

특히 이는 서피스 모델에 적합한 물량산출 방법이 적용되어 비정형구조물의 물량분석이 가능하다. 사례에서는 비정형구조물의 겉넓이와 부피를 계산하고, 이를 해당 모델의 거푸집과 콘크리트물량으로 사용한다.

2 임의 공정 선택을 통한 공정계획 재분석

연차별 사업비가 변동됨에 따라 차년도 사업비에 적합한 공사일정을 도출하기 위한 기능은 그림 4-11과 같이 사용자가 선택한 공정들로 공사일정을 도출하는 것이다.

이는 사용자의 경험을 효율적으로 반영하고, 필수 공정들을 차년도 공사일정에 포함하기에 효과적이다. 또한 무작위로 공정을 선택할 경우, 차년도에 포함되어야 하는 필수공정들이 누락될 수 있으므로, 공정범위설정 및 선택과정을 통해 사용자가 선택한 공정을 포함시키고, 선택범위 내에서 공정들을 무작위로 선택할 수 있도록 구성하였다.

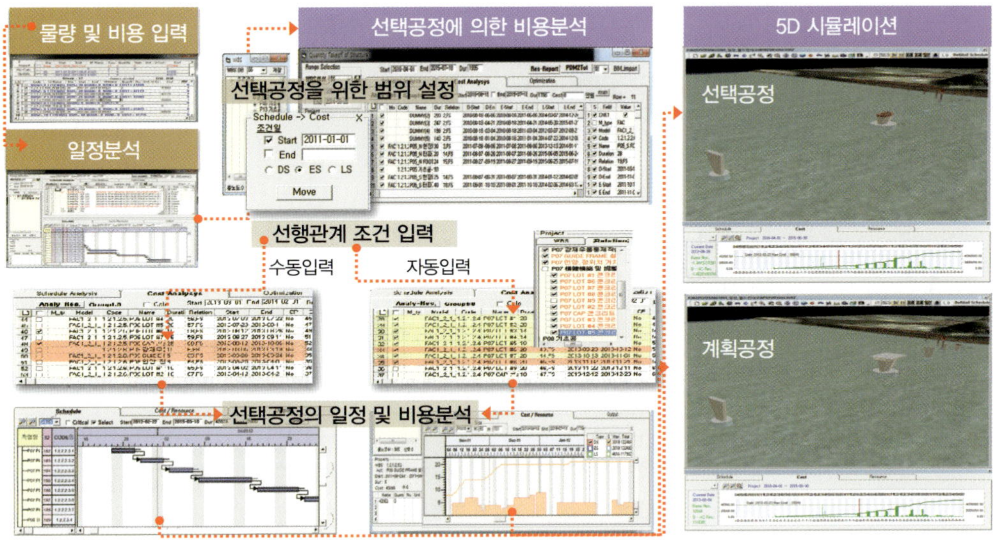

그림 4-11 변경 사업비에 의한 공정선택

공정들의 선택 완료 후, 일정분석을 위해서는 선택한 공정들의 선후행관계 조건이 필요하다. 이는 그림 4-11의 하단과 같이 사용자가 직접 입력하는 기능과 자동으로 입력하는 기능이 있으며, 이를 통해 일정과 비용을 분석할 수 있다. 이와 같이 분석된 일정과 비용정보는 5D객체로 구성되어 일정별 5D시뮬레이션으로 구현 가능함으로써 비용정보의 검토가 용이하다.

3 비용수준을 고려한 공정계획 최적화 분석

그림 4-12는 수행가능한 공정의 선택과정 이후에 수행하는 비용최적화 과정으로 현장의 비용투입 여건을 반영한 공사일정을 도출할 수 있다.

먼저, 현장의 비용투입수준을 고려하기 위해서, 현장 관리자와 협의하여 현장의 최대비용투입수준과 일별 비용투입수준을 설정한다. 그리고 휴리스틱 자원배당기반 최적화 분석을 수행하면 그림의 중앙과 같이 해집단별 적합도가 그래프로 표현되어 시각적으로 최적해를 쉽게 파악할 수 있다.

또한 최적화 값으로 도출된 해집단은 비용 S-curve 및 히스토그램을 통해 비용의 투입량을 파악할 수 있으며, 최적화 이전의 투입비용과도 시각적으로 비교할 수 있다.

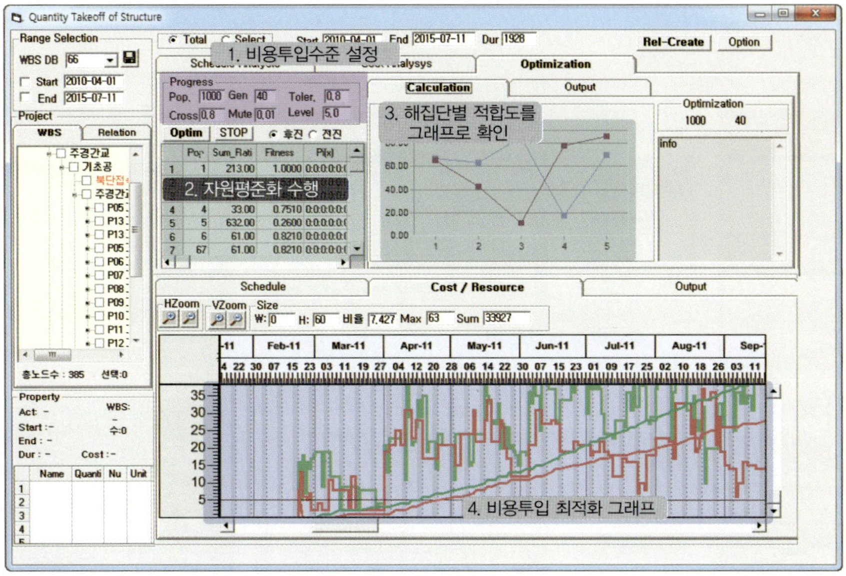

그림 4-12 5D시스템의 비용최적화 기능

4 최적화 공정정보의 시뮬레이션

그림 4-13은 최적화 분석을 통해 도출된 공사일정을 5D 시뮬레이션으로 구현한 것이다. 그림의 좌측은 계획공정에 대한 5D 시뮬레이션이며, 그림의 우측은 최적화 분석을 통해 도출된 일정과 비용정보를 시뮬레이션으로 나타내고 있다.

이를 통해 기존 계획공정에서 차년도(2023년)에 약 2백억원의 공사비로 공사를 진행할 공정들이 공사비용이 약 1백억원으로 감소되었을 경우에는 어떠한 공정들로 변경되고 구성되었는지를 양화면으로 구분된 시뮬레이션 뷰어창에서 쉽게 파악할 수 있다.

사례에서는 그림의 하단과 같이 초기 계획 일정에 대한 일별 비용부하량보다 최적화된 공사일정에 대한 일별 비용부하량의 분포가 완만한 것을 파악할 수 있다.

또한 계획공정은 교대를 중심으로 기초와 교각이 형성되고, 차량 접속교의 설치작업 진행되고 있으나, 최적화 분석 이후의 공정은 그림 4-13의 우측과 같이 접속교와 교대를 제외하고 기초와 교각의 설치작업만이 진행되는 것을 파악할 수 있다.

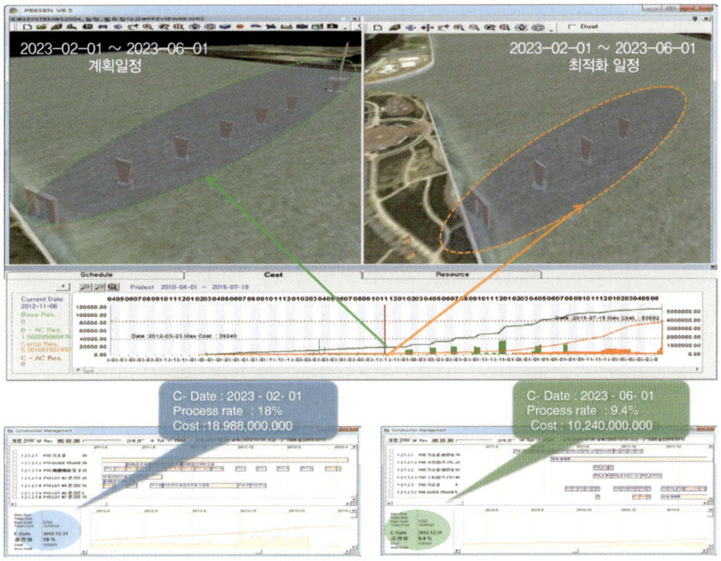

그림 4-13 변경사업비에 최적화된 5D 시뮬레이션 모양

3 자원연동 능동형 6D CAD 시스템

3.1 능동형 6D시스템 개요

1 자원관리 최적화

기존 공정계획에서는 공사기간 전체에 걸친 일률적인 자원 동원수준에 맞추어 자원배당(resource allocation)계획을 수립하므로, 공사기간별로 변화가 많은 현장의 수급여건을 충분히 고려하기가 어렵다.

따라서 공사기간별 상세한 현장여건을 고려한 자원배당계획을 수립하는 것이 필요하고, 자원의 실제적 동원수준을 상세 기간별로 설정할 수 있어야 한다. 이를 위해 공사기간별로 현장조건에 적합한 변화가 있는 자원 동원수준을 수립한 후, 수립된 동원수준에 가장 근접한 공정계획을 최적화기법으로 탐색하여 능동적 자원배당계획을 수립할 수 있다.

2 최적화 자원배당

일반적으로 자원배당은 활동의 여유시간(float time) 내에서 동원수준을 만족시키면서 진행된다.

여유시간 이내이지만 현장여건상 작업이동을 가급적 피해야 할 때, 이러한 위험성을 리스크로 정의하면, 활동의 리스크 정도는 해당자원의 현장 수급 상황과 작업조건에 따른 여유시간 내 일정이동 편리성을 의미한다. 즉, 리스크가 큰 공정이라면, 여유시간 내 작업의 이동가능성이 적어져서 자원배당의 적용성이 감소됨을 의미한다. 리스크가 큰 활동들이 프로젝트에 다수 포함되면, 해당 활동들이 여유시간 내 이동가능성이 적으므로, 자원배당계획 시에 고려되어야 할 요소가 된다.

이와 같이 일률적인 자원배당이 아닌 공사일정별로 가용자원의 변동치를 수시로 고려한 자원배당을 하고, 그 결과에 따라 공사일정 경과에 따라 4D객체와 함께 자원의 투입현황을 동시에 시뮬레이션 하는 시스템을 능동형 6D시스템이라 한다.

3 최적화 6D객체 구성 방법

현장의 여건이 충분히 반영되지 않은 초기의 자원배당계획은 현장의 자원수급조건을 고려하여 재조정될 필요가 있다. 이를 위해 프로젝트매니저는 현장수급조건을 고려한 현장 친화형 자원배당을 하게 된다.

그리고 현장 자원수급상황을 고려한 여유시간 내 이동편리성을 리스크 정도로 설정하여 활동의 변동 폭을 제한한다. 이러한 과정을 통해 현장의 실무적 수급조건을 고려한 효율적인 능동형 자원배당이 가능하게 된다. 그림 4-14는 현장조건이 고려된 능동적 자원배당의 일정 최적화 모형을 나타낸다.

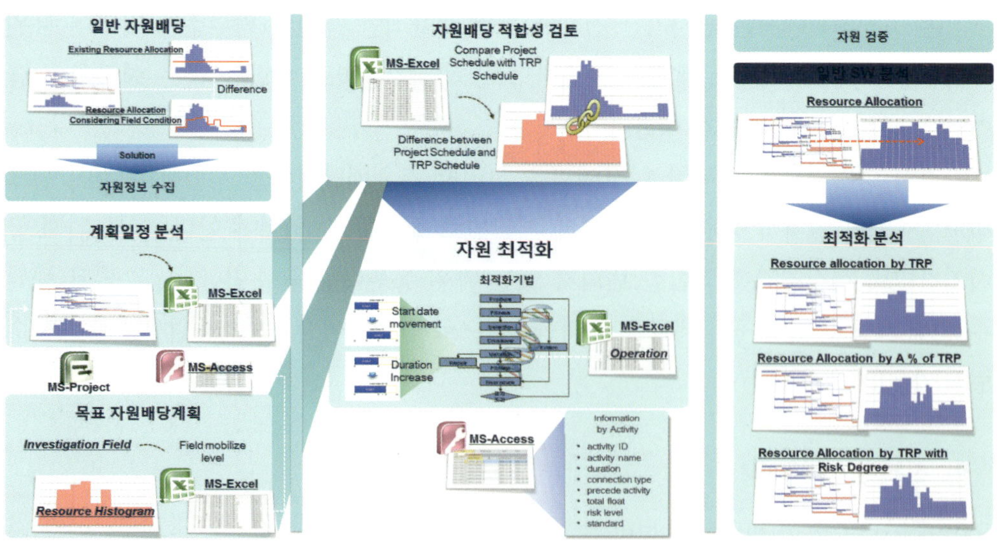

그림 4-14 능동적 자원배당 모형 구성

자원배당계획의 최적화를 위해서는 우선 초기 계획공정의 자원량 히스토그램을 작성하고, 현장여건을 고려한 실제 동원수준을 파악한 히스토그램을 작성한다. 이렇게 작성된 두 히스토그램에서 차이가 발생될 경우 유전 알고리즘을 통한 최적화를 진행한다.

3.2 현장 동원수준을 고려한 자원배당

1 자원 동원수준의 분석

자원배당은 각 활동들의 작업이 원활하게 수행될 수 있도록 각 활동들의 자원투입 시기를 결정하는 과정이며, 이는 공기를 단축시킬 뿐만 아니라, 경제성 확보를 위한 시공계획 수립에 도움을 줄 수 있다. 특히, 대형공사들은 특징상 현장이 도심지에서 멀리 위치하는 경우가 대다수이고, 특정자원의 수급이 용이하지 못한 경우가 빈번히 발생하게 되기 때문에 자원배당계획 수립이 중요한 관리 요소가 된다.

이러한 점에서 자원배당은 일률적인 자원 동원수준에 근거하여 수행하던 기존의 자원배당 방식뿐만 아니라 공사기간별로 변화가 많은 현장의 수급여건을 상세히 반영할 수 있도록 자원 동원수준을 다양하게 구성할 필요가 있다.

2 자원 동원수준별 배당

자원배당계획의 최적화는 공정 및 자원분석, 자원 동원수준 검토 및 자원배당 일정 최적화 단계로 구성된다. 먼저 공정 자원분석단계에서는 사용자에 의해 전체 또는 부분적으로 선택된 공정들의 일정과 자원을 분석하여 일별, 주별, 월별 등의 기간별 자원부하량을 파악하기 위해 자원부하량도를 작성한다. 그리고 현장 여건에 따라 최대 자원 동원수준과 현장 수급 여건을 고려한 현장 자원 동원수준을 파악하여 자원부하량을 작성한다.

3.3 능동형 6D시스템의 사례적용

1 사례 프로젝트 자원배당

사례 프로젝트에서는 능동형 자원배당 방법론을 이용하여 현장배당계획에 근거한 최적일정을 도출하고, 사용자 정의의 개선정도를 설정하여 일정 수준의 최적일정을 도출하게 된다. 그리고 현장의 리스크를 포함한 공정정보를 이용하여 현장 친화적인 최적일정을 도출한다. 적용한 사례는 그림 4-15와 같은 임의의 26개 공정으로 수행하였다.

그림 4-15은 계획공정의 공정표와 자원히스토그램을 나타내고 있다. 파란선의 반투명 히스토그램은 초기배당계획의 자원히스토그램을 나타내고 있으며, 붉은 선의 히스토그램은 Target Resource Profile의 자원히스토그램을 나타내고 있다. 평준화되어 있는 초기배당계획에 비하여 Target Resource Profile의 히스토그램은 현장의 동원수준을 반영하고 있으므로 다소 복잡한 것을 알 수 있다. 그림과 같이 계획된 공정과 현장의 동원수준이 차이를 보이는 경우 능동형 자원배당 방법론을 통하여 최적화 시킬 수 있다.

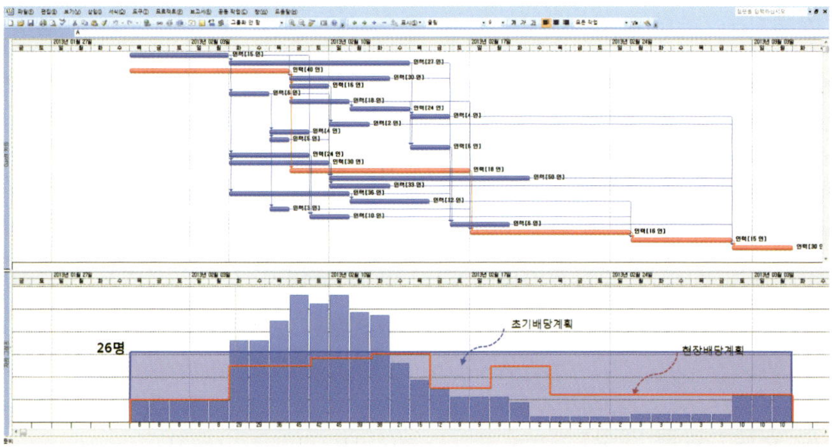

그림 4-15 계획공정기반 초기배당계획 및 현장배당계획

2 사례 프로젝트 6D시스템 구성

사례 프로젝트에 대하여 능동형 6D시스템을 구현하기 위해서는 우선 공사기간에 걸쳐서 현장에 동원 가능한 자원의 수준을 상세히 파악하여야 한다. 동원수준이 결정된 후에는 6D시스템에 입력 정보로 일정별 자원의 동원수준을 입력하고, 입력된 동원수준에 맞추어 자원배당을 실시한다.

자원배당 계산이 완료되면 계산된 자원배당 일정표가 프로젝트의 최종 공정표가 된다. 일반적인 6D객체가 공사일정의 경과시간에 따라 단순히 투입 자원의 변동현황만 단순히 시뮬레이션 하는 것이라면, 능동형 6D시스템에서는 자원배당까지 실행된 결과 공정표에 따라 공사일정의 경과시간에 따라 투입 자원의 변동현황이 시뮬레이션 되므로 공사 시설물의 완성도와 함께 일정별로 보다 효율적인 자원관리가 가능해진다.

그림 4-16은 능동형 6D시스템의 구현 모습이고, 양 화면으로 구분되어 좌측에 단

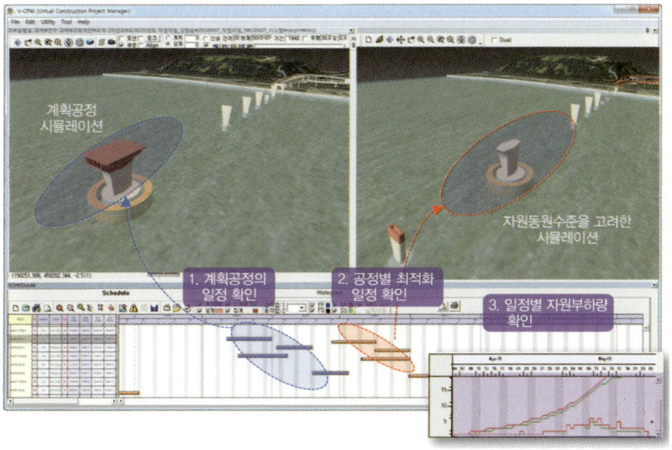

그림 4-16 6D시스템의 자원 시뮬레이션

순 자원의 투입현황만 표기하는 일반적인 6D객체를 표기하고 있고, 우측에는 자원배당이 실행된 후의 능동형 6D객체가 표현되어 있다. 동일한 공사시기에 일반 6D객체에서는 교각 상부의 상판 일부까지 완성되어 있으나, 능동형 6D객체에서는 교각 상부의 상판 공정이 진행되지 않은 모습을 표현하고 있다.

4 리스크연동 능동형 7D CAD 시스템

4.1 능동형 7D시스템 개요

1 리스크 시각화를 위한 7D시스템

본 절에서 의미하는 능동형 7D시스템은 4D객체에 개별 공정의 작업수행과정에 발생할 수 있는 작업상의 위험요소를 리스크 분석기법으로 시스템 내에서 해석하여 해당 공정이 일정에 따라 시뮬레이션 될 때 공정의 완성도 색상을 리스크의 크기 정도로 구분하여 시각화한 시스템이다.

이를 위해서는 4D시스템 내에 체계화된 리스크 분석 절차와 이를 기반으로 정량화된 리스크 정보를 시각적인 정보로 변환시키는 과정 등이 필요하다. 즉, 시공단계의 공정들을 대상으로 퍼지(fuzzy)분석 등의 리스크 정량화 분석기법을 활용한 리스크 분석 절차를 제시하고, 4D시스템 연계를 통한 수치적 리스크 정보의 시각화 방법이 필요하다.

시공단계에서 안전관리가 점차 중요시되어 가고 있으므로 공정별 작업 리스크의 사전 시각화는 건설 현장관리 업무에도 효율적 도구가 될 수 있다. 또한 4D시스템이 대부분 시공성 분석 및 공정관리를 위한 공정시뮬레이션 위주이므로 활용성의 증대를 위해서는 다양한 정보들의 연계 시도가 필요하고, 이러한 측면에서 리스크 정보의 연계는 빔기반 공사정보 다양화에 기여할 수 있다.

2 공정별 위험도 정량화분석

7D시스템은 공사기간의 경과에 따라 진행되는 공정별로 해당 공정의 작업 위험도 수준을 색상별로 시각화하므로 공정별 위험도 수준을 우선 파악해야 한다. 공정별 작업 위험도를 시각화하기 위해서는 숙련된 경험자로부터 공정별 작업시의 위험수준을 설문 등으로 파악하고, 기존 정보로부터 위험도를 파악하는 방법이 있다.

이러한 방법에 의한 분석 정보는 주관적 정보가 많이 포함되므로 정보의 객관화 분석 절차가 요구된다. 이러한 분석방법으로 일반적으로 사용되는 기법이 퍼지 분석이론이다.

4.2 리스크 정보의 4D시스템 연동

1 4D시스템 연동

리스크 정량화 분석단계와 이를 시각화하기 위한 4D시스템의 연동을 위해서는 WBS코드 체계로부터 리스크 분류체계(risk breakdown structures, RBS)를 생성하여 4D시스템과 연동할 수 있다.

리스크 분류 코드의 자동 생성방식은 구성 정보들 간의 상호연계성을 확보함으로써 기간 및 공정별 설정으로 범위에 속하는 리스크 인자만을 도출할 수 있다. 그리고 데이터의 과부하 방지를 위해서 선택된 리스크 인자의 RBS(risk breakdown structure) 코드 및 각각의 정량화 분석 결과는 데이터베이스화되어 저장된다.

2 7D시스템 모형 구성

공정별 리스크정보는 공정별 공기초과, 비용초과, 작업의 안전성에 대한 정보로 구성한다. 우선적으로 해당 프로젝트의 4D시뮬레이션이 구현되어야 하므로, 그림 4-17과 같이 WBS의 공정별 스케줄과 3D객체정보 링크가 필요하다.

이러한 링크과정을 통해 임의기간 동안 4D시뮬레이션 정보가 구현되면, 동일한 WBS

공정에 대하여 리스크정보가 연동된다. 리스크정보의 시각화를 위해서는 4D시뮬레이션에 각 공정별 3D객체의 구현 색상을 달리하여 리스크의 정도를 표현하고 있다.

그림 4-18은 각종 공종별 리스크정보를 분석한 후, 4D객체와 연동되어 공종별 리스크가 시각화된 모습을 종합적으로 표현하고 있다. 4D시스템에서 4D모델이 생성되면, 기초 정보 입력 모듈을 통해 리스크 정량화를 위한 기초 설정값을 입력한다.

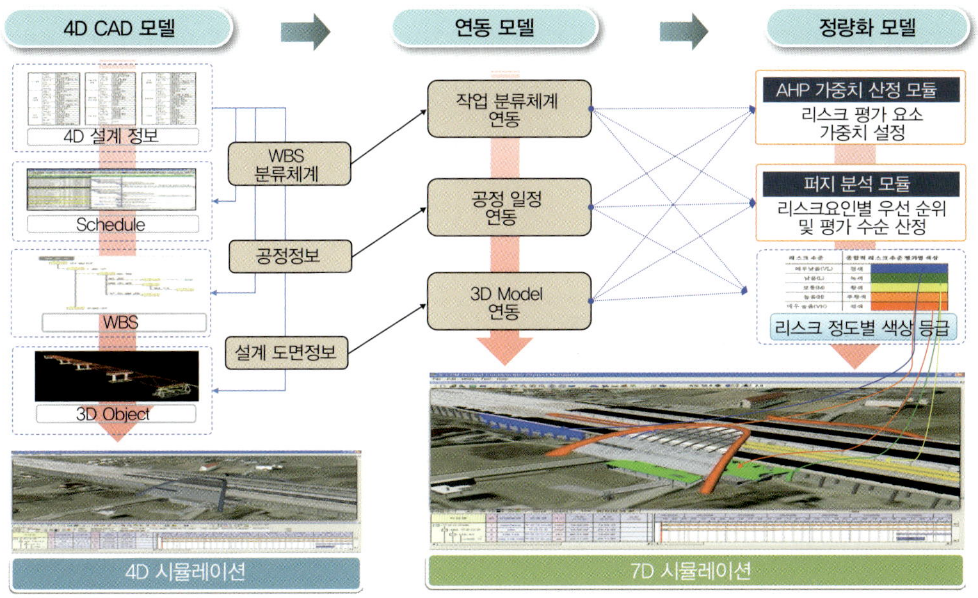

그림 4-17 리스크정보와 4D객체정보의 통합모형

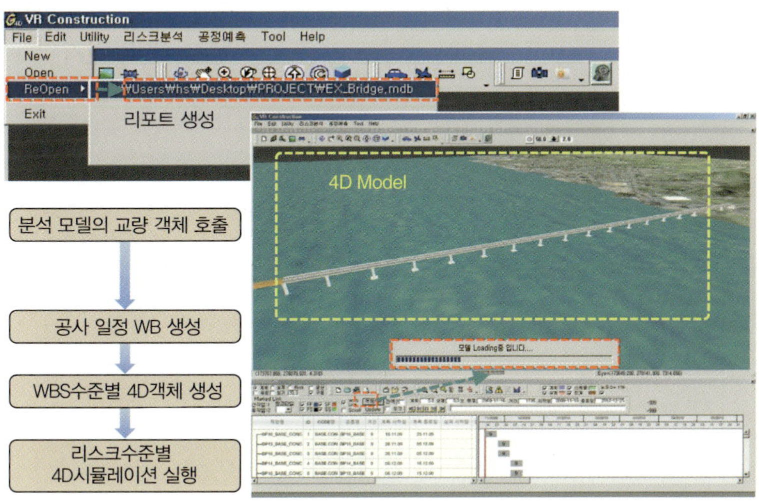

그림 4-18 7D시스템 구성을 위한 기본 정보 설정

3 7D시스템 단계별 적용 절차

7D시스템 구성을 위한 기본적인 절차는 4D시스템 구현을 위한 기초 정보가 완성된 이후에, 공정별 위험도 수준 정보가 구성되어야 한다. 위험도 수준이 정해지면 객관화를 위한 퍼지분석을 하여 분석 결과값에 따라 위험도 수준을 색상으로 구분한다.

우선적으로 4D모델을 생성하고 정량화 분석을 위한 기초 정보 값을 설정한다. 그리고 평가인자를 선택하고 정량적 분석을 수행하여 공정별 리스크 수준을 파악하고, 평가인자의 재조합을 통해 평가 조건에 대한 공정별 리스크 수준을 파악한다. 그리고 이러한 결과값을 4D시스템을 통해 시뮬레이션으로 구현함으로써 공정별 리스크 수준을 시각적으로 파악할 수 있다.

4.3 능동형 7D시스템의 사례적용

1 사례 프로젝트의 기초 정보설정

사례모델은 PSC BOX 거더교량으로써 폭 20.9m, 전장 1,120m로 44개월간 500억원의 공사금액이 투입되는 교량 공사를 대상으로 리스크 분석을 실시한다. 먼저 사례 프로젝트 4D모델을 그림 4-19와 같이 생성한다.

생성된 4D모델은 기존의 4D시스템 구성 정보 등이 동일하기 때문에 공정관리를 위한 진도관리 및 주요 공정시뮬레이션 등의 기능들을 사용할 수 있다.

리스크 분석기간의 시작일과 종료일을 입력하면 해당 일정 범위 안에 속해 있는 201개의 리스크 인자 공정들이 생성된다. 리스크 인자 생성이 완료되면 퍼지 분석을 위한 상대적 가중치 및 평가인자에 대한 중요도값을 설정한다. 평가인자의 가중치 산정

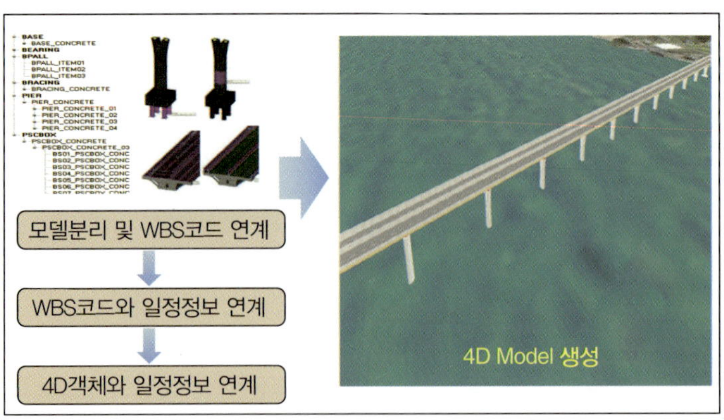

그림 4-19 사례프로젝트 4D모델 생성

이 완료되면, 평가요소인 발생확률 및 발생강도의 중요도값을 VL(매우 낮음)에서 VH(매우 높음)까지의 선택범위 안에서 설정한다.

2 위험도 수준의 정량화

위험도 수준의 정량화 분석 결과는 리스크 인자별 위험수준 및 리스크 수준별 색상 그리고 우선순위로 나타난다. 이러한 리스크 분석 결과는 공정별 위험도 정도를 정량화된 수치로 제공됨으로써 객관적인 리스크 파악에 용이하다.

또한 이를 순위화 함으로써 중점 관리대상 리스크 인자를 효율적으로 도출할 수 있다. 특히 리스크 수준별 제시되는 색상은 수치적 비교 없이 리스크 인자의 리스크 정도를 한눈에 파악할 수 있다.

사례적용 결과를 살펴보면, 선택된 100개 공정들 중 전체 11% 공종이 VH(매우 높음), 35%는 H(높음), 28%는 M(보통), 19%는 L(낮음), 7%는 VL(매우 낮음) 수준으로 분석되었다.

3 리스크 시각화 시뮬레이션

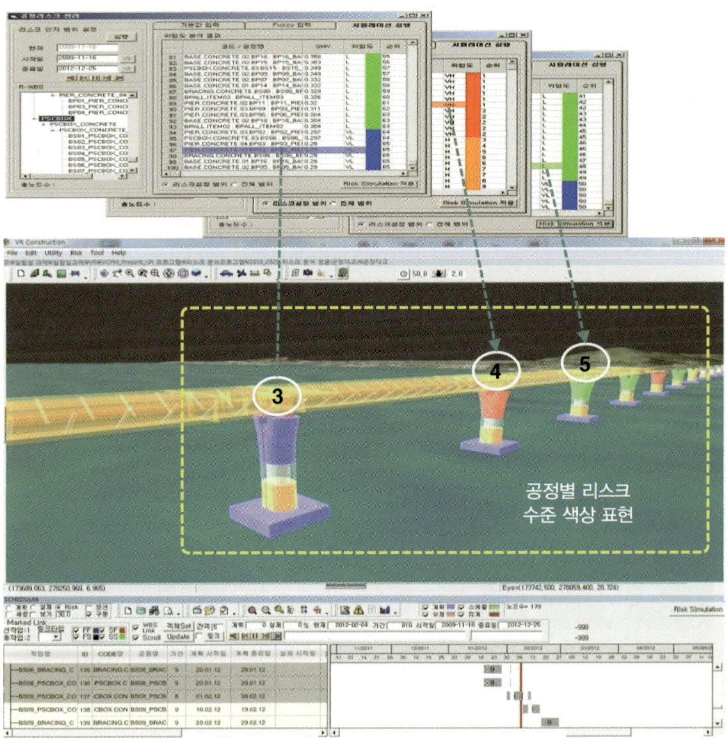

그림 4-20 리스크 시각화 7D CAD모델

그림 4-20은 사례적용 대상인 교량공사의 리스크 분석 결과값을 일정정보 및 3D모델 등의 4D객체 구성요소와 연계하여 공정별 리스크 수준을 색상으로 구현한 것으로, 3D모델의 색상에 따라 공정들의 리스크 수준을 시각적으로 파악할 수 있다.

그림 4-21은 동일한 교각 공정의 대상으로 평가인자를 "Time+Cost"와 "Time+Cost+Work Condition"으로 각각 조합한 후 분석한 결과를 시각화된 3차원 화면으로 나타낸 것으로써 동일 공정에 대한 더 많은 리스크 정보를 확보함으로써 중점적인 리스크 관리를 가능하게 한다.

이러한 기능은 교량 공사에 참여하는 다양한 참여자들 간의 리스크관리 회의시 공정별 및 구역별 리스크 수준을 시각적으로 나타냄으로써 리스크관리의 효과적인 의사결정 도구로 활용될 수 있다.

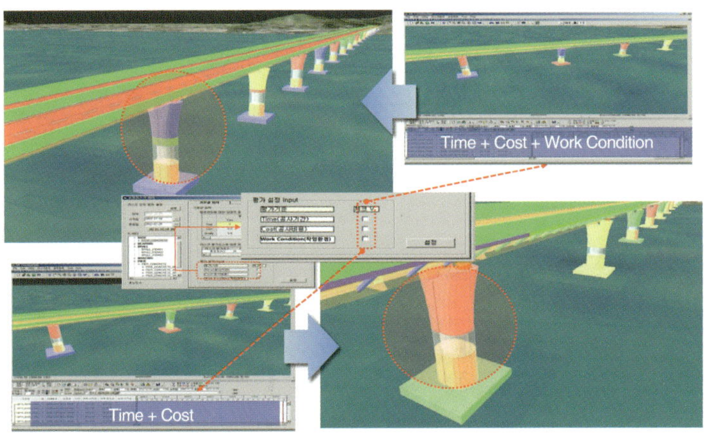

그림 4-21 평가인자 조합별 리스크 시각화

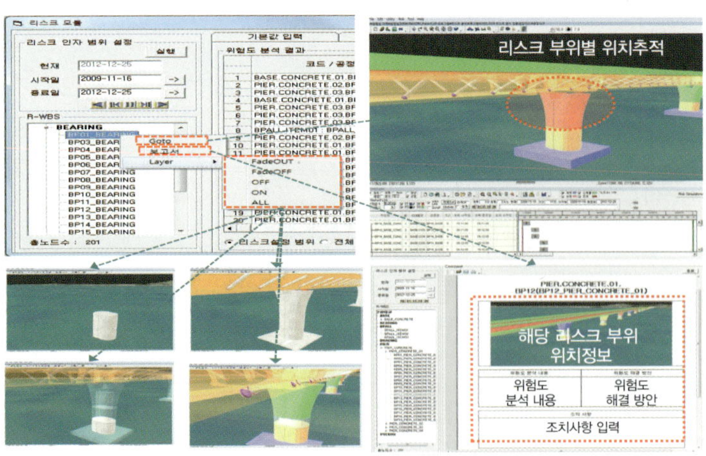

그림 4-22 리스크 공정 위치 추적 및 리스크 보고서

그림 4-22는 리스크관리 업무의 효율성을 높이기 위해 개발된 사용자 편의 기능들을 나타내고 있다. "Goto" 및 "Layer" 등의 추가기능은 수백 개의 공정들 중에서 특정 리스크 공정을 쉽게 확인할 수 있도록 상세한 위치 정보를 제공한다. 즉, "RBS-View" 및 리스크분석 결과 창에서 임의 공정을 선택하여 "Goto", "Layer" 기능을 실행하면 4D모델 상에서 해당 리스크 공정을 자동으로 추적할 수 있다.

4 위험도 수준별 시각화 구현

분석된 공정별 위험도 수준은 4D모델 상에서 적색으로 표시하거나 해당공정을 투명하게 함으로써 시각적으로 정확한 위치를 파악할 수 있다. 이러한 기능은 단순한 키 조작으로 운영이 가능함으로써 리스크 분석에 전문 지식이 없는 프로젝트 참여자들이 리스크 정보파악을 위한 도구로 활용될 수 있다.

발주자의 요구에 따라 공사기간 및 공사비용이 한정된 상황이라면, "Time" 및 "Cost"를 고려하여 공사 지연 및 공사비 초과를 발생시킬 수 있는 리스크 인자를 도출함으로써 효율적으로 발주자의 요구조건에 맞춰 프로젝트를 관리할 수 있다.

그림 4-23은 프로젝트의 공정별 리스크 정도를 몇 가지 색상으로 정의하고 이를 4D시스템과 연계하여 공정별 리스크 정도 및 공정 위치를 시각적 정보로 나타낸 모습이다. 이러한 리스크 정보의 시뮬레이션 구현은 일정별로 진행되는 공정들의 수순과 함께 리스크 정도를 시각적으로 표현함으로써 해당 일정에 따른 리스크 공정을 파악할 수 있다.

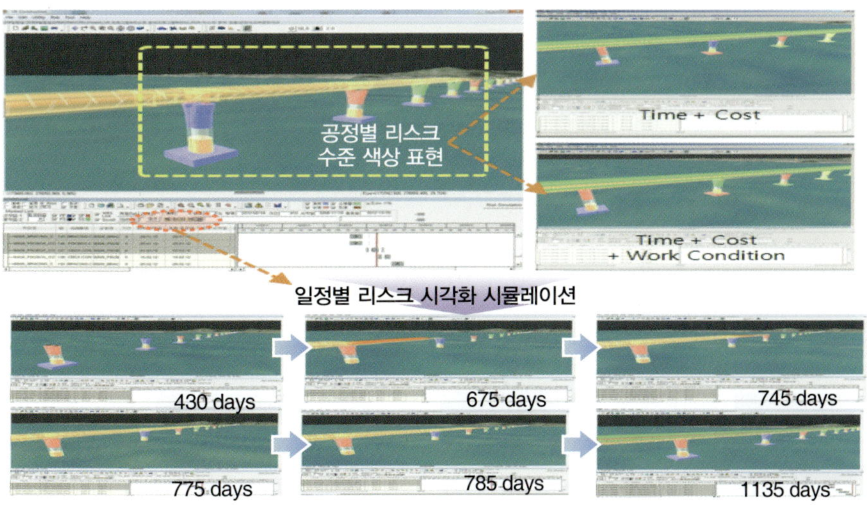

그림 4-23 리스크 분석 결과 시각화 시뮬레이션

리스크 분석 결과 값은 일정정보, 3D모델 등의 4D 구성요소와 연동되어 시각적으로 표현되고, 4D객체가 시뮬레이션되면서 해당 공정의 리스크 정도에 따라 색상이 변화되며 구현되므로 공정별 리스크 정도를 시각적으로 파악할 수 있다.

이러한 정보들은 공사 시작 이전에 사전에 시뮬레이션되는 정보들이므로, 건설공사 현장에서 시행되는 작업들의 위험도 수준이 높게 표현되는 공정들은 사전에 위험관리 수준을 강화하여 작업관리를 함으로써 시공 위험도를 감소시킬 수 있다.

PART **4**

인프라 빔
(Infrastructure BIM)

CONTENTS

CHAPTER 1

인프라 빔 개요 및 특성

1 인프라 빔 활용

1.1 인프라 빔 현황

1 토목시설물 빔 관심도

건축공사 시설물은 제한된 수직적 작업 공간에서 공정이 진행되므로 빔의 적용시에 간섭관리 효과 등을 비교적 빠르게 확인할 수 있다. 반면에 토목공사는 수평적 작업공간에서 선형 형태로 공정이 진행되므로 빔의 적용 효과를 확인하는 과정이 용이하지 않다. 이러한 이유로 빔은 건축공사 중심으로 적용되었으며, 토목공사는 점차 활용성이 증대되고 있는 과정으로 볼 수 있다.

국내 주요 토목시설 발주기관과 정부에서 토목공사 시설물의 빔(이하 Infrastructure BIM, 인프라 빔) 적용을 위한 가이드라인 및 로드맵 구성작업을 시도한 바 있고, 많은 민간기관에서도 빔 적용의 필요성을 인식하고 있다.

그림 1-1은 Dodge Data & Analytics사에서 미국 내 건설기관에 '2023년까지 인프라 분야에서 빔을 어느 정도 중요하게 인식할 것인가?'를 설문한 내용이다. 응답자의 21%는 인프라 분야의 빔 중요도가 매우 높아질 것이고, 50%는 점진적으로 높아질 것으로 예상하고 있다.

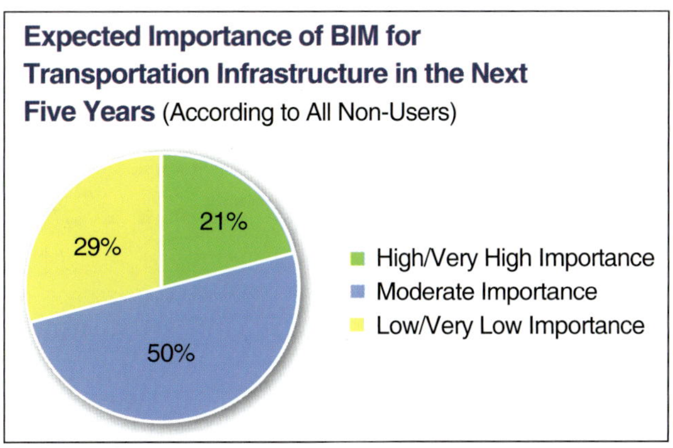

그림 1-1 인프라빔 중요도 인식

2 토목시설 빔 특성

도로, 철도 등 토목시설물의 빔 활용 빈도가 높아진 것은 국내외에서 2010년 이후부터로 볼 수 있으며, 여전히 토목공사의 빔 활용은 건축공사와 비교시에 낮은 수준이다. 이러한 이유는 토목공사가 국가예산으로 발주되는 제도적 환경과 선형적으로 광범위한 현장에서 작업이 진행되는 공종의 특성 등에 기인하고 있다.

실무에서 인프라 빔의 활용에 관심을 갖는 부분은 설계단계의 3D모델에 의한 간섭관리, 시공단계의 4D모델에 의한 사전 시공시뮬레이션 정도이다. 최근에는 주요 발주기관이 유지관리단계의 GIS정보와 자산관리(asset management)와 연동된 빔 기능에 관심을 갖고 있다.

이러한 발주기관과 민간기관의 인프라 빔 관심도 증가는 토목시설 공사의 비용과 품질향상 측면에서 고무적이지만, 빔 적용의 편익 정도를 활용 여부의 주요 기준으로 고려하는 점은 개선되어야 한다. 국내외의 다양한 발주기관에서 보다 합리적인 인프라 빔의 대가기준과 단계별 활용방안 등을 구성하고 있으므로 빠른 시간 내에 실무적 적용이 확산될 가능성이 크다.

3 국내 인프라 빔 활용 현황

국내에서 인프라 빔 활용에 대표적 기관은 한국도로공사와 LH공사 등이며, 한국도로공사는 고속도로공사의 설계 및 시공단계 빔 적용을 위한 ex-빔 가이드라인을 구성하였다. LH공사도 단지토목공사에 빔을 적용하기 위한 가이드라인을 구축한 바 있

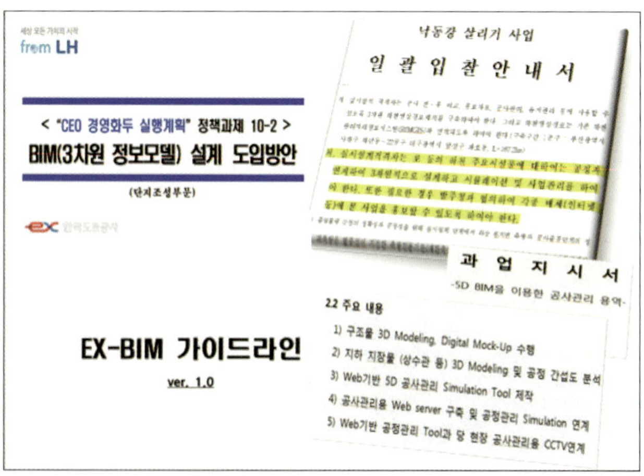

그림 1-2 국내 인프라 빔 활용 사례

다. 그 외에 K-water에서도 빔에 의한 설계 및 시공단계의 선진화방안 보고서를 작성한 바 있고, 한국철도시설공단은 철도인프라 빔 가이드라인을 구성하였다.

정부에서는 2011년 4대강사업 당시에 주요 일괄입찰구간에 4D시스템 구축을 적용한 사례가 있으나, 일괄입찰 수주 회사에서 빔 성과물을 최저가 하도급 방식의 용역으로 시행하면서 빔 성과품이 당초 기대했던 수준에 미달하였고, 시공사나 발주기관에서도 빔 성과품을 운용할 수 있는 인력이 부족하였다.

정부의 건설기술진흥계획과 건설CALS계획에 의하면 빔기반 통합플랫폼 구축, 빔 용역 평가관리체계 구축 등의 내용이 포함되어 있고, 토목시설의 빔 적용을 주요 추진 과제로 기술하고 있다. 한국건설기술연구원에서는 도로시설분야 IFC표준 구축과 3D라이브러리구축을 일찍이 수행한 바 있고, 이러한 구축 수준은 해외와 비교해도 경쟁력이 있는 부분이다.

4 국내 인프라 빔 활용도 조사

그림 1-3은 인프라 빔분야의 관심도가 증대할 무렵에 경상대학교 토목공학과에서 국내 빔 전문가 45명을 대상으로 인프라 빔에 대한 설문조사의 시행 결과를 나타내고 있고, 토목시설에서 빔 적용의 필요성이 83%로 나타난 바 있다. 인프라 빔 의무적용 수준은 평균 570억원 이상의 프로젝트에 대해 적용하는 것이 적절한 것으로 분석되고, 사업비와 공기는 5~15% 정도가 절감 가능할 것으로 분석되고 있다.

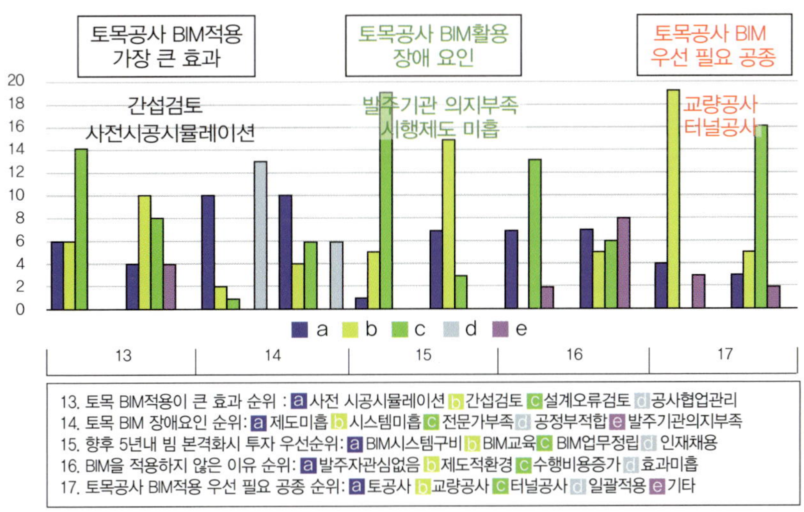

그림 1-3 국내 인프라 빔 활용도 조사

토목공사에서 빔 적용효과가 가장 큰 부분은 그림 1-3에 나타나 있듯이 설계오류 검토, 간섭검토, 사전 시공시뮬레이션 순으로 파악되고, 적용 장애요인으로는 시행 제도의 미흡, 발주기관의 의지부족 등이 대표적 요인이며, 적용 공종은 교량, 터널 공종이 우선적으로 적용될 수 있는 것으로 파악된 바 있다.

5 해외 인프라 빔 활용 현황

해외의 인프라빔 활용 현황은 Dodge Data & Analytics사 등에서 인프라 빔의 활용 초기단계에 미국, 영국, 프랑스, 독일 등 주요 4개국의 인프라 빔 활용현황을 분석한 자료에서 개략적으로 파악할 수 있다. 이 자료에서는 최근의 설계 및 시공사 엔지니어들을 대상으로 빔 활용 현황을 조사하고 있다. 대체로 인프라 프로젝트의 50%이상에서 빔을 활용하는 정도는 빔 초기단계의 20% 수준에서 55%, 향후 65% 수준까지 증가할 것으로 파악되었다.

당시 조사에서 특징적인 것은 설계단계의 빔 활용 증가율(20%에서 45%)보다 시공단계의 증가율(22%에서 58%)이 더욱 빠르게 나타나고 있다는 점이다. 향후 인프라 빔의 중요성이 더욱 증가할 것으로 보는 답변도 71%에 달하고 있다.

인프라 빔 활용의 투자대비 편익분석에서는 그림 1-4와 같이 빔 투자금액대비 25% 이상의 효과를 기대할 수 있다는 답변이 28%, 투자대비 이익을 볼 수 있다는 답변은 37%에 이르고 있다. 인프라 빔을 적용했을 때 기대되는 효과는 간섭관리 및 현장관리 효율화, 3D시각화에 의한 공사 이해도증가, 서류상의 실수 감소, 공사비절감, 재시공감소, 공기절감 등의 순서로 파악된다.

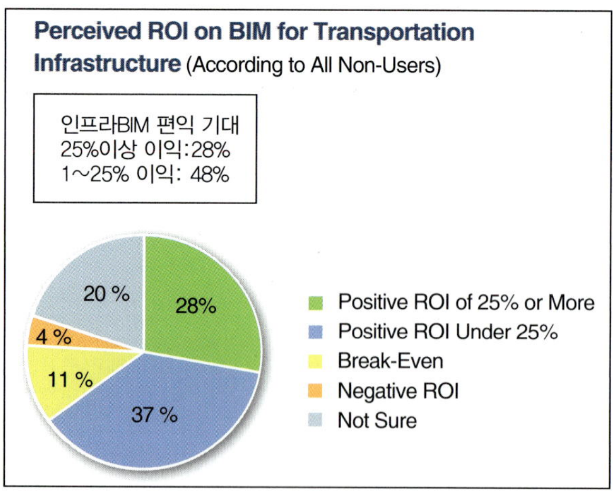

그림 1-4 해외 인프라 빔 활용도 조사-ROI

6 해외 인프라 빔 활용 조사

Dodge Data & Analytics사의 조사에 의하면 인프라 프로젝트에 발주가가 빔을 요구한 사례가 80% 이상으로 분석되었고, 프랑스는 약 33%의 사례에서 발주자가 강하게 요구하고 있다. 빔을 사용하지 않는 그룹에서 가장 많은 미사용 이유는 발주자가 빔을 요구하지 않음, 빔 적용을 위한 투자비용 많음, 중소규모 프로젝트에 효과적음 등이 주요 이유로 파악되고, 향후 빔 적용을 위한 투자 우선순위는 빔 교육, 빔 소프트웨어구입, 사내 빔 업무절차 구축 순으로 파악되고 있다.

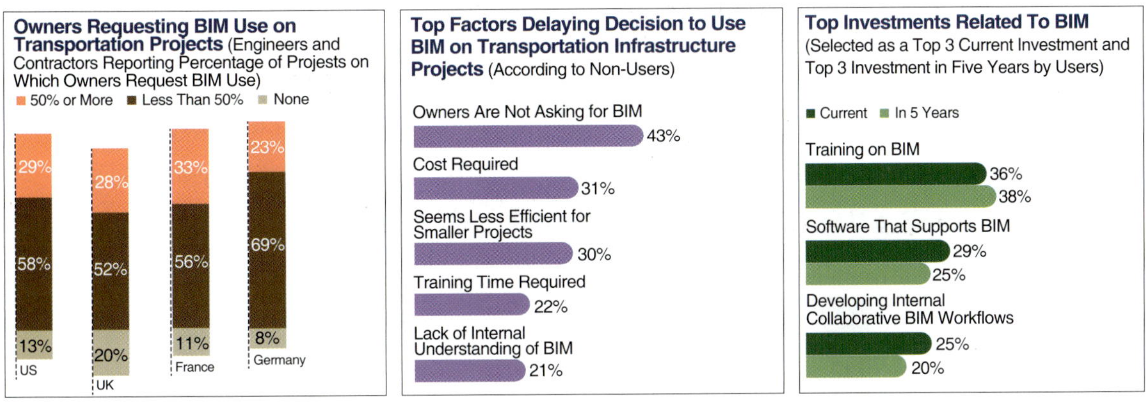

그림 1-5 해외 인프라 빔 활용도 조사–발주자활용

1.2 인프라 빔 활용성

1 인프라 빔 SWOT분석

우리나라의 선진화된 정보화기술 환경은 건설 산업에 빔 적용효과를 높일 수 있는 생태계 환경이 우수함을 의미한다. 초고속 인터넷환경에 의한 정보화 의식의 확산 정도도 건설산업의 대표적 정보화기술인 빔 기술력을 향상시킬 수 있는 조건이 되고 있다. 특히 주요 인프라 시설물의 발주방식이 절대적으로 국가 기관 중심으로 운영되는 점은 인프라 시설물 발주에 빔을 도입하기 용이한 환경이 될 수 있다.

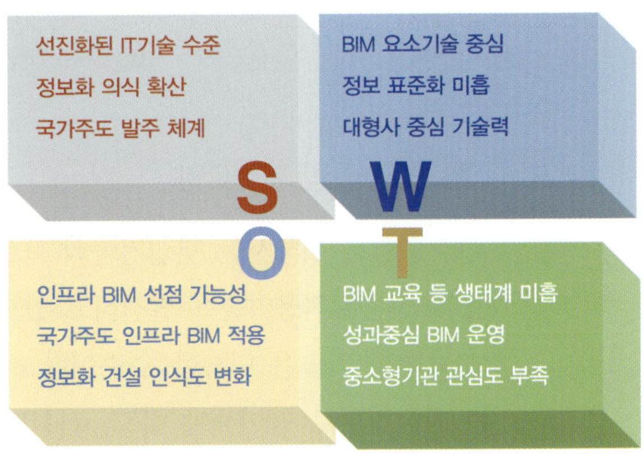

그림 1-6 인프라 빔 SWOT분석

반면에 우리나라의 빔 기술이 요소기술 중심으로 발전되고 있는 점은 우려할 만한 점이다. 설계단계에 3D모델링 기술이나 시공단계의 4D시스템 등의 기술 개발정도는 세계 최고수준으로 진행되고 있으나, 이들 기술을 적용하기 위한 체계적 발주환경이나 생태계 강화를 위한 빔 기술의 저변확대를 위한 지원 제도 등은 상대적으로 낮은 수준이다.

즉, 국가 건설 산업의 전체적 관점에서 빔을 적용할 수 있는 있는 로드맵과 그에 근거하여 조직적으로 빔 운영체계를 구축해 가는 과정이 필요한 것이다. 스페인 등 우리보다 빔의 요소기술 수준이 낮은 국가에서도 빔 운영 초기단계부터 건설산업 환경검토를 포함하여 요소기술개발 및 교육까지 체계적으로 접근하고 있는 점은 관심 있게 지켜봐야 할 점이다.

그림 1–7은 스페인 국영 철도시설관리기관(administrador de infraestructuras ferroviarias, ADIF)의 철도인프라 빔 활용계획으로, 운영조직부터 발주제도 구축까지 빔 운영의 환경 구축부터 시작하기 위해 다양한 시도를 하고 있다.

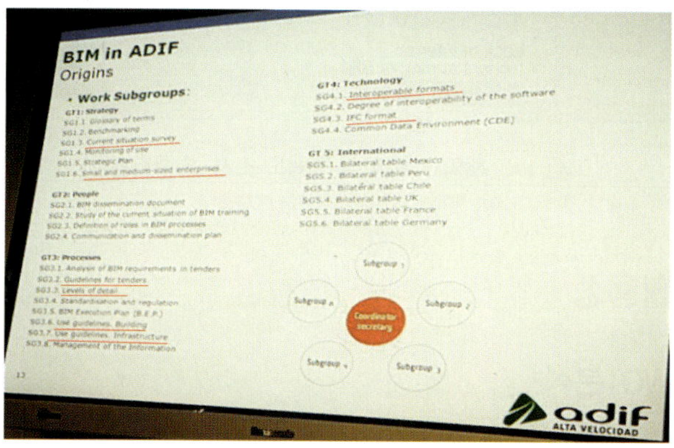

그림 1–7 스페인 ADIF의 빔 로드맵 접근방식

2 인프라 빔 기회요인

빔 운영을 위해서는 건설기술의 표준 정보체계 구축도 중요하다. 국내의 경우 설계 및 시공단계 적용기술은 발전하고 있으나, 이들 기술의 적용효과를 배가할 수 있는 정보 표준화 기술은 미흡한 수준이다. 이를 위해서는 빔 기술의 국제 표준화 작업에 더욱 적극적으로 참여해야 하고, 건설정보분류체계 등 건설정보의 표준화에 더욱 노력해야 한다.

이외에도 빔 기술에 관심을 갖고 있는 민간 기관들도 대부분 대형 설계사 및 시공사에 치우쳐 있다. 즉, 중소회사나 지방 발주기관에서는 관심도를 많이 갖지 않고 있는 점도 빔 기술이 기형적으로 발전되는 요인이 된다.

인프라 빔의 기회 요인으로는 인프라시설 분야의 빔 기술개발과 적용성이 해외에서도 뚜렷하게 발전된 국가가 없으므로, 이러한 분야의 빔 기술력을 확보한다면 인프라 빔 기술 적용성을 선점할 수 있는 요인이 된다.

우리나라의 인프라 빔 기술은 미국, 영국, 독일 등 건설 빔 선진국과 비교시 뒤처지는 수준이 아니므로, 국가에서 주도적으로 인프라 빔 기술을 적용하고 개발한다면, 짧은 시간에 세계 시장의 인프라 빔 기술 선두주자가 될 수 있다. 이러한 기술력 선점은 건설 산업의 첨단화 이미지로 해외 수주 경쟁력 확대로 연결될 수 있다.

이러한 기회요인이 있음에도 실무환경 및 교육기관의 빔 교육체계가 부족하고 성과 중심으로 빔 기술이 적용되고 있는 점은 아쉬운 점이다. 즉, 빔 기술적용에 투입되는 비용대비 편익분석을 우선시 하는 부분은 빔 적용의 장애요인이 되고 있다.

3 인프라 빔 편익

빔 기술의 적용시 편익분석은 동시에 동일한 프로젝트를 같이 진행하지 않는 한 정확한 편익분석 정보의 획득이 어렵다. 대체로 교량과 터널을 포함하는 공사비 1000억원 구간의 고속도로공사에 3D 모델링과 기본적 4D시스템 기능 적용시 구축비용은 약 1~2억원 내외로 볼 수 있다. 빔 적용 범위에 따라 상이할 수 있으나 프로그램과 시스템 구축비용을 제외한 순수 모델링 비용을 의미한다.

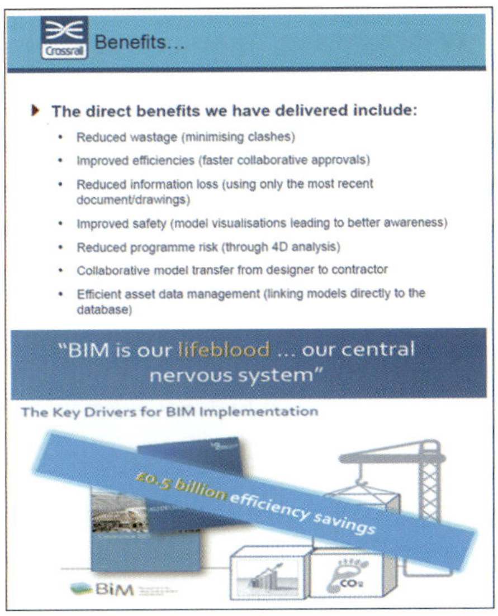

그림 1-8 Cross rail 빔 ROI

이러한 비용투입에 의한 기대 편익은 약 15억원 이상으로 예상할 수 있다.

공사비의 5%를 설계변경 금액으로 보고, 빔이 적용되면 설계변경금액의 30%를 절감할 수 있고, 물량산출과정의 정확성으로 2%내외의 물량 절감효과를 기대하면 예상할 수 있는 절감금액이다.

이러한 빔 적용의 ROI(return of investment)분석 사례는 건축시설이기는 하지만 대표적 빔 적용사례인 한국 빔학회의 LH사옥 연구사례와 한국건설기술연구원의 도로시설 적용사례에서 각각 50%, 96% 이상의 절감효과를 제시한 바 있다.

또한 그림 1-8에 나타나 있듯이 인프라시설 분야의 대표적 적용사례인 영국의 Cross rail 사례에서는 향후 약 8,000억원의 절감(사업비 대비 약 8% 내외)을 예상하는 보고서를 발표한 바 있다.

인프라 빔의 적용에 또 다른 위협요인은 발주기관의 관심도 부족이다. 대부분 시설물이 국가 발주로 이루어지는 인프라 시설물에서 국가 발주기관이 빔에 관심이 없다면 인프라 빔은 사실상 활용성을 확보하기 어렵다. 이 점은 역으로 국가 발주기관에서 관심을 갖고 접근한다면 건축시설 대비 단기간에 활용성을 확보하는 기회요인이 될 수도 있는 것이다.

민간 생태계에서 먼저 빔의 필요성을 인정하고 확산이 된 후에 국가에서 발주 환경을 강화하는 체계가 가장 바람직하지만, 국가 주도 발주체계의 환경에서 국가에서 관심도가 적은 상황에서 민간 기관이 우선 시행하는 것은 어려운 조건이다.

1.3 토목시설물 빔 적용 특성

1 인프라 시설 특성

민간이 발주하는 건축공사는 비용 증가 대비 효과가 좋은 기술이라면 발주자의 의지로 기술을 쉽게 적용할 수 있다. 국가 예산으로 발주되는 토목공사는 예산이 증액되는 부분만큼의 편익에 확신이 있어야 발주를 할 수 있다.

빔의 적용 전후를 수치적으로 비교하기는 어렵다. 토목시설물의 태생적 발주 제약조

그림 1-9 인프라 빔 활성화 전략

건에서 발주가 가능하도록 하려면, 공무원이 빔 발주를 할 수 있도록 관련 규정의 근거를 분명히 하여 발주의 정당성을 확보할 수 있도록 해야 한다.

또한 토목시설물은 교량, 터널, 도로, 항만, 댐 등과 같이 공종의 성격이 이질적인 시설물들로 구성된다. 이러한 시설물 종류에 일괄적으로 빔을 적용하는 것 보다는 적용 효과의 우선순위를 파악하여 순차적으로 적용함이 바람직하다. 예로서 건축시설물과 비교적 유사한 공정 조건들이 포함된 교량, 터널을 우선 적용하는 것도 방법이 될 수 있다.

2 인프라빔 발주 체계

정부에서도 주요 토목시설의 종류와 규모별로 적용 가능한 빔 발주 가이드라인을 제시할 필요가 있다. 국가 가이드라인은 포괄적 개념으로 제시하되, 빔의 발주 규모와 공종구성 정도에 따라 주요 성과품 정도를 기술하고, 산하 발주기관에서는 이를 기준으로 자체 기준을 보완하여 구축하는 것이 적절하다. 국가 발주지침이 있어야 산하 발주기관에서 빔 발주를 활성화 할 수 있고, 국가 가이드라인의 표준화에도 기여할 수 있다.

가이드라인 외에 빔 대가기준도 발주기관의 빔 발주근거로 활용할 수 있다. 국가 예산으로 빔 용역을 발주한다면 적정한 금액 산정이 되어야 하며 적정 대가기준이 없다면 발주부서의 발주 기피 요인이 될 수 있다. 이러한 점에서 국가차원에서 산하 발주기관에 공통적으로 활용가능한 대가기준이 필요하다. 공사규모 및 공종의 복잡성에 따른 상세한 기준은 산하 발주기관에서 사업 특성에 맞게 적용하도록 구성할 필요가 있다.

3 설계 빔과 시공 빔 조합 필요

건축 시설물이 설계 단계의 빔 기반 간섭관리가 중요한 관리 항목인 반면에 토목시설물은 선형적 작업공간으로 인해 간섭관리의 중요도가 상대적으로 높지 않으므로 시공단계 빔이 같이 활용되어야 적용효과를 높일 수 있다.

또한 광범위한 선형 공간에서 다량의 토공 지형정보를 3D로 표현해야 하고, 이러한 3D 성과품은 시공단계 공정을 고려해야 시공단계 빔으로 활용성을 갖게 된다. 즉, 인프라 빔은 설계단계 간섭관리 중심이 아닌 설계와 시공 빔의 조합 적용이 필요하며 이러한 부분은 각 기관별 빔 운영체계에서도 고려해야 할 부분이다.

3D, 4D 빔 객체의 적용은 과거 청사진도면에서 2D도면으로 변화된 것과 같은 설계 및 시공의 패러다임 변화로 간주해야 하고, 우리의 앞선 정보인프라 환경만으로도 인프라 빔 기술 분야의 선도 국가가 될 가능성을 충분히 갖고 있다.

4 3D객체 라이브러리 구축

3D설계에서 부위별 3D객체 구성은 가장 많은 품과 시간을 요하며, 3D설계 환경 확산의 장애요인이 되기도 한다. 이러한 3D객체 구성에 요하는 시간을 감소시키기 위해서는 기본적인 토목 부위별 3D객체가 표준적으로 구성되어 있을 필요가 있다. 사용자는 이러한 3D라이브러리(library)를 이용하여 설계 부위별 3D객체 구성을 용이하게 할 수 있도록 해야 한다.

그림 1-10은 교각의 3차원 모델링을 위해 라이브러리에 내장된 교각의 각 부위별 WBS 선택을 통해 해당 부위의 속성을 입력함으로써 3차원 교각을 간편히 구성하는 과정을 표현한 것이다. 우선 교량 하부의 기초, 교각, 교대를 각각 선택하고 형상의 기하요소를 입력하면 해당 모델이 정의된 형상에 따라 자동 생성되어 각 부위별 후속위치에 배치된다.

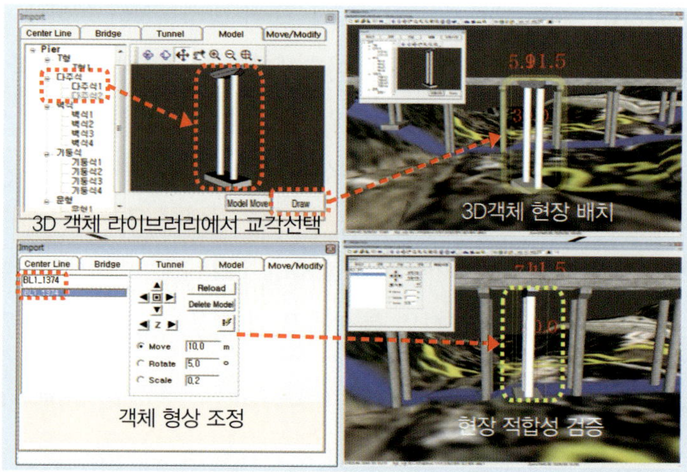

그림 1-10 3D라이브러리에 의한 간편화된 설계도 구성

이들 객체정보들은 파라미터의 기하요소를 이용하므로 하나의 속성을 변경하게 되면, 시뮬레이션 화면에 구성된 3차원 모델의 연관정보들도 동시에 변경되어 빔의 파라메트릭 모델링(parametric modeling)요구사항을 반영할 수 있다.

5 토목 3D객체 생성 편리성

토목공사는 자연지형을 대상으로 하는 토공사가 많이 포함되며, 특히 교량, 터널, 댐, 항만 등의 객체 간 시설물 모양이 상이한 구조물들로 구성되므로 그만큼 표준화된 호환성 코드 구성이 어려운 부분이다. 3D객체 구성작업을 간편화 시킬 수 있는 방법으로, 기존 2D객체에 높이, 폭, 직경 등의 간단한 제원만 입력하면 3D객체가 생성되는 간편화된 변환 도구가 보편화될 필요가 있다.

그림 1-11은 플랜트 배관의 간단한 제원(길이, 직경 등)입력만으로 3D 배관 모델이 자동 생성되는 과정을 구성한 화면이다. 이는 2D기반에서 배관망의 형상을 속성 값으로 정의하고 배관망이 설치될 경우 평면상에서 경로를 정의함으로써 경로를 중심으로 하는 3D 배관 모델이 자동 생성될 수 있다.

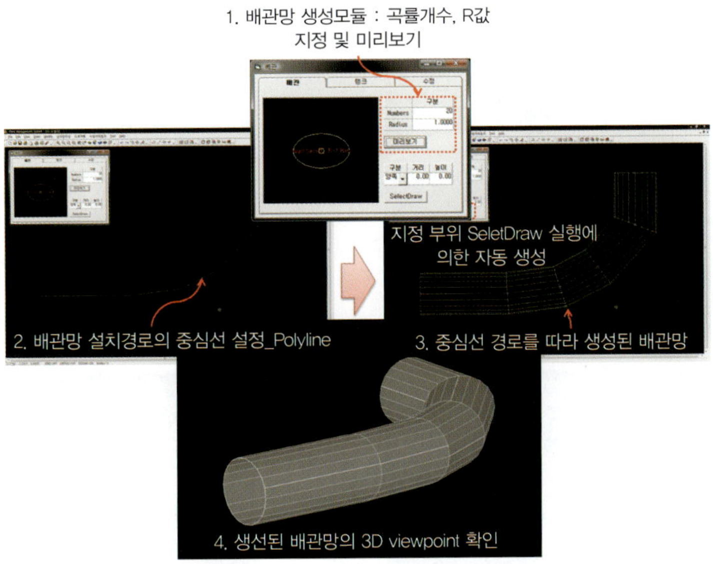

그림 1-11 2D객체의 3D변환 도구 사례

2 인프라 빔 단계별 적용

2.1 설계단계 인프라 빔 활용

1 설계단계 인프라 빔 기능

설계단계 인프라 빔 활용의 기본 기능은 토목 시설물의 구조물 해석정보와 공사비 정보 등을 설계 객체 부위별로 관리할 수 있는 기능이다. 또한 객체의 설계 오류, 간섭, 위치 등을 파악하기 위해 횡단면 검토 및 객체 간섭검증 기능이 활용되고, 지하시설물의 시각화 검토, 지형의 표고, 경사, 수계 분석 및 토공 시각화 분석 기능 등이 구현될 수 있다.

설계정보에 근거하여 임의의 단면, 거리, 깊이, 경사, 표고 분석과 도로 및 교량의 선형 및 형식별 대안 검토, 유역면적 산출 등의 기능 등도 구현될 수 있다.

특히 토목공사는 토공사와 직접 연관되므로, 성토 및 절토 상태를 시각적으로 분석할 수 있는 기능과 완성된 3차원 모델의 설계 정합성 분석 기능이 적용될 수 있다.

생성이 완료된 3차원 모델은 시공단계에서 광역 현장의 다중 프로젝트 및 구조물 관리가 가능하도록 그림 1-12와 같이 구글 어스(Google Earth)의 지형정보와 통합하여 설계단계 빔 구현을 위한 다차원 캐드 기반의 시뮬레이션 체계를 구현할 수도 있다.

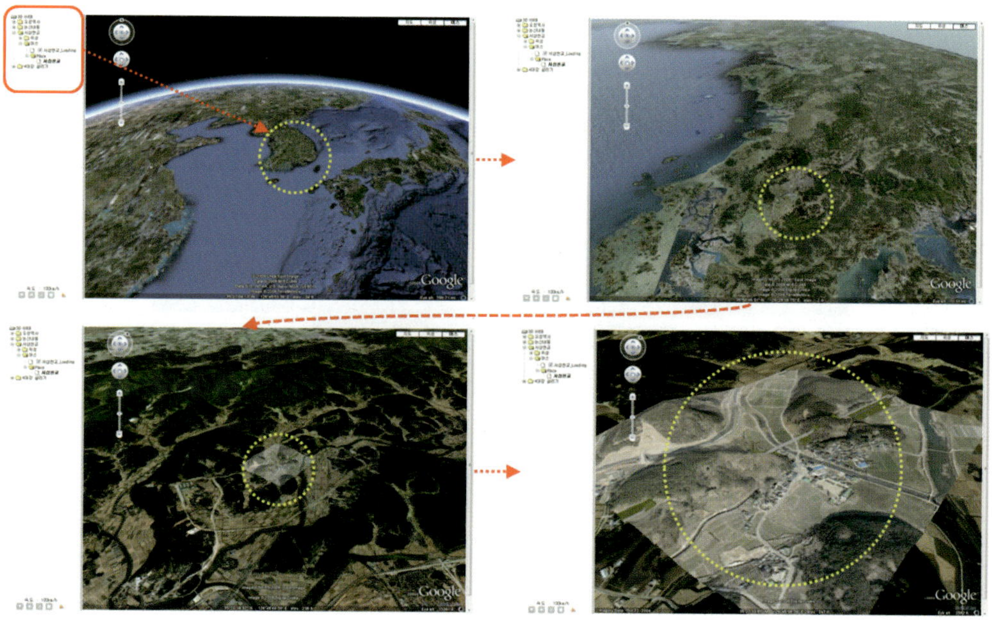

그림 1-12 3D모델의 Google Earth 연동

2 설계단계 인프라 빔 표준

설계단계의 인프라 빔 활용은 2D도면의 3D도면 작성을 위한 3D모델링 작업과 3D 모델에 의한 간섭관리가 대표적 활용분야이고, 이러한 활용을 위해서 인프라빔을 위한 IFC(industry foundation class) 등의 빔 표준 구축이 선행되어야 한다.

건축분야와 달리 토목시설의 IFC코드는 교량시설물과 도로시설물 정도가 개발되어 있고 기타 인프라시설 분야는 개발 중에 있는 상태이다. 그림 1-13은 도로 성토체의 IFC코드 구성을 위한 형상정보 표현 사례이다.

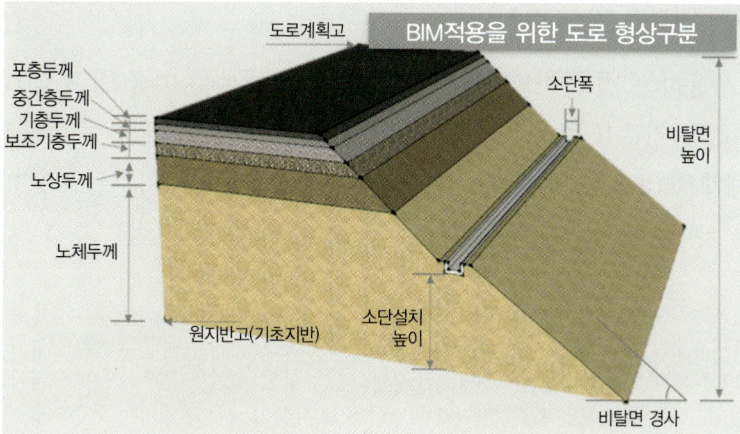

그림 1-13 빔적용을 위한 도로 형상정보 구분 사례

국내에서 대표적 인프라 빔 운영 기관 중의 한 곳인 한국도로공사의 고속도로공사의 발주, 설계, 시공에 활용하는 빔 가이드라인(guideline, ex-BIM)에서는 정보분류체계, 공종 및 모델수준정의, 설계, 시공, 유지관리 단계별 빔 적용방안 등의 내용이 기술되어 있다. 이외에도 빔 적용시 LOD(level of development)수준에 대하여 표현이 되어 있다. 그림 1-14는 한국도로공사의 초기단계 빔 가이드라인 구성 목차를 나타내고 있다.

목차

1. 적용 범위 및 실행계획
- 1.1 적용 범위
- 1.2 BIM 추진계획 및 과업지침서
- 1.3 BIM 실행계획, 실행계획서 및 실행절차
- 1.4 BIM 적용을 위한 지원사항
- 1.5 BIM 성과품의 유의사항 및 권한

2. 용어 정의

3. 명칭 및 분류체계
- 3.1 명칭
- 3.2 분류 체계

4. BIM 활용공종 및 모델 수준정의
- 4.1 BIM 활용 공종
- 4.2 단계별 모델 수준(LOD)
- 4.3 BIM 모델정보 요구사항 정의

5. 설계단계의 BIM 적용
- 5.1 설계 BIM 계획
- 5.2 설계단계 BIM 활용
- 5.3 BIM 성과물의 정의
- 5.4 BIM 품질 관리

6. 시공단계의 BIM 적용
- 6.1 사업관리 BIM 계획
- 6.2 BIM 공정관리
- 6.3 BIM 안전관리
- 6.4 안전관리 활용
- 6.5 위치기반 안전관리
- 6.6 UAV활용 안전관리
- 6.7 BIM 기반 지장물 검토

7. 유지관리 단계의 BIM 적용
- 7.1 준공 BIM 모델
- 7.2 유지관리 BIM 활용

8. 참고문헌

부록 I BIM 실행계획서 양식

부록 II 도로분야 작업분류체계(WBS) 코드집

그림 1-14 ex-BIM 가이드라인 구성내용

3 설계단계 인프라 빔 LOD기준

국내에서 사용하는 빔 가이드라인의 LOD 기준은 대부분 미국 빔 포럼(BIM Forum) 등에서 제시하는 기준을 준용하고 있다. 매년 발행하는 기준에서 큰 차이점을 찾기는 어려우며, 대체로 Uniformat 및 Omniclass 분류코드 체계를 기준으로 LOD의 적용수준에서 일부 차이점이 있는 정도이다.

LOD 100 : 개념 모델 수준 (LOD 200을 만족하지 못하는 수준의 그래픽 표현만 가능한 수준)
LOD 200 : 개략 형상 모델 수준 (개략적인 수량, 크기, 형상, 위치를 갖고 모델이 구성되는 수준)
LOD 300 : 정밀 형상 모델 수준 (치수와 관련한 주요 사항이 모두 반영되는 수준으로 그래픽 정보 이외의 정보가 연계될 수 있음)
LOD 350 : 정밀 형상과 연계정보 모델 수준 (LOD 300 수준에 타 시스템과의 연계 정보가 추가된 모델 수준)
LOD 400 : 제작 모델 수준 (상세나 조합, 설치 정보가 포함되어 제작 도면이나 기계 가공이 가능한 모델 수준)
LOD 500 : 준공 모델 (현장에서 검증된 모델로 크기, 형상, 위치, 수량 및 방향 정보가 포함되고 추가 정보가 연계될 수 있는 수준)

그림 1-15 빔 가이드라인 LOD 예

FUNDAMENTAL LOD DEFINITIONS3 (BIM FORUM)

LOD 100
The Model Element may be graphically represented in the Model with a symbol or other generic representation, but does not satisfy the requirements for LOD 200. Information related to the Model Element (i.e. cost per square foot, tonnage of HVAC, etc.) can be derived from other Model Elements.

LOD 200
The Model Element is graphically represented within the Model as a generic system, object, or assembly with approximate quantities, size, shape, location, and orientation. Non-graphic information may also be attached to the Model Element.

LOD 300
The Model Element is graphically represented within the Model as a specific system, object or assembly in terms of quantity, size, shape, location, and orientation. Non-graphic information may also be attached to the Model Element.

LOD 350
The Model Element is graphically represented within the Model as a specific system, object, or assembly in terms of quantity, size, shape, location, orientation, and interfaces with other building systems. Non-graphic information may also be attached to the Model Element.

LOD 400
The Model Element is graphically represented within the Model as a specific system, object or assembly in terms of size, shape, location, quantity, and orientation with detailing, fabrication, assembly, and installation information. Non-graphic information may also be attached to the Model Element.

LOD 500
The Model Element is a field verified representation in terms of size, shape, location, quantity, and orientation. Non-graphic information may also be attached to the Model Elements.

그림 1-16 미국 BIM Forum의 설계 인프라빔 LOD 기준

빔 포럼의 LOD 기준에서 인프라빔에 적용가능한 부분만을 별도로 파악해 보면 매우 적은 분량에 불과하다. G10 21-07 10 Site Preparation과 G20 21-07 20 Site Improvement 정도이고 이 내용들도 건축시설공사의 부대토목공사에 적용되는 수준에 불과하다. 순수 토목시설에 적용가능한 LOD기준은 'CIVIL'로 분류된 교량공사의 거더(girder)부위 기준만 포함되어 있다.

G10 21-07 10 Site Preparation
G1010 21-07 10 10 Site Clearing
G1020 21-07 10 20 Site Elements Demolition
G1030 21-07 10 30 Site Element Relocations
G1050 21-07 10 50 Site Remediation
G1070 21-07 10 70 Site Earthwork

G20 21-07 20 Site Improvements
G2010 21-07 20 10 Roadways
G2020 21-07 20 20 Parking Lots
G2030 21-07 20 30 Pedestrian Plazas and Walkways
G2040 21-07 20 40 Airfields
G2050 21-07 20 50 Athletic, Recreational, and Playfield Areas
G2060 21-07 20 60 Site Development
G2080 21-07 20 80 Landscaping

CIVIL
Highway Bridges Precast Structural I Girder (Concrete)
Highway Bridge Girder Steel
Railroad Bridges Precast Structural I Girder (Concrete)
Railroad Bridge Girder Steel

그림 1-17 빔 Forum의 인프라 빔 관련사항

100	Proposed Surfaces shown as a plane.	
200	Proposed Surface: Generic Surface Interpolation between the following elements: Building Envelope at Finish Floor, Finish Grade at Retaining Walls, Grading Limits. Curbs, hardscape, finish surface at building envelopes.	
300	Proposed Surface: Complete and accurate surface definition based on defined fine grading, grade breaks, curbs, hardscape, buildings, swales, etc.	
350	Include existing Surface: 3D surface generated from site topography, with grade breaks and lines as needed to define accurate surface. 3D site features included if provided by surveyor (i.e. walls, signage, stairs, etc., as defined in Survey LOC-Grade).	
400	Surface modeled to facilitate robotic controlled grading and GPS grade-control systems.	

200	Element modeling to include: • Type of structural concrete system • Approximate geometry	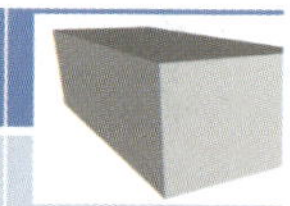
300	Element modeling to include: • Specific sizes and locations of main concrete structural members modeled per defined structural grid with correct orientation • Concrete defined per spec (strength, air entrainment, aggregate size, etc.)	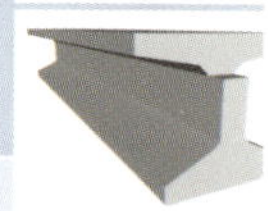
350	Element modeling to include: • Reinforcing Post-tension profiles and strand locations • Reinforcement called out, modeled if required by the BXP, typically only in congested areas • Pour joints and sequences to help identify reinforcing lap splice locations, scheduling, etc. • Chamfer • Expansion Joints • Lifting devices • Embeds and anchor rods • Post-tension profile and strands modeled if required by the BXP • Penetrations for items such as MEP • Any permanent	
400	Element modeling to include: • All reinforcement including post tension elements detailed and modeled • Finishes	

그림 1-18 미국 빔 Forum 인프라분야 LOD기준 예

G10 21-07 10 Site Preparation내의 Site earthwork 부분의 LOD기준은 LOD100의 매우 개략적 형상정도 수준의 표현부터 LOD400의 상세 지형정보 표현까지 예시로 표현되어 있다. 교량의 I 형 거더는 전체 덩어리 형상의 표현 수준인 LOD200부터 구체적인 콘크리트체 형상정보가 표현된 LOD300, 콘크리트내 철근배근도가 표현된 LOD350, 철근배근도내에 보강철근 상세도까지 표현된 LOD400수준까지가 예시로 표현되어 있다.

실제로 인프라빔에 LOD기준을 적용하기 위해서는 이러한 기준정보는 참조로 사용될 뿐이고, 실제 공종 및 시설종류에 따라서 더욱 다양하게 보완되어야 하며, LOD의 적용수준도 명확하게 명시되어야 발주 근거 및 성과물 검증 도구로 활용할 수 있다.

2.2 시공단계 인프라 빔 활용

1 4D시스템 기능의 확장

시공단계에 활용할 수 있는 인프라 빔의 대표적 기능은 4D시스템에 의한 사전 시공 시뮬레이션과 시공단계의 간섭관리 기능이다. 5D시스템에 의한 비용관리 등도 일부에서 활용되고 있으나 빈번히 사용되는 수준은 아니다.

인프라 빔 활용 초기단계에는 4D시스템의 사용도 일부 프로젝트에 제한적으로 사

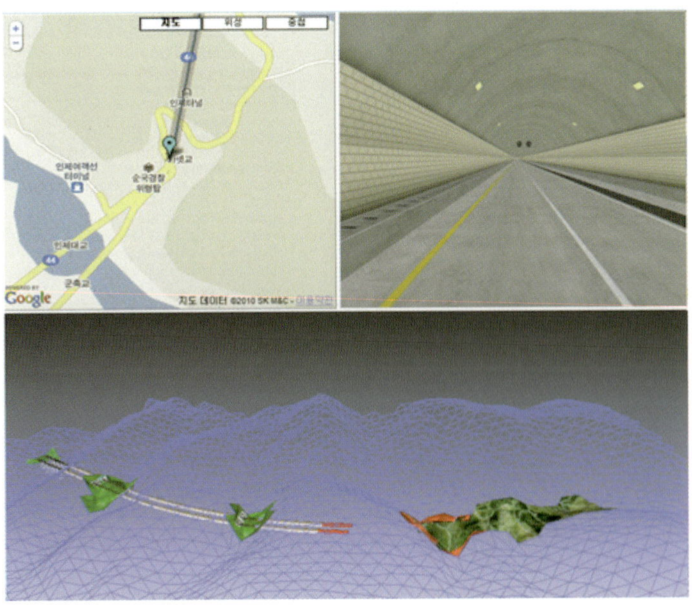

그림 1-19 고속도로 터널공사의 시공단계 빔 적용사례

용되는 수준이었으며, 이러한 이유는 4D시뮬레이션을 위해서는 설계단계의 3D모델링이 우선적으로 되어야 하는데 인프라시설에서 설계단계의 3D모델링이 쉽지 않기 때문이다. 하지만 토목공사의 특성상 설계단계 모델링도 중요하지만 시공단계의 사전 시뮬레이션도 중요한 기능이므로, 설계단계 빔이 활성화되면 시공단계 빔은 곧바로 적용될 가능성이 크다.

특히 도로와 철도시설공사는 장대 터널구간이 다수 포함되고 터널공사의 공정 진행현황은 그림 1-19와 같이 외부에서 파악할 수 없으므로 4D시스템 등의 빔 객체 표현은 시공단계에 유용한 도구가 될 수 있다.

4D시스템에 공정별 작업 위험도(risk)정보를 더하여 표현한 사례들도 있으며, 이는 공사일정별로 완성도가 3차원으로 연속 시뮬레이션 되면서 공정별 작업 위험도를 색상으로 구분하여 표현하고 있다. 이로써 공사일정별로 현장의 위험작업 진행현황을 동시에 파악하여 위험도가 높은 시기의 현장관리의 안전성을 향상시키는 정보로 활용될 수 있다.

그림 1-20 4D시스템에 의한 공정별 시공 위험도 시각화

2 빔 객체와 시공 현장영상의 연동

단순한 4D시스템 화면은 가상현실 객체만으로 구성되므로 현장 실무자들의 관심도를 유발하기 어렵고 현장의 현실감이 많이 결여되는 단점이 있다. 특히 인프라 시

설물은 공사범위가 광범위하므로 현장관리 기능이 중요하며, 이러한 점을 보완하기 위해 현장의 웹카메라 영상과 4D시스템 객체를 연동하여 표현하는 방법도 제시될 수 있다.

그림 1-21 4D시스템과 현장 웹카메라의 연동에 의한 직관적 공정진도파악

이러한 방법에서는 당초 계획일정대비 완성도와 현장의 실제 완성모습을 비교하여 직관적으로 진도관리가 가능한 장점도 있다. 특히 최근에는 건설현장에 대부분 CCTV가 설치되어 있으므로 CCTV영상을 4D시스템과 연동하여 계획대비 실제 현장의 양측 좌표체계를 연동시킴으로써 계획대비 실제 영상의 비교 화면 구성이 가능해 질 수 있다.

3 증강현실과 시공 현장영상의 연동

현장의 실제영상은 증강현실(augmented reality, AR)과 연동되어 가상현실(virtual reality, VR) 화면만으로 구성된 빔 객체의 현장감을 높일 수 있다. 즉, 현재 시점까지의 실제 현장 완성모습에 향후 일정기간 후의 예정된 공정 진행모습을 예정 공사일정에 따라 VR로 구현해주는 사례들이 제시된 바 있다. 이러한 발전된 4D시스템기능 구성은 현장 실무자에게 현장감 있는 빔 객체를 제공함으로써 4D시스템을 비롯한 빔 객체의 실무 활용성을 높일 수 있다.

또한 AR객체 영상 구현을 위해서는 현장에 완성된 시설물에 마커(marker)를 부착하여 구현하는 방법이 적용되고 있으나 현장 시설물에 직접 마커를 부착하는 과정이 번거롭게 여겨지고 있다. 이러한 이유로 3D프린터(3D printer)로 현재까지 진행된 공정의 완성물을 출력한 후에 출력물에 마커를 부착하여 향후 예정 공정을 4D객체로 표현하는 기능의 구현도 가능하다.

그림 1-22 현재 시점의 실제완성모습에 예정 공정의 4D시스템 AR연동 모습

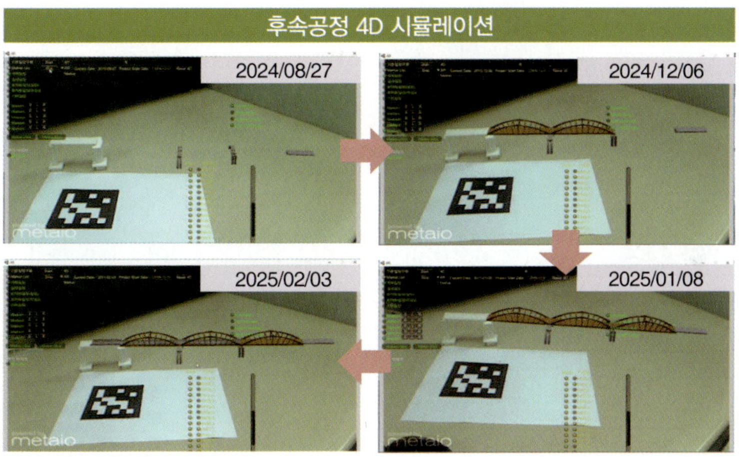

그림 1-23 3D 프린터 출력물의 빔 객체 연계

4 시공단계 인프라 빔 LOD기준

건설공사에 빔 적용이 활성화되면서 다양한 기관에서 빔 가이드라인을 제작하여 활용하고 있다. 대부분의 가이드라인은 건축공사 중심이고 건축공사 가이드라인만큼 상세하게 제작된 토목공사 가이드라인은 흔치 않다. 따라서 토목공사에 적용 가능한 상세한 빔 LOD기준도 제시된 사례가 많지 않다.

표 1-2 시공 BIM 객체모델 LOD 수준 예

LOD 수준	BIM객체정보 수준	표현 사례	LOD 수준	BIM객체정보 수준	표현 사례
LOD 100	• 2D객체 표현 • 형상과 치수 표현	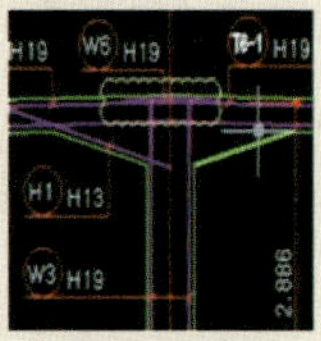	LOD 400	• 철근 배근도 등 상세 객체표현 • 시공 상세정보 속성 표현 • 현장 물량작업 공정 표현	
LOD 200	• MASS 형태 3D 표현 • 형상과 치수 개략정보 표현 • 개별 공정 객체 표현 불가		LOD 500	• 현장관리정보 연계 표현 • 일정, 비용정보 속성 표현 • 기타 사업관리 정보 표현	
LOD 300	• 부위별 3D객체표현 • 형상과 치수 상세정보 표현 • 개별 공정의 객체 분리 표현				

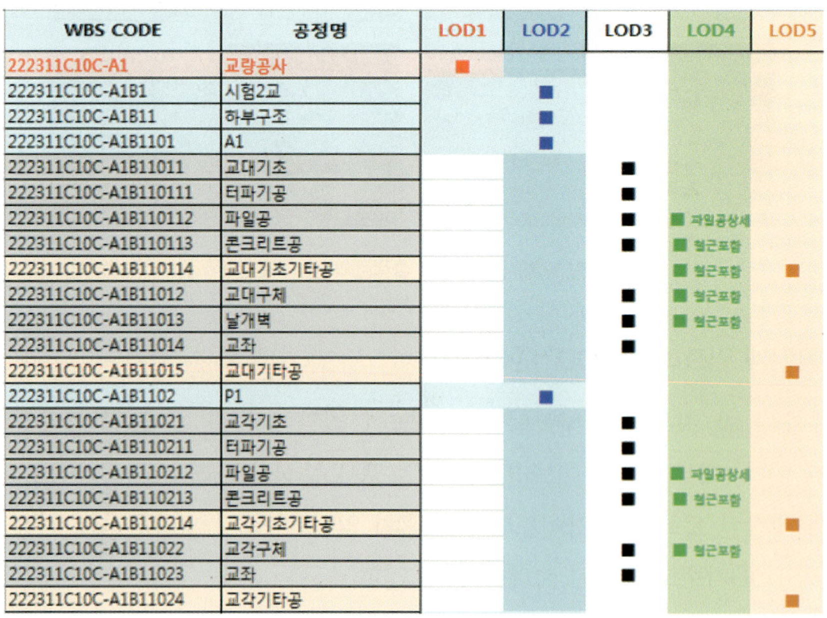

WBS CODE	공정명	LOD1	LOD2	LOD3	LOD4	LOD5
222311C10C-A1	교량공사	■				
222311C10C-A1B1	시험2교		■			
222311C10C-A1B11	하부구조		■			
222311C10C-A1B1101	A1		■			
222311C10C-A1B11011	교대기초			■		
222311C10C-A1B110111	터파기공			■		
222311C10C-A1B110112	파일공			■	■ 파일공상세	
222311C10C-A1B110113	콘크리트공			■	■ 철근포함	
222311C10C-A1B110114	교대기초기타공				■ 철근포함	■
222311C10C-A1B11012	교대구체			■	■ 철근포함	
222311C10C-A1B11013	날개벽			■	■ 철근포함	
222311C10C-A1B11014	교좌			■		
222311C10C-A1B11015	교대기타공					■
222311C10C-A1B1102	P1		■			
222311C10C-A1B11021	교각기초			■		
222311C10C-A1B110211	터파기공			■		
222311C10C-A1B110212	파일공			■	■ 파일공상세	
222311C10C-A1B110213	콘크리트공			■	■ 철근포함	
222311C10C-A1B110214	교각기초기타공					■
222311C10C-A1B11022	교각구체			■	■ 철근포함	
222311C10C-A1B11023	교좌			■		
222311C10C-A1B11024	교각기타공					■

그림 1-24 WBS와 연동된 시공 빔 LOD 활용

표 1-1은 시공단계에 사용 가능한 시공 빔 객체 구성의 수준을 정의한 LOD의 사례이다. 표에서 제시하는 LOD기준에서 실무적 활용을 위해서는 최소 LOD300 수준 이상으로는 빔 객체가 구성되어야 공정관리를 비롯한 시공단계 활용성을 확보할 수 있다.

이러한 시공 빔 LOD는 WBS 수준별로 연동되어 활용될 수 있으며, 이 경우에 WBS는 공정의 수준별 상세 분개가 가능하도록 구성되어야 한다. 그림 1-24는 시공 빔의 LOD기준을 WBS 수준별로 연동하여 제시한 사례이다.

2.3 유지관리단계 인프라 빔 활용

유지관리단계에 인프라 빔의 대표적 활용기능은 빔 객체정보와 GIS정보를 연동하여 시설물 관리정보를 시각화하는 기능이다. 이러한 기능은 그림 1-25와 같이 지진이나 홍수와 같은 자연재해 위험지도(hazard map) 작성 등으로 활용이 가능하다.

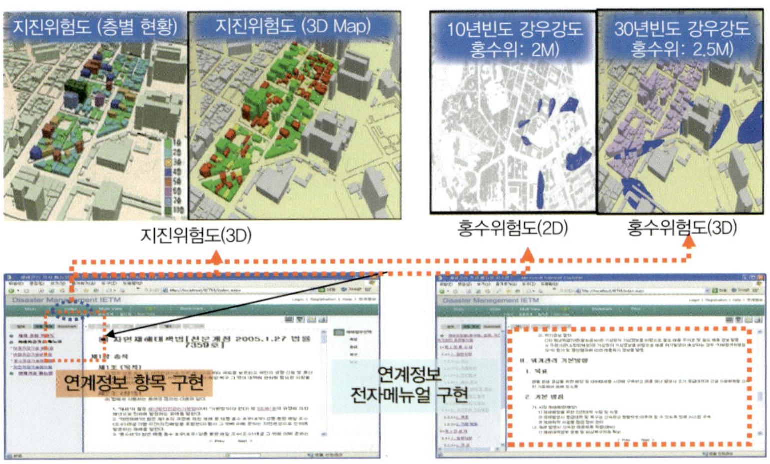

그림 1-25 빔정보와 GIS정보 연동에 의한 위험지도 활용

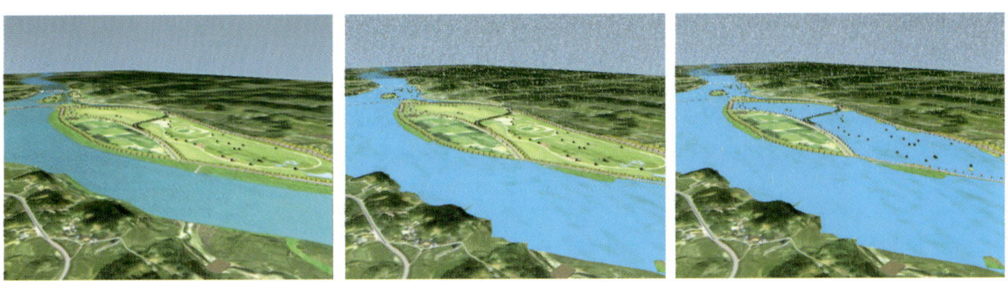

그림 1-26 강우 지속시간별 하천 범람 위험 구역 표현

그림 1-26은 임의의 강우강도가 일정시간 지속될 때 예상되는 하천의 범람 정도를 시간에 따라 시각화 하여 강우의 지속 시간별 범람 위험지도를 표현하는 사례를 표현하고 있다.

이외에도 유지관리단계에는 설계 및 시공과정의 공사 이력정보를 취합하여 관리하면서 시설물의 자산관리기능에 활용할 수 있다. 실제로 주요 인프라시설물 발주기관들은 공용단계에 있는 시설물의 연차별 노후 상태와 시설물 자산의 변동현황을 빔 기반으로 관리하는 기능에 관심도가 높다.

CHAPTER 2

토목공사 빔 적용 실무

1 토목시설물 빔 객체 구성

1.1 토목공사 공정 특성

1 다량의 토공사

건축시설물은 수직, 반복적으로 작업이 진행되어 3D객체 구성이 비교적 용이하고, 각 객체의 모양은 기둥, 슬래브와 같이 정형화된 인위적 형상으로 구성되어 캐드작업의 편리성을 가질 수 있다. 또한 일정과 연계된 4D객체 구현 시에도 활동과 3D객체가 수직적 공정진행 형상으로 연계되므로 완성상태의 시각적 연속구현이 용이하다.

반면에 토목시설물은 비반복적 부위들로 구성된 수평적 작업들로 진행되므로 빔 객체의 구현 방법도 차별화가 필요하다. 또한 토공사 작업의 빔 구현시에는 삼각망 구성에 의한 자연지형의 빔 객체구현 방법과 성토 및 절토 작업형상에 따른 지형변화 형태를 일정별로 객체화하기 위한 방법 등이 필요하다.

건축공사에도 토공이 포함되나 제한된 면적에서 기초 굴착을 위한 단순 터파기 작업이므로 토목공사의 토공작업과 비교될 수 없다. 이러한 방법은 건축시설물을 대상으로 하는 기존 시스템의 기능으로는 구현할 수 없는 방법들이며, 토목시설물이 갖는 고유의 빔 구현 방법을 필요로 한다.

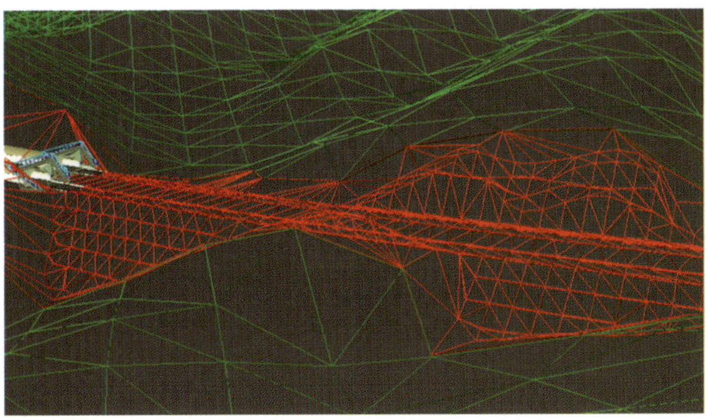

그림 2-1 토목시설물의 토공사 객체표현

2 수평적 시설물의 빔 구현

도로, 철도 등의 토목시설물에서 토공, 포장, 터널 등의 주요 공종들은 광범위한 작업구역에 걸쳐 수평적으로 작업이 진행되고, 동시에 교량 등의 교각구조물은 수직적으로 작업이 진행되는 양면성을 갖고 있다. 이러한 점은 수직적 작업위주의 건축시설물과 비교할 때, 4D객체의 연속 구현시 시각적 효과의 완성도를 높이기 위해서 수평 및 수직적 구현이 모두 가능한 빔 객체의 구현 방법을 필요로 한다.

선형적으로 작업이 진행되는 경우를 수평적 작업역(horizontal work zone)이라 하고 도로, 철도 등의 수평적 시설물들은 선형적으로 시설물 전체를 펼쳐놓은 후, 임의 구역을 수평적으로 선택하여 빔 객체구현이 가능하다면 토목시설물의 실제 작업 상황에 적합한 빔 도구로서 활용성을 가질 수 있다.

도로나 철도시설 공사의 실제 작업현장에서 공정 진행절차를 분석하면 그림 2-2와 같이 선형 진행방향에 따라 수평적으로 공구를 분할하여 작업이 진행된다. 즉, 토공, 포장 구간은 물론 터널구간도 100~200m 단위의 공구로 구분되어 작업이 진행되며, 각 공구의 시공수순은 토공에서 쌓기와 깎기가 몇 단씩 반복 작업으로 구성되고, 터널의 굴착, 복공작업 역시 공구개념으로 진행된다.

그림 2-2는 교량, 터널 등을 포함하는 고속도로공사의 공구분할 사례를 블록으로 구분한 모양이며, 각 블록은 노선측량(route survey)된 측점(station NO)별로 구분된다. 즉, 토공 1구간은 STA.0+000-STA0+244의 244m이며, 연화2교 블록은 STA.0+244-STA.0+334의 약 90m 구간으로 구분됨을 표현하고 있다.

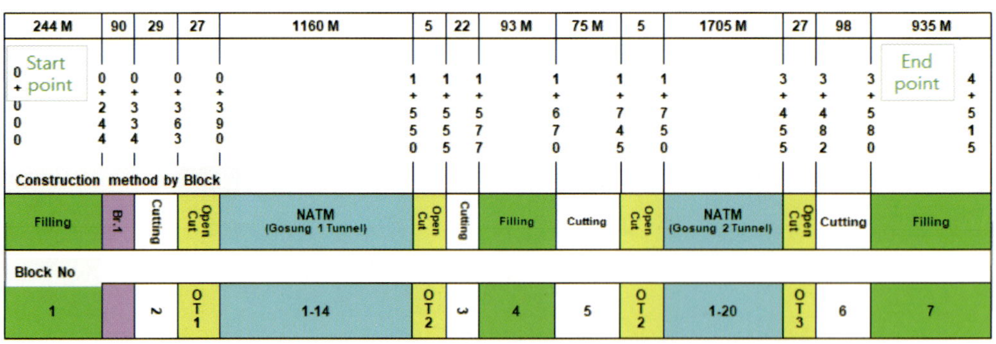

그림 2-2 수평적 작업역 구성을 위한 블록구분 개념

3 수평적 시설물의 4D구현

수평적 시설물들의 4D구현을 위해서는 시설물을 노선측량 측점별로 선택적으로 블록으로 구분하여 해당 블록의 4D객체들을 집합적으로 관리하는 방법이 가능하다.

즉, 도로의 전 구간을 4D화면상에 수평적으로 펼쳐 놓은 후, 사용자는 측점위치별로 수평적 범위를 선택하여 원하는 구간의 4D객체를 구현할 수 있도록 하는 방법이다. 실제 시스템 구현시에 이러한 개념은 시점부터 종점까지의 토공, 개착식 터널, NATM, 교량구간을 측점별 세부 블록개념으로 구분해 놓은 후, 마우스로 해당 블록을 클릭하면 선택된 블록의 4D객체가 수평적으로 구현되는 개념이다.

즉, 토목시설물 공사 진행이 측점별로 진행되는 점을 고려하여, 측점별 블록개념에 의한 수평적 빔 객체 구현 방법이 필요한 것이다. 그림 2-3은 도로시설 공사의 수평적 작업역 구성 모습을 표현하고 있다.

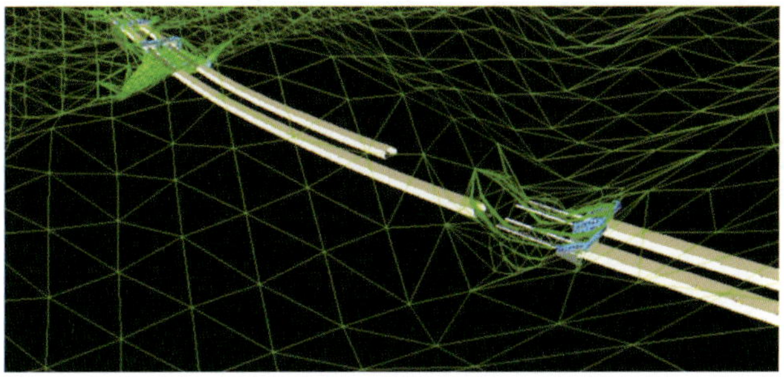

그림 2-3 도로공사 수평적 작업역 구성

1.2 토공 객체의 표현

1 토공 객체화를 위한 지형삼각망

기존의 건축시설물 빔 구현과 달리 선형적인 토목시설물의 빔 구현 시에는 자연지형의 표현을 위한 삼각망 자동 구현기술이 필수적으로 요구된다. 즉, 건축시설물의 빔 구현 시 요구되는 3D객체들은 모두 자연적 지형조건과 관계없는 인위적 부재들로 구성되므로, 3D객체의 구성은 길이, 두께, 면적, 형상 등의 일반적인 속성(attribute) 정보만으로 표현될 수 있다.

반면에 토목시설물은 대부분의 공종에 토공사가 상당부분을 차지하고 있으며, 이러한 토공 작업들 역시 개별 작업별로 정해진 일정에 따라 완성상태를 시각화해야 한다. 이때 개별 작업별 절토 및 성토의 작업물량 할당 및 할당된 작업물량에 대한 3D

객체화가 용이하지 않은 점이 문제시되고 있다.

이러한 토공작업 표현을 위한 지형삼각망 구성은 해당 원지형을 불규칙적인 삼각망(irregular triangulate network)으로 표현하는 방법이 일반적으로 이용되고 있다. 설계 객체별 별도의 속성으로 표현된 삼각망구성 모양은 그림 2-4와 같다.

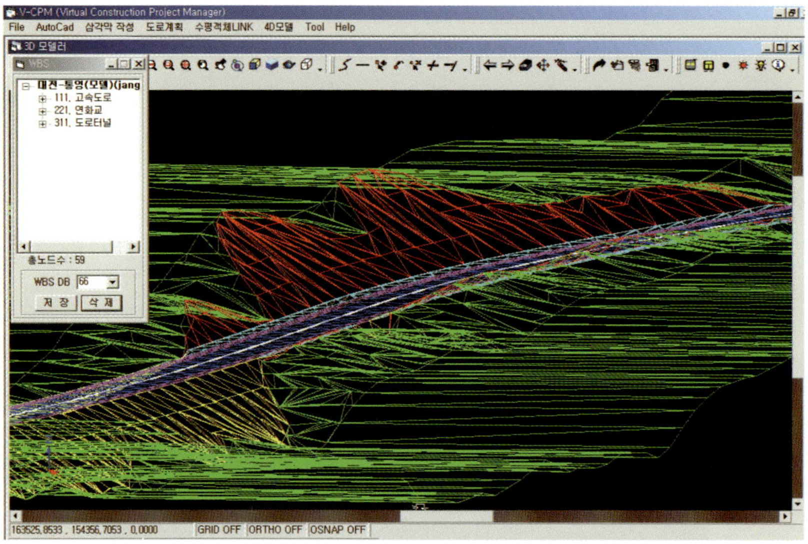

그림 2-4 면처리 속성에 의한 지형삼각망 표현

2 삼각망 경계의 표현

그림 2-5에서는 토공구간의 절토, 성토구간이 각각 적색과 황색으로 구분되어 있으며, 원지반의 형태는 녹색모양의 삼각망으로 구성되어 있다. 이러한 지형삼각망(topographical triangulate network)의 구분은 삼각망 구성시 설계 객체별 별도의 속성을 부여한 결과로서 표현이 가능한 것이다.

또한 지형삼각망을 4D시스템 등에서 구현하기 위해서는 계획삼각망과의 합성작업이 필요하다. 지형삼각망은 자연지형의 수치지도(numerical map)상에 나타난 기본적 개념의 삼각망이고, 계획삼각망(planned triangulate network)은 토공사 등을 위한 공사 계획단면이 통과되는 지역의 삼각망을 의미한다. 실제 공사단면을 삼각망에서 표현하기 위해서는 이들 두 개의 삼각망을 합성해야 하며, 그림 2-5와 같은 멀티텍스처링(multi-texturing) 기법 등이 있다.

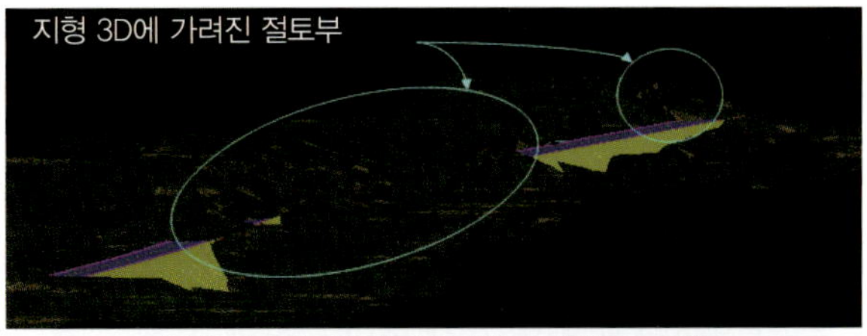

(a) [멀티텍스처링 전] 지형 + 계획 3D 모델

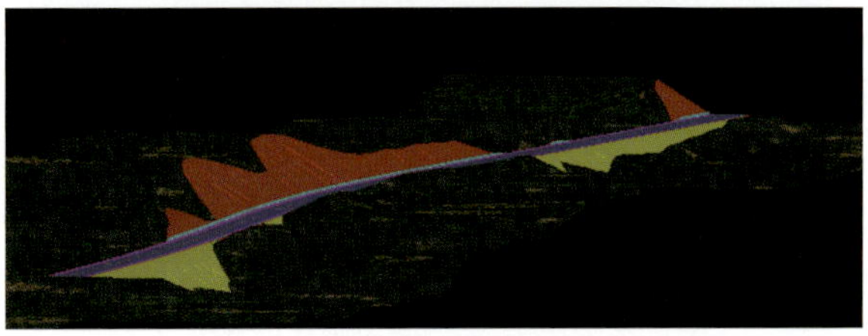

(b) [멀티텍스처링 후] 지형 + 계획 3D 모델

그림 2-5 멀티텍스처링 적용 전·후 화면 비교

지형과 계획의 양 삼각망 합성을 위한 일반적인 시도 방법은 첫 단계에서 원 지반에 대한 지형삼각망을 수치지도로부터 생성하고, 완성하고자 하는 계획삼각망을 작성한다. 둘째로, 지형삼각망 위에 계획삼각망을 위치시켜 중복되는 부분의 지형삼각망을 부분적으로 삭제한다.

멀티텍스처링 기법은 양 삼각망의 합성을 투영방법으로 처리함으로서, 별도의 경계부분 제거 작업을 생략하여 합성작업량을 감소시킬 수 있다. 그림 2-5는 양 삼각망을 합성하는 과정으로써, 멀티텍스처링이 적용되지 않은 것(그림 2-5(a))과 적용된 것(그림 2-5(b))을 비교하여 표현하고 있다.

즉, 상단의 기존 방법에서는 지형삼각망에 의해 절토부위가 가려져 표현됨으로써, 절토부위의 위치 및 형상파악이 곤란하나, 멀티텍스처링 방법에서는 가려진 절토부위가 투영되어 표현되도록 함으로써, 절토부위의 설계객체 표현을 용이하게 하고 있다.

3 토공작업 성과물 표현

4D시스템에서 공사일정에 따라 3D객체 단위의 순차적 생성방식으로 토목시설물 공사의 토공구간을 표현한다면, 자연지형에 해당하는 삼각망과 계획단면에 해당하는 삼각망의 차에 해당되는 체적을 3D객체로 생성하여야 한다.

그러나 자연지형과 계획단면의 차에 해당되는 체적을 하나의 3D객체로 생성하면, 최초 원 지반과 최종 완성 단면의 두 단계만을 시각적으로 확인할 수 있다. 이로써 전체 공사기간의 상당부분을 차지하는 토공작업의 진행과정을 시각적으로 파악하는 것은 불가능하게 된다.

즉, 그림 2-6에서 100일 및 200일 시점 사이의 토공량 작업상황 파악은 100일과 200일 시점의 최종 변화된 모습은 확인할 수 있으나, 그 사이의 일별, 주별, 월별 토공량 작업 변화모습은 자연스럽게 표현이 어렵다.

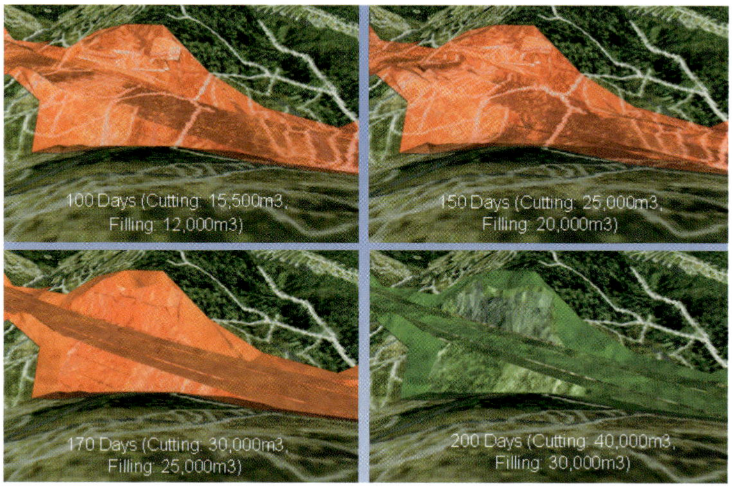

그림 2-6 4D에 의한 지반공사의 일정별 변화모습 구현

4 공정에 따른 토공 빔 객체의 변화

토공사의 세부 작업진행과정을 표현하기 위해서는 몰핑(morphing)기법을 적용할 수 있다. 몰핑이란 객체와 변하고자 하는 최종 객체간의 기하학적 원리를 이용하여 변형되는 형태를 구현하는 의미로서 몰핑방법은 그림 2-7과 같다.

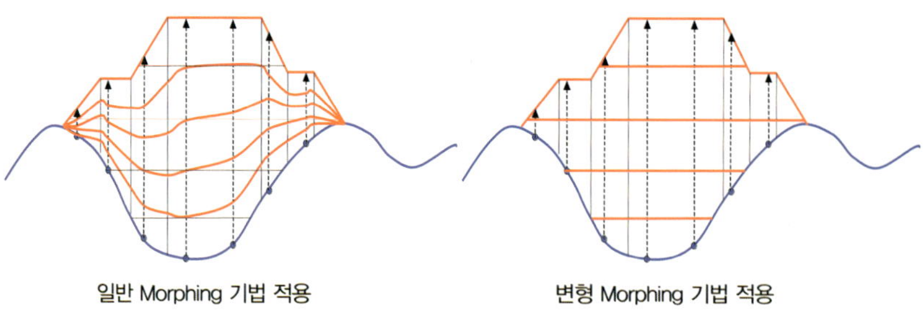

그림 2-7 몰핑기법의 토공구간 4D모델 적용

그림 2-7의 좌측과 같이 일반적인 몰핑개념에서는 토공작업 구현 시, 수직방향의 양 끝점간의 거리를 n등분하여 최종점에 도달하게 되므로 실제 작업이 진행되는 형상과 차이를 가지게 된다. 즉 실제 토공작업의 진행은 그림 2-7의 우측과 같이 중력방향과 직각을 이루는 수평층의 형상으로 단계적으로 진행되므로, 그러한 형상으로 작업 진행과정을 구현해야 한다.

구체적으로 절토 또는 성토 단면에 대하여 지형삼각망과 계획삼각망 중 최고점과 최저점 간의 거리차를 단계 구분을 위한 수(n)만큼 등분하여 모든 시작점에서 각 단계별 수준에 평행하게 토공작업이 진행된다.

그림 2-8은 변형 몰핑기법이 구현된 횡단도면의 3D모델 생성과정과 3D모델의 시뮬레이션 화면으로서, 성토체가 공사 진행단계별로 일정 부분씩 완성되는 모습을 표현하고 있다.

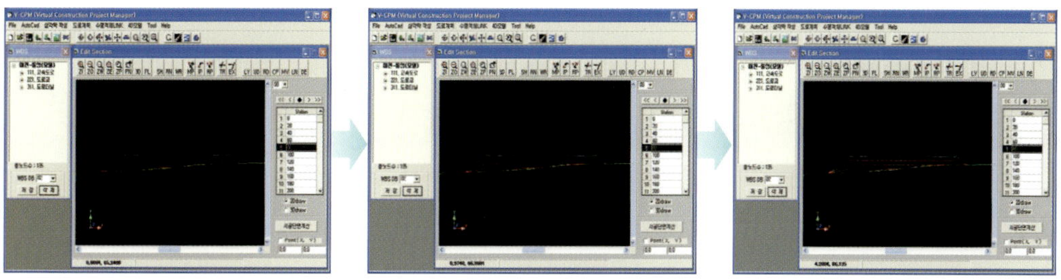

그림 2-8 몰핑기법에 의한 토공구간 3D모델 생성과정

5 공정에 따른 성토체 시뮬레이션

그림 2-9는 공사일정에 따른 성토체의 형상 변화 모습이 4D시스템과 연동되어 시뮬레이션 되는 모습을 표현하고 있다. 4D시스템에서 변화되는 토공 형상은 실제 지형삼각망 좌표에 따라 변화되므로 일정에 따른 성토 및 절토 형상을 지연지형 모습대로 최대한 시뮬레이션하는 것이 가능하다.

건축공사용으로 사용되는 4D시스템의 토공 표현은 굴착양의 크기를 지정한 인위적인 터파기 모습의 변화정도가 가능하고, 지형좌표에 따른 터파기의 자연스러운 변화 모습의 표현은 용이하지 않다.

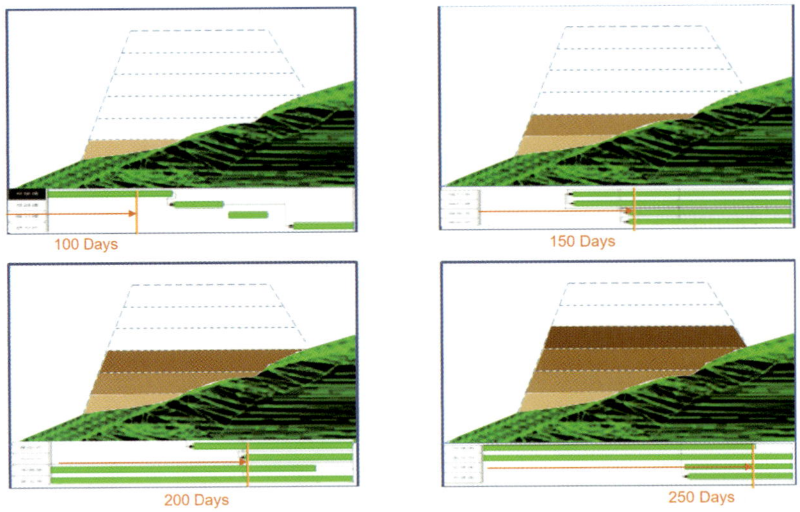

그림 2-9 4D시스템의 성토체 표현 모습

2 광역 현장관리

2.1 광역 현장관리 기능

1 거리단위의 광역 현장 구성

일정 구역 내에 시공되는 건축 및 플랜트 시설과 달리, 도로 및 철도시설과 같은 토목시설물은 수평적으로 광범위한 영역에 걸쳐 시공되므로, 빔 객체를 구현하기 위해서는 광범위한 영역에 대한 3D모델에서 국부적인 3D객체를 탐색하여 확대해 검색할 수 있는 기능이 요구된다.

이를 위하여 수십 km에 달하는 토목 시설물 공사구간에 대해서도 그 전체구간에 대한 모델로부터 국부적인 공간 또는 부위수준의 3D객체에 대한 검색이 용이하도록 키맵(key map)기능을 구성할 필요가 있다. 그림 2-10은 4D시스템에서 키맵 기능을 구현하는 화면 구성 예이다.

그림 2-10은 키맵 기능의 기본 구성화면으로 키맵 창은 우측 상단에 표현된 박스이다. 박스안에는 해당 프로젝트의 전 구간이 표현되고, 마우스로 적정구간을 키맵 안에서 선택하면 선택된 구간에 포함된 모든 부위에 대한 종합 4D객체가 좌측 4D구현 창에 구현되는 것이다.

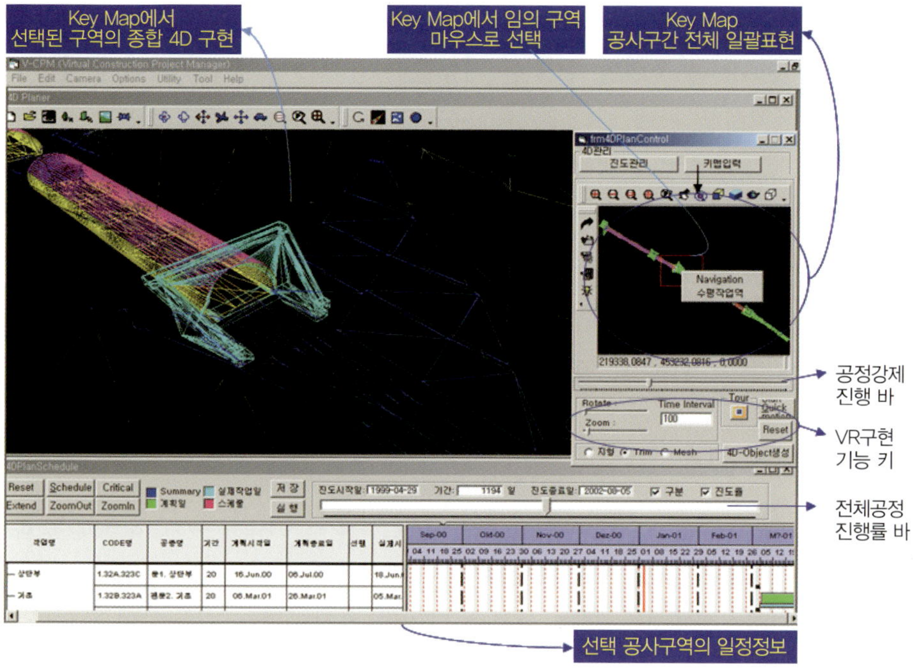

그림 2-10 광역현장 4D구현을 위한 키맵기능

2 4D시스템의 키맵기능 구성

이러한 기능은 키맵에 해당 프로젝트의 전체 3D모델이 로드되며, 키맵 화면상에서 마우스 오른쪽 명령버튼으로 3D객체의 검색을 위한 'Navigation' 기능을 작동할 수 있다.

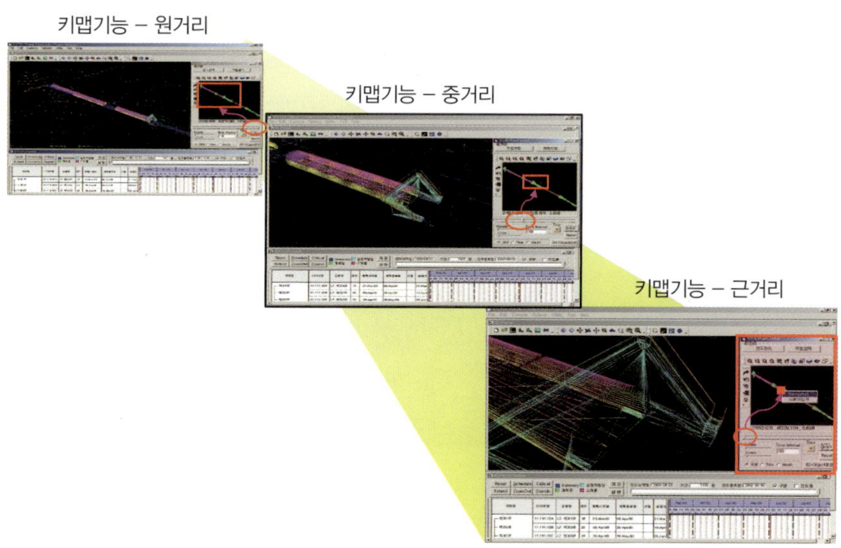

그림 2-11 키맵 네이게이션 조절기능

그림 2-11은 키맵기능에 의해 검색되는 3D객체를 4D시스템의 3D모델 창에 나타내고자 하는 크기(scale)를 조절할 수 있는 기능을 설명하고 있다. 즉, 키맵창 내의 3D모델 창 아래에 위치하는 키맵 네비게이션(key map navigation) 면적 조절 바를 조작하여 4D시스템의 3D모델 창에 나타내고자 하는 면적을 조절할 수 있다. 광범위한 면적을 보고자 할 경우는 바를 오른쪽으로, 특정부위를 확대하여 보고자 할 경우는 바를 왼쪽으로 조절하여 3D모델을 검색할 수 있게 된다.

2.2 광역현장 관리 기능의 활용

1 택지조성공사 활용

도로, 철도공사 이외에도 택지조성공사와 같이 다양한 시설물로 구성되는 현장조건의 종합적 공사관리 기능을 위해서는 단지 시설 전체의 조망권 확보가 요구된다. 즉, 기존 방식의 4D시스템에서는 세부 시설물 단위의 공정관리는 가능하였으나 단지 전체의 종합적 진도 관리 및 작업 현황 검증은 곤란하다. 그러나 키맵 기능이 있다면 그림 2-12와 같이 시설물 전체 조망 기능으로 작업 현황 검증이 가능하다.

이러한 방식에 의해 단지 전체 조망권은 단지 전체의 공사일정대비 완성상태를 3차원으로 모의 조작해 실시간으로 프로젝트 전체 진도율이 시각적으로 확인 가능하고, 블록별 진도 상태를 확인할 수 있으며, 일정 경과기간별 단지의 조성형태를 설계대비 검증할 수 있다. 단지 전체의 조망권 확보외에 단지조성용 4D시스템에서는 블록별 4D 구현 기능도 구성이 가능하다.

즉, 단지 내의 특정 구역에 대한 확대 4D구현 기능으로 단지 전체의 지도에서 마우스로 원하는 부위만큼만 드래그하면 해당 부위의 키맵에 의한 확대 4D구현 기능이 시연될 수 있다.

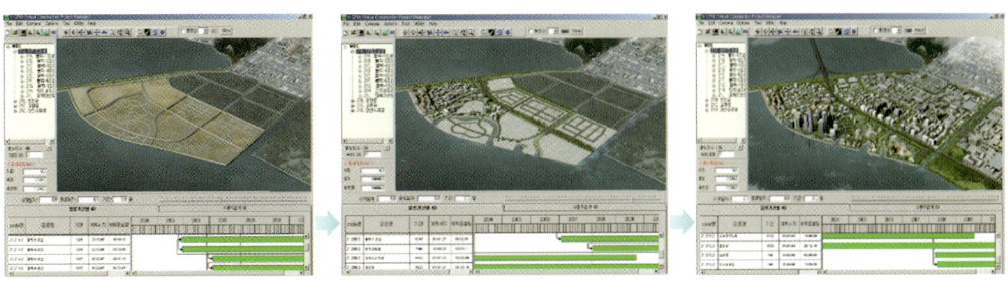

그림 2-12 단지전체의 4D구현(단지전체)

2 구역별 확대관리 기능

이러한 블록별 4D구현 기능은 전체 단지 시설 중 집중관리가 요구되는 특정구역에 대해 공사일정대비 3차원 완성상태의 모의조작을 가능하게 하여, 공사관리자는 실시간으로 단지 시설물 전체의 공사관리현황을 간편하게 파악하여 유용한 의사결정 도구가 될 수 있다.

4D시스템에서는 공사 구역 전체의 작업현황 파악이외에 세부 시설물의 상세 일정별 완성상태 구현도 중요 기능이 된다. 즉, 이와 같은 방식의 4D구현체계에서 단위 시설물의 4D구현 결과는 블록별 4D구현으로 집계되고, 블록별 4D구현 결과는 단지 전체의 4D구현으로 연계되어 프로젝트의 관리수준에 적합한 결과물을 도출할 수 있는 장점을 갖게 되며, 대규모 단지조성 프로젝트에 적합한 4D시스템 구현방식이 가능해 진다.

기존의 공사관리 체계에서는 부위별로 공정관리 정보를 수 계산으로 집계하여 상위 시설물의 공정현황을 검토할 수 있었으며, 이러한 정보들은 수치적 정보들로써 의사결정 도구의 역할을 할 수 없었으나, 키맵의 4D시스템 기능은 광역단위의 집계공정에 대한 공정관리 정보의 시각화로서 멀티미디어 공사관리 도구가 될 수 있다.

도로, 철도, 택지조성공사 등과 같이 개별 프로젝트의 공사연장이 길고 현장이 광범위하게 진행되는 경우에는, 세부구조물 단위 또는 주요 공정만의 공정관리이외에,

그림 2-13 단지 내 블록별 4D구현(단지전체 → 구역)

일정 구간 및 광역구역 전체의 공정관리현황을 파악해야 할 필요성이 있다. 4D시스템에서 키맵기능은 이러한 구역별 광역단위의 전체 공정진행현황을 공사관리자가 선택하는 수준별 공정관리가 가능하도록 할 수 있다.

3 토목시공 시뮬레이션

3.1 시공 시뮬레이션 개요

1 주요 기능구성

설계단계에 빔 기반으로 객체 구성이 완료되면 시공단계에는 가상공간에서 사전에 시공 시뮬레이션을 수행할 수 있다. 시공 시뮬레이션은 4D시뮬레이션을 포함하여 다양한 기능의 시뮬레이션을 수행하는 것을 의미한다.

이러한 시뮬레이션을 통해 기획단계부터 설계단계까지 발생하는 정보들을 의사결정단계에서 효과적으로 활용이 가능하도록 시각화하여 표현해주는 기능을 수행할 수 있다. 가상공간 토목시공 시뮬레이션은 기획시뮬레이터, 설계모델검토, 시공시뮬레이터 등으로 구성할 수 있다.

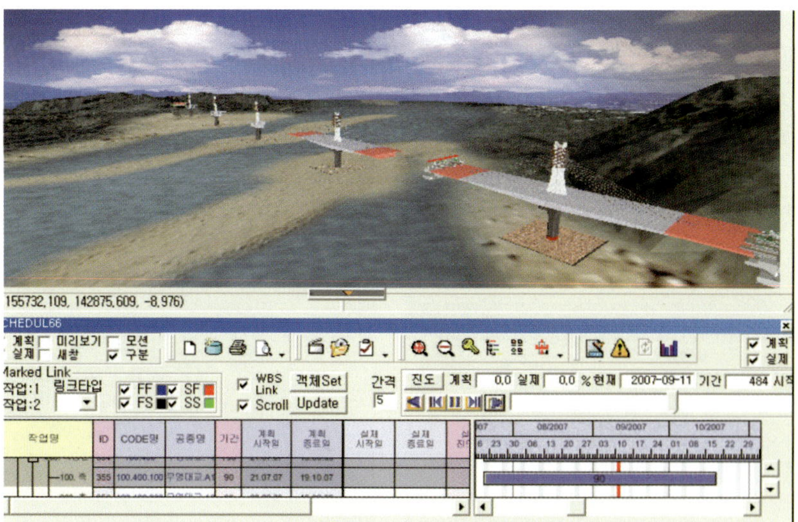

그림 2-14 시공 시뮬레이션 모습

기획시뮬레이터는 대안노선 생성 시뮬레이션, 레이아웃검증 등으로 세분화될 수 있고, 이러한 기능들은 개념설계단계에서 구조물의 형식과 노선형식 등을 결정할 때 사용할 수 있는 기능이다. 가상공간속에서 대안으로 사용될 수 있는 구조형식모델이나 노선을 생성하여 비교검토 할 수 있으며 최적의 대안을 도출해낼 수 있다.

설계모델 검토는 설계대안 검토, 3D단면분할, 2D도면Viewer 등으로 구성될 수 있고, 이와 같은 기능들은 도면검토가 필요할 경우 모델의 단면 검토 및 개략적 대안모델 생성 그리고 설계도서 검색기능들이 가능하다.

실시설계단계에서 3D모델의 단면 분할이 가능하여 모델의 상세 검토가 가능하다. 그리고 설계 대안이 필요할 경우 모델을 개략적으로 생성하는 것이 가능하여 설계변경 이전에 대안모델의 적정성을 검토 해볼 수 있다.

2 대안노선 생성 시뮬레이션

대안노선 생성 시뮬레이션은 실시 설계 이전에 교량 또는 도로 등의 노선을 결정하는데 의사결정을 지원해줄 수 있는 시뮬레이션 기능이다. 그림 2-15는 대안노선 생성 시뮬레이션 기능의 구현 화면을 나타낸 것이다.

대안노선 생성 시뮬레이션은 크게 대안노선 생성 모듈과 대안노선 비교 평가 모듈 두 가지의 모듈로 구성될 수 있으며 이는 모델의 생성부터 평가까지 순차적으로 진행이 가능하다. 먼저 대안노선 생성 모듈을 사용하여 대안 노선을 생성하게 되면 아래의 그림과 같이 노선들이 생성 되고 생성된 노선에는 "대안A", "대안B", "대안C"와 같

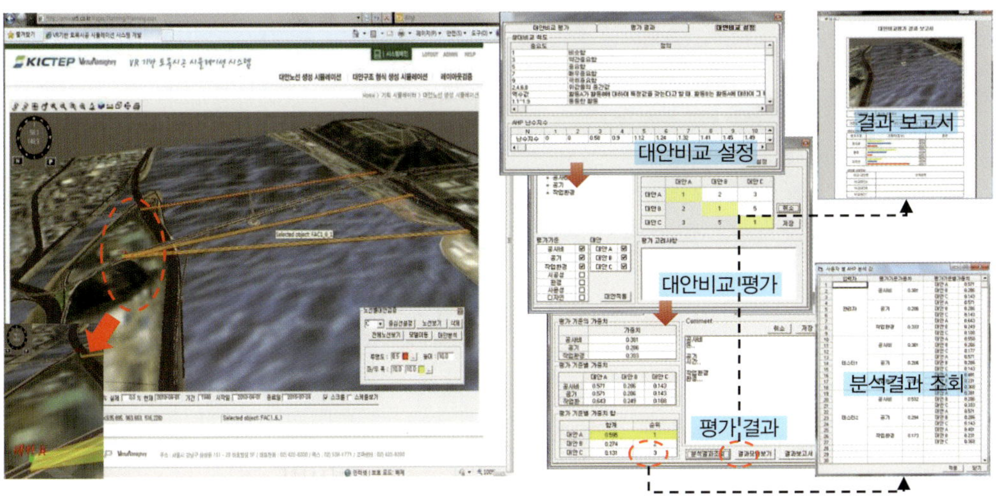

그림 2-15 대안노선 생성 시뮬레이션 구현화면

이 대안명이 생성되어 표시된다.

대안 노선 생성이 끝나면 AHP(analytic hierarchy process) 분석을 통한 쌍대비교 평가를 하게 된다. 대안 비교 평가가 이루어지고 나면 결과모델의 확인, 결과 보고서 출력이 가능하다.

3 대안구조형식 시뮬레이션

대안구조형식 시뮬레이션은 실시설계 이전단계에서 교량 등의 구조물의 형식을 결정하는데 의사결정을 지원해줄 수 있는 시뮬레이션 기능이다. 그림 2-16은 대안구조형식 생성시뮬레이션 구현화면을 나타낸 것이다. 대안구조형식 생성 시뮬레이션은 대안구조형식모델 생성모듈, 모델 이동 모듈, 모델대안비교 모듈 총 세 가지 모듈로 구성될 수 있으며 대안구조형식 모델 생성부터 대안비교평가까지 순차적으로 진행이 가능하다.

대안구조형식 모델 생성 모듈을 통해서 생성된 모델은 크기, 위치, 각도 등을 조절할 수 있어 대안으로 활용될 부분에 직접적으로 모델을 거치 시켜 봄으로써 구조 형식을 검토할 때 효율적이다. 모델의 생성 및 거치가 끝나면 또 다른 대안구조형식 모델을 생성하여 먼저 생성된 모델들과 같이 대안비교평가가 가능하다. 이러한 평가 과정을 거치면서 최적의 대안을 선택할 수 있고 그 결과를 결과 보고서를 통해서 확인이 가능하다.

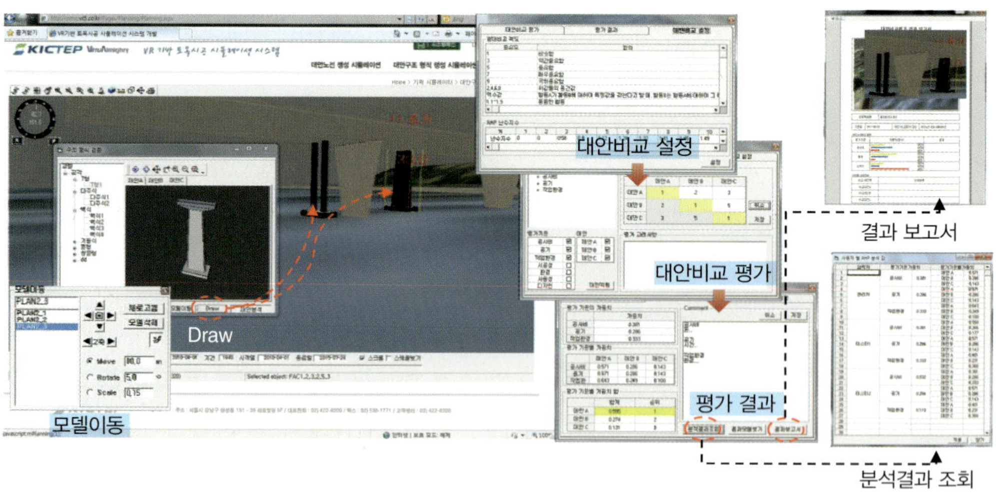

그림 2-16 대안구조형식 생성 시뮬레이션 구현화면

3.2 시공단계 레이아웃 및 도면검토

1 레이아웃 검증

레이아웃 검증은 실시설계 이전단계에서 구조물 및 노선의 조합 적합성을 검토하는데 의사결정을 지원해줄 수 있는 시뮬레이션 기능이다. 기획 시뮬레이터의 세부기능인 대안노선 생성 시뮬레이션 기능, 대안구조형식 생성 시뮬레이션 기능에서 대안으로 생성되었던 모델을 조합하여 최적의 대안을 도출 하는데 활용할 수 있는 기능이다.

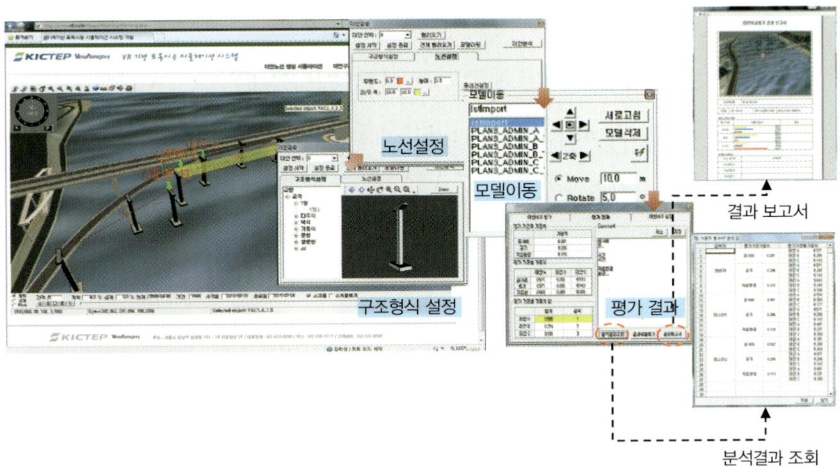

그림 2-17 레이아웃 검증 구현화면

그림 2-17은 레이아웃 검증화면을 나타낸 것이다. 레이아웃 검증기능은 대안모델 생성모듈, 모델 이동 모듈, 모델대안비교 모듈로 총 세 가지로 구성될 수 있다. 대안모델의 구조형식 및 노선의 생성부터 각 대안에 대한 평가까지 순차적으로 이루어 질 수 있다.

각각의 대안을 생성한 후 앞서 결정된 대안노선의 위치 또는 다른 위치로 모델을 이동하여 대안노선과 대안구조형식을 조합하여 최적의 대안을 선택하는데 효과적으로 활용이 가능하다. 대안모델생성 모듈은 시스템 내에 구축되어있는 데이터베이스를 활용함으로써 시뮬레이션의 편의성이 확보될 수 있다.

2 설계대안 검토

실시설계단계에서 3D 설계가 완성되기 전이나 완성된 후에 시설물의 크기, 위치 등을 가상현실을 통해 비 캐드 기반으로 새로이 생성 해볼 수 있는 기능이다. 설계대안 검토 기능은 파라미터(parameter) 기반 3D모델 생성 기능으로 육면체와 원기둥 객체를 원형으로 하여 각 객체의 파라미터를 높이, 가로, 세로의 수치를 입력함으로써 자동으로 3D모델 생성이 가능하다.

그림 2-18은 설계대안 검토 기능의 구현화면을 나타낸 것이다. 아래의 그림과 같이 3D모델 및 단면 검토 단계에 있어서 설계 품에 대한 시각적인 검토가 필요한 경우 파라미터 기반 3D모델 생성 모듈을 사용하여 개략적인 모델 생성이 가능하며, 설계안과 비교분석하면서 대안을 제시하는데 효과적으로 활용할 수 있다.

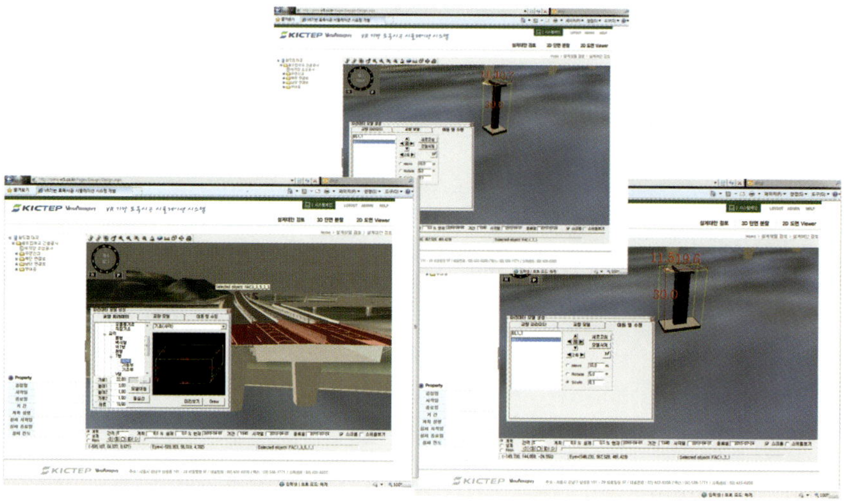

그림 2-18 설계대안 검증 화면

3 3D 단면분할 기능

3D 단면분할 기능은 설계모델 검토 기능의 세부기능으로써 실시설계단계에서 3D구조물과 3D지형의 모델이 완성되어 VR로 구현이 가능한 상태에서 구조물과 지형의 단면 분할을 통해서 설계품의 오류를 검토할 수 있는 기능이다.

이러한 기능은 구조물을 어떠한 방향으로 분할하더라도 분할된 단면을 3D모델로 제공할 수 있다. 지형 역시 3D 단면으로 분할함으로써 지장물의 검토가 가능하다. 복잡한 구조의 구조물을 단면 분할하여 내부의 상태를 쉽게 확인함으로써 구조물간의 간섭 또는 지장물에 대한 검토에 효과적으로 활용될 수 있다.

그림 2-19는 3D 단면분할 기능의 구현화면 및 구현절차를 나타낸 것이다. 토목시설물과 같이 복잡하고 수평적인 구조물에 대한 3D모델간의 간섭, 지장물 및 설계오류 등을 사전에 검토할 수 있게 함으로써 보다 효과적으로 설계모델을 관리하고 검토할 수 있다.

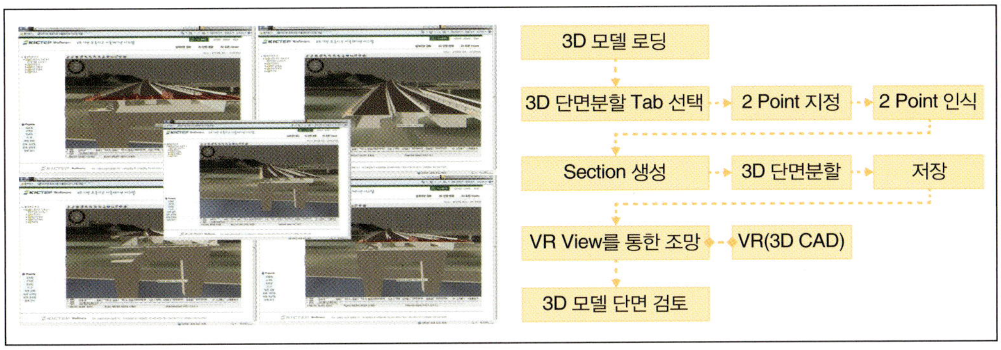

그림 2-19 3D단면분할 기능 구현화면

4 2D도면 Viewer 기능

2D도면 Viewer 기능은 실시설계 또는 시공단계에서 설계 도서를 쉽게 검색해볼 수 있는 기능이다. 3D모델과 해당모델에 대한 2D도면을 연계하여 3D모델을 선택할 경우 해당하는 2D도면을 목록화 하여 검색할 수 있으며, 그림 2-20은 2D도면 Viewer 기능을 구현한 화면이다.

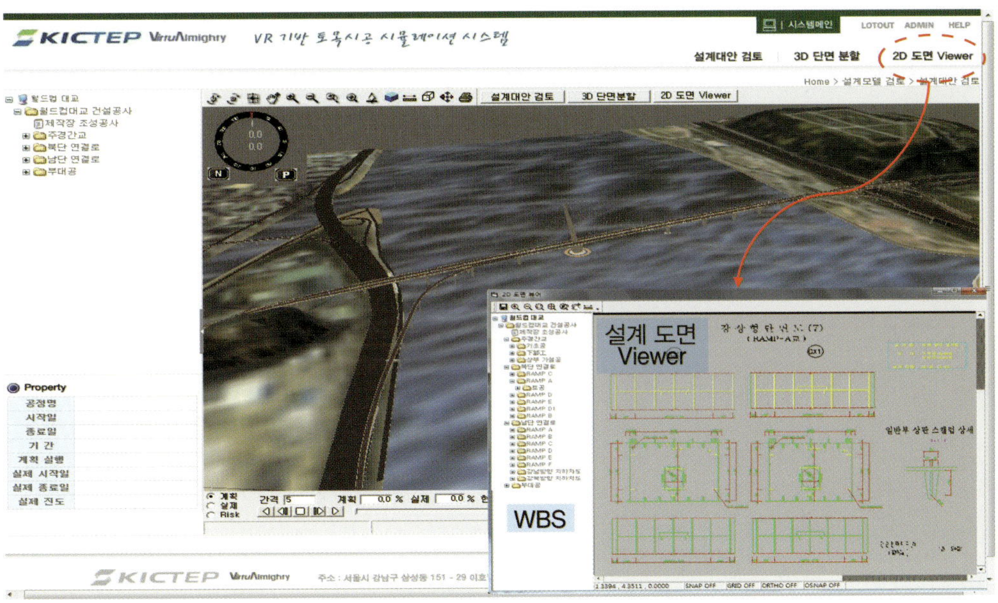

그림 2-20 2D도면 Viewer 기능 구현화면

먼저 2D도면 Viewer Tab을 선택하게 되면 그림과 같이 2D도면 Viewer 창이 뜨고 검토 하고자 하는 모델을 선택하면 2D도면 Viewer 창에 해당모델과 관련된 2D도면들의 목록이 생성된다.

즉, 평면도, 측면도, 입면도 등의 도면을 Viewer창을 통해서 검토할 수 있고, 도면의 확대 및 축소 이동, 설계품의 치수 체크 등이 가능하다. 토목시설물 공사 진행에 있어서 도면의 검토와 확인은 매우 중요한 업무 중의 하나이므로, 현장업무의 생산성 향상에 기여할 수 있는 기능이다.

CHAPTER 3

선형시설물 빔 개요 및 특성

1 선형시설물 특화 4D시스템

1.1 선형시설물의 공정관리

1 선형시설물 공정 특성

4D시스템은 시공단계의 빔 적용 기술로 가장 많이 활용되나, 단순히 일정별로 공정 정보를 시각화하는데 중점을 두고 있어 현장 실무 활용성이 미흡하다. 특히 토목시설물의 공정관리에서는 긴 공사구간에 걸쳐 진행되는 공사의 특성상 공정의 위치정보를 활용한 공정관리가 필요하나 기존 상용 공정관리 프로그램은 건축공사에 특화되어 이러한 기능 활용이 어렵다.

도로, 철도 등의 선형시설물은 수평적으로 작업이 진행되고 넓은 작업구역에서 비반복적인 작업들로 공사가 진행되고 있기 때문에, 건축에 비해 상대적으로 4D시스템의 구축 및 운영이 어려운 실정이다. 도로 및 철도시설 공사와 같이 수십 km이상의 선형적 작업공간으로 구성되는 프로젝트들은 그림 3-1과 같이 대부분의 공정들이 사업구간의 시점부터 종점까지 거리단위로 관리되므로 4D시스템이나 빔 객체의 표현에도 그림 3-1과 같이 작업 위치 중심의 표현 기능이 필요하다.

이러한 이유로 현재 사용되고 있는 4D시스템도 토목에 비해 건축공사에서 많이 활용되고 있으며, 이는 일반적으로 건축공사가 비교적 수직적으로 작업이 진행되고, 좁은 구역에서 반복적 작업들로 공사가 진행됨으로 4D시뮬레이션의 구축과 운영 측면

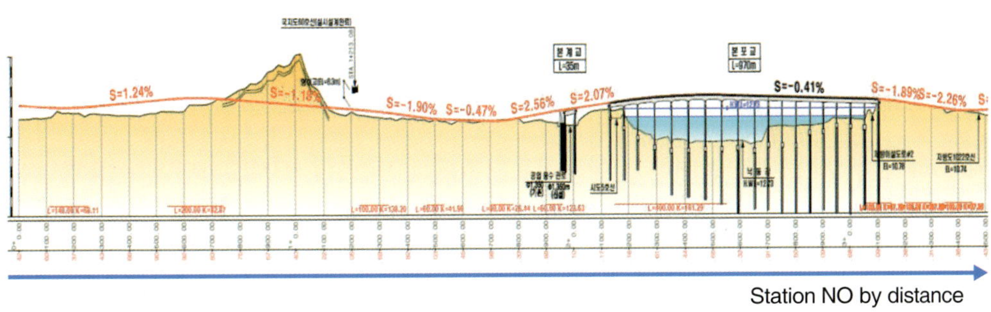

그림 3-1 선형시설물의 거리단위 공정관리

에서 효과가 높기 때문이다.

일반적으로 도로, 철도 등의 선형시설물 공사를 4D로 구현할 때 발생하는 대표적인 제약 요소들은 많은 토공작업과 비반복적인 공정에 대한 3D객체의 생성과 4D 표현의 한계이다. 토목분야 빔 라이브러리의 배포 등으로 3D객체의 생성에 대한 제약은 다소 해소될 수 있으나 선형시설물에 대한 4D객체의 표현은 쉽지 않은 부분이 있다.

2 선형시설물 4D구현의 한계성

선형시설물은 공정의 공사일정과 함께 해당 공정의 작업위치 표현이 동시에 필요한 것이며, 4D시스템에서도 이러한 기능의 구현이 요구된다.

이러한 점을 해소하기 위해서는 일반적인 4D시스템에서 공정표 표현 부분을 거리좌표를 갖는 선형공정표로 변환시키는 작업이 필요하다. 그림 3-2는 일반 4D시스템과 선형공정표 기반의 4D시스템을 비교하여 나타내고 있다.

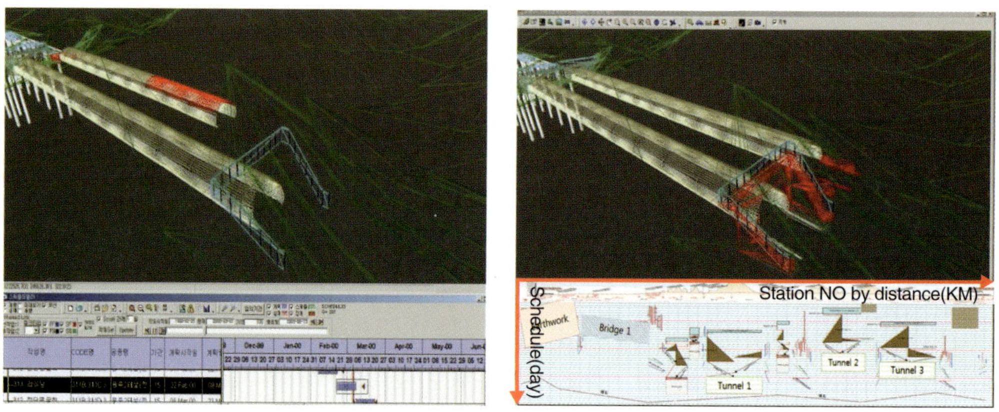

(a) 일반적 4D시스템 (b) 선형공정표기반 4D시스템

그림 3-2 4D시스템의 비교

그림 3-2에서 일반적 4D시스템은 하단 공정표의 공사일정에 따라 상단부에 시설물의 완성도가 시뮬레이션 되는 모양이므로 현재 진행 중인 공정에 대하여 공정의 작업위치 파악이 불가하다. 반면에 선형공정표기반의 4D시스템에서는 하단 공정표가 X축에 사업구간의 거리좌표가 있고, Y축에 공사일정 좌표가 있으므로, 현재 시뮬레이션 되는 공정에 대하여 공사일정과 함께 작업 중인 위치정보까지 동시에 파악할 수 있다.

3 작업 위치정보의 표현

선형시설물을 4D로 구현할 때는 공사연장이 수십 km에 이르므로 4D 뷰어상에서 전체적인 공정의 상세를 나타내기가 곤란하다. 또한 터널 등과 같이 외부적으로 노출되지 않는 공정들도 다수 존재하기 때문에 이들을 4D로 표현하기는 곤란하다.

그림 3-3과 같이 기존 바차트 기반의 시뮬레이션을 위치정보를 갖고 있는 선형공정표기반 시뮬레이션과 비교하면, 선형공정표기반 시뮬레이션에서는 해당 위치에서 진행되는 전체 공정들을 직관적으로 파악할 수 있으나, 바차트 기반의 시뮬레이션에서는 다수의 구역에서 동시에 일어나는 작업들에 대한 공정검토가 곤란하다.

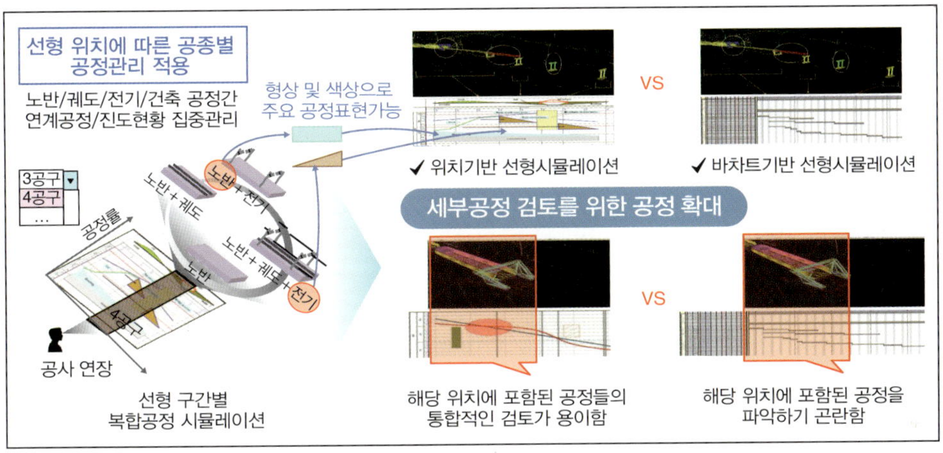

그림 3-3 바차트 4D시뮬레이션과 위치기반 4D시뮬레이션의 비교

이는 바차트 공정표상에서는 공정들이 작업분류체계로 정렬되어 있기 때문에 4D시뮬레이션에서 표현되는 공정들이 실제로 어떠한 공정이 어느 위치에서 진행되는지 파악하기 힘들다. 그러나 위치기반의 공정표에서는 4D시뮬레이션에서 표현되는 공정들은 X축의 위치 좌표와 Y축의 일정에 따라서 시뮬레이션이 되므로 공정들의 작업위치와 공사기간 등의 연계 정보 파악이 가능하다.

1.2 선형시설물 4D시스템 구성 체계

1 기본 화면 구성

선형시설물의 4D시뮬레이션 방법은 간트차트 기반의 4D 운영과 위치정보 기반의 4D 운영을 동시에 수행할 수 있도록 해야 한다. 레이아웃의 기본적인 구성은 4D뷰어,

간트차트 공정표, 위치기반 공정표로 구분할 수 있다. 4D뷰어에서는 프로젝트의 전반적인 3D 및 4D모델의 정보를 확인하고 시각적으로 구현할 수 있다.

위치기반 공정표는 선형공정표를 의미하며, 그림 3-4와 같이 간트차트 공정표와 다르게 X축이 위치정보로 구성되고, Y축은 일정정보로 구성되어 나타난다. 이러한 위치기반 공정표에서는 임의 위치 구간에서 진행되는 공정들을 일괄적으로 파악할 수 있다.

또한, 작업의 기간과 위치뿐만 아니라 작업의 방향까지 검토할 수 있기 때문에 다수의 인력과 장비들이 투입되는 현장에서는 이들을 고려한 공정관리가 가능하다.

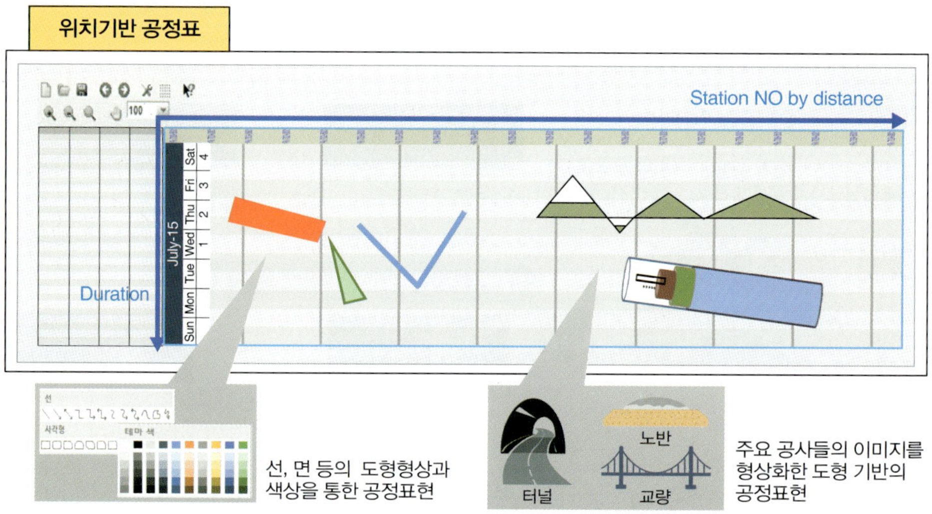

그림 3-4 위치기반의 선형공정표 모듈 구성

위치기반 선형공정표에서는 기본적으로 바차트상에 표현되는 공정들을 선, 면 등의 도형으로 나타낼 수 있도록 구성하고, 추가적으로 토공, 교량, 터널, 궤도 등의 주요 공종에 대해서는 이들의 공사 이미지를 형상화한 도형들로 구성하여 보다 직관적으로 공정정보를 구성할 수 있다.

2 입력정보 구성

선형시설물의 4D시뮬레이션 모듈에서는 일정별 공정정보가 표현되거나 일정과 위치기반으로 공정정보가 표현된다. 따라서 기존 4D시뮬레이션 시스템에서 요구하는 일정정보 이외에 공정별 위치정보 등이 필요하다. 주요 입력정보는 계획 및 실제 작업일정을 반영한 4D시뮬레이션을 구현하기 위해서 초기계획공정정보와 실행계획공정정보로 구성된다. 또한 공정별 위치정보를 위한 위치정보와 위치정보 공정표의 바차트에 표현될 공정들의 도형 정보를 나타내는 공정 도형정보와 X축에 대한 간격 및 단위 등을 설정할 수 있는 위치기반 공정표 옵션으로 구성되어 있다.

3 공사일정별 수평 공정 연동 및 운영 방안

위치기반 선형공정표의 4D시뮬레이션을 구현하기 위해서는 수평적 작업으로 이루어진 공정들을 위치기반 공정표로 생성해야 한다. 위치기반 공정표에서는 X축이 위치정보이며, Y축은 일정정보로 구성되어 있다.

따라서 그림 3–5와 같이 위치기반 공정표에서 각 공정들의 위치정보와 일정정보를 입력하고, 해당 공정에 적합한 도형이나 범례를 적용함으로써 위치기반 공정표에 해당 공정을 생성할 수 있다. 공정별 위치정보는 X좌표를 기준으로 반영되며 이는 빔 모델로부터 연계될 수 있다.

위치기반 공정표의 생성과정은 해당 공정의 도형을 결정한 후, 시작일정, 종료일정, 시작위치, 종료위치 및 X축의 기준점을 입력한다. 이러한 입력정보에 따라 바차트 상에 해당 공정의 도형이 생성된다.

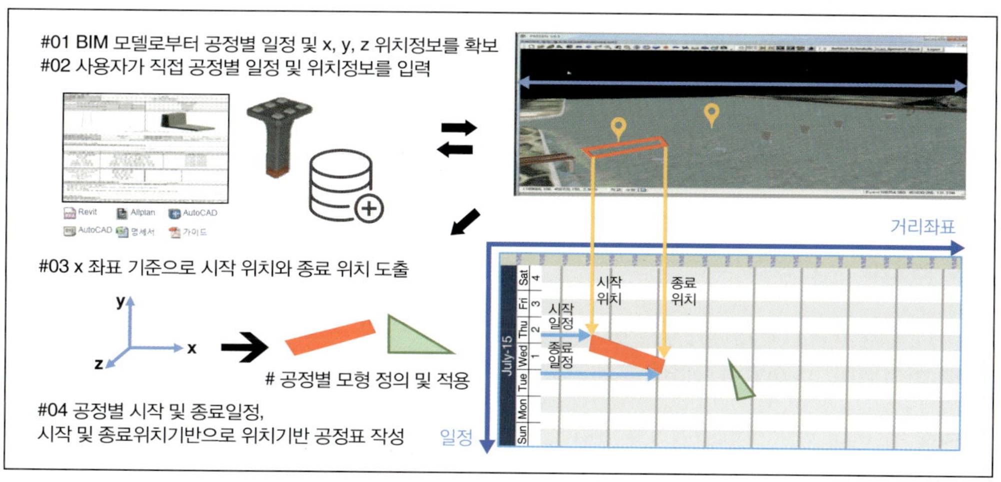

그림 3–5 수평 공정의 위치기반 선형공정표 생성

4 공구별 구간 설정

위치기반 공정표가 생성되면 이를 통해 위치기반 4D시뮬레이션을 구현할 수 있다. 위치기반 공정표와 연계된 4D시뮬레이션에서는 기존 간트차트 공정표와는 달리 Y축이 일정으로 구성되어 있기 때문에 현재 진행선이 Y축을 따라 위에서 아래로 진행된다.

또한 바차트 상에서 현재 진행선에 따라 완료된 공정들은 색상을 다르게 표현하여 해당 공정의 작업 진척 상황을 직관적으로 파악할 수 있다.

또한 그림 3-6의 상단과 같이 위치기반 공정표의 X축에 위치 컨트롤을 도입하여, X축 비율, 간격 및 뷰어에서 나타나는 공정의 위치 구간을 조정할 수 있다. 이러한 기능은 특정 위치구간에 대한 공정정보를 파악할 수 있으며, 특히 특정 위치구간을 공구별 구간으로 설정할 경우에 공구별 공정정보를 파악하는 데 용이하다.

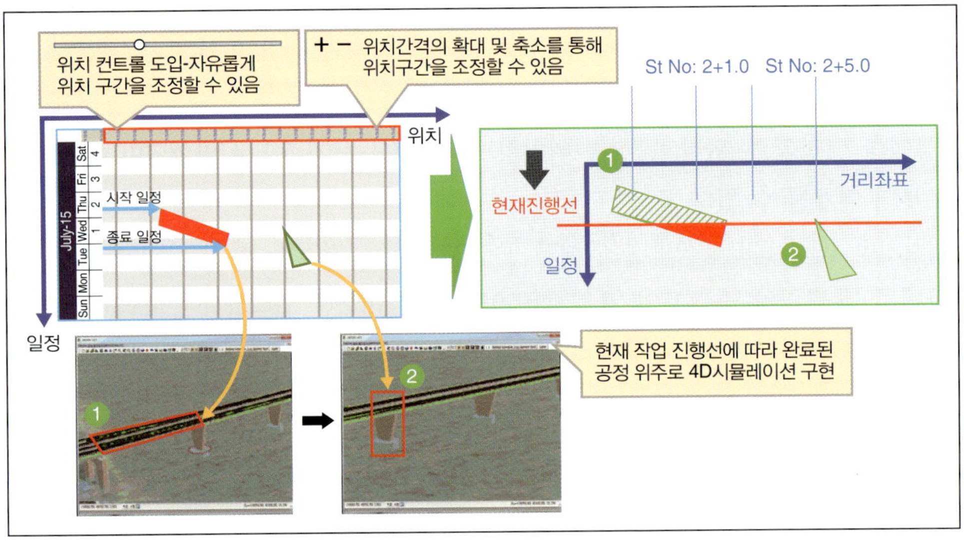

그림 3-6 위치기반 4D시뮬레이션 구현 방안

5 공정별 수평공정 표현방법

다수의 공정을 위치기반 선형공정표로 표현하게 되면 도형의 형상과 색상들이 복잡하게 밀집되어 사용자가 개별 공정을 파악하기가 곤란하다. 따라서 위치기반 선형공정표를 작성할 경우에는 모든 공정을 적용하는 것 보다는 그림 3-7과 같이 대표 공정 또는 주요 공정들을 대상으로 공정을 표현하는 것이 바람직하다.

그림 3-7은 대표적 선형시설 공사인 철도프로젝트의 주요 공사에 대해 공정 차트의 도형을 정의하기 위해서 총 4개의 공사 유형을 선정하고 노반공사, 교량공사, 터널공사, 궤도공사로 구분하고 있다. 노반공사는 절토, 성토 및 암반으로 세분하고, 교량은 교각, 교대 및 상판으로 세분하며, 터널공사는 굴착, 지보공 및 라이닝으로 구분하고, 궤도공사는 침목과 레일로 세분할 수 있다.

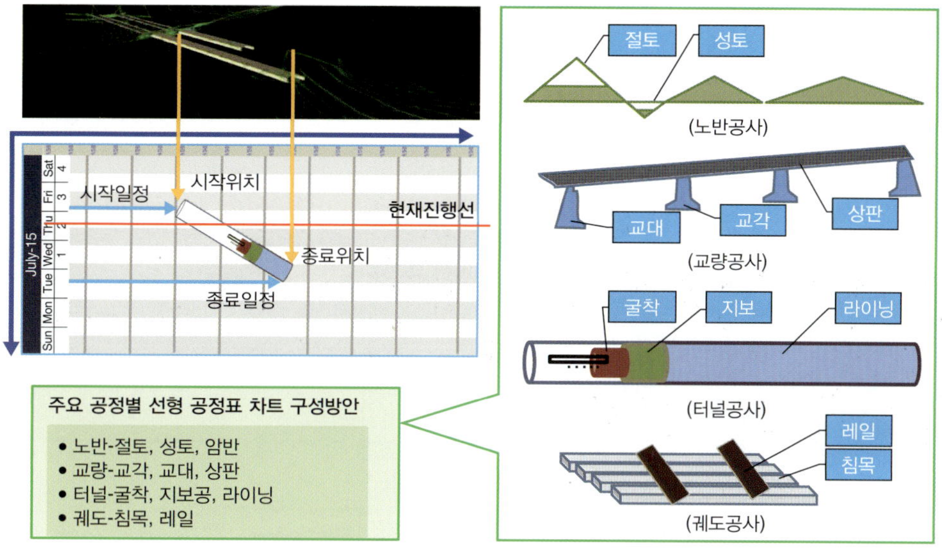

그림 3-7 위치기반 4D시뮬레이션 모듈의 기본 기능 구성 체계

이와 같이 위치기반 공정표의 차트 모형을 구성하는 목적은 사용자가 직관적으로 해당 공사를 파악하기 위함이고, 기존 사용자가 알고 있는 이미지를 활용하는 것으로 비전문가들도 쉽게 공정을 이해하고 찾을 수 있다.

1.3 선형공정표에 의한 4D시스템 정보 구성

1 선형공정표 개념

건설공사의 공정관리에서는 다양한 목적과 기능을 가진 공정표들이 활용되고, 이를 상용 공정관리 소프트웨어인 Primavera 또는 MS-Project 등을 이용해 운영되고 있지만, 이들은 전문가가 아니면 이해하기 어려운 수치적 정보기반의 소프트웨어이다. 이러한 문제를 개선하기 위해서 4D시뮬레이션을 활용하고 있지만 상용화된 대부분의 4D시스템 역시 공정의 일정 중심으로 작성된 간트차트에 기반하므로 3D 뷰어창에서 해당 공정의 위치를 파악하기는 곤란하다.

그림 3-8에서 좌측의 4D시스템은 공사일정 경과에 따라 상단의 3D완성도가 시뮬레이션 되는 일반적인 4D시스템 모습이다. 이러한 4D시스템에서는 그림에 표기된 터널과 토공 공정의 시작 및 종료 일정정보는 파악할 수 있으나, 해당 공정들이 사업구간의 어느 위치에서 진행되는 공정인지 파악할 수 없다.

반면에 우측의 선형공정표기반 4D시스템에서는 하단의 공정표가 X축 거리좌표 및

Y축 공사일정 좌표를 동시에 갖고 있으므로 일정과 거리 정보를 동시에 파악할 수 있다. 또한 공정의 특성별로 공정의 모양을 심볼화하여 표기할 수 있으므로 이해도를 높일 수 있다.

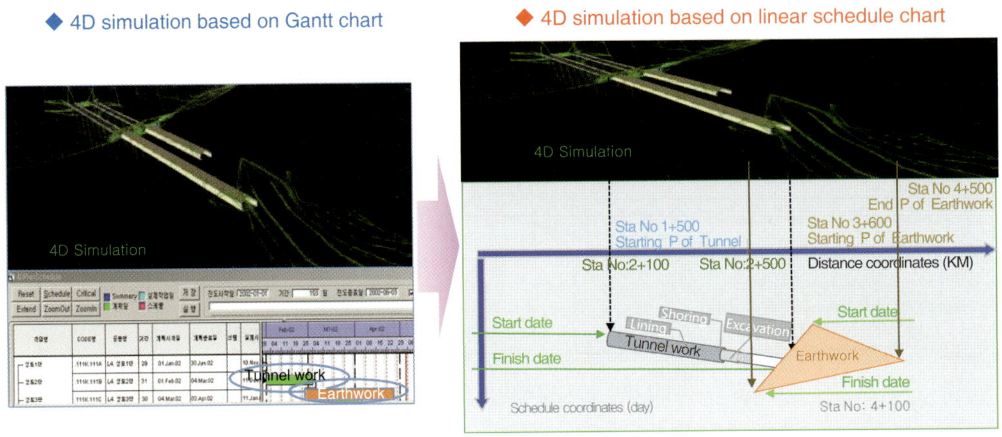

그림 3-8 선형공정표기반 4D시스템의 좌표 구성

즉, 그림 3-8의 우측에서 터널공정은 터널 심볼로 표기되어 있고 토공 공정은 성토체 모양의 심볼로 표기되어 있다. 터널공정의 공사 시작 및 종료일(start date, finish date)은 좌측의 Y축 좌표에서 파악할 수 있고, 작업의 시작 및 종료 위치(start point and end point)는 상단의 X축 좌표에서 사업구간 시점부터의 거리 또는 측점번호(station NO)로 표기된다.

이로써 프로젝트 관리자는 4D시스템의 시뮬레이션 시에 공정별로 작업일정정보와 함께 전체 사업구간에서 해당 작업의 작업 위치 정보까지 동시에 파악되어 보다 효율적인 공정관리가 가능해 진다.

2 공정의 위치정보 표현

그림 3-8에서 토공 공정의 시작일정은 Y축 좌표에서 상단일정(start date)이고 종료일정은 하단일정(finish date)이며, 토공 공정의 작업 시작위치는 X축 좌표에서 왼쪽 값(Sta NO 4+100)이며, 종료위치는 우측 값(Sta NO 4+500)으로 표기되어 있음을 파악할 수 있다.

일반적 4D시스템에서는 사용자가 공정의 일정정보는 간트공정표에서 확인하고, 해당 공정의 위치정보와 형상은 3D뷰어창에서 직접 찾거나 별도의 3D객체 추적기능을 통해 확인해야 한다. 이러한 운영은 건축과 같이 제한된 작업공간에서 반복적으로 수행되는 공정들을 찾고 관리하기에는 효율성이 높으나 공사연장이 수십 km이면서 다수의 복합공정으로 구성되어진 철도공사의 공정관리에서는 상당한 제약 조건이 된다.

선형공정표기반 4D시스템에서는 공정의 실제 작업 구역과 동일한 위치에서 해당 공정들의 3차원 모델을 시뮬레이션으로 구현할 수 있다.

이를 통해 사용자는 직관적으로 공정의 위치 및 일정을 파악할 수 있으며, 특히 터널과 같이 굴착 구간별 작업거리, 방향, 일정 및 진행상황 검토가 중요한 공사에서는 적용 효과를 높일 수 있다.

3 공사일정과 작업 위치정보의 동시표현 공정표

위치기반 선형공정표에서는 가로축(X축)이 사업구간의 거리상 위치정보, 세로축(Y축)이 일정정보를 나타내는 좌표상에서 공정을 특정 심볼로 표현함으로써 공정별 작업명, 작업방향, 작업 위치 및 작업일정까지 나타낼 수 있다. 그림 3-9는 위치기반 선형공정표의 좌표 표현 정보를 나타내고 있다.

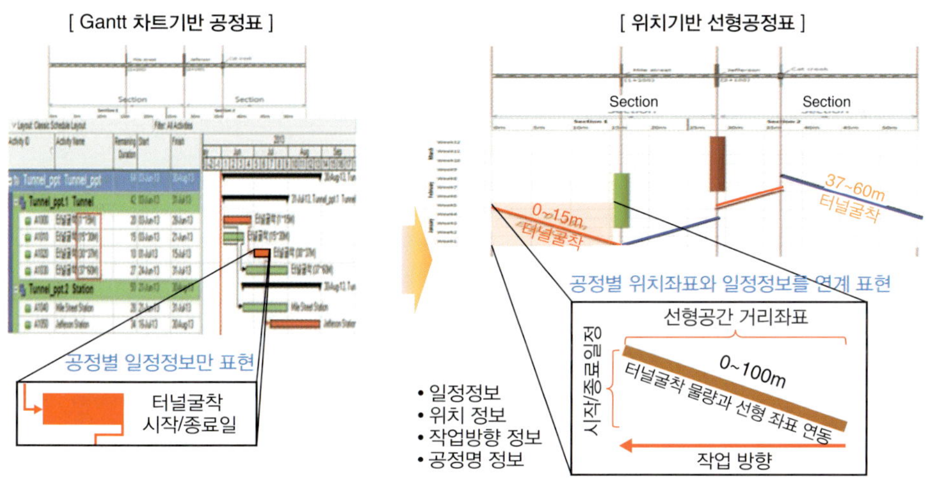

그림 3-9 공정표의 공정정보표현 비교

이러한 위치기반 공정표의 표현방식은 고속도로, 철도, 파이프라인, 터널공사와 같이 공사연장이 수십 km 이상으로 구성된 선형프로젝트의 공정관리에서 한눈에 전체 공사구역에 대한 진행상황을 파악하기에 용이하다.

4 주요 공정별 공정표 차트형상 범례

노반, 교량, 터널 및 궤도 공사와 같이 작업의 수평거리가 긴 공사일수록 발주자, 시공사 및 기타 참여기관들 간의 협업시 특정 거리단위에 대한 공사의 진행상황 파악이 중요하기 때문에 이러한 공통적인 심볼을 사용함으로써 의사소통 효율성을 높일 수 있다. 이러한 심볼 구성은 예로서 철도공사라면 그림 3-10과 같이 노반, 교량, 터널 및 궤도 공사에 대한 주 공정을 2~3개로 정의하고 이들에 대한 공통적인 심볼로 구성할 수 있다.

각 심볼은 사용자가 직관적으로 해당 공사 및 공정을 쉽게 파악할 수 있도록 공사 및 공정의 이미지를 형상화한 심볼로 구성되어 있다. 노반공사의 경우에는 세부공정을 절토, 성토 및 암반으로 구성되고, 교량공사는 교대, 교각, 상판으로 세분화될 수 있다.

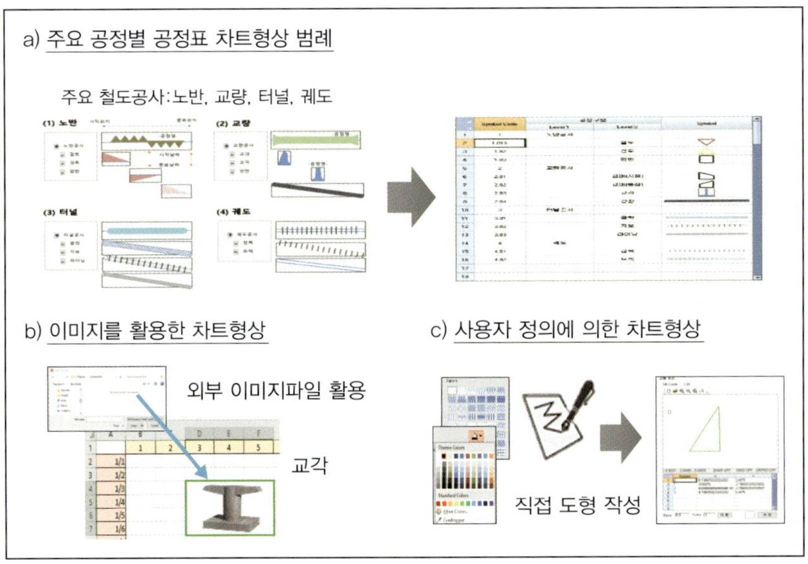

그림 3-10 위치기반 선형공정표 심볼 표현체계

5 이미지를 활용한 심볼 형상

위치기반 선형공정표에서는 그림 3-11과 같이 기본적으로 각 공정의 심볼 표기 방법은 위치기반 공정의 기본적인 입력 값(예, 위치 및 일정정보)을 통해 직사각형 형태의 심볼 생성 구역을 나타내고, 생성된 구역 안에 해당 심볼이 표현될 수 있다.

그림 3-11의 좌측과 같이 직사각형의 심볼 생성 구역에 해당하는 공정별 직사각형의 크기는 직사각형 4개의 꼭짓점 좌표로 결정되며, 이는 공정의 시작일, 종료일, 시

작위치 및 종료위치 정보로 구성된다. 이와 같이 직사각형의 심볼 생성 구역이 생성되면, 그 구역에 나타낼 심볼을 생성할 수 있다.

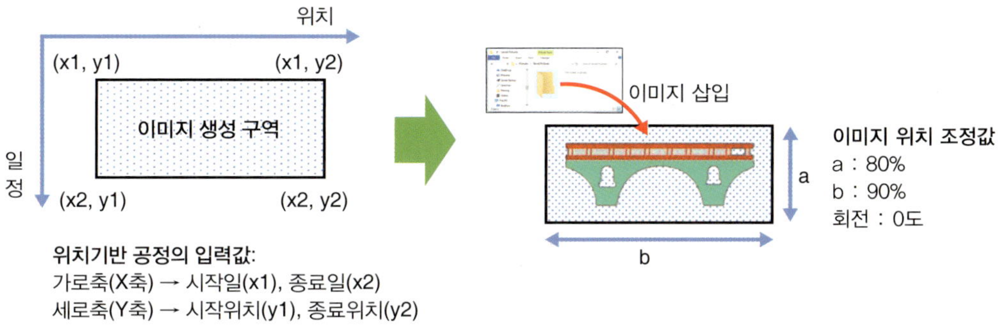

그림 3-11 이미지를 활용한 차트형상 방안

외부 이미지를 활용하는 경우에는 그림 3-11의 우측과 같이 이미지 파일을 삽입할 때 원본 이미지의 크기는 자동으로 생성된 심볼 생성 구역의 크기에 맞게 축소 또는 확대해야 한다. 삽입된 이미지의 크기 및 회전을 조정할 수 있도록 사용자가 심볼 생성 구역의 가로축 및 세로축 크기에 대한 비율과 회전 값을 입력함으로써 적합한 크기와 회전을 갖는 이미지를 삽입할 수 있다.

2 선형시설물 4D시스템 기능 구성

2.1 간트 차트정보의 선형공정표 변환

1 일정정보의 선형공정표 표현

일반적으로 간트차트 기반의 4D시뮬레이션 시스템은 WBS코드 기반으로 3D모델, 일정정보 그 외 각종 공정정보들이 연계되어 구현된다. 따라서 위치기반 선형 4D시스템 운영시 별도로 선형공정표를 직접 작성하는 과정보다는 기존 간트차트의 정보를 활용하여 작성할 수 있는 방법이 요구된다. 그림 3-12는 간트차트 공정표의 정보가 선형공정표 정보로 변환되는 과정을 표현하고 있다.

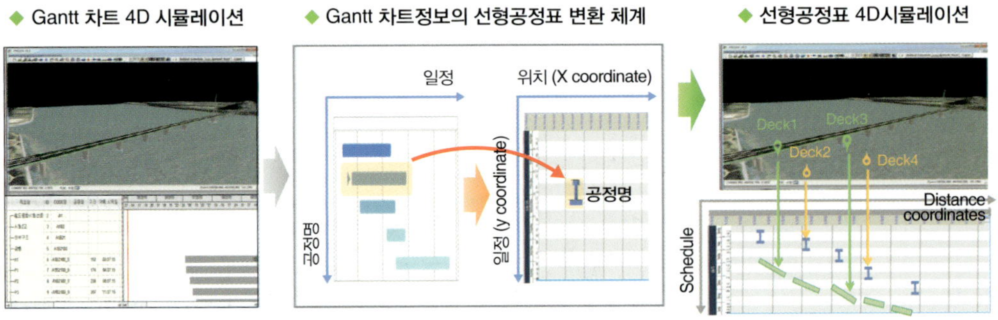

그림 3-12 간트차트정보의 선형공정표 변환

그림 3-12와 같이 위치기반 선형 4D시스템은 간트차트 기반의 4D시뮬레이션과 선형공정표 기반의 4D시뮬레이션이 상호 연동되어 운영될 수 있게 해야 한다.

이는 사용자가 동일한 시스템 내에서 자유롭게 간트차트와 선형공정표로 전환하면서 공정관리 업무를 수행할 수 있게 함으로써 공정업무에 효율성을 극대화 할 수 있기 때문이다. 이를 위해서는 간트 차트정보를 선형공정표로 변환할 수 있는 방안이 필요하다.

2 간트 차트정보의 선형공정표 변환

위치기반 선형공정표에서 심볼의 표현을 위해서는 그림 3-13과 같이 공정별 위치정보(시작 및 종료위치), 일정정보(시작 및 종료 일정)와 해당 공정의 심볼 정보가 필요하다.

이들 중 공정별 일정정보는 그림 3-13과 같이 간트 차트의 공정정보와 동일하기 때문에 간트차트가 구축이 되어 있다면, WBS의 연계를 통해 쉽게 참조할 수 있다. 그러나 위치정보는 간트차트에서 필수적인 구성정보가 아니기 때문에 별도로 사용자가 공정별로 입력하는 방안이 필요하다.

심볼 생성이 완료되면 간트차트로 부터 참조한 일정정보와 사용자가 입력한 위치정보를 활용하여 심볼의 생성 범위를 생성한다. 심볼의 생성범위는 두 점의 가로축(위치정보) 위치와 두 점의 세로축(일정정보)으로부터 생성되며, 추가적으로 가로축에 관한 위치 값의 단위와 간격 그리고 세로축에 관한 일정 단위와 간격을 사용자가 설정할 필요가 있다.

이와 같이 생성된 심볼의 범위에 사용자가 작성한 심볼의 코드 정보를 연계함으로써 위치기반 공정표가 생성된다.

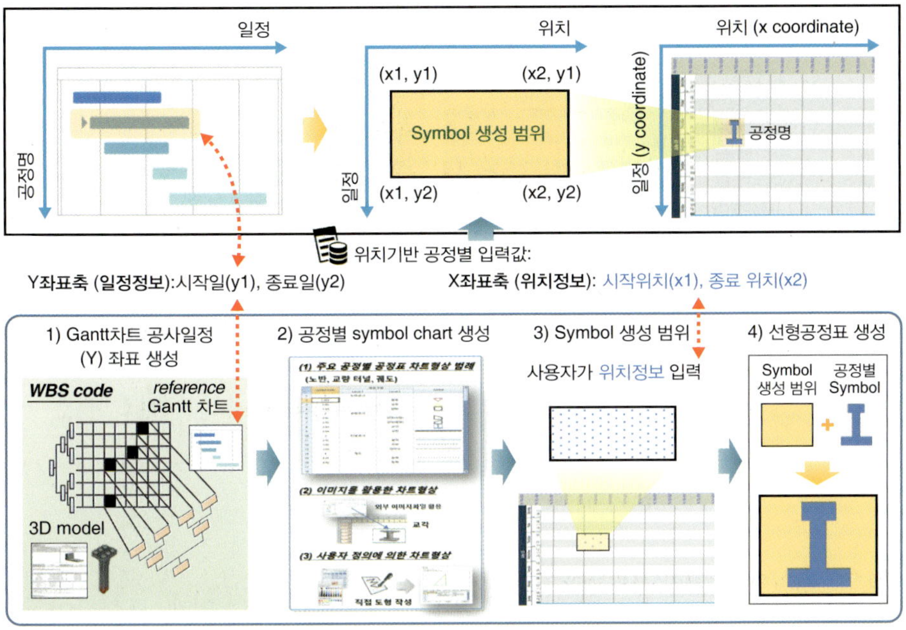

그림 3-13 선형공정표의 심볼 생성

3 토공 객체 공정의 선형공정표 변환

토공 3차원 모델은 대부분 하나의 덩어리로 구성되어 있기 때문에 4D로 구현할 경우에는 별도로 3D모델을 분할하는 방안이 필요하다. 4D구현을 위한 3D모델의 분할 방법은 수평방향의 작업 구간(station)별로 WBS코드를 부여하여 운영하는 것이다.

토공모델은 공정별로 3차원 모델이 생성되는 것이 아니기 때문에 이를 선형공정표로 변환하기 위해서는 하나의 통합된 토공모델에서 작업구간별로 위치정보를 생성하여 참조할 수 있는 방안이 요구된다. 이를 위해 우선 평면도를 기반으로 기준이 되는 위치좌표를 구성하고, 기준이 되는 위치 좌표는 현장의 실제 좌표를 반영하여 절대좌표 또는 상대좌표로 구성할 수 있다.

2.2 선형공정표의 4D 연동 방안

1 선형공정표와 4D객체의 연동

위치기반 선형공정표에 의한 4D시스템은 그림 3-14와 같이 상단에 4D가 구현되고, 하단에 위치기반 선형공정표가 나타난다. 그리고 간트차트기반 4D시뮬레이션과 달리 위치기반 공정표는 세로축이 일정정보를 나타내기 때문에 그림의 좌측 하단과 같이 세로축 방향의 일정에 따라 현재진행선이 이동하면서 공정별 진행상황을 나타낸다.

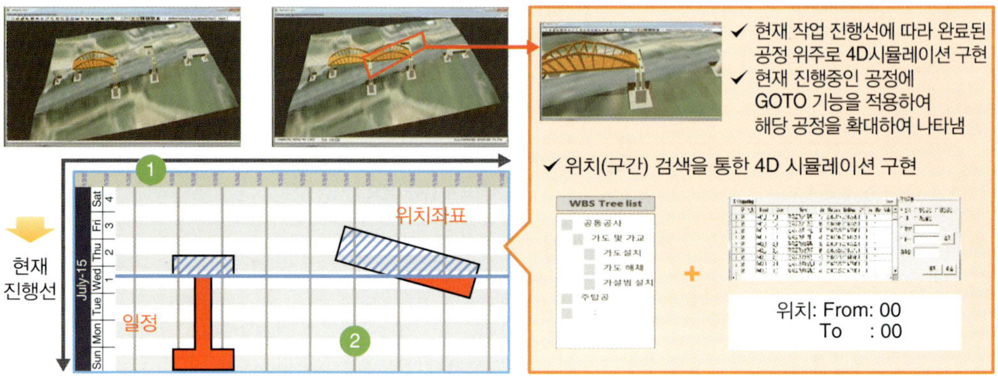

그림 3-14 위치기반 선형공정표의 4D객체 연동

특히 공사가 진행된 공정(도형)의 부분은 색상이 변경될 수 있게 구성하여 공정이 진행되고 있음을 직관적으로 파악할 수도 있다.

위치기반 선형 4D시뮬레이션의 가장 큰 효과는 선형공정표에 나타난 공정들과 동일한 위치에서 4D객체를 볼 수 있다는 것이다. 즉, 전체 또는 부분 구간에 대한 공정관리 업무의 효율을 높이기 위해서는 선형공정표상에서 위치정보의 범위에 따라 나타나는 모든 공정들이 4D 뷰어창과 동일한 위치에서 4D객체로 구현되어야 한다.

이를 위해서는 선형공정표의 가로축(위치정보) 범위와 4D 뷰어창의 범위가 동일해야 한다. 즉, 선형공정표상에 가로축의 범위가 확대 또는 축소될 때마다 4D 뷰어창도 동일하게 확대 또는 축소되어야 한다. 이를 위해서는 4D 뷰어창과 선형공정표가 자동으로 동기화되는 기능이 필요하다.

2 4D시스템의 공정진도 표현

MS-Project, Primavera 등과 같이 간트차트를 활용하고 있는 상용 공정관리 소프트웨어에서는 공정대비 진도 상태를 그림 3-15와 같이 나타내고 있다. 이러한 상용 소프트웨어에서는 그림과 같이 하나의 공정에 두개의 공정 바를 생성하여 계획과 실적에 관한 진도를 나타내고 있다.

이러한 공정의 진도정보를 4D시뮬레이션과 연계할 경우에는 그림 3-15의 우측과 같이 공정별 진도상태를 시각적으로 나타낼 수 있다. 즉, 공정별로 연계된 4D객체의 색상정보를 진도상태에 따라 변경함으로써 시각적인 진도관리가 가능하다.

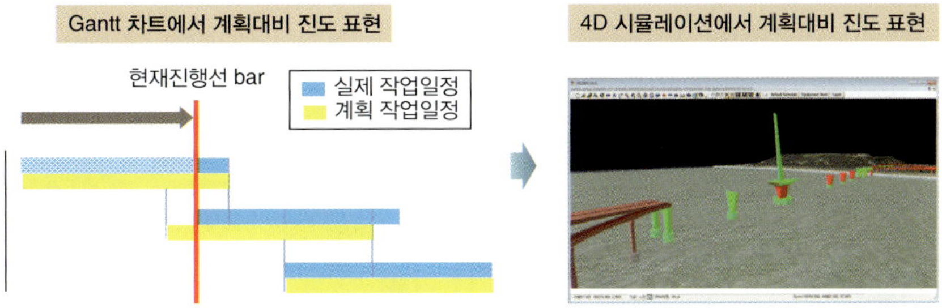

그림 3-15 간트차트와 4D에서의 계획대비 공정진도 표현

그림 3-15의 우측 사례에서는 계획대비 지연된 공정은 적색, 초과된 공정은 녹색 그리고 정상인 공정은 청색으로 색상을 반영하여 4D시뮬레이션으로 나타내고 있다. 이러한 시각적인 공정진도 표현 체계는 사용자가 시각적으로 부진공정들의 파악이 용이하기 때문에 활용성이 점차 높아지고 있다.

3 선형 4D시스템의 진도표현

4D기반의 시각화 공정진도 표현체계의 효과를 위치기반 선형 4D시뮬레이션에 적용할 수 있도록 선형 4D시뮬레이션에서의 공정진도 구성 체계는 그림 3-16과 같이 구성할 수 있다.

위치기반 선형공정표에서는 각 공정을 심볼로 나타내고, 현재진행선이 세로(일정정보)축 방향으로 이동하면서 공정별 진행상황을 나타낸다. 그림 3-16의 하단과 같이 계획일정에 대한 공정별 심볼을 베이스라인으로 구성하고, 그 위에 실제작업일정에 대한 공정별 심볼을 나타냄으로써 계획대비 실제작업일정을 비교할 수 있다.

4D 진도 시뮬레이션의 구현에 필요한 정보들은 진도상태에 대한 색상 정의(예, 계획대비 부진(적색), 초과(녹색), 정상(청색)), 공정별 4D객체의 코드, 각 4D객체별 진도 상태를 나타내는 색상 코드 등이 있으며, 이들의 정보는 공정별 계획일정과 실제작업일정정보를 토대로 계산하여 도출할 수 있다.

이러한 위치기반 선형공정표와 연계된 4D 진도 시뮬레이션은 그림 3-16의 우측 상단과 같이 선형공정표에서 심볼로 표현되는 공정을 동일한 수직상의 위치에서 해당 공정의 4D객체를 나타낼 뿐만 아니라 동시에 변경된 4D객체의 색상으로 해당 공정이 계획대비 부진, 초과 또는 정상공정인지를 파악할 수 있게 직관적인 시각화 정보를 제공한다.

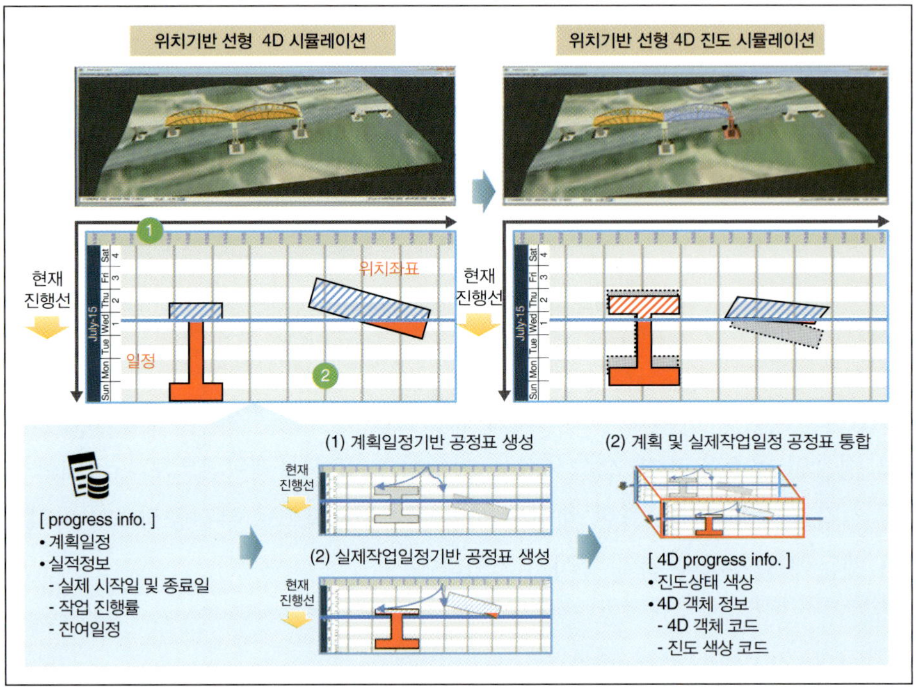

그림 3-16 위치기반 선형공정표 4D시스템의 진도 시뮬레이션

2.3 위치기반 선형 4D시스템 적용 순서

1 3D객체 및 공정표 생성

위치기반 선형공정표에 의한 4D시스템의 현장 적용성 및 실무적 활용성을 검증하기 위하여 터널과 교량을 포함하는 철도공사를 대상으로 적용 절차를 구성한다. 사례 프로젝트의 터널은 총 연장이 271m이고, 갱문형식은 원통절개와 면벽구조로 되어있다. 교량은 총 연장이 380m로 상부형식이 IPC거더로 구성되어있다.

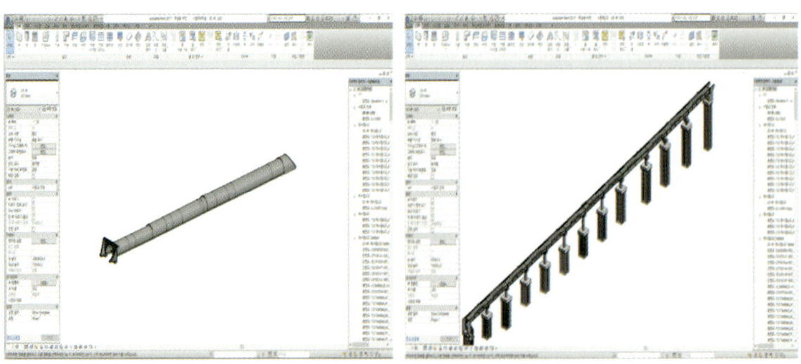

그림 3-17 사례프로젝트의 3D모델링

우선 사례 대상 공사의 4D객체 구성을 위해서 그림 3-17과 같이 Autodesk Revit으로 작성된 터널과 교량의 3D모델을 구성하고, 4D객체 구성을 위한 공정표를 그림 3-18과 같이 작성한다.

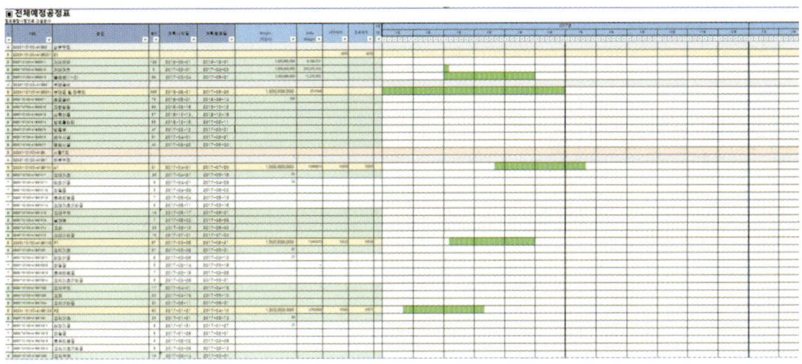

그림 3-18 사례프로젝트의 공정표(위치정보 포함)

해당 공정표는 기존 공정표 작업과 달리 위치기반의 공정표가 작성되어야 하기 때문에 설계도면을 참고하여 공정별 시작위치 및 종료위치를 입력해야 한다. 이러한 과정을 통해 완성된 사례 프로젝트의 3D모델과 공정표는 WBS코드기반으로 연계되어 4D객체가 생성되고 간트차트기반 4D시뮬레이션 및 위치기반 선형 4D시뮬레이션으로 구현된다.

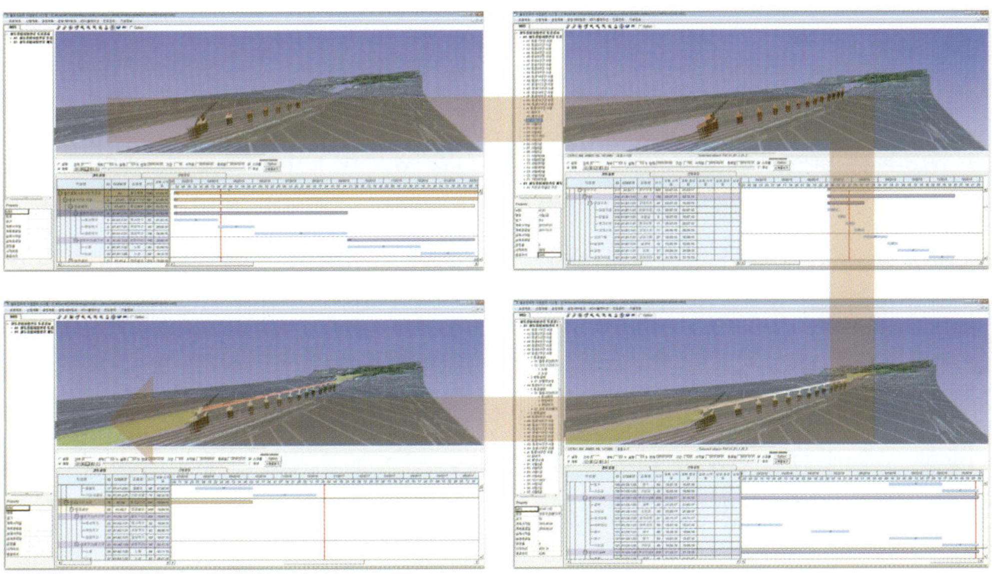

그림 3-19 간트차트기반 4D시뮬레이션

그림 3-19와 같이 4D시뮬레이션을 통해 기초 파일공부터, 교대, 교각이 차례대로 시공되고 상판 슬래브에 이어서 본선 터널 까지 진행되는 모습을 확인할 수 있다. 4D시뮬레이션이 구현될 때, 현재 진행되고 있는 공정에 대해서는 간트차트에서 적색으로 표시되는 현재 진행선을 나타냄으로써 사용자가 현재 일자에 진행되는 공정이 무엇인지를 쉽게 파악할 수 있다.

2 위치기반 선형공정표 작성

위치기반 선형공정표에 의한 4D시스템의 주요 특징은 그림 3-20과 같이 동일 시스템 내에서 간트차트공정표와 위치기반 선형공정표를 상호 연동하여 검토할 수 있다는 것이다.

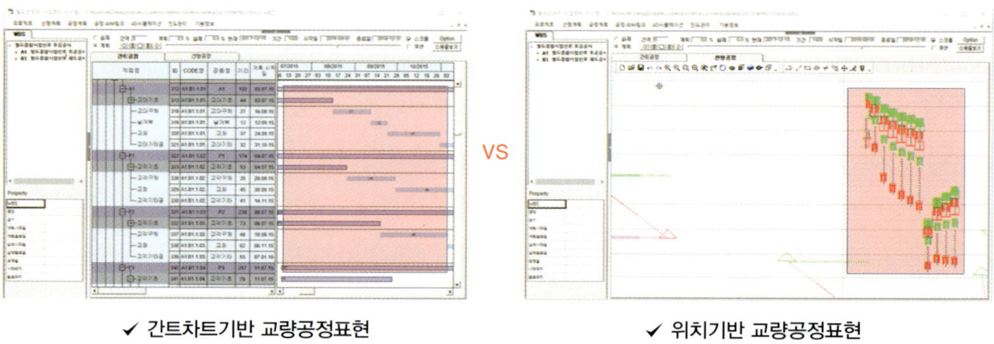

그림 3-20 간트차트기반과 위치기반 교량공정표현 비교

그림 3-20은 동일한 교량공사의 공정표현을 간트차트기반의 공정표와 위치기반 선형 공정표로 나타내고 있다. 우선 간트차트기반 공정표에서는 교대 및 교각에 대한 공정표현을 모두 일정에 따른 막대형식으로만 구성되어 있지만 위치기반 공정표에서는 교대 및 교각에 대한 형상들이 실제 작업위치에 표현된 것을 확인할 수 있다. 이러한 위치기반 선형공정표의 표현방식은 공정표상에서 해당 공정이 무엇인지, 작업위치는 어디인지를 쉽게 파악할 수 있으므로 직관적인 공정관리가 가능해 진다.

특히 이러한 위치기반 선형공정표는 선형프로젝트와 같이 작업구간이 넓은 곳에서 활용할 경우에 그 활용도가 더욱 높다. 그림 3-21은 프로젝트 전체에 대한 공정표현을 간트차트와 위치기반 선형공정표로 나타낸 것이다.

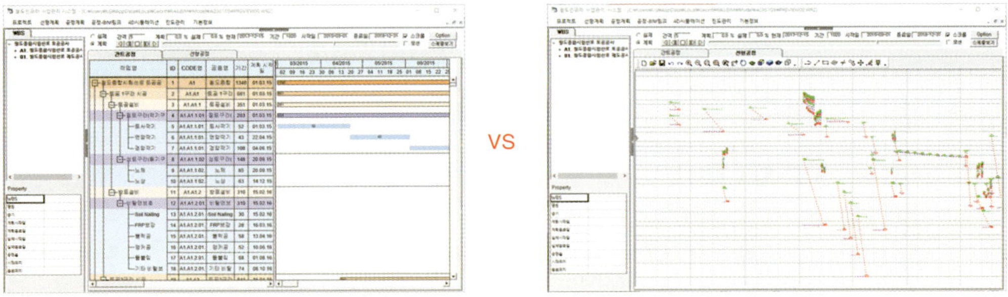

✓ 간트차트기반 전체 프로젝트 공정표현 ✓ 위치기반 전체 프로젝트 공정표현

그림 3-21 간트차트 및 위치기반 전체 공정표현 비교

그림 3-21과 같이 일정만을 나타내는 간트차트기반 공정표에서 전체 프로젝트에 대한 공정을 표현하면 그림과 같이 전체 공정들을 한눈에 확인하는 것이 불가능하다.

반면에 일정과 위치정보를 연계하여 표현하는 위치기반 선형공정표는 그림의 우측과 같이 전체 프로젝트에 대한 공정들이 한눈에 표현될 수 있고, 작업 위치 및 방향까지 검토할 수 있다. 이와 같이 위치기반 선형공정표는 사용자에게 전체 공정에 대한 직관적인 공정관리가 가능하도록 지원할 수 있다.

3 선형 4D시뮬레이션 구현

일반적으로 간트차트기반의 4D시뮬레이션은 3D객체와 일정을 연계하여 일정에 따른 4D시뮬레이션을 구현하지만, 위치기반 4D시뮬레이션에서는 3D객체와 일정뿐만 아니라 추가적으로 위치정보가 연동되어 구현된다. 그림 3-22는 위치기반 선형 4D시뮬레이션을 구현한 사례를 나타낸다.

그림 3-22의 좌측과 같이 공정계획 및 심볼 모듈에서는 위치기반 선형 4D객체를 위해 작성된 3D객체, 일정정보 그리고 위치정보 등의 공정정보를 확인하고 수정할 수 있다. 그림 3-22의 좌측 하단은 교대구체에 대한 심볼을 생성하고 검토하는 과정을 나타내며, 이러한 과정에 따라 그림의 우측과 같이 위치기반 선형 공정표 상에 해당 공정들이 표현된다.

위치기반 선형공정표 상에 공정의 심볼이 나타나면 이를 중심으로 4D시뮬레이션을 구현할 수 있다. 특히 그림 3-22와 같이 시뮬레이션이 구현될 때, 4D객체와 위치기반 공정표 상의 심볼이 동일한 위치에서 구현된 것을 확인할 수 있고, 그림의 우측과 같이 4D시뮬레이션이 구현됨에 따라 위치기반 선형 공정표 상에서도 현재진행선이 표현되어 현재 진행 중인 공정을 확인할 수 있다.

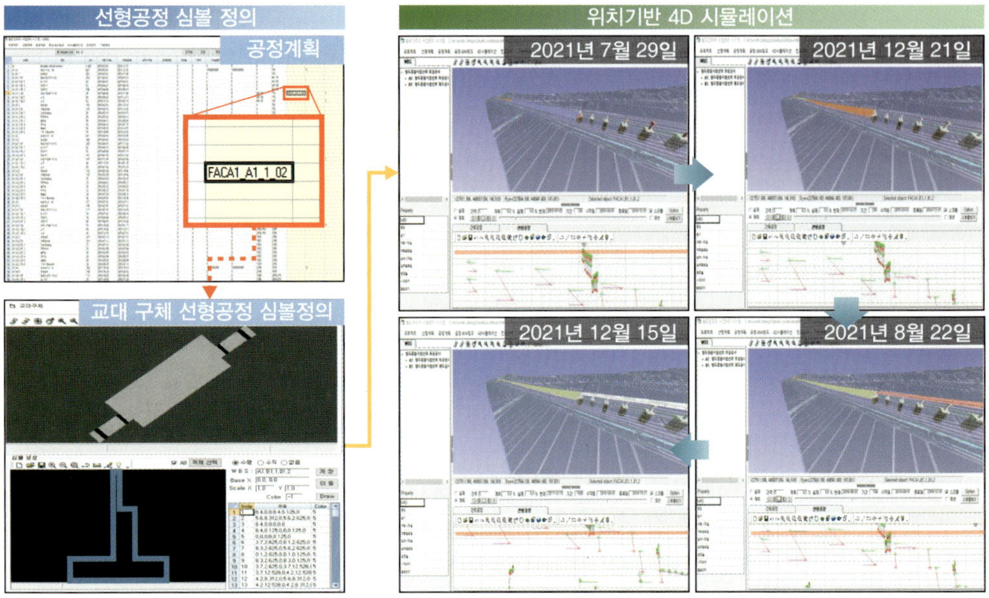

그림 3-22 위치기반의 선형공정표에 의한 4D시뮬레이션

이와 같이 위치기반 선형 4D시뮬레이션에서는 공정별 작업일정, 작업 위치 및 작업 방향까지 직관적으로 제공할 수 있기 때문에 작업의 중복이나 구간별 진행 상황 파악이 용이하여 효과적인 선형프로젝트의 공정관리 도구가 될 수 있다.

3 위치기반 선형공정표에 의한 4D시스템 구성 상세

3.1 선형 4D시스템 정보입력

1 공정정보입력

간트차트 및 선형공정표 기반 4D시뮬레이션을 위해서는 기본적인 공정정보 입력이 필요하다. 주요 입력정보는 WBS, 공정명칭, 공기, 계획시작일, 계획종료일, 실제시작일, 종료시작일, 계획공정률, 실제 공정률 등과 같이 4D시뮬레이션 및 진도관리를 위한 정보를 포함한다. 추가적으로 선형공정표 작성을 위해서는 공정의 시작 및 종료 위치, 심볼 코드, 심볼정보의 정의 및 입력이 필요하다.

이러한 공정정보의 입력은 엑셀을 비롯하여 기존 공정관리소프트웨어의 사용 정보를 4D시스템에 임포트(import)할 수 있도록 구성해야 하며, 그림 3-23은 엑셀정보의 임포트 모양을 나타내고 있다.

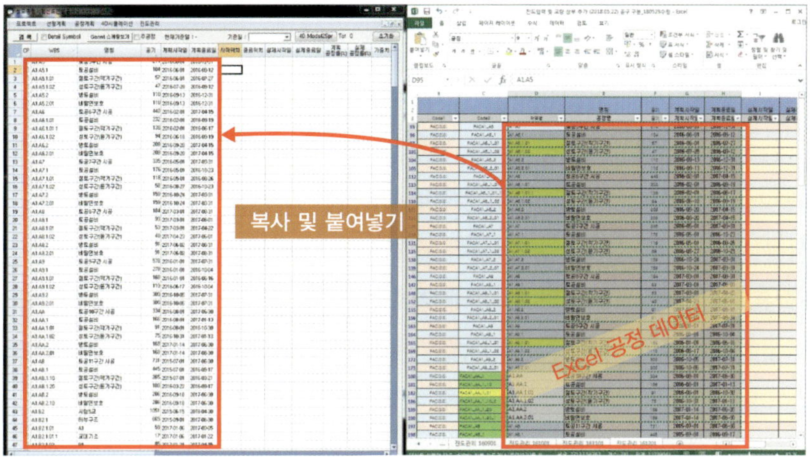

그림 3-23 공정정보 입력 방법

2 3D 정보입력

4D시뮬레이션을 위해 3D 정보는 IFC 뷰어 등을 통해 임포트할 수 있다. 임포트된 IFC 파일의 3D모델형상과 파일 구조형태를 그림 3-24의 모듈 내 우측 파란 실선 부분과 같이 확인할 수 있다.

해당 모듈은 사용자가 IFC 파일 구조에 따라 뷰어를 통해 확인하고자 하는 객체를 선택하여 개별적으로 확인할 수 있도록 구성되어 있다. IFC 구조 레벨에 따라 상위 레

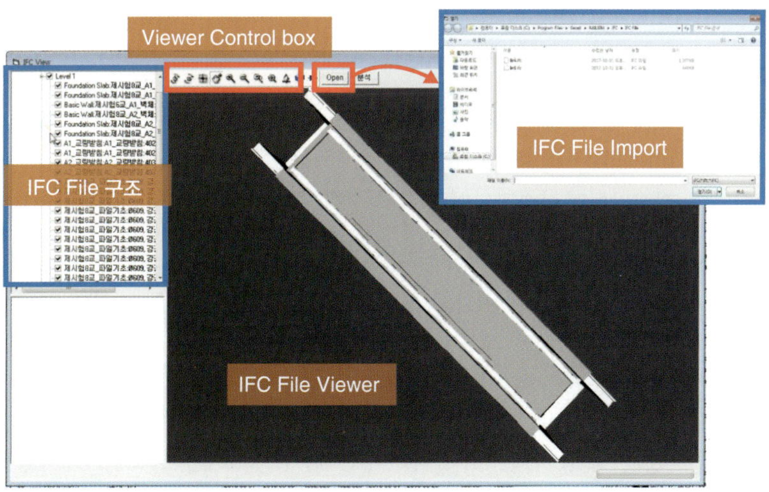

그림 3-24 IFC 파일 임포트 과정

벨을 선택한 경우 하위 레벨의 선택이 자동으로 이루어져 해당 모델 전체를 IFC 뷰어에서 확인이 가능하다.

3 심볼 정보입력

심볼은 선형공정표에서 성토, 절토, 교각, 터널공 등 주요 공정의 공정표 내 표현을 공정의 특성을 나타내는 별도의 형상으로 표기한 모양을 의미하고, 선형공정표에서 공정을 심볼 형태로 표현하기 위해 심볼 정보를 입력해야 한다.

선형공정표 내 공정을 표현하기 위해 필요한 입력정보는 공정일자를 입력하는 Y축 데이터인 계획시작일과 계획종료일, X축 데이터로 입력될 시작위치와 종료위치, 공정의 형상을 나타내는 심볼 정보가 기본적으로 필요하다.

예로서, 절토 공정은 삼각형 모양을 아래로 하고 성토 공정은 삼각형 모양을 위로 하여 작업 형태를 표현하고, 터널의 굴착과 지보공은 터널 형상을 고려하여 그림 3-25와 같이 심볼을 구성할 수 있다.

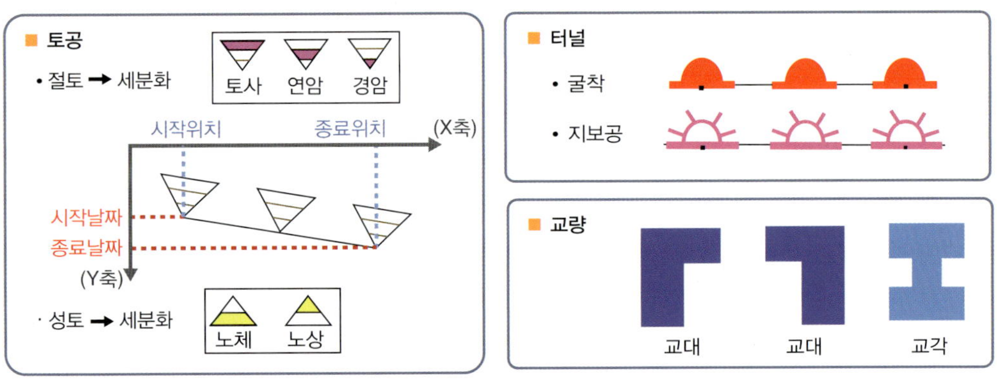

그림 3-25 선형공정표 내 공정 심볼 정의

절토나 성토 공정은 수평적으로 진행되는 공정이므로, 해당 심볼이 선형으로 반복되어 공정표에 표현될 수 있도록 심볼 코드 정보를 입력한다. 교대나 교각의 경우 고정된 한 위치에서 수직적으로 진행되는 작업이므로, 심볼 형상이 반복되지 않고 계획 일정에 따라 선형공정표 내에서 길이 값이 조절될 수 있도록 선택할 수 있다.

이러한 심볼 모양은 시스템 내에 공정별로 저장되어 있으므로 그림 3-26과 같이 시스템 내 입력되어 있는 공정 심볼 형태 중 해당 공정에 맞는 정보를 선택하여 심볼 형상을 지정할 수 있다.

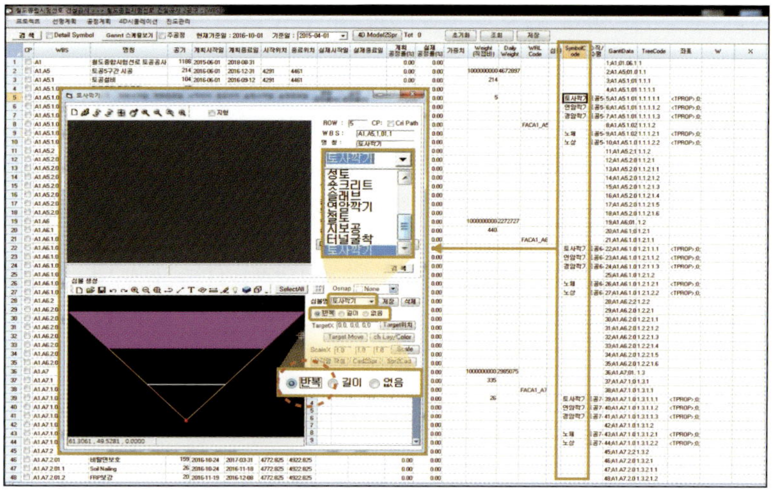

그림 3-26 선형공정정보입력 - 절토

4 공정 및 3D객체 링크

4D시뮬레이션을 통한 공정관리를 위해서 공정데이터와 3D모델 형상간의 링크작업이 필요하다. 우선 그림 3-27의 좌측과 같이 IFC 뷰어에서 임포트된 IFC모델을 확인하고, IFC파일과 공정데이터의 연동작업을 그림의 중앙에서와 같이 시행한다.

그림 3-27의 중앙 첫 번째 그림과 같이 IFC구조를 나타낸 창에서 교량의 날개벽 모델을 선택하고 공정데이터에서 날개벽 공정을 선택한 후 그림 3-27의 LINK 버튼을 클릭하여 모델과 공정 간의 링크 작업이 가능하다.

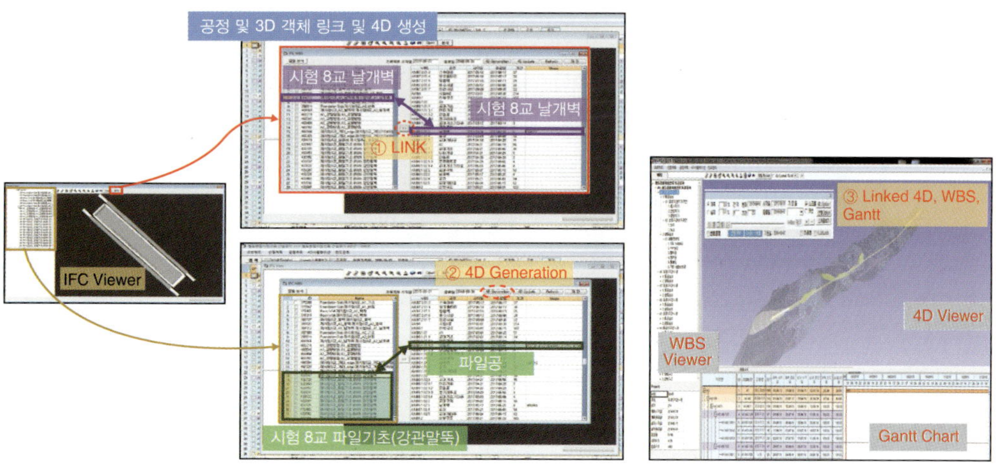

그림 3-27 공정 및 3D객체 링크 및 4D 생성

또한 그림의 중앙 두 번째 그림과 같이 IFC파일 구조에서 파일기초(강관말뚝)와 같이 해당 공정이 개별적으로 여러 모델로 작성되어 파일공 하나로 입력되어 있는 경우, 다수의 3D모델을 하나의 공정에 링크하는 과정도 가능하도록 구성한다.

4D로 생성하고자 하는 객체간의 링크작업이 끝난 다음 4D Generation 버튼을 클릭하여 4D객체 생성이 가능하다. 그림 3-27의 우측 그림은 간트차트 기반의 4D시뮬레이션 화면이며, 입력된 WBS코드별 일정정보와 3D객체, 간트차트 내 공정정보가 상호 연동되어 사용자에게 제공된다.

3.2 선형공정표의 생성

1 선형공정표 좌표 축 구성

위치기반의 선형공정표는 그림 3-28과 같이 가로 X축이 공정의 위치정보를 나타내는 거리이고, 세로 Y축은 공정의 일정정보를 나타낸다. 선형공정표 내 공정은 심볼 형태로 나타나게 된다.

그림 3-28은 터널, 교량, 토공과 같이 공정의 특징을 나타낸 형상을 가진 심볼을 공정으로 표현하여 공정의 일정, 공정 위치 및 공정명 까지 표현하는 모양을 나타내고 있다.

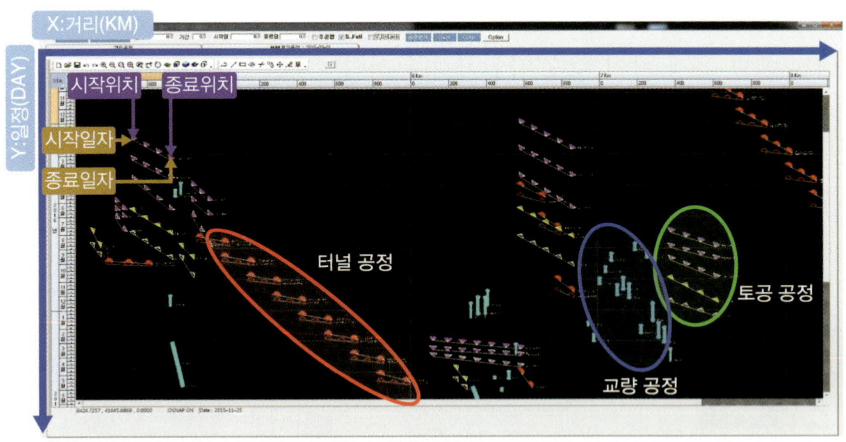

그림 3-28 위치기반의 선형공정표

그림 3-28의 좌측상단과 같이 X값으로 공정의 시작 및 종료위치가 입력되고, Y값으로 공정의 시작 및 종료일자가 입력되어 공정 심볼의 표현 위치가 생성된다. 이러한 선형공정표는 공정 심볼의 위치와 길이, 기울기 등으로 해당 공정의 위치 및 구간, 공

정 진행 속도 등을 한눈에 파악할 수 있다. 따라서 긴 연장의 작업 구간을 가지는 인프라 시설물 공사에 특화된 공정관리기술로 활용도가 높을 수 있다.

기존의 공정관리 업무는 대부분 MS Project, Primavera와 같은 상용 소프트웨어를 활용하여 운영되고 있으나 토목공사는 선형적으로 긴 공사구간을 가지고 있어 공정의 위치정보를 파악하는 것이 매우 중요하다.

선형공정표는 이러한 문제점을 해결하기 위해 가로축(X축)이 거리(공정위치), 세로축(Y축)에 공정명을 나타내는 선형공정차트 내 공정을 심볼 형태로 표현하여 일정정보와 위치정보를 동시에 표현할 수 있다.

2 선형공정표 공정 표현

선형공정표를 구성한 사례에서 공정의 계획 시작/종료일, 공정의 시작/종료 위치, 공정을 나타내는 심볼의 정의, 심볼 코드 정보들은 그림 3-29의 상단 좌측 '① 선형공정정보 입력' 화면에서 입력이 가능하다. 그림의 상단과 같이 입력된 선형공정정보를 바탕으로 '선형 BIM' 버튼을 클릭하게 되면 입력된 공정정보를 바탕으로 그림의 좌측 하단과 같이 선형공정표가 생성된다.

예를 들어, 그림 3-29의 우측 상단과 같이, A1.A5.1.02.1 노체 공정의 계획 시작/종료일인 2023년 7월 28일, 2023년 8월 28일은 선형공정표 내 X좌표로 입력되어 그림의 우측 하단과 같이 X좌표 값으로 나타난 것을 확인할 수 있다.

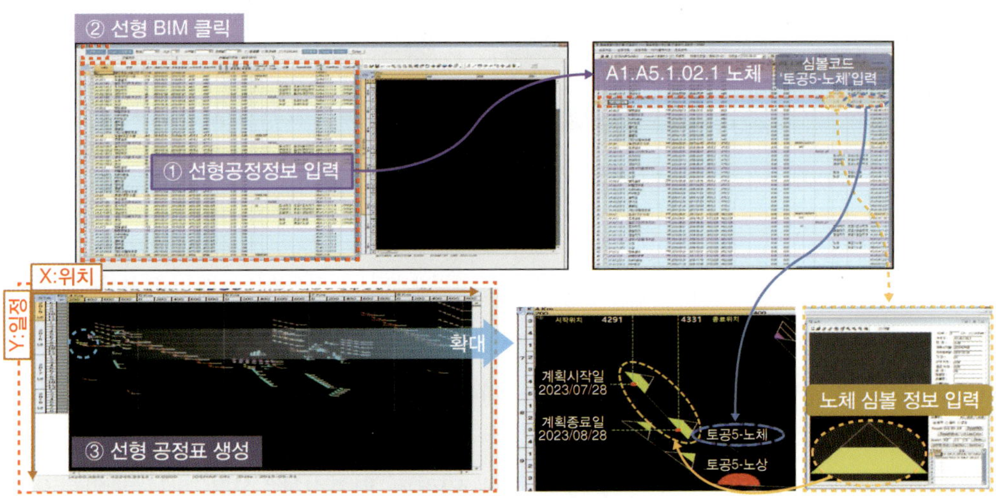

그림 3-29 선형공정표 생성 방법

또한 공정의 시작, 종료위치 4291m, 4331m로 입력하여 해당 값이 선형공정표 내 X축 값으로 입력되었다. 심볼을 나타내는 공정은 그림 3-29의 하단 우측과 같이 노체의 심볼 정보를 선택하여 저장된 노체의 심볼 정보가 선형공정표 내 황색 삼각형태로 표현된 것을 확인할 수 있다.

3 간트공정표와 선형공정표 연계

위치기반의 선형 4D시스템에서는 선형공정표와 간트차트가 상호 연동되어 4D시뮬레이션과 함께 운영될 수 있도록 구성할 필요가 있다. 간트차트에서 선형공정표로의 연동은 그림 3-30과 같다.

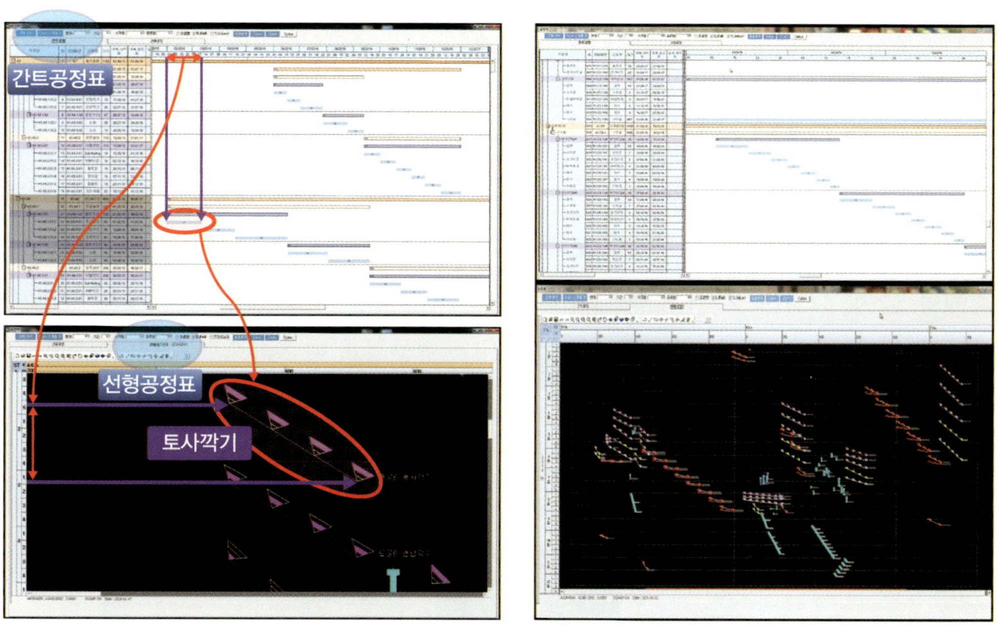

그림 3-30 간트차트의 선형공정표 연계 및 자동 변환

그림 3-30에서와 같이 간트차트에서 바 형태로 나타난 공정이 선형공정표의 심볼형태로 표현되고, 상단의 간트공정표를 4D시스템 내에서 하단의 선형공정표로 자동 변환한 모양을 나타내고 있다. 간트 공정표 내 X축에 해당하는 일정정보는 선형공정표 내 Y축의 일정정보로 활용되는 것을 확인할 수 있다. 선형공정표 내 공정은 간트차트에서 활용된 일정정보와 함께 공정계획 창에 입력된 위치정보, 심볼 정보를 바탕으로 표현되게 된다.

위치기반 선형 4D시스템 내에서 간트차트와 선형공정표의 연동은 공정관리 업무에서 사용자가 자유롭게 공정표를 전환하면서 필요한 정보를 탐색할 수 있다. 이러한 기능을 통해 공정관리 업무의 효율성을 높일 수 있다.

3.3 위치기반 선형 4D시뮬레이션 화면 구성

1 선형4D시스템의 기본 시뮬레이션 화면

선형공정표 기반 기본 4D시뮬레이션의 레이아웃은 WBS코드, 4D 뷰어, 선형공정표 및 간트차트로 구성될 수 있다. 선형공정표에 의한 4D시스템에서도 간트차트 기반 4D시뮬레이션과 마찬가지로 4D시뮬레이션에서는 현재 진행선을 적색으로 표현하여 프로젝트 참여자에게 현재 일자에 해당하는 공정을 시각적으로 파악할 수 있도록 해야 한다.

선형공정표에 의해 4D시뮬레이션 되는 기본 모양은 그림 3-31 및 3-32와 같다. 그림 3-31은 교량 공정의 시뮬레이션 모습을 나타내고 있다. 그림에서 좌측의 현재시점 시뮬레이션 객체에 해당하는 공정은 우측의 선형공정표에서 상단에 작업의 위치 정보와 함께 하단에 공사일정정보가 동시에 표현된다. 우측의 공정표는 현재 시뮬레이션 되는 공정들이 교량의 교각 공정이므로 교각모양의 심볼들이 표현되어 있다.

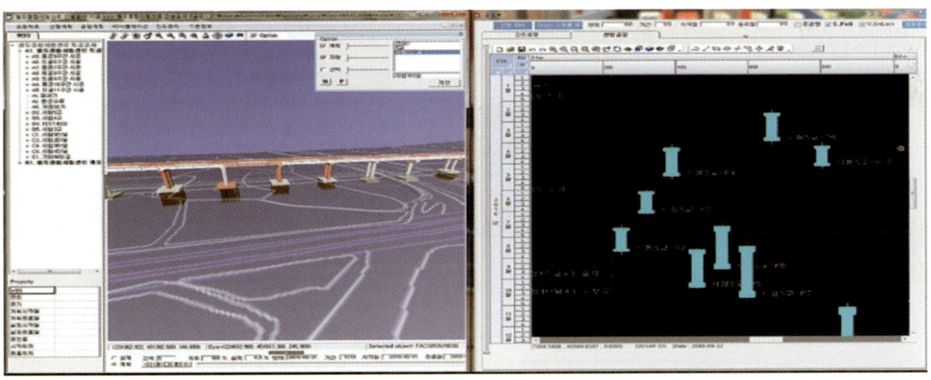

그림 3-31 교량 공정 선형공정표기반 4D시뮬레이션

그림 3-32는 터널 공정의 선형공정표기반 4D시뮬레이션 모습을 표현하고 있다. 그림에서는 우측의 공정표는 현재 시뮬레이션 되는 공정들이 터널의 굴착 공정이므로 터널 굴착모양의 심볼들이 표현되어 있다. 이러한 4D시스템에서는 터널 공정의 굴착 일정에 따른 완성도의 시뮬레이션과 함께 현재 진행중인 터널 굴착 공정의 사업구간 내 거리좌표까지 표현되므로 효율적인 시공관리도구가 될 수 있다.

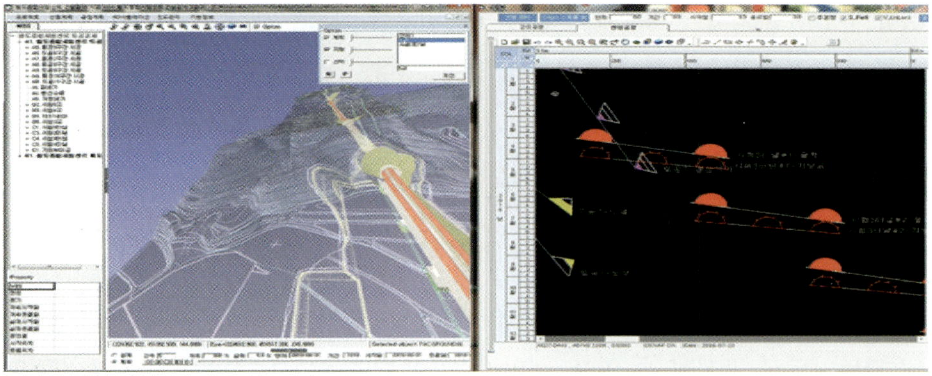

그림 3-32 터널 공정 선형공정표기반 4D시뮬레이션

2 선형 4D시스템 연속 시뮬레이션 화면

그림 3-33은 공정의 수순에 따라 4D시뮬레이션이 연속 진행되는 모습이다. 그림에서 2023년 8월 29일 기준으로 4D뷰어에서 교각 객체가 진행되고 있으며, 선형공정표 내에서도 현재 진행선 공정 심볼이 맞물려 있는 것을 확인할 수 있다. 간트차트에서는 교각 구체에 해당하는 공정이 현재 진행선에 맞물려 있는 것을 확인할 수 있다.

그림 3-33에서 2023년 9월 18일, 2023년 11월 17일, 2023년 12월 28일 시뮬레이션 화면에서는 지난 기준일에 비해 공정이 조금씩 더 진행된 모습을 확인할 수 있다.

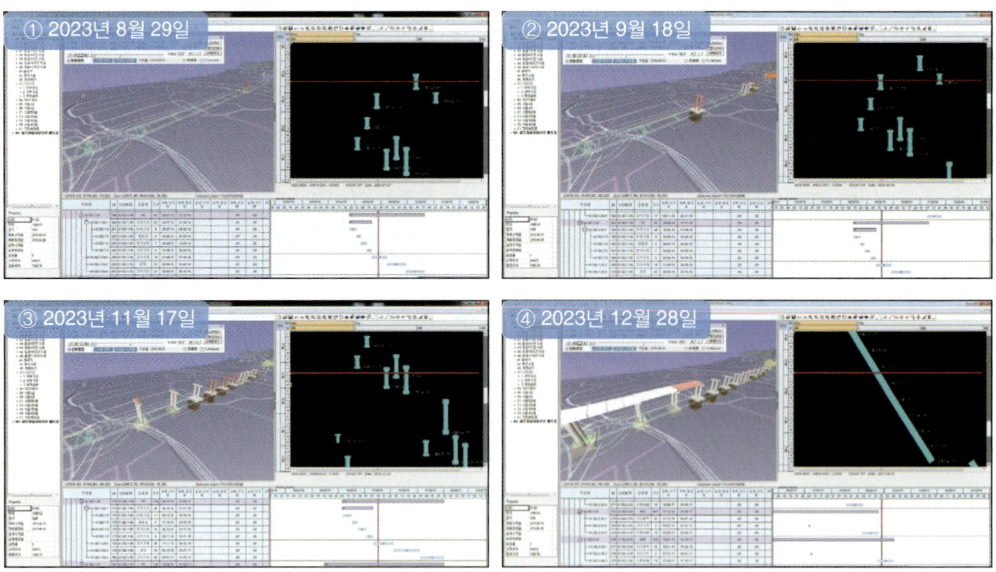

그림 3-33 선형공정표 기반 4D시뮬레이션 화면

선형공정표 기반 4D시뮬레이션에서는 현재 일자에 해당하는 공정을 4D 뷰어, 선형공정표, 간트차트에서 동시에 확인할 수 있다. 따라서 선형공정표 내 표현되지 않은 공정에 대해서는 사용자가 간트차트에서 확인이 가능하다.

3 임의 구간별 선형 4D시뮬레이션

철도 프로젝트의 경우 공사 연장이 수십 km에 해당하므로 프로젝트 참여자가 전 구간의 공정관리 업무를 4D시뮬레이션으로 진행하는데 어려움이 있다. 따라서 사용자가 관리하고자 하는 임의 구간을 설정하여 임의구간에 해당하는 4D시뮬레이션만 진행할 수 있는 구간 설정 모듈이 필요하다.

임의 구간을 설정하기 위해서는 그림 3-34의 좌측과 같이 4D 선형 옵션버튼을 클릭하여 선형공정표 내 심볼 X축 Station 내 값을 조절할 수 있다.

그림 3-34의 좌측과 같이 옵션 값을 입력한 뒤 저장하게 되면 그림의 우측과 같이 교량구간에 해당하는 선형공정표가 로드되어 해당 구간에 포함된 2023년 11월 2일부터 2025년 4월 4일까지의 교각, 교대, 슬래브 공정이 선형공정표에서 수순에 따라 진행되는 모습을 파악할 수 있다.

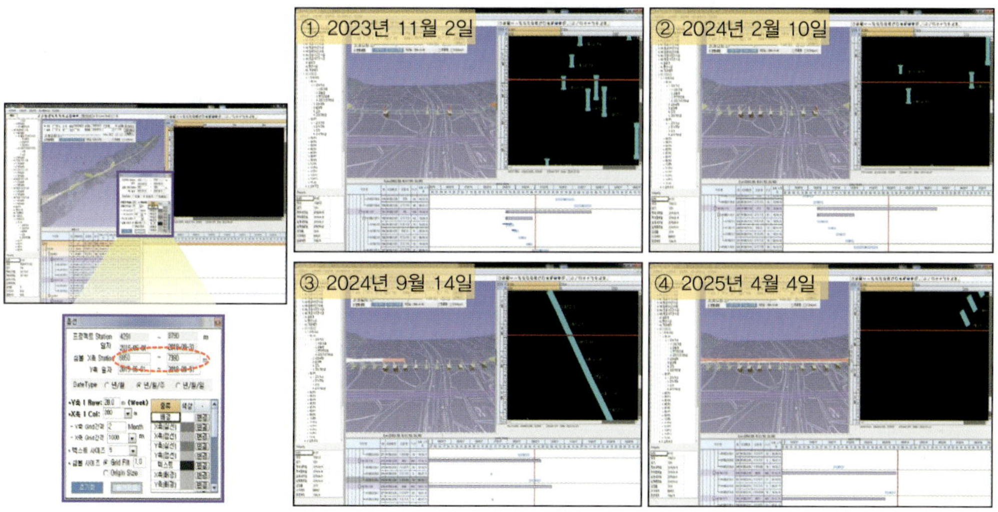

그림 3-34 선형공정표 기반 임의 구간 시뮬레이션

그림 3-34에 표현된 4D시스템은 상단 좌측에 현재 시뮬레이션 되는 객체를 표현하고, 상단우측에 해당 객체의 거리좌표 중심의 선형공정표를 나태고 있으며, 하단에는 해당 객체의 일정 중심의 간트공정표를 표현하여 동시에 3개 정보를 함께 나타내는 모

양을 표현하고 있다.

4 선형 4D시스템의 정보 간 연동 체계

그림 3-35의 좌측은 철도시설물 공사의 임의 공구에 해당하는 모든 공정을 4D 뷰어 및 선형공정표, 간트공정표로 표현한 모습이다. 확인하고자 하는 공정의 형상 및 일정, 위치 등을 파악하기에는 프로젝트 전체 범위가 넓어 하나의 공정 객체를 탐색하는데 어려움이 있다.

따라서 그림의 좌측부분 WBS코드 분류창에서 해당 공정을 선택한 후 GOTO 기능을 클릭할 경우, 해당 객체가 연동되면 WBS코드를 기준으로 모든 정보들을 관리할 수 있다.

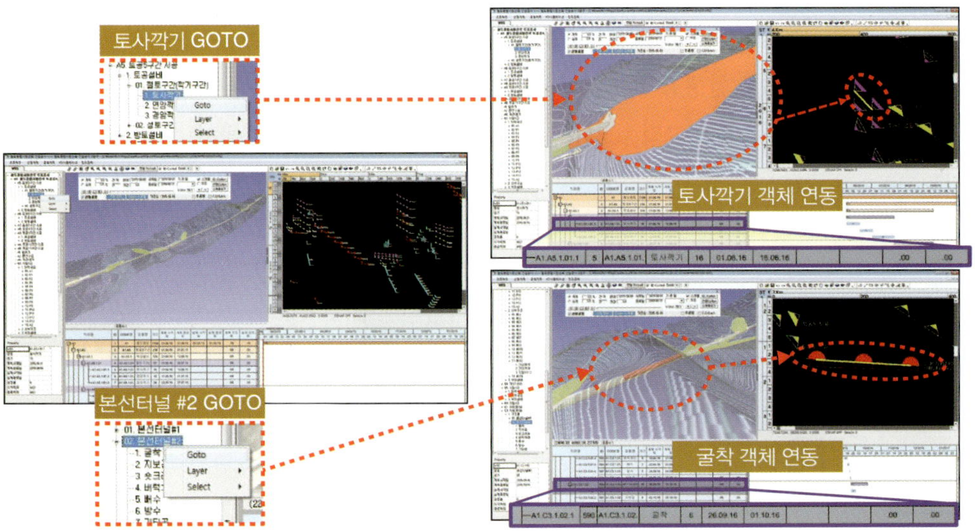

그림 3-35 WBS코드 기반의 객체 간 연동 기능

즉, 그림 3-35에서와 같이 토사 깍기 공정을 선택한 후 GOTO 기능을 통해 4D 뷰어에서 토사깍기 공정의 형상을 확인할 수 있고, 선형공정표 내 토사깍기 공정에 해당하는 심볼을 탐색하여 황색 실선으로 표시한 모습을 확인할 수 있어 공정의 위치 정보가 확인 가능하다.

이러한 기능을 통해 프로젝트의 특정 공정을 4D 뷰어, 선형 공정표, 간트차트 내에서 동시에 확인이 가능하므로, 광범위한 지역에서 진행되는 공정정보의 확인이 용이하다.

CHAPTER 4

선형시설물 빔 적용 실무

1 선형 4D시스템의 진도관리

1.1 진도관리 정보체계

1 선형공정 진도관리

공정의 진도관리는 진도일 기준 공정의 실적을 입력하여 계획대비 진도현황을 파악하는데 목적이 있다. 작업이 끝난 공정은 실제 시작일 및 종료일을 입력해야 하며, 진행 중인 공정에 대해서는 공정의 진행률을 입력하여 진도관리 업무에 활용해야 한다.

진도관리 업무를 위해서 첫 번째로 그림 4-1의 좌측 상단과 같이 기준일 관리에서 현장 작업 진도 기준일을 입력하여야 한다. 두 번째로 해당 기준일을 기준일관리에 추가하여 해당하는 작업 진도 현황을 입력하여야 한다.

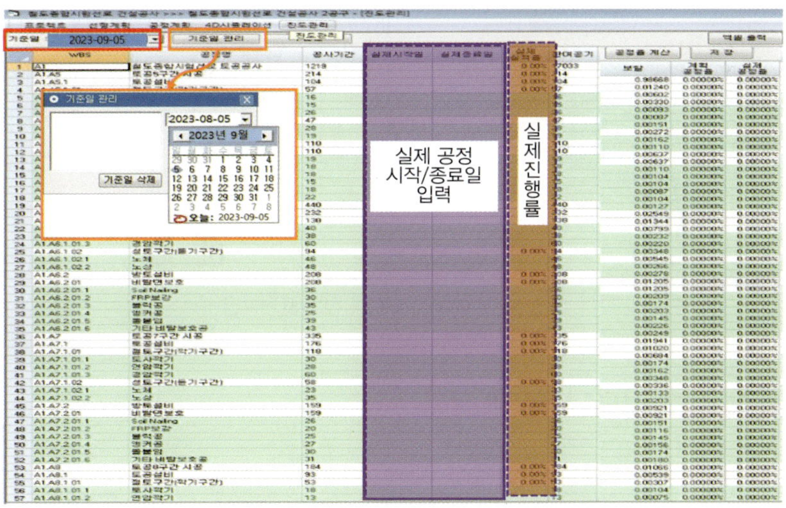

그림 4-1 진도관리를 위한 진도 기준일 관리

진도관리 기능이 내장된 4D시스템에서는 그림 4-1과 같이 기준일 관리에 진도를 입력했던 일자들의 데이터가 저장되어 있는 것을 확인할 수 있다. 진도 현황 데이터는 작업 완료 여부에 따라, 작업이 완료된 공정을 보라색으로 표시된 실제시작일, 실제 종료일 부분에 입력할 수 있고, 작업이 진행 중인 공정에 대해서 실제 진행률을 주황색으로 표시된 실제 진행률 부분에 입력할 수 있다. 입력된 실제 일정 데이터 및 실제 진행률을 바탕으로 간트차트 및 선형공정표에서 공정의 진도 상황을 파악할 수 있다.

2 선형 공정표 기반 진도정보 구성

간트공정표에는 계획공정과 실제 공정데이터를 바 형태로 함께 표현하여 진도차이를 파악하기 용이하다. 선형공정표에서는 각 공정은 심볼의 형태로 나타내어 다양한 색상과 형태를 가지게 된다.

이러한 특징에 따라 그림 4-2의 좌측과 같이 선형공정표 내 계획공정과 실제공정을 동시에 표현할 경우 프로젝트 참여자가 공정정보를 파악하는데 혼란을 야기할 수 있다.

따라서 그림 4-2의 우측과 같이 선형공정표 내 계획일정은 심볼 형태로 표현하되 실제일정은 심볼 형태의 아래에 실선으로 표기하여 계획일정대비 실제 진도상태를 표현할 수 있다. 진도를 나타내는 실선은 계획대비 초과 공정을 청색, 정상 공정을 녹색, 지연 공정을 적색으로 표현한다.

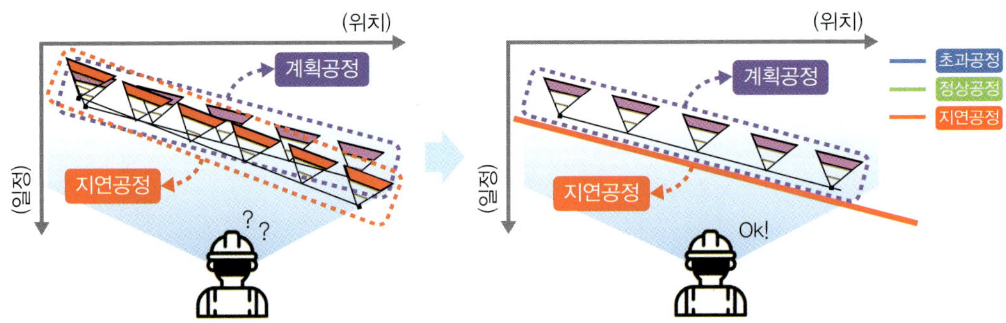

그림 4-2 선형공정표 내 진도 표현방법

1.2 선형공정 4D 진도 시뮬레이션

1 진도 현황의 표현

그림 4-3은 선형공정표기반의 4D시스템에서 진도를 표기하는 모양을 나타내고 있다. 그림의 좌측 상단과 같이 노체, 노상 공정의 실제일정정보가 입력되기 전 선형공정표에는 단순 계획공정정보에 따른 공정 심볼만 나타나 있음을 확인할 수 있다. 선형공정표 진도 표현을 위해 그림의 상단 우측과 같이 공정계획 탭에 계획공정대비 실제 공정정보를 입력을 하고 난 후, 그림 4-3의 우측 선형공정표와 같이 실제 공정정보

에 따른 진도 차이를 확인할 수 있다.

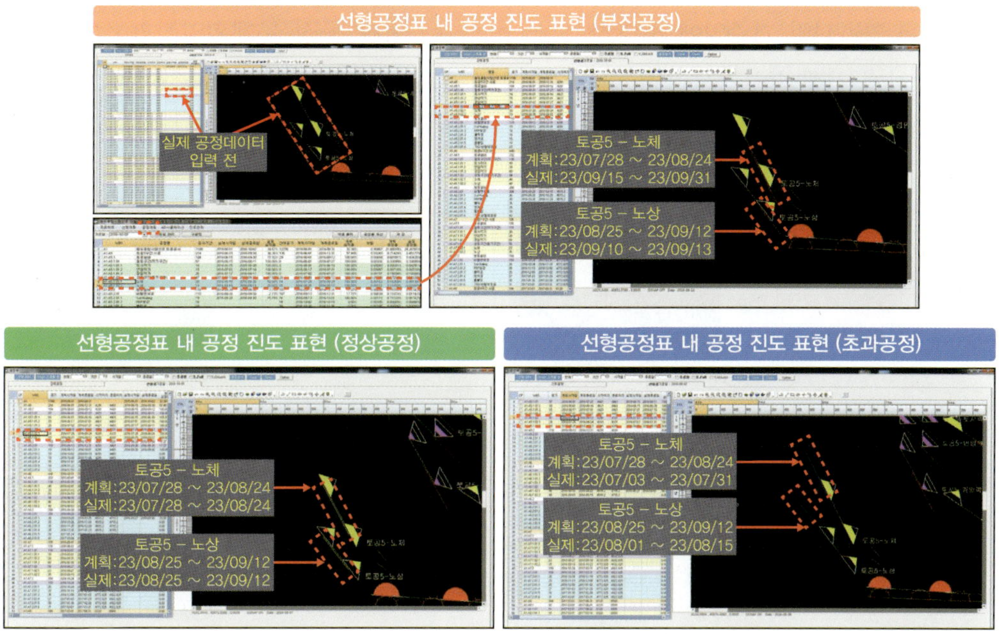

그림 4-3 선형공정표 내 진도표현

그림 4-3의 진도정보는 계획과 실제 일정을 가상적으로 입력한 사례이며, 노체공정은 2023년 7월 28일에 시작하여 2023년 8월 24일에 종료하는 것으로, 노상공정은 계획 2023년 8월 25일에 시작해서 23년 9월 12일에 종료되는 것으로 계획되었다.

하지만 그림 4-3의 상단과 같이 노체의 실제 작업이 2023년 8월 10일부터 23년 9월 4일까지 진행되었을 경우, 이를 계획대비 부진공정으로 파악하여 그림 상단의 우측 선형공정표 내와 같이 심볼 아래 적색 실선으로 부진공정임을 표시하고, 실제 작업 기간에 맞춰 실선의 위치가 조정되어 있는 것을 확인할 수 있다.

마찬가지로, 그림 4-3의 하단 왼쪽과 같이 노체와 노상의 작업이 계획일정과 동일하게 진행된 경우, 시스템 내에서 이를 정상공정으로 파악하여 심볼 아래 녹색 실선으로 나타난다.

2 공정별 진도 표현

선형공정표 내 진도표현 방법을 바탕으로, 그림 4-4는 선형공정표 기반의 진도 시뮬레이션을 진행한 모습이다. 2025년 3월 31일 기준일에 해당하는 토공9-연암깍기 공정이 계획대비 초과공정으로 선형공정표 내 심볼 하단 및 간트공정표 내 계획공정 바 차트 상단에 청색으로 표현된 것을 확인할 수 있다.

2025년 7월 11일 기준일에 해당하는 본선터널#2 굴착 공정은 계획일정과 실제 작업이 동일하게 진행되어 정상공정으로 선형공정표 및 간트차트 내 녹색으로 계획공정심볼 및 바 차트와 함께 표현된 것을 확인할 수 있다.

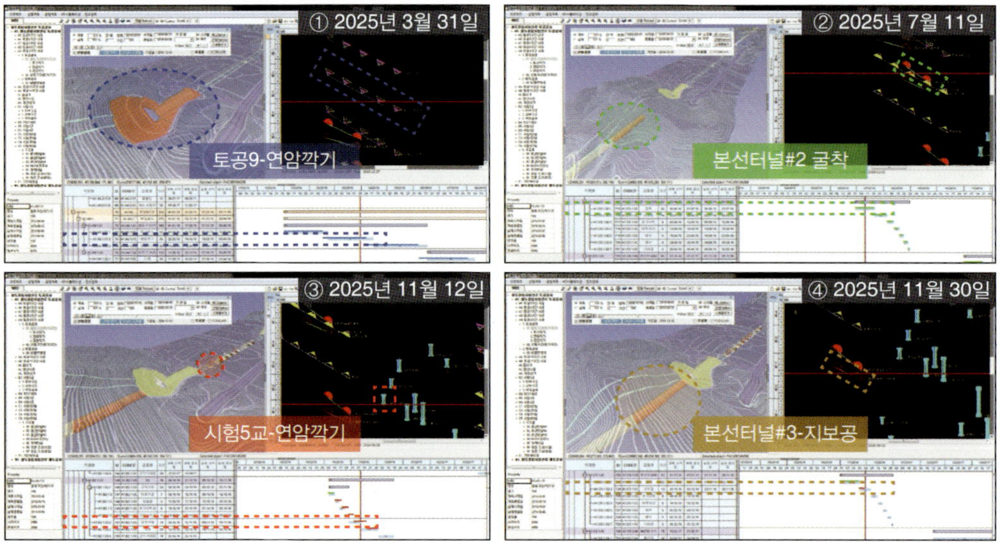

그림 4-4 선형공정표 기반 진도 시뮬레이션

그림에서 2025년 11월 12일 및 2025년 11월 30일에 해당하는 시험 5교-연암깍기 공정, 본선터널#3-지보공은 계획일정대비 실제작업이 늦춰져 부진공정으로 파악된다. 따라서 선형공정표 및 간트차트 내 적색으로 표현된 것을 확인할 수 있다.

2 구글연동 공구별 진도관리

2.1 구글맵 정보의 연동

1 진도정보의 구글맵 연동

토목시설물 공사는 공사 구간이 긴 선형프로젝트이며 여러 공구로 나누어져 공사가 진행되므로 발주자의 원활한 프로젝트 관리를 위해서는 프로젝트를 각 공구별로 나누어 관리할 필요가 있다. 발주자는 각 공구별 작업 현황을 종합적으로 파악할 필요가 있고 공구별 시공사도 해당 공구의 전체적인 진도현황을 시각적으로 파악할 필요가 있다.

기존 4D시뮬레이션의 기능을 활용하여 공종별 진도 현황을 종합적으로 파악하는 것은 어려움이 있으므로, 해당 공구의 진도현황을 시각적으로 파악할 수 있도록 구글맵(Google map)을 활용한 진도관리 모듈을 사용할 수 있다.

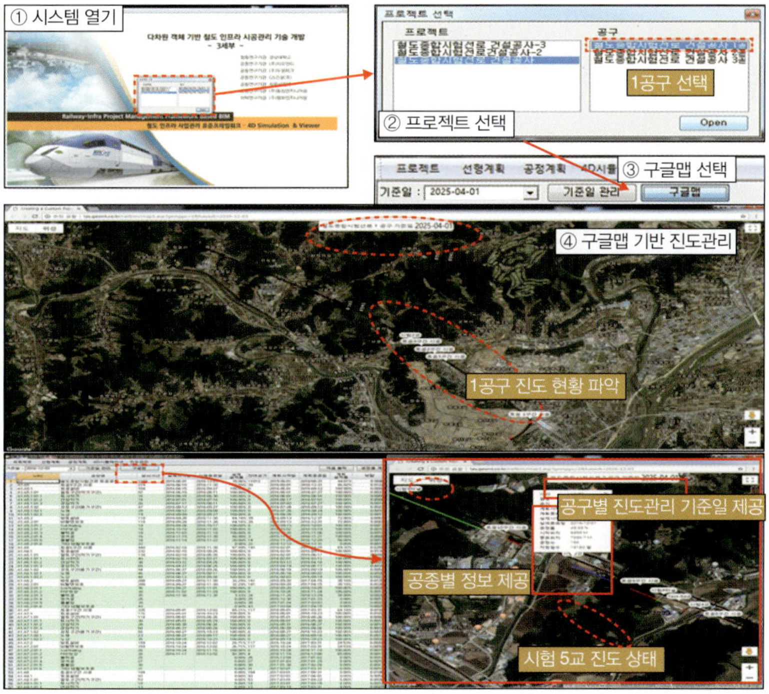

그림 4-5 구간 선택에 따른 구글맵 기반 진도관리

구글맵을 활용한 진도관리를 위해서는 프로젝트 전체 노선에 해당하는 위치정보를 구글맵에 연동하여 기준선으로 표현하고 기준선을 바탕으로 공사의 진도를 나타낼 수 있어야 한다. 그림 4-5는 철도 공사프로젝트 중 집중적으로 관리가 필요한 터널, 교량, 토공공사를 선택하여 해당공사의 진도현황을 구글맵에 표현한 모습이다.

2 구글맵 진도정보 표현

그림 4-5의 좌측 상단과 같이, 4D시스템 내에서 공정관리 기능의 오픈 시 진도현황을 파악하고자 하는 공구를 선택할 수 있다.

또한 진도관리 업무 시 기준일을 설정하여 해당 기준일에 따라 구글맵을 실행할 수 있으며, 이러한 기능은 기준일에 따라 공구별 진도 진행상태 파악에 용이하다. 그림의 상단과 같이 공구선택과 기준일 선택을 마친 후 구글맵을 실행하였을 때 그림의 중간과 같은 화면을 볼 수 있다.

그림 4-5의 하단은 2공구를 선택하여 구글맵 진도관리 기능을 실행하는 화면이다. 이러한 구글맵 기반의 진도관리에서는 그림의 하단 우측과 같이 진도기준일, 진도상태 등을 확인할 수 있다.

2.2 구글맵 공구별 관리

1 공구별 진도정보 표현

구글 맵 기반 진도 현황은 그림 4-6의 상단과 같이 실제 프로젝트의 기준선을 흑색 실선을 바탕으로 공정계획에 입력된 위치데이터 및 실제 작업 데이터로 터널/교량/토공 공사의 진도율을 계산하여 표시할 수 있다.

그림 4-6의 상단과 같이 터널공사를 녹색, 교량공사를 청색, 토공공사를 적색으로 표현하여 시각적인 공종별 진행상황 판단이 가능하다. 또한 그림의 첫 번째와 두 번째와 같이 사용자의 편의에 따라 지도 및 위성을 선택하여 실제 현장 정보를 파악할 수도 있다.

2 공구별 종합 정보 표현

그림 4-6의 하단 그림은 현재 진도기준일 2025년 4월 1일에 해당하는 2공구의 진도 현황을 구글맵에서 확인할 수 있는 모습이다. 그림의 하단과 같이 특정 구간을 선택하여 해당 구간의 진도정보를 확인할 수 있다.

WBS코드, 명칭, 전체 공기, 계획시작 및 종료일, 실제시작 및 종료일, 및 시작 및 종료 위치 등의 정보가 포함되어 있는 것을 확인할 수 있다. 이때, 그림에서 확인할 수 있듯이, 시험 5교의 작업 공정률은 45.35%로 확인되며 시험 5교의 전체 길이의 45.35%에 해당하는 길이만큼 프로젝트 기준선 좌측에 청색으로 표시된 것을 확인할 수 있다.

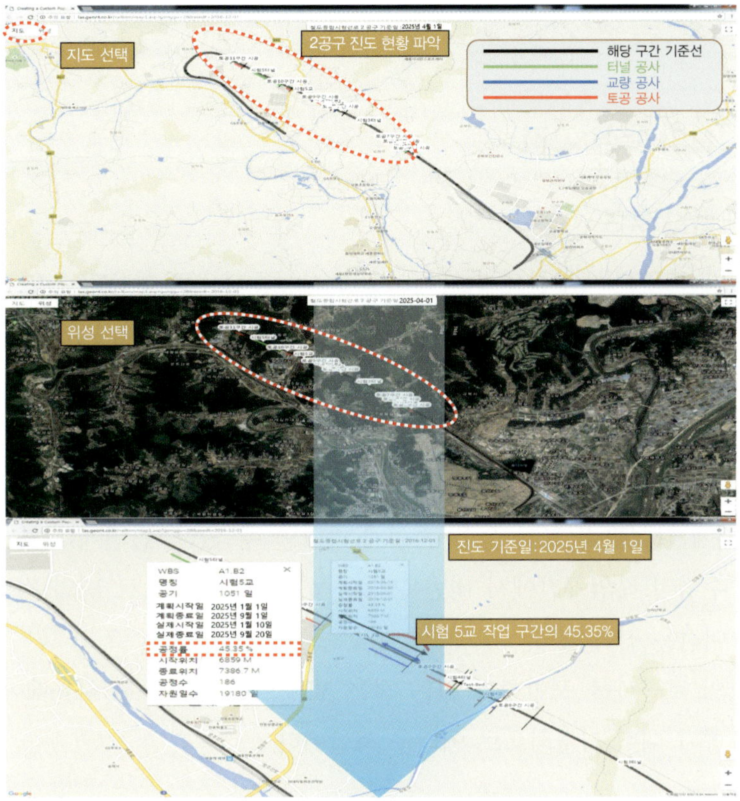

그림 4-6 구글 맵을 활용한 진도관리

시험 5교는 교량공사에 해당하여 청색으로 표시되었으며, 각 공정별로 색상정보를 포함하여 실선이 구글 맵 상에 표현되므로 공정정보를 시각적으로 파악할 수 있다. 이와 같이 구글 맵을 통한 진도관리는 현장의 실제 지형 지도를 바탕으로 실제 진도를 표현하여 현장감 있는 공사의 진도관리가 가능하다.

토목시설물에서 도로 및 철도공사는 50~100km에 이르는 사업구간에서 선형 공정들로 구성되므로 이러한 공정들은 진행 중인 공정의 사업구간 내 위치정보 표현이 중요하고, 공구별로 구분되어 있을 때 공구별 종합 공정 현황파악 등이 필요하다.

4D시스템에서 이러한 선형 시설물에 특화된 공정시뮬레이션 및 공구별 공정 현황 파악 기능들이 적용되면 인프라 시설물의 4D시스템 적용 효과는 배가될 수 있다.

3 인프라 빔 활성화 요소

3.1 토목시설의 특성 고려

1 수평적 공간 특성

건설분야 빔 적용은 대부분의 국가에서 건축시설중심으로 활용되고 있고, 토목시설물에 빔이 건축시설만큼 본격 적용되고 있는 국가는 많지 않다. 토목시설물에 빔 적용이 어려운 대표적 이유는 토목시설물이 국가 예산으로 발주되기 때문에 예산 증액에 대한 근거가 마련되어야 하는 점 등이 있다.

공정 구성 측면에서 건축공사는 반복적 공정들이 제한된 수직적 공간에서 반복되어 빔 적용시에 간섭관리 효과 등을 손쉽게 파악할 수 있다. 반면에 토목공사는 수십 km에 걸친 수평적 작업공간에서 비반복적 공정들로 구성되므로 빔의 적용효과를 가시화하기가 어려운 점이 있다.

특히 다량의 토공사를 포함하고 있는 점은 3D모델링작업과 4D시뮬레이션 객체 구성시에 건축공사 대비 기술적으로 어려운 사항이다.

2 설계 빔과 시공 빔 동시 고려

건축공사의 기초 굴착공사에도 토공사가 포함되나, 토목공사의 토공사는 자연지형 정보의 삼각망 좌표가 모델링에 포함되어야 한다. 4D시뮬레이션 객체 구성시에도 공사일정에 따라 자연지형의 성절토 모습이 실제 지형 삼각망좌표의 변화 모습과 함께 표현되어야 한다.

이러한 점이 토목공사 빔 적용시 기술적으로 어려운 점이다. 또한 건축공사에서 상대적으로 설계단계가 시공단계보다 중요도가 큰 반면에 토목공사는 시공단계의 중요성이 큰 부분을 차지한다.

즉, 인프라 빔은 설계단계의 간섭관리 중심의 빔 기능으로 구성하는 것은 적절치 않으며, 시공단계의 시공시뮬레이션 등을 함께 운영해야 효과를 기대할 수 있다. 광범위한 수평작업공간의 공사현장에서는 간섭관리보다 대안 공법의 사전 시뮬레이션과 현장관리의 시각화 요소가 더욱 중요한 기능인 것이다.

3.2 인프라 빔의 기술적 환경

1 토목시설 빔 접근성 개선

인프라 빔의 활성화를 위해서는 우선적으로 발주 근거의 명확한 지침이 필요하고, 이를 위해서는 발주 가이드라인의 구축이 우선시되어야 한다. 이러한 목적으로 한국도로공사, LH공사 등 대표적 발주기관에서 자체적인 가이드라인을 구축한 바 있다.

- ✓ **발주 가이드라인 구축** → 규모 및 시설별 적용 지침 / 성과품 명시
- ✓ 빔 대가 기준 구성 → 포괄적 기준, 발주 근거 활용
- ✓ **BIM 라이브러리 확대** → 중소 규모 공사 / 중소기업 활용
- ✓ BIM 표준 구축 → 국제적 BIM 표준 준용, 연구기관 주관
- ✓ **교육 인프라 확충** → 실무 교육 프로그램, 대학 교과목 장려
- ✓ Infra BIM 협의체 활성화 → 발주기관 + 학계 + 산업계 + 연구계 …

그림 4-7 기술적 측면의 인프라 빔 활성화전략

인프라시설의 빔의 접근성을 개선하기 위해서는 그림 4-8과 같이 2D도면을 3D로 편리하게 변환시킬 수 있는 도구가 개발되어야 하며, 3D객체의 호환성 확보도 보편화되어야 한다.

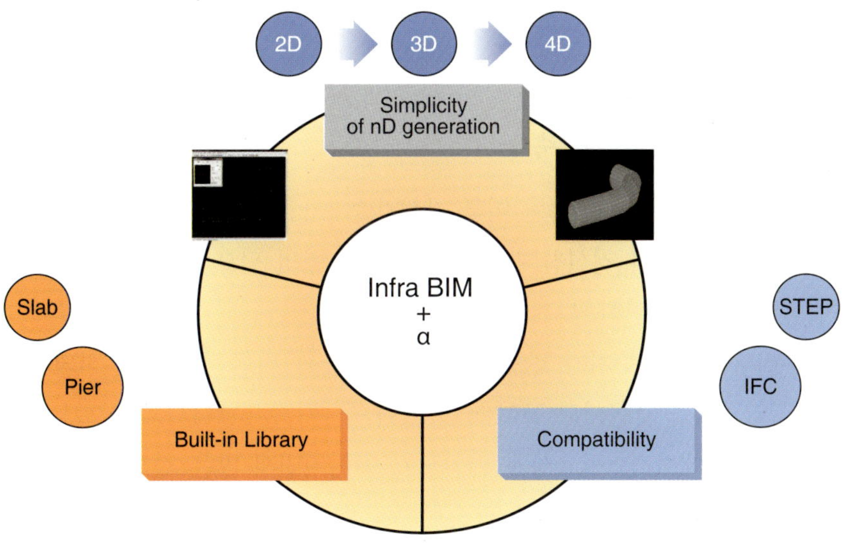

그림 4-8 인프라 빔 접근성 개선

또한 빔 라이브러리의 확충은 중소 건설업체와 지자체 등 중소 발주기관에서 활용성을 유도할 수 있는 도구가 된다. 현재 인프라 빔의 관심도가 대형 업체와 대형 발주기관 이외의 중소 업체에서는 관심도가 적으므로, 이들 기관에서 비용 부담이 없이 사용할 수 있는 라이브러리가 많이 있다면 실무적인 활용성이 확보될 수 있다.

2 인프라 빔 인력과 교육 확충

인프라 빔 관련 교육은 빔 관련업계에서 향후 지속적으로 관심과 투자가 필요한 부분이다. 토목시설물의 3D 캐드 작업을 원활히 수행하면서 빔 운영능력까지 갖춘 전문가의 수는 매우 부족하다.

이를 보완하기 위해 일부 기관에서 빔 매니저(bim manager) 양성 교육을 시행하고 있으나, 교육프로그램의 상당부분이 건축 캐드작업 중심이므로, 선형 시설물로 구성된 토목공사의 빔 교육프로그램이 상당부분 확충되어야 한다. 이를 위해서는 대학 토목공학과에서 강의하는 제도과목 등이 3D 캐드기반의 빔 교육으로 대체됨이 바람직하고 관련 교육전문가의 양성도 필요하다.

정부 주관으로 인프라 빔의 활성화를 위해 주요 발주 기관들과 전문가들이 참여하는 인프라빔 협의체 등의 구성도 필요하고, 이러한 협의체를 통하여 각 발주기관의 인프라 빔 추진현황과 계획을 공유한다면 유용한 의사결정도구 역할을 할 수 있다. 이를 위해서는 참여기관의 내실 있는 정보공유와 구속력 있는 협의체 기능의 강화가 필요하다.

3 인프라 빔 제도적 환경 구축

빔 운영 초기에 국내에 근무하던 미국 건설기술자가 발표한 자료에 의하면 그림 4-9와 같이 미국은 발주자와 건설참여자 모두를 위해 빔의 필요성을 시급하게 느끼고 있고 5년 내 전 분야로 보편화될 것으로 예측한 바 있다.

반면에 우리나라는 발주자가 관심이 없고 설계자를 위한 것으로 인식되어 빔의 적용 필요성에 의구심을 갖는다고 표현한 바 있다.

국가와 발주기관에서 빔 필요성에 관심도가 높아지면서 많은 정책 방향과 도입방안 등이 논의되고 있으나 빔의 적용은 단순한 3D 소프트웨어 적용이 아니고 업무 절차의 개선이 뒷받침되어야 효과를 극대화할 수 있다.

이를 위해서는 일회성 정책이나 단순한 가이드라인 제시보다는 프로젝트 생애주기 동안 적용 가능한 지속적인 빔 운영방침이 일관성 있게 관리되어야 하고, 이를 고려한 국가차원의 빔 적용 로드맵이 필요한 것이다.

✓ **BIM 필요성** → 당장 BIM이 필요함: 조금 두고 보자
→ 발주/설계/시공/유지관리 지엽적/일회성 → 지속 가능 BIM 관리체계 필요

✓ **발주기관 관심도** → 발주자가 BIM을 원함: 조금 관심을 갖음
→ Infra 종류별 시범발주 다양화, IPD 등 발주체계 다양화

✓ **BIM 범위** → 건설참여자 모두를 위한 것임: 설계자를 위한 것임
→ 설계 BIM < 설계+시공 Infra BIM 고려

✓ **BIM 적용 의지** → 5년 내내 모든 분야 보편화: 왜 우리가 먼저?
→ 제도/기술/적용/성과측정 로드맵 구성 → 해외수주 경쟁력 확보

그림 4-9 제도적 측면의 인프라 빔 활성화 전략

4 발주체계 개선

인프라 빔은 설계단계의 간섭관리효과 외에 시공단계를 같이 고려해야 빔 적용 효과를 극대화 할 수 있다. 이러한 설계 및 시공단계의 빔 적용 효과를 높이기 위해서는 IPD(integrated project delivery) 방식으로 공사 발주방식을 다양화 할 필요도 있다. IPD방식에서는 설계초기에 설계, 시공사 등이 모두 선정되어 프로젝트 초기단계부터 참여자간의 설계 및 시공 협업이 중요한 사안이 되며, 빔은 IPD발주 체계에서 협업의 중요한 도구로 활용된다.

싱가폴에서는 인프라시설물 발주과정에 빔을 적용할 시에 일정부분 설계 인센티브(incentive)를 부여하고 있으며 이러한 사례는 민간에서 빔을 확대 적용하는 계기가 되고 있다.

이외에도 단계별 빔의 활성화를 위해서는 설계단계에 제작된 3D도면이 시공단계의 4D, 5D시스템에 적용되려면 시공의 공정을 고려한 설계 빔 성과품 구성이 되어야 하고, 시공단계의 빔 성과품은 유지관리단계 이력정보로 활용을 고려한 객체로 만들어져야 생애주기에 걸친 빔 운용 효과를 가질 수 있다.

PART 5

건설정보기술과 스마트건설

— C O N T E N T S

CHAPTER 1

영상정보처리에 의한 현장관리

1 영상정보의 빔 연동 개요

1.1 빔 정보와 정보화기술 연계

1 정보화기술 종류

최근 각종 정보화 도구의 급속한 발전으로 건설공사에서도 빔 객체와 각종 정보화 기술의 연계 활용성이 확대되고 있다. 대표적인 연계 기술로서 가상현실(virtual reality, VR) 및 증강현실(augmented reality, AR) 기술, telepresence(원격영상회의)기술, 3D프린팅(3D printing)기술 등이 있다.

그림 1-1은 빔 객체에 연동하여 활용할 수 있는 정보화 기술의 종류를 나타내고 있다. 그림에서 빔 객체는 3D정보에 공사일정(schedule), 비용(cost), 자원(resource), 리스크(risk)정보가 연동되어 nD CAD 객체로 활용될 수 있고, nD객체정보에 3D프린팅 및 증강현실 정보 등이 연동되어 건설기술이 최신 정보화기술로 발전될 수 있음을 표현하고 있다.

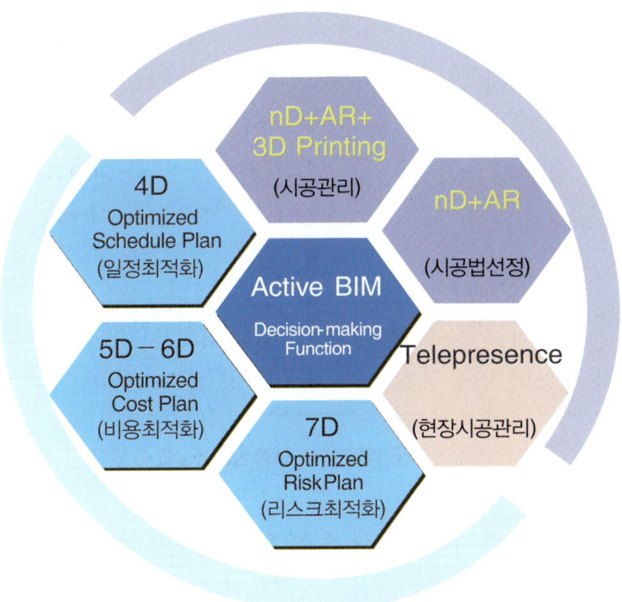

그림 1-1 빔 객체와 정보화기술의 연계

2 능동형 빔

일반적인 빔(수동형 빔, passive 빔)이 건설공사의 설계 및 시공정보의 현상을 단순히 시각적 정보로 구현하는 도구인 반면에, 능동형 빔(active 빔)이란 단순 시뮬레이션이 아닌 시스템에서 제공하는 정보에 의한 의사결정기능을 갖춘 빔 운영체계를 의미한다.

예로서 일반적인 4D시스템이 단순히 공사일정별로 완성도를 시뮬레이션 하는 것이라면, 능동형 4D시스템은 공정 분석을 하여 공정 간의 간섭을 스스로 최적화시킨 후에 최적화된 공정으로 시뮬레이션 객체를 구현하는 시스템을 의미할 수 있다.

빔과 정보화기술의 연계에서 특히 증강현실 객체의 빔 연동은 3D정보뿐만 아니라 4D정보에서도 연동되어 현재시점이후의 공정 현황을 AR객체로 표현하는 기술로 표현할 수 있다. 인공지능(artificial intelligent, AI), 머신러닝(machine learning), 딥러닝(deep learning) 기술 등은 공사 현장의 실제 영상 처리수준을 고도화하여 건설공사는 빔과 영상객체정보를 기반으로 더욱 첨단 건설기술로 변화될 것이다.

1.2 실제 영상과 빔 객체 연동

1 텔레프레즌스(telepresence, 원격영상회의)기술

최근에는 대부분의 건설현장에 웹카메라(web camera)가 설치되어 운영되고 있으며, 웹카메라의 영상은 현장의 실제 영상정보로 활용성을 가질 수 있다. 건설공사에서 현장 영상의 빔 정보와 연동체계는 텔레프레즌스 기술을 이용하여 활용될 수 있다.

텔레프레즌스는 원격지의 영상을 웹카메라 등을 이용해 소요 장소에 실시간으로 다중영상 등의 형태로 제공하는 기법으로 현장교육, 의료, 비즈니즈 등의 다양한 분야에 적용되고 있다.

특히 본사와 지사간의 화상회의 등은 이동에 소비되는 경비, 시간 등을 최소화 할 수 있기 때문에 많은 기업들이 도입하여 운영하고 있다. 건설공사의 활용은 현장의 실제 작업 영상을 빔 정보와 연동하는 방식으로 활용될 수 있다.

2 실제 영상과 빔 영상 비교

가상현실기반의 계획일정 시뮬레이션 정보만으로 이루어진 기존의 4D시스템에 실제 현장 영상정보를 제공함으로써 실제 공사 현장의 모습과 계획대비 모습을 비교할 수 있고, 설계 빔 객체대비 실제 완성상태의 오류파악이 가능하게 된다. 이는 기존의 건설 공사에서 단순한 시각적 표현으로 한정되었던 4D시스템을 비롯한 빔 운영체계의 활용도를 증대시킬 수 있다.

그림 1–2 4D정보와 현장 영상정보의 연동

그림 1–2는 철도시설공사의 철도교량을 대상으로 텔레프레즌스 기술을 적용한 가상적 모습을 나타내고 있다. 오른쪽 그림은 2024년 6월 1일을 가정하여 교량공사 현장에 설치된 웹 카메라를 통해 그 시점에 실시간으로 촬영된 교량의 현장 모습을 나타내고 있다.

왼쪽 그림은 4D시스템에 설계도면정보와 계획공정 스케줄 데이터를 입력하여 동일한 시점의 2024년 6월 1일까지 계획에 의한 교량의 모습을 VR객체로 구현한 화면이다. 두 화면의 비교를 통해 계획대비 실제 완성물의 모습이 변화되는 모습을 시점별로 관리할 수 있다.

3 실제 영상정보의 활용

토목시설 공사는 타 공사와는 달리 교량, 터널, 토공 공사 등 다양한 종류의 공사들을 포함하는 광범위한 공사 구역으로 이루어져 있고, 인력 접근성이 떨어지는 현장에 시공해야 하는 경우가 많다. 이와 같은 공사 현장은 시공자의 접근도 어려울 뿐만 아니라 감독자 역시 방문이 어렵기 때문에 현장 관리의 사각지대가 된다.

텔레프레즌스기반 현장 관리 체계는 웹 카메라의 영상을 통해서 직접적인 접근 없이 공사 현장의 정보 수집이 가능해지므로 효율적인 관리가 가능해진다. 관리자는 공사현장 간 이동 없이 웹 카메라의 성능 및 배치 수에 따라 현장 영상 정보를 원하는 만큼 제공받을 수 있기 때문에 다중 현장 관리가 가능해진다.

그림 1-3은 교량 슬래브 설치, 기초파기 공사, 교각 공사 구간 등 다양한 도로시설 공사 현장에 텔레프레즌스 기술을 적용한 모습을 나타내고 있다. 이는 건설 실무자들에게 다양한 공사 현장의 영상 정보와 그에 상응하는 계획공정시뮬레이션 정보의 직접적인 제공으로 효과적인 의사결정이 가능하다.

그림 1-3 현장 정보의 텔레프레즌스 기술 활용

2 현장 영상정보의 빔 정보 연동

2.1 4D시스템 연동

1 빔 정보 연동 절차

그림 1-4는 현장 영상정보에 의한 실시간 진도 관리를 위한 기능의 구현 절차를 나타내고 있다. 우선 4D시스템에서 공사 프로젝트의 일정정보와 3D객체 레이어 정보를 입력하여 계획 일정에 따른 시공수순 시뮬레이션을 구현한다.

또한 4D시스템의 스케줄모듈을 통한 프로젝트 시작 시점과 종료 시점을 지정하여 현재시점까지 계획일정에 따른 VR 시뮬레이션을 구현한다. 이때 웹 카메라의 연동을 통해 실시간으로 촬영되는 현장의 영상정보를 VR 시뮬레이션과 함께 동일한 디스플레이(display)장치에 나타낸다.

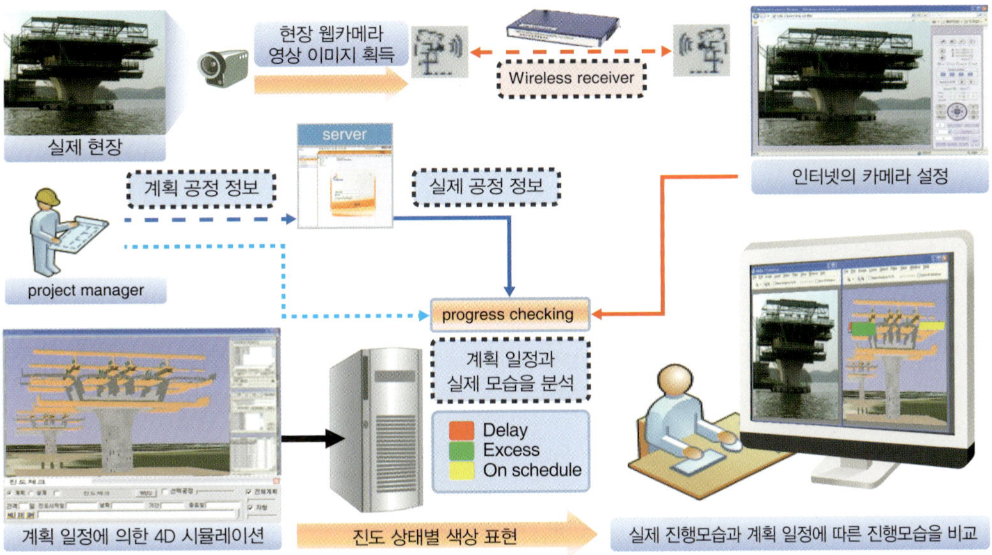

그림 1-4 실시간 진도관리 시각화 기능 구현 절차

디스플레이 장치에 나타난 두 화면을 통해 계획 일정에 따른 실제 시공 현장의 작업 진행 여부가 시각적으로 파악 되어 실시간으로 공사 진도의 검토가 가능해진다. 또한 실제 공사의 진행 일정정보를 4D시스템에 입력하면, 진도검증 단계를 걸쳐 계획일정에 따른 진도 정도를 4D시뮬레이션 상에서 색상별로 구현한다.

이를 통해 전체 공사의 진도뿐만 아니라 구조물의 공정별, 부위별 공사 진도여부를 쉽고 빠르게 시각적으로 파악할 수 있다.

2 웹카메라 현장 영상활용

최근 CCTV(closed circuit television)는 보안목적과 사고방지 목적으로 다양한 산업분야에 활용되고 있다. 건설현장에서도 CCTV가 많이 활용되고 있으나 대부분 아날로그(analog)방식으로 단순히 현장 상황을 저장장치에 기록하고, 필요한 경우에는 수작업으로 현장을 모니터링하거나 검색하고 있는 정도이다.

일부 현장에서 현장 모니터링 시스템을 구축한 사례가 있으나, 이는 여러 현장에 설치된 웹카메라를 통해 전체 현장을 모니터링하고, 이에 대한 개략적인 위치 및 공사 현황정보를 조회하는 수준에 머물러 있다.

기존의 단순한 현장 모니터링 및 공사 현황정보 수집 수준을 개선하기 위해서는 원격현장관리 업무와 공정관리업무까지 활용성을 갖는 빔 객체가 연동되는 영상관리 시스템을 구성할 필요가 있다.

3 취약구역 영상정보 활용

현장에 설치된 웹카메라는 설치비용뿐만 아니라 인식범위의 한계로 취약 구역의 영상을 모두 확보하기 어려우며, 영상만으로는 공사의 진척상황 및 문제점을 제공하지 못하는 경우가 많다. 그림 1-5에 표현된 운영체계에서 현장 관리자는 작업상황 및 위치정보가 포함된 사진이나 문서를 웹서버를 통해 검토하게 되며, 첨부된 사진 및 문서로부터 위치정보를 자동으로 추출하여 4D시뮬레이션 및 웹카메라 영상 좌표에 적용할 수 있게 함으로써 해당 공정을 시각적으로 검토할 수 있다.

그림 1-5 건설현장 영상의 위치정보를 통한 빔 객체 연동

즉, 첨부된 사진 및 문서로부터 위치정보를 자동 추출하고, 이를 3D모델의 좌표계로 변환시켜, 동일한 위치의 웹카메라 및 스마트폰 영상과 4D시뮬레이션 영상을 보여줌으로써 해당 공정을 쉽게 찾아 비교 검토할 수 있다.

2.2 웹카메라 영상과 빔 객체 연동

1 웹카메라 설치

일정규모이상의 건설현장은 현장관리를 위하여 웹카메라를 다수 설치하여 운영하고 있다. 최근 웹카메라의 기능은 빠른 속도로 발전하고 있으며 웹카메라의 영상 정보는 빔 정보와 연동하여 유용한 현장관리 도구로 활용될 수 있다. 그림 1-6은 현장에 설치된 웹카메라 사례를 나타내고 있다.

그림 1-6 건설 현장 웹카메라

그림 1-6에 표현된 영상시스템에 사용된 웹카메라는 OO대교 현장에 설치된 사례이며 실시간 영상을 확인할 수 있고, 녹화, 저장, 영상 캡쳐 기능 등을 활용하여, 현장의 영상정보를 확보할 수 있다. 이러한 영상정보들은 저장 날짜 및 뷰포인트(viewpoint) 좌표로 저장됨으로써 영상의 이력정보를 효율적으로 관리할 수 있다.

2 빔 운영체계 적용

현장의 작업자가 보낸 사진 및 문서파일은 그림 1-7의 중앙과 같이 image import 도구에서 이미지와 문서 내용을 확인할 수 있으며, 좌표추출기능을 통해 첨부된 사진의 좌표를 도출할 수 있다. 그리고 이러한 사진의 좌표는 자동으로 4D 시뮬레이터의 뷰포인트와 연동되어 사진과 동일한 위치에 있는 3D객체를 확인할 수 있다.

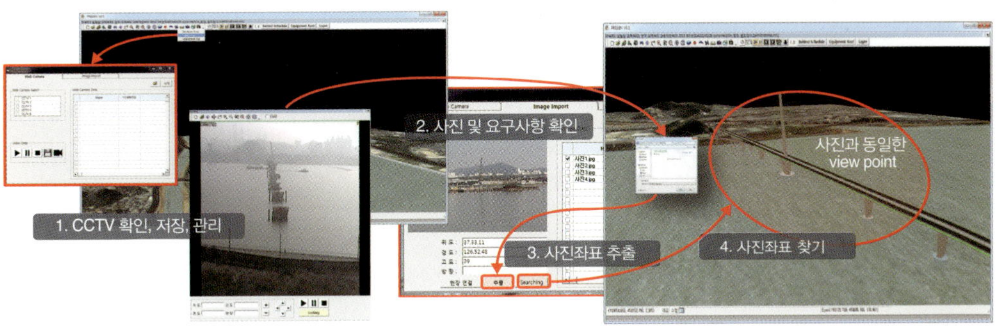

그림 1-7 웹카메라영상과 nD객체 연동 사례

즉, 그림 1-7의 우측과 같이 교량의 주탑 공사모습을 찍은 사진과 동일한 위치에 있는 주탑의 3D객체를 나타낼 수 있다. 이러한 기능은 현장의 요구사항 및 문제점을 신속하게 확인할 수 있으므로, 원거리에 위치한 프로젝트관리자가 실제 현장의 상황을 파악하기 위한 실시간 모니터링 도구로 활용될 수 있다.

3 현장 영상정보와 4D시스템 연동

3.1 영상정보의 생성

그림 1-8은 계획일정에 따른 시뮬레이션과 실제 건설현장 공사 진행상황을 시각적으로 비교하기 위한 텔레프레즌스 기술의 구현 과정 사례를 나타낸다. 우선 시스템 상단에 위치한 카메라 모양의 아이콘을 통해 텔레프레즌스 기능을 활성화하면, 2개의 영상이 동시에 구성될 수 있도록 분할된 화면 모듈이 생성된다.

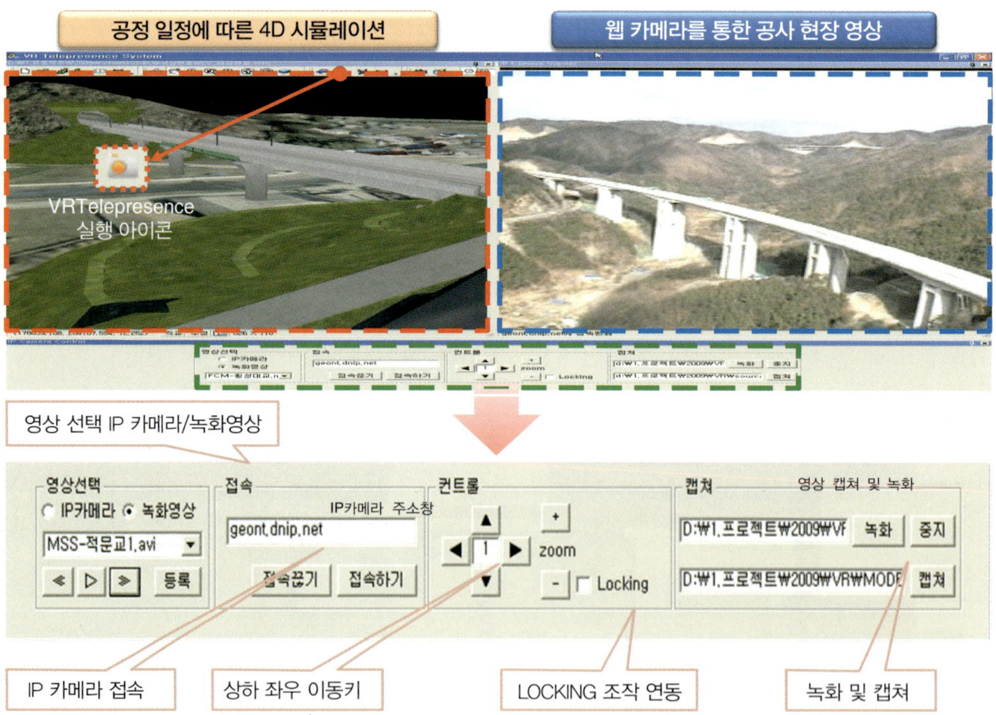

그림 1-8 현장 영상을 이용한 텔레프레즌스 기술 구현

그림 1-8과 같이 생성된 화면 모듈의 왼쪽 화면은 계획 일정에 따른 OO교의 4D시뮬레이션을 현재 시점까지 구현한 영상이며, 오른쪽 화면은 OO교 공사 현장에 설치된 웹 카메라로부터 실시간으로 획득하는 영상정보를 나타낸다. 이를 통해 현재 시점까지 계획공정에 대비한 실제 건설공사 현장의 공정 진행 상황을 시각적으로 확인할 수 있다.

화면에 구현된 4D시뮬레이션은 시스템의 시점제어기능과 스케줄 모듈을 통한 구현위치 및 임의 시점지정이 가능하여 사용자가 지정한 위치와 시점에서 프로젝트의 계획 일정에 따른 공정을 확인할 수 있다.

3.2 현장 영상정보의 활용

1 직관적 진도관리

웹카메라에서 받은 현장 영상정보는 영상 촬영시점까지의 실제 시설물의 완성모습을 나타내므로 그 시점까지의 실제 진도 모습으로 간주할 수 있다. 따라서 실제 영상정보와 4D객체정보의 비교는 진도상태를 직관적으로 파악할 수 있다.

그림 1-9에서 좌측 영상은 2024년 1월 1일까지 공정이 계획대로 진행되었을 때의 4D 완성모습을 표현하고, 우측은 2024년 1월 1일 현재 시점의 실제 현장 모습을 웹카메라에서 받은 영상을 가정하여 표현하고 있다.

그림 1-9의 두 영상을 비교해 보면 좌측의 당초 계획대비 우측의 실제 완성모습을 직관적으로 비교할 수 있으므로 진도관리 상태를 편리하게 파악할 수 있다. 이와 같

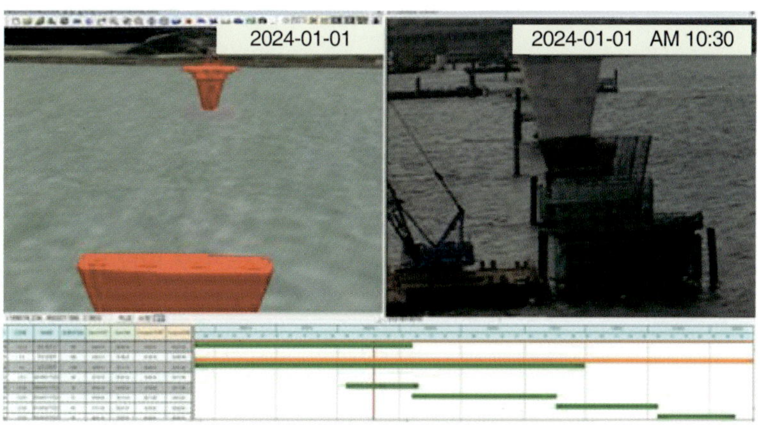

그림 1-9 실제 영상정보와 4D객체의 직관적 진도 비교

이 빔 객체정보와 현장의 실제 영상정보의 비교는 현장의 기술자에게 빔 정보의 활용성을 보다 폭 넓게 사용하게 되는 도구가 될 수 있다.

2 설계 오류 파악

현장의 영상정보를 활용하면 빔 정보와 비교하여 설계대비 완성도 모습을 검증하여 설계 오류를 검토할 수 있다. 그림 1-10에서 좌측그림은 현재 시점까지 공정이 계획대로 완성되었을 때의 4D시뮬레이션 객체이고, 우측은 동일한 시점에서의 시설물의 실제 완성모습 영상이다.

두 개의 영상을 비교해 보면 좌측은 설계 빔 객체로 시뮬레이션 한 것이므로 당초의 계획 설계 완성모습이고 우측은 실제 완성모습이므로 두 영상의 비교로 설계대비 완성 모습의 오류를 직관적으로 파악할 수 있다.

그림 1-10 설계대비 완성도 검증

CHAPTER 2

드론 활용과 빔 기반 물량산출

1 드론의 건설공사 활용

1.1 드론 활용 개요

1 토목공사 드론 활용 분야

토목공사를 포함한 건설공사에 드론(drone)의 활용은 보편화되어 있다. 토목공사에서는 광범위한 공사 현장의 종합 현황관리와 측량 목적으로 주로 사용되고, 건축공사 현장에서는 현장관리와 함께 변화되는 외관 모습의 관리 등에 활용된다. 특히 토목공사에서는 토공량 산정 등에도 드론의 영상 정보를 활용하고 있다.

또한 교량 등 시설물의 유지관리에도 드론의 활용성이 증대되고 있다. 교량의 보수를 위한 정기점검 등에 드론을 이용하여 외관 점검을 하고 드론 촬영 영상으로부터 교량의 손상부위를 파악하여 딥러닝기법 등으로 균열정도를 유추하는 기술들도 보편화되어 있다. 그림 2-1은 드론에 의한 교량의 외관 점검 과정을 표현하고 있다.

그림 2-1 드론에 의한 교량 점검

건설공사 현장관리에 활용되는 드론은 토목시설과 같이 광역 현장의 촬영이 가능하도록 촬영고도와 영상의 해상도 확보가 가능해야 한다. 또한 공사 현장이 산지, 강 등에 인접해 있으므로 일정 강도 이상의 바람에 견딜 수 있어야 하며, 충분한 비행시간 확보가 가능해야 한다.

2 드론 영상정보의 활용

드론은 토목공사에서 토공물량 산정을 위한 영상 취득에도 활용된다. 즉, 사전에 설정해놓은 비행궤도로 드론영상을 촬영한 후에 촬영된 영상을 3D모델로 변환시키는 소프트웨어들을 이용하여 물량정보를 산출한다.

드론 영상의 해상도와 소프트웨어의 정확성에 따라 물량 변환 값의 정확성이 다소 차이가 있으나 상당한 정확성을 확보하고 있는 수준이다. 이렇게 촬영된 드론 영상은 그림 2-2와 같이 드론 촬영 영상과 빔 객체모델의 연동 모습을 표현하는데 활용될 수도 있다.

그림 2-2 드론 영상과 빔 정보 연동

3 드론 영상정보의 변환

드론 영상은 로그데이터(log data)로 저장되므로 비행정보를 활용하기 위해서는 정보의 변환과정이 필요하다. 드론 영상 정보의 변환은 드론 제작사의 암호화로 인하여 드론 제작사 등에서 제공하는 프로그램을 이용할 수 있다. 그림 2-3은 촬영한 드론 영상을 CSV(comma separated values) 파일로 변환한 모습을 나타내고 있다.

그림 2-3 드론 영상정보의 CSV 파일 변환

CSV 파일 변환정보에는 영상 저장정보 및 millisecond 단위 시간 측정 값 등이 제공되기 때문에 정확한 동기화 처리가 가능하며, 녹화영상의 녹화시간 정보와 비행 시 영상정보 저장시간 정보의 매칭을 통해 비교적 쉽게 영상과 비행구간의 동기화 처리가 가능하다.

1.2 드론에 의한 현장관리

1 드론 영상의 현장관리 활용

일반적인 건설공사의 현장 관리 방식은 본사 및 발주기관과 현장이동에 따른 시간, 비용의 제약으로 직접 점검이 곤란한 점이 많으므로, 현장의 상황을 표현하는 세부 사진과 동영상을 통해 실시간으로 현장 점검을 할 수 있는 기능이 요구된다.

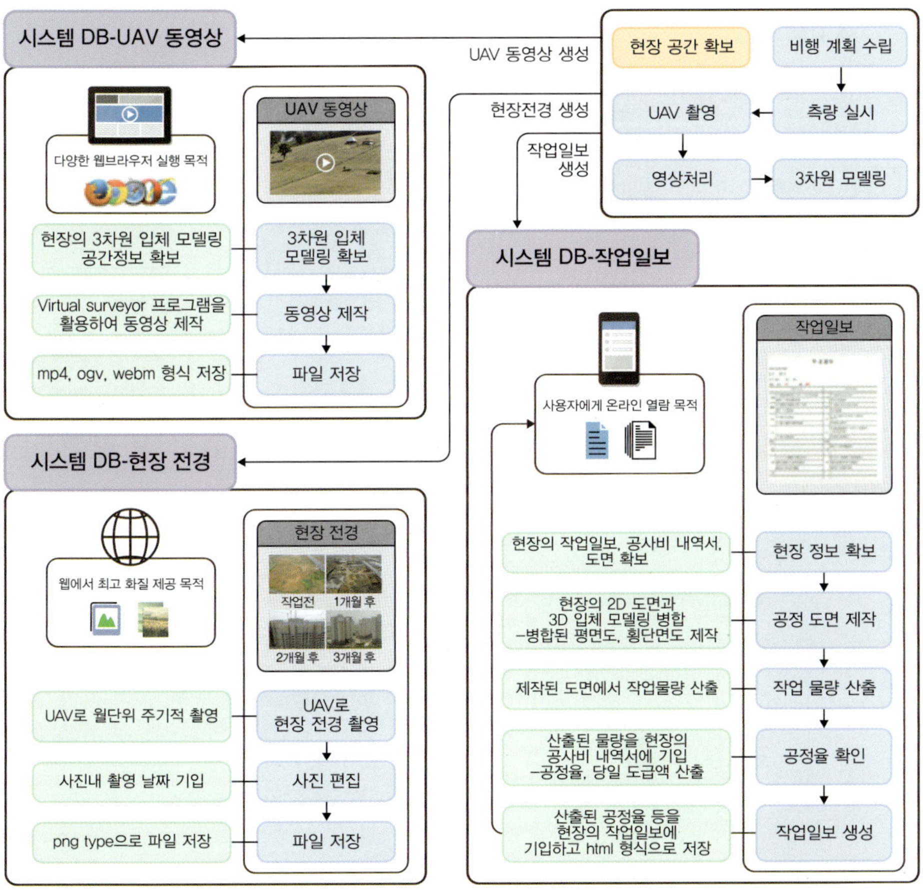

그림 2-4 드론 정보의 현장관리 적용절차

진도관리방식도 전화보고 등의 간접적 방식보다는 현장 상황을 직접 확인하면서 파악할 수 있는 객관적 정보 전달이 가능한 기능이 필요하고, 이를 위해 현장의 실시간 현황정보 공유 기능들이 요구된다.

이러한 현장관리 업무의 효율적 수행을 위해서 그림 2-4와 같은 드론을 활용한 현장의 공간정보 확보가 필요하다. 현장의 공간정보 확보 단계는 드론을 활용하여 비행계획 수립, 드론 촬영, 영상처리 등 일련의 과정을 통해 현장의 3차원 입체 모델을 확보한다. 비행계획의 수립에서는 현장 촬영 구간 확인, 지장물, 고도, 중복도, 촬영횟수, 촬영 경로 등에 대한 계획을 수립한다.

2 드론 정보의 공사관리 활용

드론에 의한 공사관리를 위해서는 우선 현장을 촬영하고, 정사영상과 DSM(digital

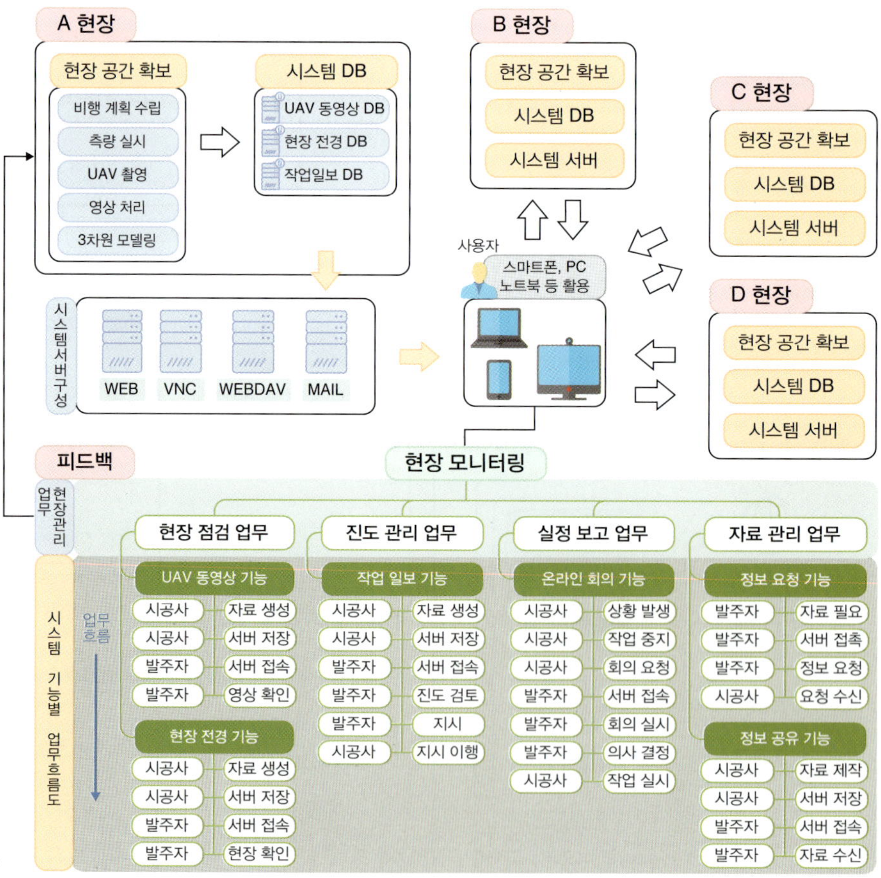

그림 2-5 드론 영상정보의 활용 체계

surface model, 수치표면모델) 정보를 확보하기 위한 영상처리 작업을 실시하고, 정사영상과 DSM을 병합하여 3차원 모델링 작업을 한다.

그림 2-5는 현장정보 운영체계의 시스템 구성 모습으로 드론에서 취득된 현장 정보를 활용하기 위한 원격 현장 정보관리를 수행하는 모형을 나타낸 것이다. 현장에서는 발주자가 현장의 정보를 관리할 수 있도록 모니터링 시스템을 구축하고, 발주자 등의 사용자는 스마트 폰, PC 등을 통하여 모니터링 시스템에 접속하여 현장 점검, 실정 보고, 진도 관리, 자료 관리 등의 현장 관리 업무를 수행할 수 있다.

2 드론 영상정보 생성

2.1 현장 촬영

드론의 활용은 기본적으로 광범위한 공사 현장의 종합 현황관리 목적으로 활용될 수 있고, 주기적으로 촬영한 정보로 개괄적인 진도 현황을 파악하는 데 활용하기도 한다.

이러한 이유로 도로, 철도 등 광범위한 공사구간으로 구성되는 토목시설물 공사에 드론을 활용하는 사례가 급증하고 있다. 드론으로 촬영한 3차원 영상으로 토공량을 자동 산정할 수도 있고, 4D시스템에 연동하여 계획공정 상태와 드론으로 촬영된 실제 이미지 정보의 비교로 공정 진도를 검증할 수도 있다.

특히 토목공사 현장은 현장의 모습이 시시각각으로 변화되므로 드론을 활용한 현장 관리가 유용하게 활용될 수 있다. 그림 2-6은 드론으로 현장을 촬영하기 전에 사전에

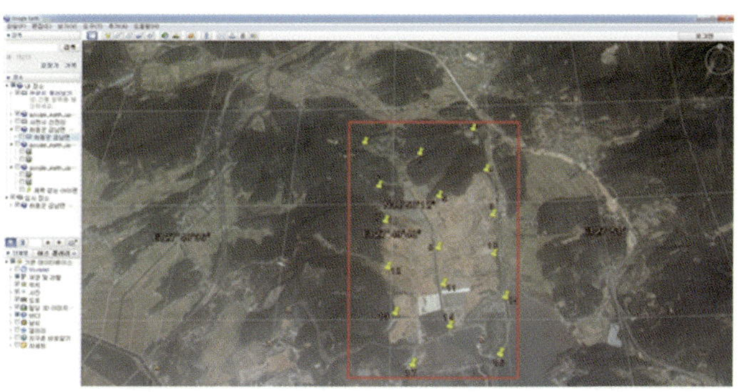

그림 2-6 드론에 의한 현장 사업구간 촬영

작성하는 좌표지점 설정과정이다. 좌표 지점 설정은 사전답사를 한 후 구글어스를 활용하여 비행고도 및 비행경로를 설정할 수 있다.

그림의 사례에서는 현장의 지장물을 고려하여 평균 고도는 143m, 종방향 중복도 75%, 횡방향 중복도 60%로 설정한 모양이다. 현장의 공간정보 취득을 위한 하드웨어로는 고정익 드론과 캐논 S110 카메라를 사용하여 촬영을 시도한 사례이다.

2.2 3D모델링

일반적으로 고정익 드론의 비행 속도가 회전익에 비해 빠르게 현장의 공간정보를 취득할 수 있으며, 그림 2-7은 드론 촬영이전에 설정한 비행경로의 모습이며 실제 촬영시에는 설정된 경로에 따라 드론이 비행하며 영상 촬영을 하게 된다.

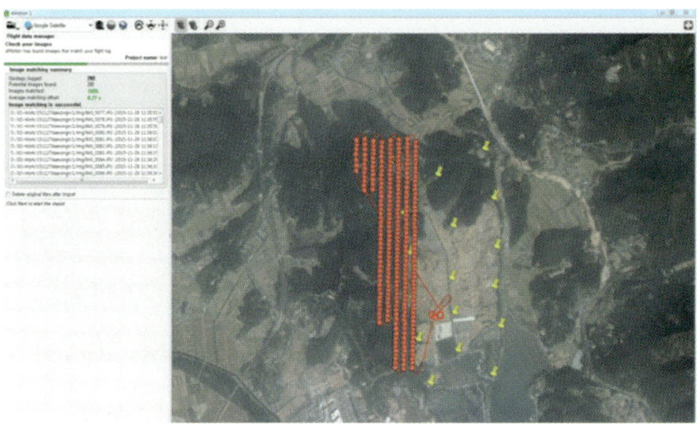

그림 2-7 드론 촬영 경로 설정

드론 동영상 자료는 취득한 3D모델을 활용하여 제작하고 사용자가 사용하는 다양한 웹브라우저에서 재생할 수 있다. 현장 전경 자료는 드론을 활용하여 현장 전체를

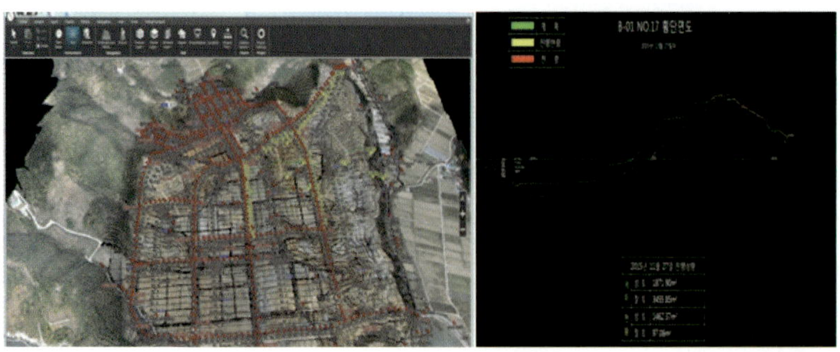

그림 2-8 드론영상의 도면 추출

배경으로 현장 작업 전과 착수 후 일정 시기별로 각각 촬영하여 사진 편집 프로그램을 활용하여 모니터링 시스템에 사용할 수 있다.

촬영된 사진은 그림 2-8과 같이 드론을 활용하여 취득된 현장의 3D모델에 현장의 2D 계획평면도, 횡단면도 캐드 도면을 병합하여 설계 계획대비 작업 추진 물량을 산출할 수도 있다.

3 드론 영상의 빔 객체 연동

3.1 드론 영상과 빔 객체 좌표 동기화

드론 촬영 영상은 빔 정보와 연동되어 공사관리 정보로 유용하게 활용될 수 있다. 특히 일정한 주기별로 촬영한 드론 영상은 4D객체와 연동되어 드론의 실제 영상대비 4D의 계획상태 완성도를 비교하여 분기별로 진도 현황 검증도 가능할 수 있다. 그림 2-9는 드론영상과 빔 객체의 좌표가 동기화되어 구현되는 모습을 표현하고 있다.

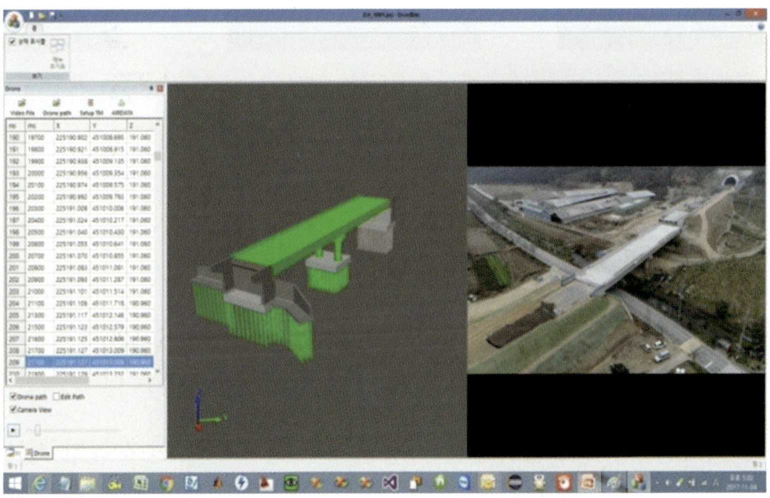

그림 2-9 드론영상과 빔 객체 연동 재생

이러한 시스템에서는 좌측의 4D객체 영상이 갖고 있는 공정의 공사일정정보를 이용하여, 드론 촬영영상을 저장하고 있는 데이터베이스에서 해당 공사일정과 가장 근접한 일정에 촬영된 영상정보를 자동으로 구현하여 두 영상을 비교하게 된다. 이러한 비교 영상으로 계획대비 실제 작업의 진행 정도를 판단할 수 있다.

3.2 빔 객체 연동 절차

4D객체 구현모습은 계획 정보에 의해 완성된 상태이고 드론 영상은 해당일자의 실제 완성 모습이므로 두 영상의 비교로 계획대비 진도 현황을 종합적으로 파악할 수 있다.

이러한 기능을 위해서는 드론영상 정보와 빔 객체의 연동기능 구성이 필요하다. 즉, 영상정보와 빔 객체의 동시 구현 작업을 위해 두 영상을 동시에 볼 수 있는 영상정보 데이터와 빔 객체의 위치, 방향정보를 동기화하는 모듈이 필요하다. 드론 영상정보와 빔 객체정보가 연동되어 구현되는 모습은 그림 2-10과 같다.

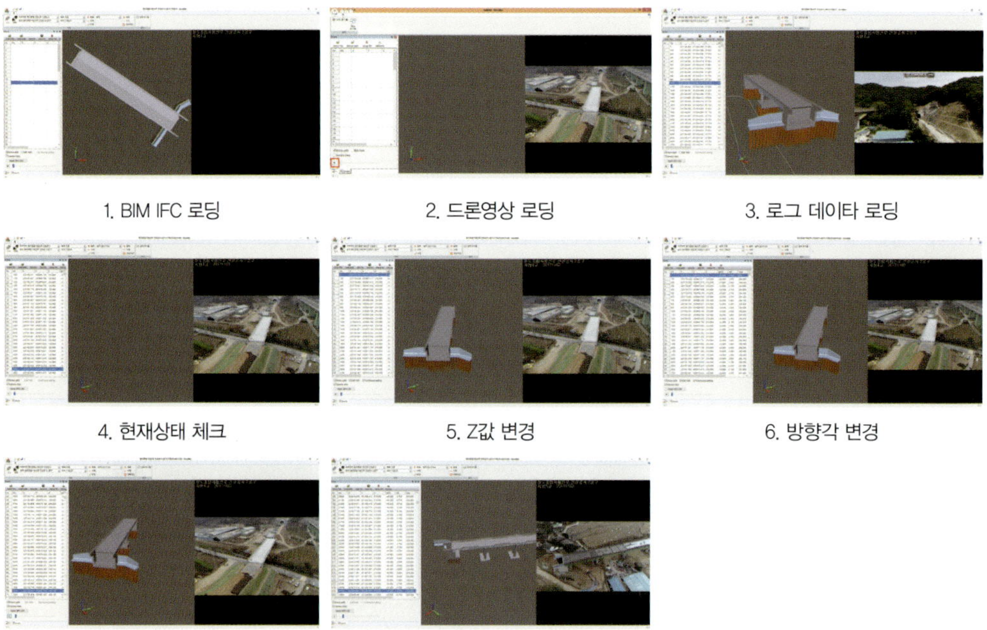

1. BIM IFC 로딩
2. 드론영상 로딩
3. 로그 데이타 로딩
4. 현재상태 체크
5. Z값 변경
6. 방향각 변경
7. 연동 재생

그림 2-10 드론영상과 빔 객체정보 연동 절차

드론 촬영영상은 토공사의 물량산출 자동화에도 활용되고, 증강현실 객체와 연동되어 현재 시점의 완성모습에 후속 공정 진행시의 완성도를 가상적으로 표현하는데 활용될 수도 있다.

도로나 철도시설과 같이 공사연장이 수십 km에 이르는 광역현장의 관리에 드론은 필수적 요소가 되고 있으며, 빔 정보의 활용과 함께 드론 영상의 연동 활용성도 점차 증대될 것이다.

드론의 기계적 성능은 빠른 속도로 발전하고 있으므로 드론 촬영시의 바람, 고도 등의 제약조건들도 빠르게 개선되고 있다. 고성능이면서 경량화 되고 가격도 저렴해지는 드론은 토목공사의 토공량 산정과 3D모델 제작과정 등에 더욱 활용성이 증대될 것이다.

4 빔 기반 물량산출

4.1 물량 산출을 위한 3D모델생성

1 드론과 레이저 스캔 이용

드론 촬영 영상을 후처리하여 3D기반으로 토공 물량을 산출하는 과정과 레이저 스캔(razer scan)으로 3D객체 생성 후에 3D기반으로 물량 산출을 하는 과정들이 보편화 되고 있다.

드론을 이용하면 측량하고자 하는 곳에 지상 표시판을 설치하고, 그 위치의 위치데이터를 취득한 후에 일정한 고도에서 일정 비율의 중첩도를 갖으면서 다 각도의 촬영을 한다. 촬영 후에는 후처리 프로그램을 이용하여 촬영된 영상을 3D로 이미지화 한다.

레이저 스캐너는 10~500m 거리의 실제 사물을 1~2분 정도의 360도 회전 스캐닝으로 3D 형상의 객체를 생성시킬 수 있고, 장애물이 있는 장소는 스캐너 위치를 이동시키면서 최종 정합 과정으로 정확성을 향상시킬 수 있다. 스캐닝된 3D객체는 캐드 소프트웨어에서 보다 정확하게 3D모델링 작업을 할 수 있다. 공간정보사에서 제공하는 지형정보 드론영상과 건설비디오전문채널 B1M의 레이저스캐닝 모습은 그림 2-11과 같다.

그림 2-11 드론과 레이저스캔에 의한 3D객체 생성

2 서피스 모델과 솔리드 모델

설계단계에 빔 기술의 적용이 증가하면서 3D기반 물량산출기능을 제공하는 소프트웨어들도 다양하게 개발되고 있다. 3D객체기반으로 물량을 산정하기 위해서는 3D객체의 모델링 속성을 파악해야 하고, 모델은 통상 서피스 모델(surface model)과 솔리드모델(solid model)로 구분된다.

서피스모델은 제작된 3D모델의 내면이 비워져 있고 겉에만 면 처리가 되어 있고, 솔리드모델은 내부가 채워져 있는 일종의 덩어리 개념으로 간주할 수 있다. 그림 2-12는 서피스모델과 솔리드모델의 차이를 나타내고 있다.

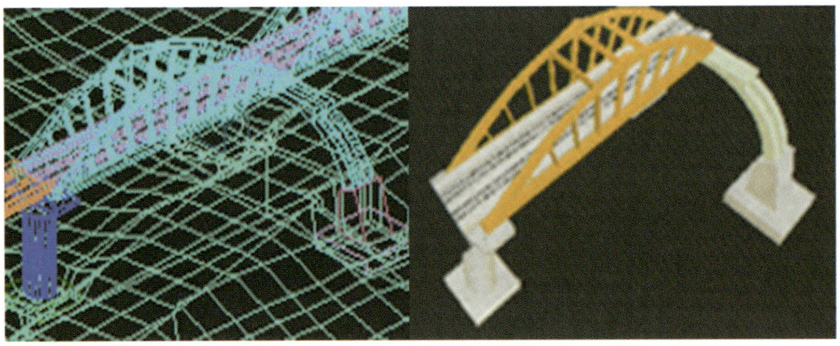

그림 2-12 서피스모델과 솔리드모델

서피스모델은 점, 선, 면만으로 표현되어 시스템의 구현 속도가 빠르며 토공사의 모델링시에 지형정보를 표현할 때와 같이 외부 형상에 중점을 두므로 설계단계의 외형표현에 활용된다. 솔리드모델은 상세 설계 정보의 표현과 구조해석 정보 해석에 사용될 만큼 다양한 정보 양을 갖고 있으므로 구현속도가 상대적으로 느리고, 솔리드모델을 제작하기 위한 전 단계가 서피스모델이다.

사각형모양의 상자를 3차원으로 모델링할 때에 서피스모델로 만들면 상자가 상하 및 측면 6개의 표면을 표현할 수 있으나 내부 표현이 안되므로 상자 전체의 체적, 무게 등을 정의할 수 없으므로 물량산출 목적으로 사용되기가 어렵다. 반면에 솔리드모델로 제작하면 6개의 표면 정의와 함께 내부의 특성까지 표현이 가능하다.

3 물량산출을 위한 모델링

구조물의 형상변화가 많지 않은 정형 구조물의 경우에는 대부분 솔리드 모델로 라이브러리화 되어있어 물량산출이 손쉽게 이루어질 수 있다.

하지만, 형상변화가 많은 비정형 구조물의 경우에는 솔리드 모델로 표현이 어려워 물량산출이 쉽지 않다. 이러한 이유로 설계단계에서는 비교적 표현이 자유로운 서피스 모델을 통해 설계하고, 물량산출 단계에서는 서피스 모델을 솔리드 모델로 변환하는 작업을 거쳐 물량산출을 수행하고 있다.

4 비정형 구조물 적용

시설물의 미적인 외관을 구성하기 위해서는 비정형 구조물이 많은 부분을 차지한다. 서피스 모델은 가벼운 반면에 모델의 정보를 많이 가지고 있지 않기 때문에 3D객체의 물량을 산출하기 위해서는 솔리드 모델로 전환하는 과정이 필요하다.

솔리드 모델은 정보를 많이 가지고 있는 만큼 많은 용량을 차지하고 모델의 자유로운 표현에 한계가 있기 때문에 비정형 구조물 표현에는 어려움이 따른다.

따라서 서피스 모델을 솔리드 모델로 전환하는 과정에서는 하나의 서피스 모델을 분할해서 여러 개의 솔리드 모델로 생성하는 것이 필요하다. 또는 솔리드 모델로 표현하기 쉽게 서피스 모델의 정확도를 낮추어 생성한 후 솔리드 모델로 변환하는 과정이 필요하다.

4.2 구조물의 물량산출 프로세스

1 물량산출 절차

형상이 직사각형, 원형 등과 같이 정형화된 구조물의 물량산출은 비교적 용이하므로 비정형 구조물을 대상으로 빔 정보에 의한 물량산출 프로세스를 표현하면 그림 2-13과 같다.

그림 2-13에서 알 수 있듯이 우선적으로 구조물의 물량산출을 위한 3D객체를 생성한다. 생성된 3D객체는 서피스 모델 기반의 메쉬(mesh)모델이며, 불규칙 삼각망을 이용하여 생성된 모델이다. 3D객체가 불규칙 삼각망으로 표현되면, 미소구간을 설정하여 참조 점을 도출하고 단면경계선을 생성한다.

미소구간이란 XY평면을 기준으로 Z값 방향에 대하여 구조물 모델을 다수의 슬라이스로 나누었을 때 현재의 평면단면과 다음의 평면단면 사이의 구간으로 정의할 수 있다. 이러한 미소 구간은 구간의 단위 길이 값이 짧을수록 실제 형상에 가깝도록 정확한 물량을 산출 할 수 있다.

그림 2-13 비정형 구조물의 물량산출 프로세스

2 3D객체 생성 및 체적 산정

빔 기반의 구조물 물량산출을 위해서는 먼저 3D객체 생성이 필요하고, 사례에서는 서피스 기반의 메쉬 모델을 이용하여 물량산출을 시도한다. 서피스 기반 3D객체는 모델 정보용량이 적고 표현력이 양호하므로 공사내용이 광범위한 비정형구조물의 설계에 유리한 모델링 객체 구성방법이다.

그림 2-14에서 좌측은 교각 객체를 서피스 모델링 기법을 통해 생성한 3D객체이며, 우측은 서피스 기반의 3D객체을 메쉬로 나타낸 것이다.

3D객체 생성이 완료되면 체적을 산정하게 되며, 비정형 구조물은 단면이 불규칙하게 변화되므로 일정구간 단위로 면적을 계산하여 체적을 산정하게 되므로 면적 산정을 위한 일정구간 단위로 단면경계선을 생성한다.

단면경계선 생성이 완료되면, 단면경계선의 둘레 길이와 단면경계선이 구성하는 면

그림 2-14 구조물의 3D모델 생성

의 면적 값을 이용하여 미소구간별 겉면적과 부피를 산출할 수 있다. 미소구간은 3D 모델을 일정 간격으로 나눈 것으로, 미소구간의 겉면적과 부피를 산출하여 모두 더하면 3D모델 전체의 겉면적과 부피를 알 수 있다.

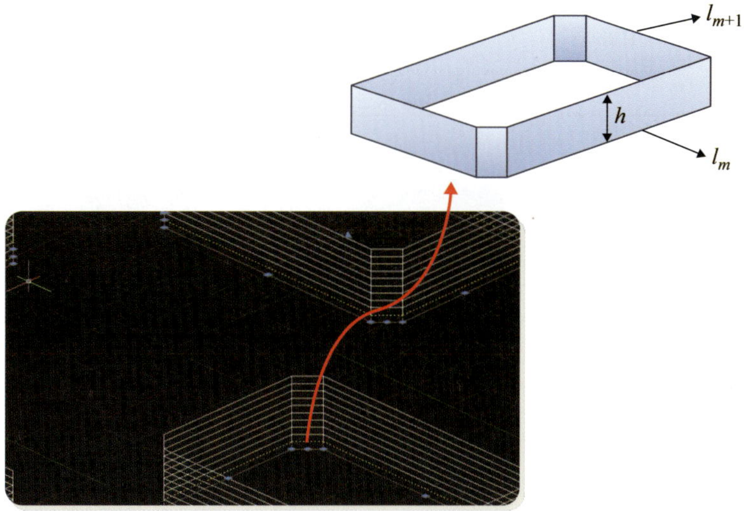

그림 2-15 미소구간 겉면적

그림 2-15는 단면경계선에 의해 생성된 면을 포함한 미소구간의 모습을 나타낸 것이다. 그림 2-15에서 아래의 그림은 비정형 구조물에 생성된 모든 단면경계선을 나타낸 것이며, 위의 그림은 단면경계선이 이루는 면을 포함한 하나의 미소구간을 나타낸 것이다. 단면경계선이 이루는 면의 면적을 미소구간의 높이 값으로 적분하면 미소구간의 체적이 산출된다.

4.3 빔기반 토공 물량산출

1 토공량의 표현

토공사는 토목공사에서 많은 부분을 차지하지만 비정형이기 때문에 토공량을 산출하는 데에 어려움이 많이 있다. 그림 2-16은 토공량 산출 알고리즘의 절차를 개략적으로 나타낸 그림이다.

그림을 순차적으로 살펴보면 먼저, 초기 지형모델과 완공 후 계획모델을 생성한다. 그림 2-16에서 두 번째 박스에서 진한 색으로 생성되어 있는 불규칙 삼각망이 계획모델이다.

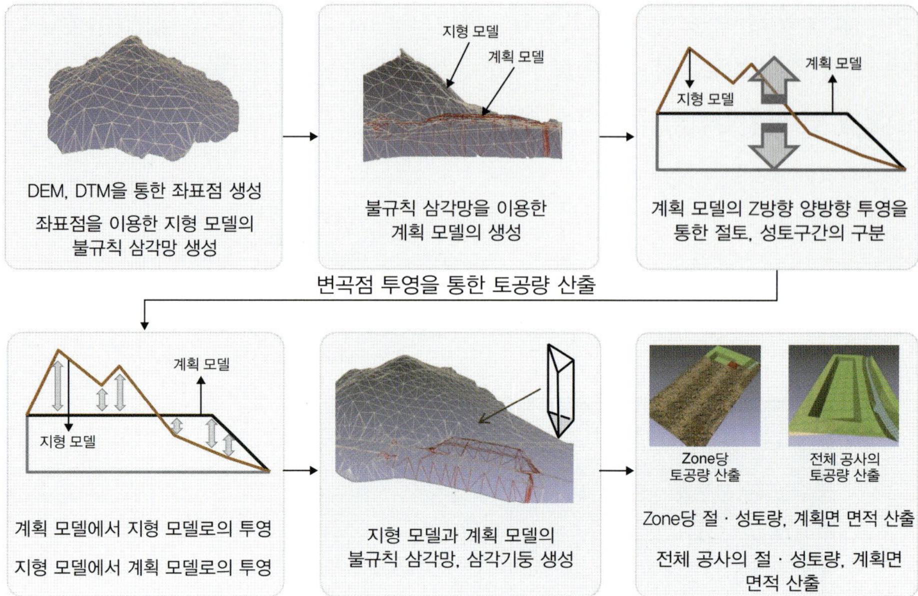

그림 2-16 빔 기반 토공 물량산출

2 지형삼각망 표현

토공 모델을 구성하는 지형 모델과 계획 모델 중에서 계획 모델은 실제 시공하고자 하는 계획 면을 모델로 구축한 것이다. 그림 2-17에서 생성된 지형 모델 위에 계획 모델을 합하여 최종 토공 모델을 생성한 모습이다. 지형 모델과 계획 모델을 합하여 생성한 토공 모델은 불규칙 삼각망으로 형성하고 이를 통해 토공량 산출을 수행한다.

지형 좌표점으로 생성한 지형 모델의 불규칙 삼각망과 투영을 통한 새로운 점을 생

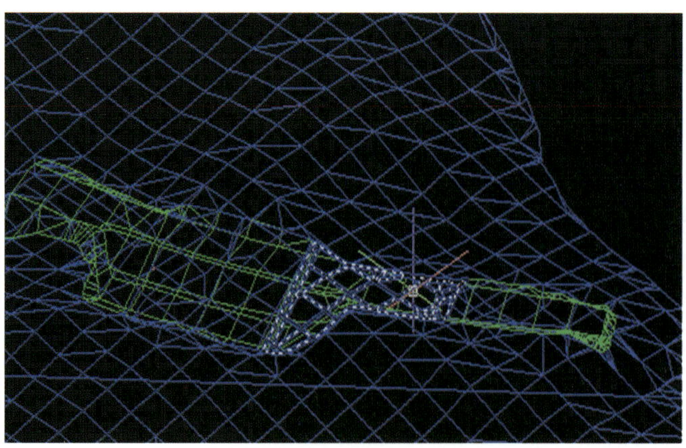

그림 2-17 지형삼각망의 표현

성하여 더 정밀한 불규칙 삼각망을 생성한다. 투영한 점을 이용하여 생성한 새로운 불규칙 삼각망은 기존 지형 모델과 계획 모델에 생성된 불규칙 삼각망보다 실제 지형을 더 자세히 표현한다고 할 수 있다.

3 절토와 성토 표현

토공량 산출을 수행하는데 있어서 절토량과 성토량의 구분은 중요하다. 토공량 산출에서 절토와 성토의 구분을 위해 계획 모델의 계획 면을 기준으로 하여 Z방향(+, − 방향)으로 양방향 투영을 실시하는 방법이 있다.

+방향으로 투영한 계획 면이 지형모델과 만나면 계획 면보다 현재 흙이 더 많이 쌓여 있다는 의미로, 그 구역은 절토구간이 된다. 반대로 −방향으로 투영한 계획 면이 지형모델과 만나면 계획 면에 비해 흙이 쌓여있지 않다는 의미로, 그 구역은 성토구간이 된다.

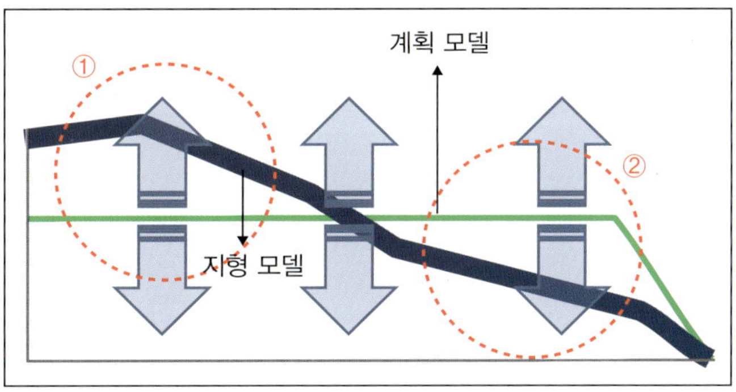

그림 2-18 성토 및 절토의 표현

그림 2-18은 지형 모델과 계획 모델을 측면으로 보았을 때의 모습을 도식화 한 것이다. 그림에서의 화살표 방향으로 계획 모델에 생성된 계획 면을 투영한다.

그림 2-18에서 좌측 부분은 계획 모델의 양방향 투영 시 + 방향에서 지형 모델과 만나는 부분이고, 절토구간이 된다. 그림에서 우측 부분은 계획 모델의 양방향 투영 시 − 방향에서 지형 모델과 만나는 부분이고, 성토구간이 된다.

4 빔 기반 물량산출 효과

절토구간과 성토구간으로 구분한 뒤, 지형 모델과 계획 모델의 양방향 투영을 수행한다. 투영을 통해 많은 점을 생성함으로써 더 자세한 불규칙 삼각망을 구축하여 최대한 실제에 가까운 토공량을 산출할 수 있다.

빔 시스템에서 생성된 객체의 활용성을 확대하기 위해서는 설계 종료시에 제작된 빔 객체로 물량산출이 가능해야 한다. 일반적으로 2D기반 물량산출과 3D기반 물량산출을 비교하면 대체로 2D기반에서는 물량이 과다 산정된다.

3D기반 물량 산출과정은 통상 2% 내외의 물량 절감이 기대되고, 산출 정확성도 3D기반 산출이 보다 우수하다. 최근에 급증하고 있는 비정형 구조물의 물량 산출 정확도 향상을 위해서는 비정형 빔 객체에서 물량을 자동으로 산정하는 프로세스들도 더욱 개선될 필요가 있다.

CHAPTER 3

증강현실에 의한 공사관리

1 증강현실 개요 및 적용 분야

1.1 건설공사와 증강현실

1 증강현실 개념

증강현실(augmented reality, AR)은 컴퓨터상의 가상현실(virtual reality, VR) 객체와 실제(reality) 영상이 합성된 영상을 의미하며, 4D 및 nD시뮬레이션 객체들은 증강현실기술의 연동으로 현재 시점까지의 실제 작업상황과 후속작업의 시뮬레이션 객체를 연동하여 보다 현장감 있는 빔 도구로 활용될 수 있다.

그림 3-1은 가상현실, 증강현실, 실제영상 객체모습의 개념을 나타내고 있으며, 그림의 중앙부에서 교량의 좌측 상행선은 실제 완성모습이고 우측 하행선은 향후 시공해야 할 모습을 AR객체로 표현하고 있다.

그림 3-1 증강현실 개념

2 빔과 증강현실

빔의 활용면에서 토목공사는 건축공사와 비교시 상대적으로 설계단계의 간섭보다 시공단계의 4D, nD시뮬레이션 기능이 활용성을 갖게 된다. 실제로 토목공사 현장에서 현장기술자들이 이러한 시뮬레이션 영상을 접하게 되면, 공사현장의 실제상황이 아니고 가상현실 그래픽 영상이므로 현장과의 괴리감을 느끼게 된다.

또한 건설현장은 여건이 수시로 변하기 때문에, 현장기술자들 간의 효율적인 의사결정을 위해서는 실시간 현장 정보의 반영이 필수적이다. 그러나 기존 4D, nD시뮬레이션은 가상환경으로 제한되어있기 때문에 실제 현실의 환경을 반영하기가 곤란하다. 이러한 이유로 현장과의 괴리감을 감소시키고, 현실감 있는 빔 정보를 제공하기 위하여 증강현실 기술을 적용한 사례들이 증가하고 있다.

3 증강현실 구현 도구

증강현실 기술의 하드웨어 요소는 디스플레이(display), 트랙킹(tracking) 및 컴퓨팅 장치 등으로 구분된다. 디스플레이는 증강할 객체를 시각적으로 출력할 화면을 말하는 것이며, 트랙킹은 단말의 위치 또는 증강현실 마커(marker)를 인지하여 해당 위치에 증강현실 콘텐츠(contents)를 구현하는 기술이다.

입력 장치는 구현된 증강현실 콘텐츠를 조작하기 위한 요소이다. 마지막으로 컴퓨팅 장치는 증강현실 프로그램을 처리하기 위한 기본 하드웨어 요소이다.

증강현실에 적용되고 있는 대표적인 디스플레이 기기는 HMD(head mounted display)를 들 수 있다. HMD는 안경과 같이 머리에 직접 착용하는 영상출력 기기로써, 증강현실 시스템에 전달된 머리의 위치, 방향정보를 이용하여 부가정보를 생성하고, 반투과성 HMD에 부가 정보가 실제 환경 영상과 결합되어 표현된다.

광학기반 디스플레이의 대표적인 사례는 구글에서 개발한 Google Glass로 왼쪽 눈은 실세계를 보는 반면, 오른쪽 눈은 작은 투명 스크린을 통해 사용자가 원하는 각종 정보를 접할 수 있다.

1.2 건설공사 증강현실 적용 분야

1 후속공정의 확인

건설공사 컴퓨터그래픽에 적용되고 있는 가상현실 기술은 그림 3-2의 좌측과 같이 순수 컴퓨터그래픽 화면만으로 구성되어 실제 건설 현장과 상당한 괴리감을 가지게 된다. 반면에 우측 그림은 주탑 부분이 실제 영상이고 프로팅크레인(floating crane)에 의한 주탑 상판 가설모습은 그래픽 객체로 혼합되어 있다.

이로써 현장의 현재 주탑 시공 상태에 향후 시공되어야 하는 상판 공정의 가상 시공 모습을 혼합하여 현장감을 고려한 컴퓨터 그래픽모습으로 활용성을 갖게 된다. 현장 기술자들도 현재 시점 이후의 작업 상황을 가시적으로 파악할 수 있다.

그림 3-2 VR 시공객체와 AR 시공객체의 차이

2 실제영상과 VR영상 합성

그림 3-3은 증강현실 기술을 빔 정보의 시공단계 대표적 적용기술인 4D시스템과 연동한 모습을 나타내고 있다.

그림에서는 서울 한강에 가설된 한남대교 좌측에 새로운 교량의 가설상황을 고려하여 실제 현장모습에 가상 시공시뮬레이션을 4D시스템으로 시도한 것이다. 이와 같이 증강현실은 4D시스템 등 빔의 세부요소들과 연계되는 기술들도 다양하게 포함한다.

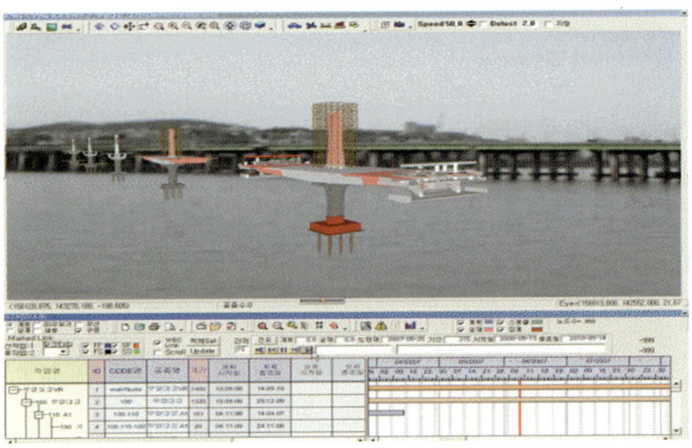

그림 3-3 4D시스템의 AR객체 활용

그림 3-4는 공정관리의 진도관리 측면에서 증강현실 객체를 활용한 사례로서, 현재 시점까지의 실제 완성된 교각 시공영상에 향후 공정이 2주, 4주 진행되었을 때의 추가 완성모습을 VR객체로 표현한 모양이다.

그림 3-4 AR객체의 공정 진도 활용

3 도면 증강 활용

그림 3-5는 도면에 증강현실 객체를 활용한 모습이다. 토목공사의 대부분은 2D도면으로 사용되고 있으나, 2D도면으로 시설물을 이해하는 것은 전문가도 쉽지 않은 과정이다.

그림에서는 2D도면에서 교량이 설치되는 위치에 3D 교량객체를 증강시킴으로서, 도면의 이해도를 높일 수 있고 전체 공사 현황을 쉽게 파악할 수 있다.

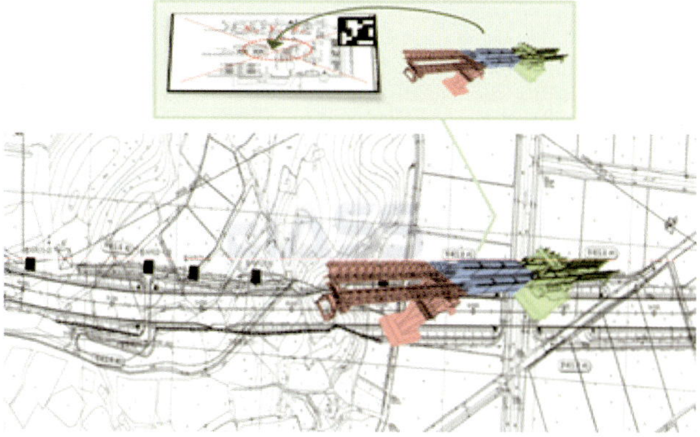

그림 3-5 AR객체의 도면 증강 활용

2 증강현실 객체 생성

2.1 마커에 의한 AR객체 생성

1 마커 및 비마커 객체

증강현실을 구현하기 위해서는 다양한 요소 기술들이 요구되지만, 실시간으로 목표 객체를 인식하고 추적하는 기술이 중요하다. 이러한 객체 인식과 객체 추적기술에서 많이 활용되는 방법은 실세계 환경에 마커를 도입하여 이를 추적하여 실제영상에 가상의 객체를 증강시키는 마커기반의 방식이다.

마커기반의 방식은 마커(marker)와 비마커(markerless) 인식 방식으로 분류된다. 마커 방식은 칼라(color)형태의 마커, 특징을 가지는 형태의 마커, 2D 바코드 등이 대표적 예이며, 실세계 환경에 직접 대입한 마커를 추적하기 때문에 마커 탐지가 쉽다. 증강하고자 하는 사물에 마커를 설치하고 마커를 HMD나 컴퓨터에 연결된 카메라로 보면 마커에 저장된 3D객체가 표현되는 방식이다.

비마커 사용방식은 마커를 별도로 제작하지 않고 증강하고자 하는 사물 전체를 하나의 마커로 인식하여 증강시키는 방법이다. 비마커 방식은 실세계 환경에 직접 마커를 대입할 필요가 없이 화면이미지를 데이터베이스에 마커로 등록하여 실세계 영상으로부터 직접적으로 마커이미지를 추적할 수 있다.

2 마커에 의한 증강 객체

2D도면상에 3D객체를 증강시키는 과정을 예로 설명하면 다음과 같다. 마커기반의 AR객체 활용은 현장에서 직접 3D객체를 도면상에 증강하여 그림 3-6과 같이 해당 도면정보의 완성상태를 시각적으로 검토할 수 있다.

사용자는 도면에 정의된 마커를 통해 해당 객체정보를 구현할 수 있으며, 객체와 연동된 4D공정정보를 활용하여 일정, 공정수순, 간섭오류 등의 설계오류를 검토할 수 있다.

증강현실 활용에 주로 쓰이는 마커들은 크게 ARToolkit 형태와 2D 바코드 형태 등으로 분류할 수 있다. 그 중 하나는 ARtoolkit에서 쓰이는 마커로서, 검은색 사각형 내부에 그림이나 문자와 같은 특정 패턴이 들어가 있는 형태이다. 또 다른 하나는 2D 바코드 형태를 가진 것으로, 사각형 테두리 내부의 빈 공간을 격자 형태로 나누고 마커의 ID를 이진화하여 격자에 저장되는 형태이다.

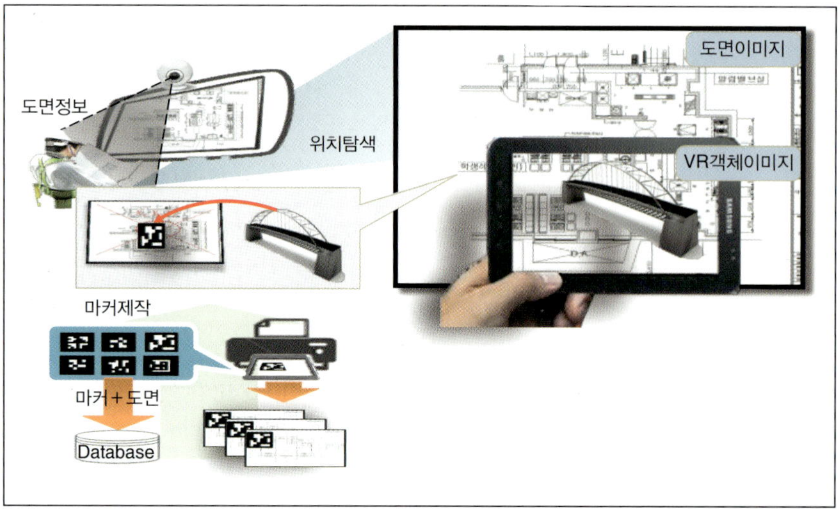

그림 3-6 마커에 의한 AR객체 활용

3 비마커에 의한 증강 객체

건설공사는 광범위한 현장에서 작업이 진행되므로 마커 부착이 번거로울 수 있으며, 이때는 비마커(markerless)방식을 사용할 수 있다.

즉, 건설현장에서는 인공적인 마커를 실세계 환경에 직접 도입하여 마커를 추적하는 마커기반의 방식보다는 실세계 환경에서 자연적으로 발생하는 점, 선, 텍스처(texture) 등과 같은 특징들로부터 객체를 인식하고 추적하는 비마커 기반의 방식이 효과적일 수 있다.

이러한 체계에서는 기본 패턴의 마커가 아닌 공사현장의 구조물 사진, 그림 등과 같이 실제 사물 이미지를 인식하여 증강현실로 구현할 수 있다. 이는 웹카메라의 영상에서 직접 현장 이미지를 캡처하거나, 현장에 직접 촬영한 사진을 비마커 이미지로 활용할 수 있다.

2.2 암거 철근작업 AR객체 생성 사례

1 철근배근 객체 생성

증강현실 기술을 철근배근 공사에 적용시키기 위해서는 철근의 배근순서도를 기반으로 3D모델 단위를 설정하게 된다.

수직, 지지 및 수평철근 등의 일반적인 철근배근 순서와 간격에 따라 하나의 파일에 모델링 되는 철근의 공종 수를 결정한다. 철근의 배근 위치와 간격을 고려한 3D모델

단위가 설정되면 상용 모델링 도구를 사용하여 철근의 3D모델링 작업을 수행하고, 완성된 3D모델은 VRML(virtual reality modeling language) 파일로 변환한다.

다음 단계에서는 3D모델의 인식 매개체인 마커를 생성하고, 3D모델의 연계를 위한 맵핑(mapping) 작업을 수행한다. 기존 상용화된 마커의 종류에는 마커형, 마커리스형뿐만 아니라 GPS 등과 같은 위치 측정기술을 활용한 방법도 있다.

2 건설현장 기준점 마커 부착

3D모델이 생성되면 3D모델과 실제 현장객체를 중첩시키기 위한 작업이 진행된다. 현장에 설치되는 마커의 위치에 따라 구현되는 3D모델이 결정되기 때문에 3D모델링 작업 시 설정한 3D모델의(x, y, z) 좌표 기준점과 현장 기준점을 일치시키는 것이 중요하다.

공사현장에 마커가 부착되면 증강현실을 활용한 검측을 수행하기 위한 준비가 완료되었다고 할 수 있다. 마커를 통한 3D객체는 컴퓨터와 연결된 각종 디스플레이 장치를 통해 구현될 수 있으며, 특히 HMD를 활용할 경우 현실감과 몰입감을 극대화할 수 있다.

HMD 장비는 자체 내장되어 있는 카메라를 통해 외부 영상을 받아들이고, 마커 인식을 통해 컴퓨터상에서 이미지 처리된 3D객체를 중첩시킴으로써 사용자는 HMD에 구현된 실제 영상과 가상 3D객체의 비교가 가능하다.

3 증강현실 현장 적용

사례적용 현장은 하천의 호안 등의 정비를 위해 박스형 암거를 설치하는 작업이며,

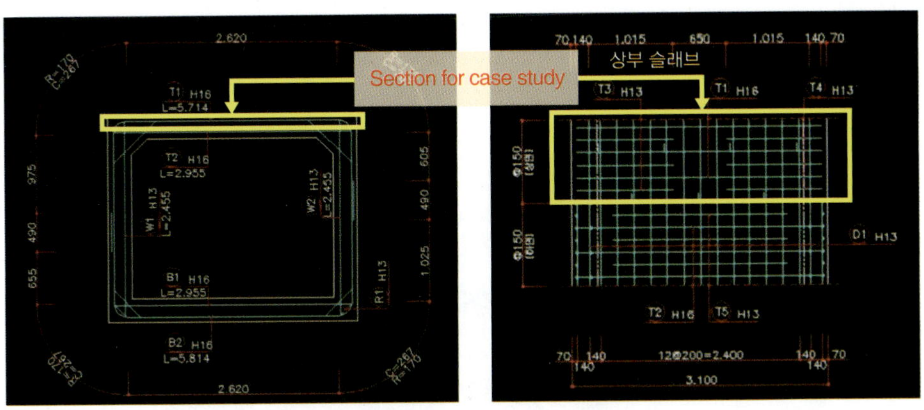

그림 3-7 사례 프로젝트 2D도면

그림 3-7과 같이 암거의 상부 슬래브 중 상면 조립철근을 대상으로 현장적용이 이루어진다.

철근조립도 분석이 완료되면 3D모델링 단위를 설정하여 철근의 3D모델링 작업을 수행한다. 사례적용에서는 Sketch Up을 사용하여 그림 3-8의(a),(b)와 같이 T1철근을 하나의 파일로 작성하고, 같은 위치에 배근되는 T3, T4 철근을 하나의 파일로 작성한다.

4 AR객체 제작

철근 배근시공도 분석, 3D모델링, AR 마커 생성의 실내 작업이 끝나면 그림 3-8과 같이 증강현실 시스템 장비와 제작한 마커를 사례적용 현장에 설치하는 과정이 이어지게 된다.

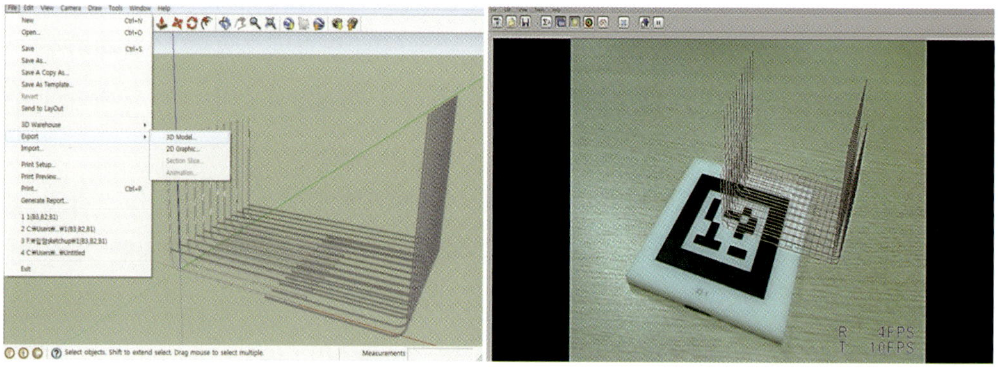

그림 3-8 AR객체의 제작 및 마커인식

AR객체와 마커 제작이 완료되면 그림 3-9와 같이 암거설치 현장에 마커를 부착하는 작업을 하게 된다. 마커 부착 후에는 HMD를 장착하여 마커에 의한 계획 배근도와 실제 배근도 상태를 비교하며 계획대비 실제 배근의 오차를 3D형태로 시각적으로 확인할 수 있다.

그림 3-9 마커 부착 및 HMD확인

그림 3-9의 우측은 사례적용 구조물인 암거에 마커를 부착한 모습이다. 구조물의 위치와 현장여건을 고려하여 구조물로부터 4m 거리에 컴퓨터와 HMD를 설치한 사례이다.

다음으로 컴퓨터와 HMD를 연결하여, HMD 상의 카메라 렌즈를 통해 실제 현장객체 영상을 취득하게 된다. 그림 3-9의 좌측은 현장관리자가 HMD를 착용하여 외부 영상을 받아들이는 과정을 보여주는 사진이다.

5 AR객체 확인

현장관리자가 HMD로 마커를 관찰하면 실제 노트북에 나타나는 화면은 그림 3-10과 같은 모습이 표현된다. 즉, 그림에서 확대된 화면에서 내부에 실제 배근된 철근 모습이 보이고 외부에 3D객체형태로 설계 배근된 철근 모습이 중첩되어 표현되어 있다. 이로써 설계대비 실제 배근상태에서 누락된 철근 등을 가시적으로 확인할 수 있다.

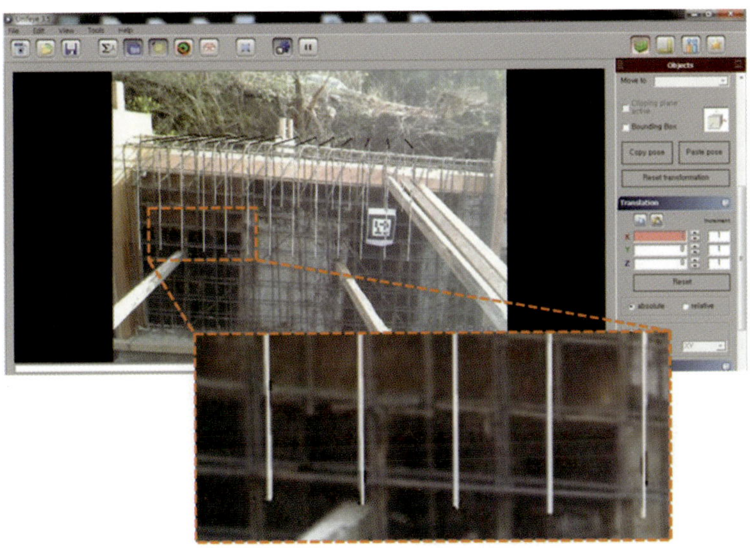

그림 3-10 AR객체의 시스템 확인

HMD를 통해 외부 영상을 받아들이고 난 후 마커추적 및 패턴인식 단계에서는 구조물에 부착된 마커를 HMD가 인식하여 마커 상에 3D객체가 구현된다. 즉, HMD상에 나타나는 설계 3D 철근 배근도와 실제 현장에 설치된 철근배근도가 중첩되어 보이게 된다.

이때 HMD에 나타나는 3D배근도는 설계도 기준의 배근도이므로 실제 배근상태와 중첩 영상을 비교하여 실제 영상에서 설계 배근도 대비 실제 철근 배근이 잘못된 곳을 편리하게 파악할 수 있다.

2.3 도면 증강 및 AR객체의 4D시스템 활용

1 AR객체 도면 검증 절차

일반적으로 많이 사용하는 2D도면상에서 주요 구조물 부위에 완성상태를 3D로 증강시킴으로서 해당 부위 부분에 완성되는 구조물의 완성모습을 증강시킬 수 있다. 사례적용 대상은 00병원 건립공사현장이다.

사례 프로젝트 적용절차는 그림 3-11과 같은 절차로 사전에 일반마커와 도면 이미지마커를 생성하고, 증강될 모델을 연계하여 증강현실 구현을 위한 준비단계를 수행한다.

마커제작 및 모델등록이 완료되면, 노트북과 휴대용카메라를 활용하여 증강현실을 구현하여 증강된 객체를 검증한다. 그리고 증강된 객체를 활용하여, 실시간 증강현실 상에서 4D시뮬레이션 검증 및 도면이미지 마커를 통한 증강현실을 수행함으로써 실무적 활용성을 검증한다.

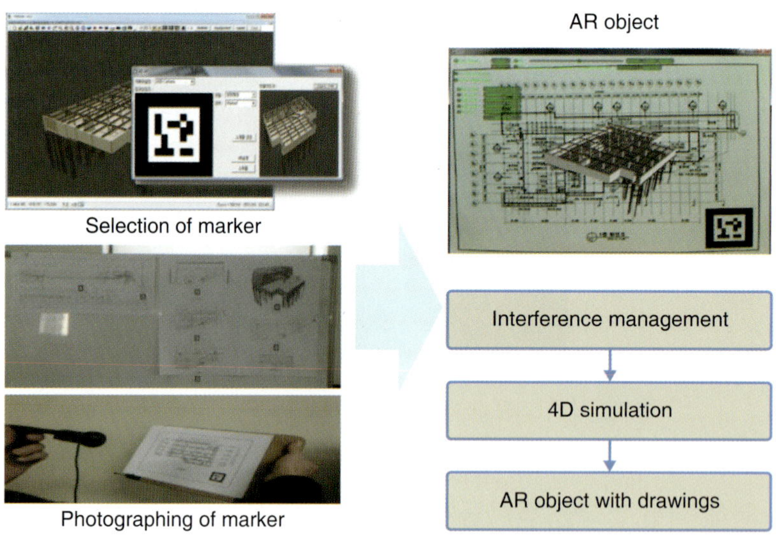

그림 3-11 마커기반 도면 증강 과정

휴대용 카메라로 마커가 부착된 도면을 촬영하게 되면, 그림 3-12와 같이 병원 지하1층 평면도면과 동일한 3D객체가 나타나는 것을 확인할 수 있다. 이와 같이 구현된 증강현실 모델은 실행 화면상에서 확대 및 축소, 위치 및 방향을 조정하여 도면의 형상을 시각적으로 파악할 수 있다.

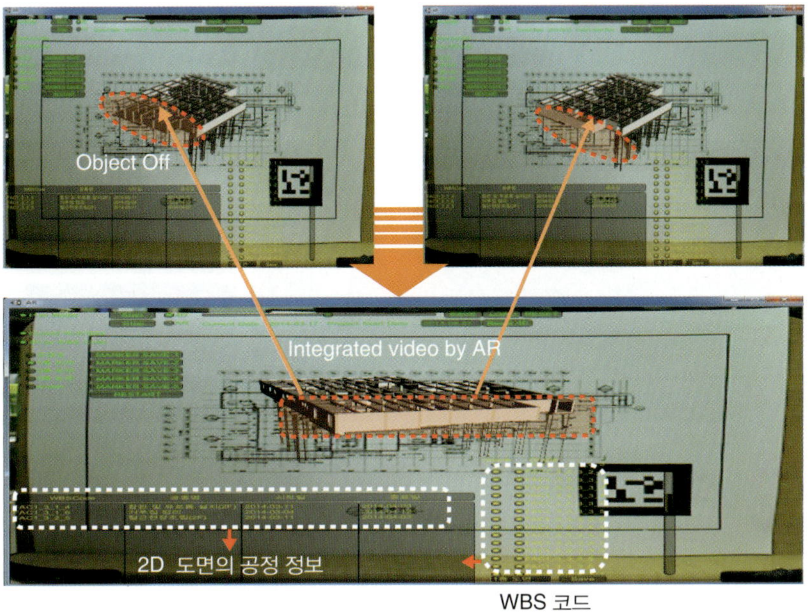

그림 3-12 실감형 2D도면 증강 시스템

2 마커기반 4D객체 시뮬레이션

그림 3-13은 마커기반으로 증강현실을 구현하고, 생성된 객체에 일정정보를 연동하여 4D시뮬레이션을 구현한 사례를 나타낸다. 도면증강에 의한 4D시뮬레이션은 2D 도면의 완성모습을 공사일정별 4D객체로 구현함으로써 실제 완성물의 이해도를 높일 수 있다.

그림 3-13과 같이 4D시뮬레이션으로 구현되면, 병원 지하1층 도면에 대한 공정별 일정정보를 증강현실 상태에서 파악할 수 있다. 즉, 현장기술자는 병원 지하1층 2D도면을 통해 2025-09-17 부터 2026-03-17 까지 진행되는 공정들의 공사기간과 시공수순을 시각적으로 파악할 수 있다.

이러한 시스템에서는 공정업무의 이해도를 높이기 위해 현재일자별로 진행되고 있는 공정정보들이 텍스트와 스케줄 바차트 형태로 제공되고 있다. 이와 같은 정보는 기존 2D도면에서는 파악할 수 없는 정보로써, 공정정보 자료를 열람해야하는 번거로운 과정을 없앨 수 있다.

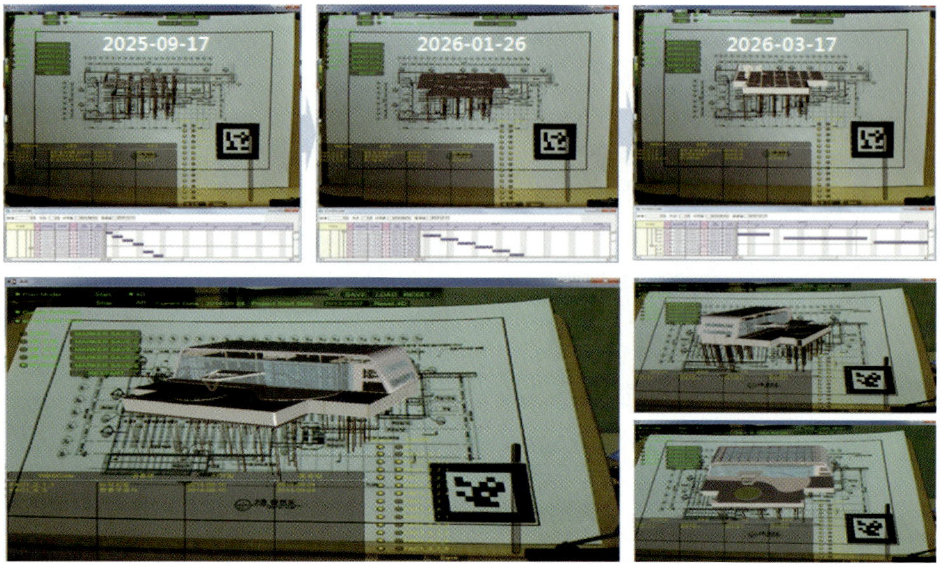

그림 3-13 4D와 연동된 실감형 도면 증강시스템

3 비마커기반 4D객체 시뮬레이션

비마커기반 증강현실 객체의 공정관리 현장 적용성을 평가하기 위해서 OO교량 공사를 대상으로 사례적용을 수행한다. OO교량공사 현장은 3차원 설계모델을 활용한 사례도 있고 웹카메라를 통해 현장을 관리하고 있다.

공정관리에 AR객체를 활용하기 위해서는 공사현장의 실 완성모습에 후속공정을 AR객체로 증강시키는 기술이 필요하고, 마커방식에서는 실제 현장의 광범위한 모습을 마커로 부착하여 사용하는 것이 곤란하므로 비마커방식이 활용될 필요가 있다. 웹카메라에서 촬영된 현재 시점의 실제 현장 모습을 비마커 이미지로 생성하고, 증강될 3D모델을 연계하여 증강현실 구현을 위한 준비단계를 수행한다.

비마커 제작 및 모델등록이 완료되면, 현장에 설치되어 있는 웹카메라를 선택하여 현장의 실시간 영상을 취득하고, 이에 3D모델을 증강현실로 구현한다. 그리고 증강된 객체를 활용하여, 실시간 증강현실상에서 4D시뮬레이션 기능 검증 및 후속공정시뮬레이션 기능 검증 등을 수행함으로써 현장 공정관리 도구로 활용성을 확인할 수 있다.

그림 3-14는 임의로 가정한 일자에 대해 현재 시점의 실제 완성된 현장 영상에 1년, 2년, 3년 후의 후속 공정 완성모습을 AR객체로 시뮬레이션 하는 모양이다. 그림의 하단과 같이 AR기반에서 구현된 4D모델은 4D시뮬레이션으로 구현하여, 실제 현장영상에서 공정들의 완성상태를 확인할 수 있다.

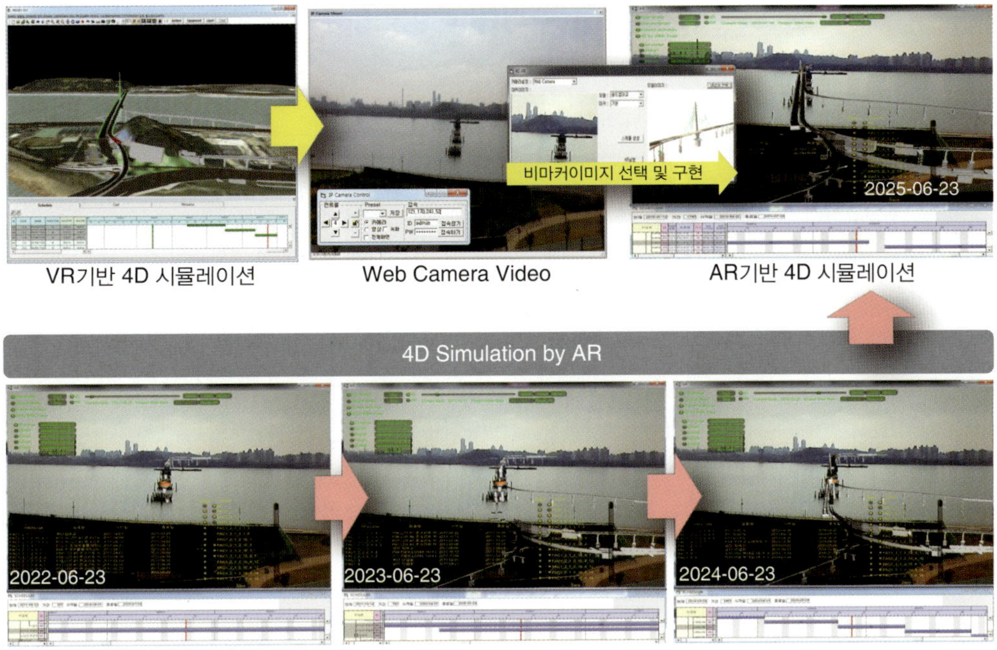

그림 3-14 AR객체와 연동된 4D시뮬레이션

이는 가상공간상에서 검토한 공정들이 실제공사현장에서는 어떻게 적용될 것인가를, 실시간으로 촬영되고 있는 실제 공사현장 영상에 직접 반영된 공정객체로 확인할 수 있으므로 특정 공정 및 공법들의 현장 적합성을 효과적으로 검토하는 도구로 활용될 수 있다.

4 현시점의 실제영상과 후속공정 4D시뮬레이션

그림 3-15는 실제 작업 상황들을 고려하면서 후속 공정객체들을 확인하고, 시공성을 검증하기 위한 증강현실 구현 사례를 나타내고 있다. 현재 시점까지의 실제 완성모습에 향후 일정기간 동안의 진행예정 공정들을 AR객체로 구성하여 4D형태로 시뮬레이션 할 수 있다.

즉, 현재 시점의 실시간 영상으로부터 현장의 작업 상황을 확인할 수 있으며, 현재 시점까지 공사가 진행된 실제구조물과 VR기반 향후 예정 공정객체간의 증강을 통해 시각적인 공정비교가 가능하다.

그림 3-15에서는 현재시점까지의 실제 교각 완성모습이 좌측에 표현되어 있고, 향후 공정을 계획대로 진행시 완성된 교량 모습이 우측에 시뮬레이션 되고 있다. 이러한 완성모습은 주탑 위치를 2번 교각에서 중심부 5번 교각위치로 변경하여 실제 모습과

대안의 비교 시뮬레이션이 가능하며, 이러한 과정을 통하여 실제 완성모습에서 적정 주탑의 위치를 파악해 볼 수 있다.

그림 3-15 실제 완성모습과 증강된 후속 공정

CHAPTER 4

3D프린팅에 의한 공사관리

1 건설공사의 3D프린터 활용

1.1 빔 객체의 3D프린터 연동

1 3D프린터 출력

3D프린팅의 기본 원리는 얇은 막을 연속하여 쌓아올려 입체적인 형태를 가진 물건으로 만드는 것으로, 얇은 막을 한 층씩 바닥부터 꼭대기까지 쌓아서 물건의 형체를 완성하게 된다.

건설공사의 3D프린팅 과정은 크게 3D 물체의 설계를 만드는 모델링과정, 원료를 쌓아 올려 물건을 실제로 만들어내는 프린팅과정, 프린트된 물체를 굳히거나 표면처리를 하는 마무리과정 단계로 나뉜다.

그림 4-1 3D프린터 모습

3D프린터는 3D 형상을 제작하는데 시간과 비용을 절감할 수 있는 장점을 바탕으로 주로 자동차, 전자제품, 의료 산업 등 다양한 분야에서 시제품 제작 시에 활용되고 있다. 국내 건설 산업 분야에서도 3D프린터를 활용하는 사례들이 증대되고 있고,

3D 목업(mockup) 제작 및 실제 구조물 건설에도 3D프린터를 사용한 사례들이 증대되고 있다.

일반적으로 3D프린터 출력을 위해서는 설계 프로그램이나 모델링 툴을 활용하여 3차원 모델을 제작하여야 한다. 설계단계에서 작성되는 빔 객체의 활용은 3D프린팅을 위한 모델의 제작 시간과 비용을 줄일 수 있다.

2 빔 정보의 3D프린팅 절차

빔 정보를 3D프린터로 출력하기 위해서는 3D프린터에서 사용되는 STL(STereoLithography)파일 포맷 등으로 변환이 필요하다. 하지만 변환된 STL파일은 3D프린터 출력조건을 만족하지 않는 경우가 존재하여 3D프린터 출력 시 오류를 발생시킬 수 있다.

STL 파일은 3차원 데이터를 표현하는 국제 표준 형식 중 하나로 3D Systems사에서 파일의 형식을 창안하였고, 3D프린터 출력용 파일 중 일반적으로 많이 사용되고 있다.

STL 파일은 3D모델 표면을 무수히 많은 삼각형들의 집합으로 쪼개어 각 꼭짓점들의 위치 데이터를 저장하고 있다. 삼각형의 크기가 작을수록 3D모델의 표면이 매끄럽게 출력된다. 3D프린터 출력을 위한 기본적인 프로세스는 그림 4-2와 같다.

먼저 구조물의 모형을 제작하기 위함인지, 실제 구조물을 출력하는 것인지에 등에

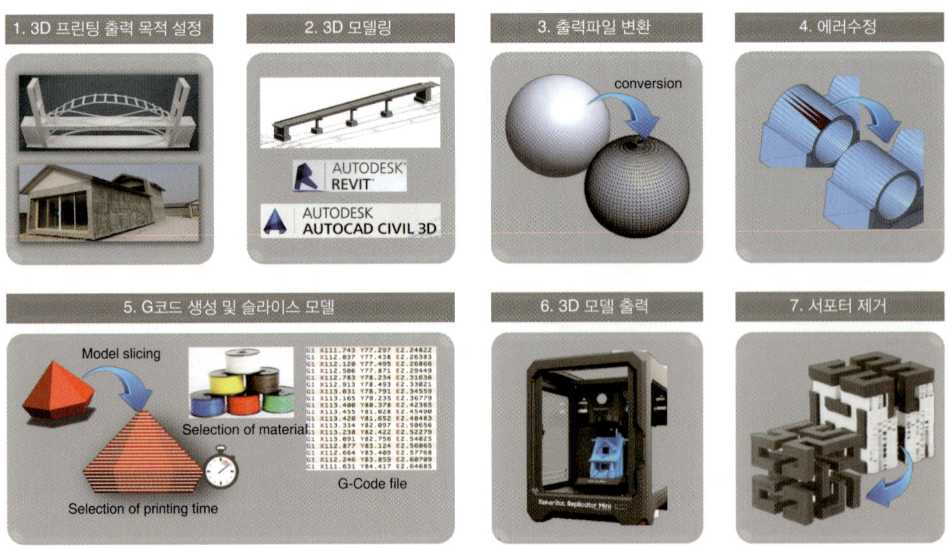

그림 4-2 3D프린터 출력 절차

대한 목적을 정의한 후 3D모델링을 진행한다. 제작된 3D모델은 3D프린터 출력의 파일 포맷인 STL파일로 변환하여야 한다.

STL 포맷으로 변환 시 모델의 표면은 무수히 많은 삼각형으로 나눠진다. 이때, 출력 조건에 맞지 않은 오류들이 발생하며, STL파일 오류 검토 소프트웨어를 사용하여 검토 및 수정 과정을 거친다. 출력된 3D객체는 출력 시 3D모델을 지지하기 위해 함께 출력된 서포트를 제거하거나, 채색과정 등을 거친 뒤 사용자의 목적에 따라 활용된다.

1.2 빔 객체의 3D프린팅 오류

3D프린터 활용 초기단계에는 빔 객체를 3D프린터로 출력하기 위한 포멧 변환 시에 빈번히 발생하는 오류들이 있으며 그림 4-3과 같이 5가지 정도로 요약할 수 있다.

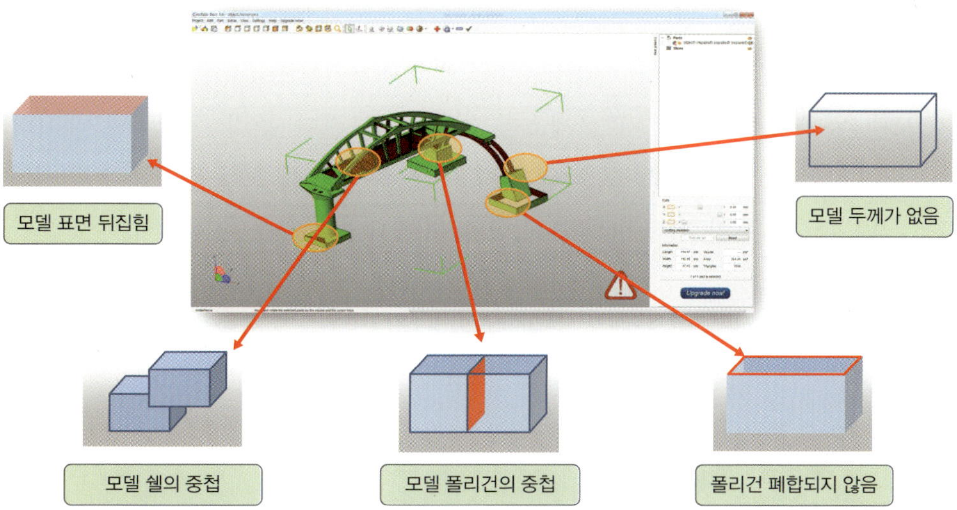

그림 4-3 빔 모델의 3D프린팅 포맷 변환시 오류

첫 번째의 경우는 쉘이 중첩되는 경우이다. 이때, 쉘은 내부 외부를 구분하는 단일 객체를 의미한다. 쉘이 중첩되었을 경우 해당 부분의 폴리곤을 3D프린터가 내부와 외부로 구분하지 못해 프린팅 시 오류가 발생하게 된다.

두 번째는 모델의 표면 일부가 뒤집혀 있는 경우이다. STL 파일을 구성하고 있는 삼각형 꼭짓점의 방향이 반대인 경우에 면이 뒤집어 진 것으로 인식하여 3D프린터 출력 오류가 발생한다. 최근 비정형 구조물 설계가 증가하고 있어 3D프린터 출력시에 면이 뒤집히는 경우가 많이 발생된다.

세 번째는 폴리곤이 중첩되는 경우로 각각의 면이 중첩되는 경우이다. 교량 구조물 등 다양한 부위가 각각의 쉘로 존재하고, 이들의 폴리곤이 서로 중첩되어 있는 빔 모델도 3D프린터 출력 오류가 발생하는 사례가 많이 있다.

네 번째는 폴리곤이 닫혀있지 않고 구멍이 뚫려 있는 경우이다. STL 파일을 구성하고 있는 삼각형은 인접한 삼각형과 두 개의 꼭짓점이 연결되어 있어야 한다. 하지만 이들이 정확히 연결되어 있지 않고 떨어져 있는 경우 구멍이 난 것으로 인지하여 오류가 발생하게 된다.

다섯 번째는 모델의 두께를 0으로 인식하여 오류가 발생하는 경우이다. 3D모델의 면이 현저히 얇거나 3D프린터의 노즐보다 작을 때 오류가 발생한다. 이는 실제 3D모델의 크기와 출력하고자 하는 3D모델의 축척과도 관계가 있다.

1.3 3D프린팅을 위한 모델 작성

1 모델 작성 순서

3D모델은 출력조건 검토 프로세스를 거쳐 3D프린터 출력 목적, 빔 데이터의 LOD(level of depth)수준, 3D프린터의 출력 사양, 축척 등을 모두 정의한 후 작성되어 진다. 그림 4-4와 같이 먼저 3D모델 작성을 위해 모델링 도구를 선택하여 3D모델을 작성한다.

토목구조물의 특성상 빔 모델은 단일 쉘보다 여러 쉘로 구성된 모델이 더 많다. 따

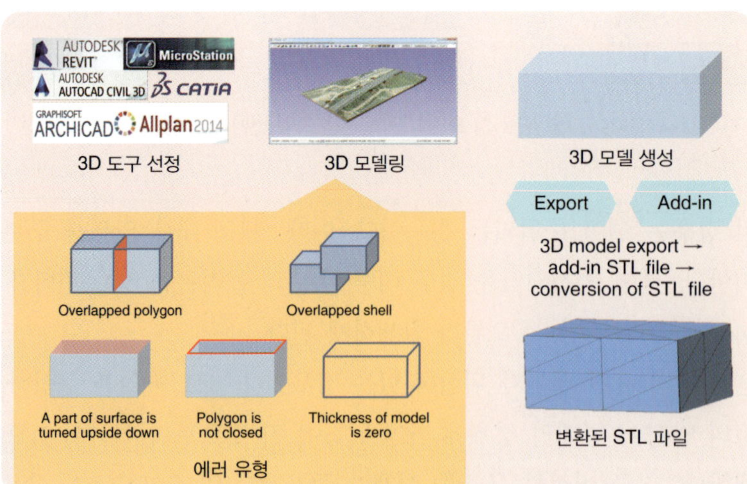

그림 4-4 3D프린팅을 위한 모델 작성

라서 STL 파일의 가장 많은 오류 원인인 폴리곤의 중첩 및 셀의 중첩을 주의하여 모델링을 진행해야 하고, 3D프린터 출력을 위해서는 각 쉘이 중첩되는 경우가 없도록 해야 한다.

또한 쉘이 중첩되지 않더라도 쉘 간 폴리곤이 중첩될 수 있으므로, 단일 쉘로 모델을 구성하거나 여러 부위를 단일 쉘로 출력하여 조립해야 오류가 없는 출력물을 얻을 수 있다.

2 3D프린팅 파일 오류 검증

STL 파일을 검토, 수정하는 과정을 거치지 않으면 3D프린터로 출력 시 예상치 못한 오류로 인해 출력에 실패할 수 있다. 혹은 오류가 발생하더라도 3D프린터 자체 정밀도에 따라 오류를 인식하지 못하여 그대로 출력되는 경우도 있다.

따라서 STL 파일의 오류를 검토하고 오류가 발견될 경우 이를 수정하거나 재 작성하는 과정이 필요하다. STL 파일의 오류 검토 프로세스는 그림 4-5의 좌측과 같다.

그림 4-5 STL파일 검증 및 출력

2 3D프린터 출력물의 활용

2.1 3D프린터 출력물 빔 활용

1 사례프로젝트 3D프린터 출력

실제 프로젝트를 대상으로 3D프린터 출력물 활용 방안을 표현하기 위해 호남고속철도 OO교량을 실제로 출력하여 3D프린터 출력물 활용 방안을 나타낸다. 그림 4-6과 같이 3Ds Max를 이용하여 제작된 모델과 MS Project를 이용하여 공정표를 활용하였으며, 3D모델뿐만 아니라 실제 지형 모델이 포함되어 있어 OO교량을 활용검증대상으로 선정한다.

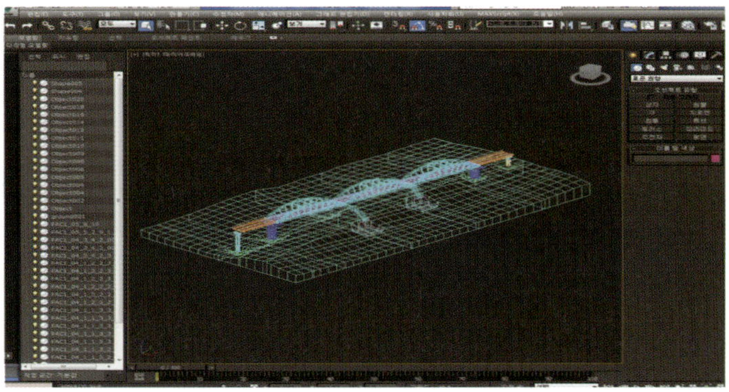

그림 4-6 3D프린팅을 위한 3D객체 생성

그림 4-7은 출력하고자 하는 3D객체의 선택 및 검토를 완료하고, 실제 3D프린터를 이용하여 출력하는 과정을 나타낸 것으로서 교량의 일부 구역을 3D프린터로 출력하였다. 이를 위해서 출력될 객체를 선택한 후, 3D프린터용 출력 파일 형식인 STL 파일 형식으로 변환하였다.

STL파일 형식으로 변환된 파일은 원활한 3D프린터 출력을 위해 Netfabb를 이용하여 STL파일에 대한 오류 검토 및 수정작업을 거친 결과, 솔리드 형태로 재 모델링하여 STL파일의 오류가 없는 것으로 파악하였다. 이후에 Cura 소프트웨어를 활용하여 3D프린터 출력 정보를 설정한 후 재 모델링한 OO교량을 출력하였다.

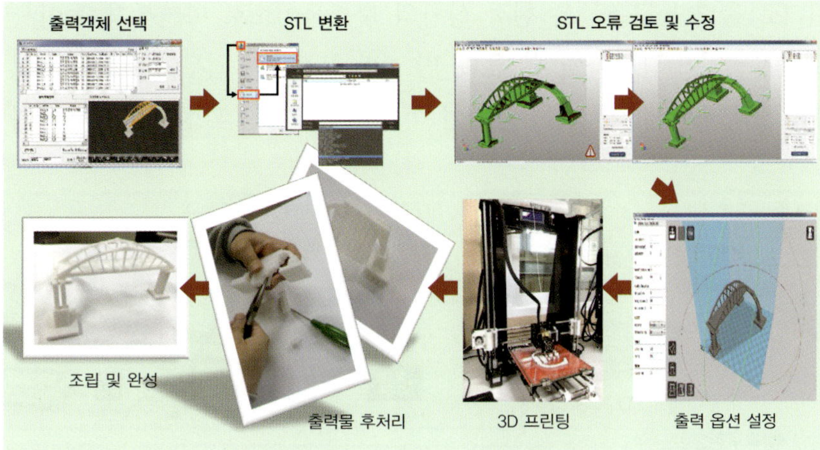

그림 4-7 교량구조물의 3D프린팅 출력과정

그림 4-8은 사례 프로젝트의 아치형 교량구조물을 3D프린터로 출력한 모양이다. 사용하는 3D프린터의 규격으로 인해 교량전체를 한 단위로 출력이 곤란하므로 교대, 교각, 상판, 아치 부분으로 구분하여 출력하였으며, 출력 후 조립하여 색상을 입힌 모습이 그림의 하단부에 표현되어 있다. 이러한 정도의 출력을 위해서는 프린터의 성능에 따라 차이가 있으나 대체로 20분 정도가 소요된다.

그림 4-8 사례프로젝트의 3D프린터 출력물

2 4D기반 공정관리용 증강현실 객체 활용

최근 실제공사에 증강현실 객체의 활용 사례가 증가하고 있으나, 토목시설물 현장이 방대하고 마커(marker)부착 등의 어려움으로 실제 현장에서 증강현실을 적용하는 것에 애로요인이 많이 발생한다.

3D프린터로 출력한 구조물은 현장 상황의 축소물이므로 마커부착 등이 용이하여 증강현실 적용절차가 간소화될 수 있고, 빔 기반 공정관리 업무에 필요한 정보를 제공할 수 있다. 3D프린터 출력물을 증강현실 객체로 활용하는 과정은 그림 4-9와 같다.

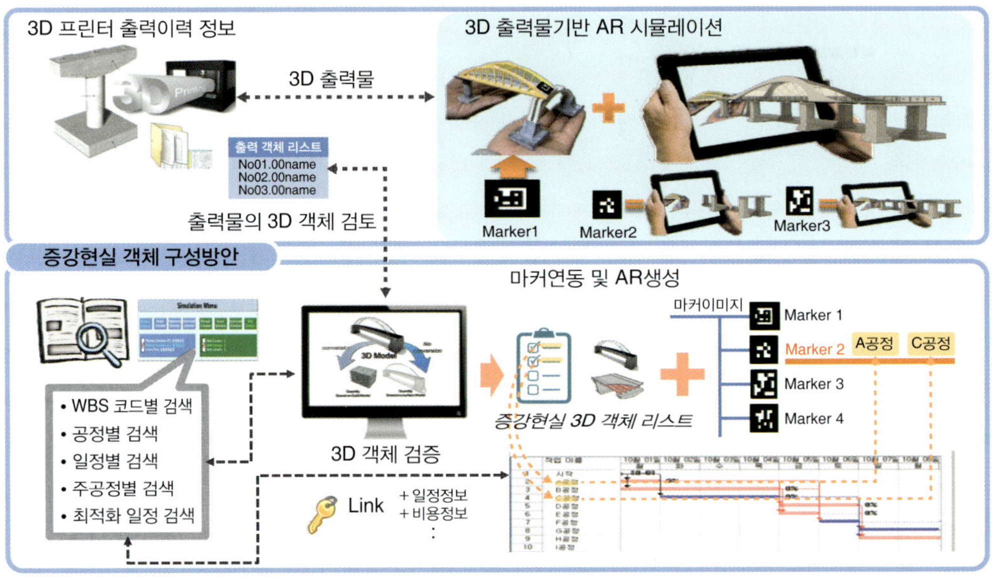

그림 4-9 3D출력물의 AR적용

3D객체의 형상 검토가 완료되면 증강현실을 구현할 마커를 설정한다. 마커 등록이 완료되고 이와 연동될 3D객체 리스트를 추가하면 이들 간의 이력정보가 생성되고 이는 별도의 파일로 저장된다.

2.2 3D프린터 출력물의 현장 활용

1 3D출력물과 AR객체 연동

3D출력물에서는 철근배근과 같이 구조물 내부에 포함되어 있는 형상들을 나타내기가 곤란하기 때문에 이러한 구조물 내부의 형상들은 증강현실로 구현함으로써 설계도의 시공검증에 활용될 수 있다.

그림 4-10은 교량의 교각을 3D프린터로 출력하고, 철근 배근 모델을 AR객체로 구현하는 모습을 나타내고 있다. 이는 기존 2D 설계도면으로 제공되는 철근배근의 형상, 겹침, 이음 등의 상세한 정보들을 AR객체로 구현함으로써, 사용자는 철근 배근도의 시공성을 직관적으로 파악할 수 있다.

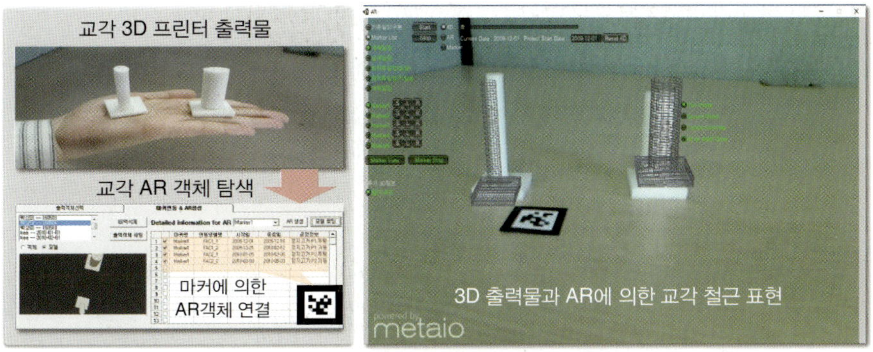

그림 4-10 3D출력물과 AR객체 연동

2 구조물 목업 활용

일반적으로 건설프로젝트의 설계가 완성되면 현장의 조감도를 작성하게 된다. 이러한 조감도 작업은 보통 3D 캐드 소프트웨어를 활용하여 모델링한 후, 현장의 이미지를 3D 렌더링을 통해 제시하거나, 다양한 재료를 사용하여 직접 모형을 제작하고 있다.

이와 같은 기존 목업 의 제작 방식은 상당한 비용과 시간이 소요된다. 3D프린터의 활용은 실제 목업을 제작하는 것에 비해 작업 시간과 비용을 절약할 수 있다.

또한, 일반적인 3D프린터는 3D모델만 있으면 단시간 내에 출력이 가능하기 때문에 목업의 자동화가 가능하다. 이러한 목업의 자동화는 빈번한 설계변경이나 대안공법을 선정해야할 경우, 즉시 해당 사항을 3D프린터로 출력함으로써 사용자가 이해하기 쉽도록 입체적이고 사실적으로 가시화할 수 있다.

3 건설 현장 조감도 활용

토목구조물의 결과물을 미리 시각적으로 보여 주기 위한 조감도 제작에서도 3D프린터를 활용할 수 있다. 현장의 지형을 그대로 반영하여 3D프린터로 출력할 수 있어 구조물의 형상을 명확하게 파악할 수 있다.

그림 4-11에서 상단은 동일한 철도시설 교량구조물을 3D프린터로 출력한 모습이다. 실제 지형을 그대로 적용하여 출력을 진행하였으며, 출력 프로세스에 따라 실제 3D프린터 출력 가능 크기와 출력 조건을 고려해 지형 및 교량 구조물을 모델링 한 후, 각각 분할하여 출력한 모습이다.

3D프린터로 출력된 모형은 채색 과정을 통해 보다 사실감 있는 조감도로 완성할 수 있다. 사례 적용 프로젝트는 운행 중인 고속도로 상부에 교량을 가설하는 공사로 현

장의 특수한 상황을 고려한 시공이 중요한 사항이었다.

이러한 실제 건설현장의 지형모습과 상황을 3D프린터로 재현한 출력물은 현장 공사 관리자에게 현장 특수상황의 이해도를 증진시킬 수 있고, 공사 홍보자료로 활용성을 기대할 수 있다.

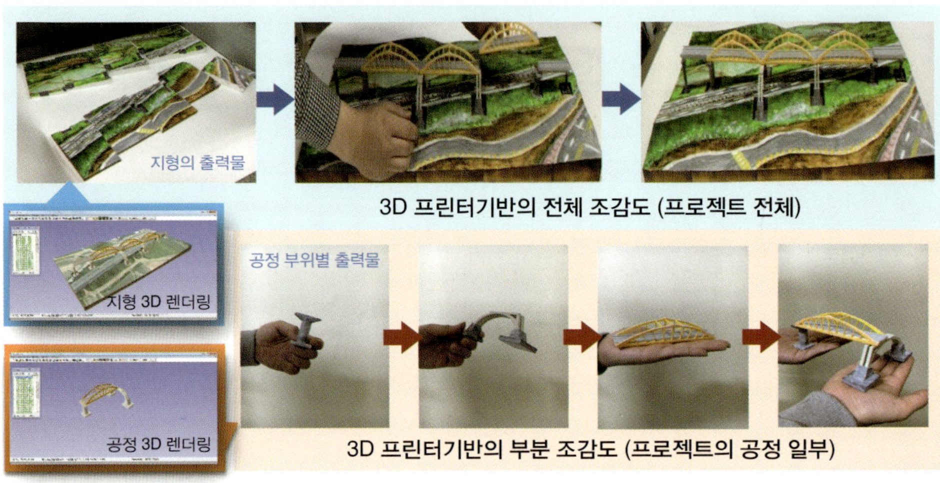

그림 4-11 3D출력물의 목업 활용

3 3D프린터 출력물의 4D시스템 연동

3.1 3D프린터와 4D시스템 연계

1 4D시뮬레이션 객체 활용

AR과 3D프린팅을 연계한 4D시스템 모형은 기본적으로 4D시뮬레이션을 통해 공정관리 업무를 수행할 수 있게 구성된다. 이를 위해 초기 일정정보의 4D시뮬레이션 기능 외에 마커인식에 따른 AR객체의 시뮬레이션 기능을 동일한 시스템에서 구현될 수 있도록 구성해야 한다.

또한 일정에 따른 4D모델 구성을 위해 3D출력물을 이용하여 공정정보들이 증강현실로 구현될 수 있어야 한다. 3D출력물과 증강현실객체의 4D시스템 연동체계를 구축하기 위한 모형은 4-12와 같이 구성할 수 있다.

현장기술자들은 단순한 4D공정시뮬레이션 뿐만 아니라 비용, 간섭 정보 등의 다양한 공정정보를 요구하고 있다. 따라서 증강현실로 구현하고자 하는 가상 모델은 단일 모델이 아니라 사용자의 업무 목적에 따라 조작이 가능하도록 구성되어야 한다.

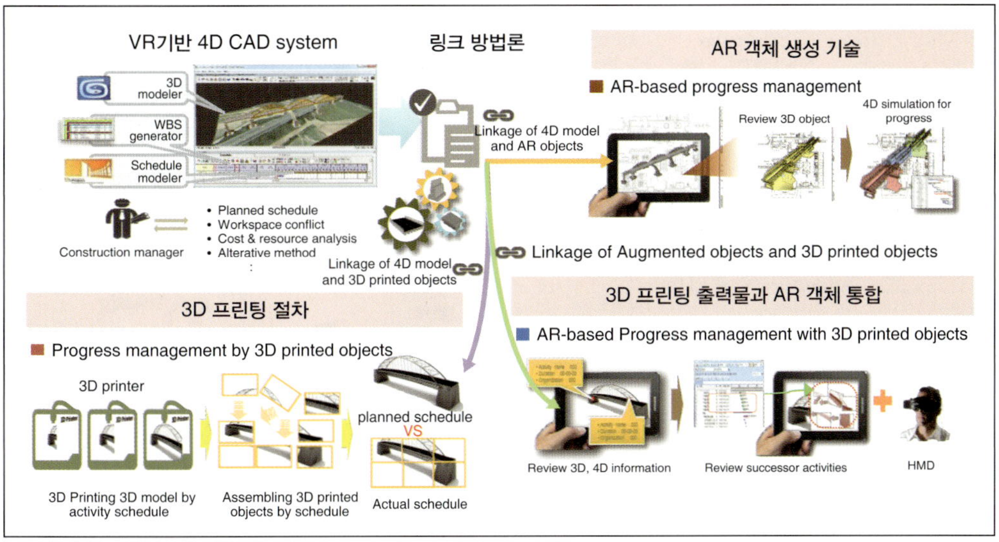

그림 4-12 3D프린팅 및 AR객체와 4D시스템의 연동

2 3D출력물과 4D시스템 연계 절차

일반적인 3D프린팅 절차는 4-13의 상단과 같이 몇 가지 관련 프로그램을 통해 진행된다. 우선 3Ds Max, 123 Design, Sketch-up 등과 같이 3D데이터를 제작하는 모델링 프로그램과 Cura, Magics RP, Netfabb 등과 같이 3D데이터를 3D프린터로 출력하기 위한 슬라이서 프로그램(slicer program), 그리고 Repetier-Host 등과 같이 3D프린터를 제어하기 위한 호스트 프로그램(host program)이 필요하다.

3D프린팅 기반 공정관리 방법은 단순히 토목구조물의 조감도 또는 목업을 제작하는 것이 아니고, 진도관리에 활용 가능한 공정단위의 객체를 출력하는 절차로 활용될 수 있다.

예를 들어 공정관리를 위한 시공성 검토업무를 수행하기 위해서는 각 공정 및 공법별로 3D모델들이 출력되어야 하고, 진도관리업무를 위해서는 계획 및 실제 작업일정에 포함되는 3D모델들이 각각 구별되게 출력될 수 있어야만 이들 간의 상호 비교검토가 가능하다.

이러한 과정을 통해 공사 진행 일정별로 계획과 실제 작업에 관한 공정들을 3D프린터로 출력하여 검토함으로써 입체적이고 직관적인 진도관리가 가능하다.

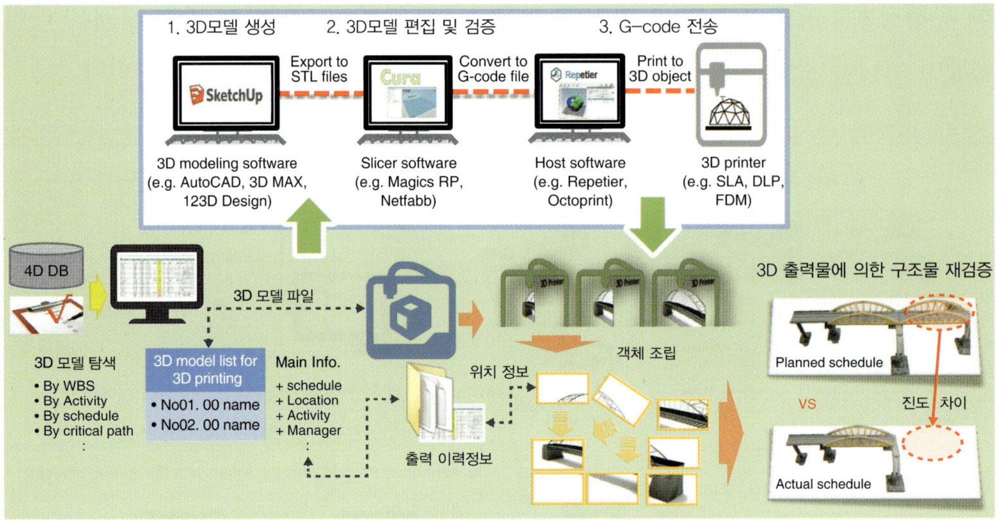

그림 4-13 3D프린터 출력물과 4D시스템 연동

3 AR 및 3D출력물과 4D객체 연계 절차

AR과 3D프린팅기반의 공정관리에서는 3D출력물 객체에 마커를 부착함으로써 3D 출력물 객체상에서 직접 3D 및 4D모델들을 증강현실로 구현할 수 있다. 이를 위해서는 다량의 공정데이터 속에서 사용목적에 따라 3D출력물 객체에 적합한 공정객체를 찾아 AR객체로 구성할 수 있는 방안이 필요하다.

진도관리에 활용시에는 현재 시점까지 시공이 완료된 3D출력물 객체에 후속공정을 증강시켜 실제 완성된 구조물 모습을 기준으로 현재 시점 이후의 공정들을 시뮬레이션 할 수 있다.

3.2 3D프린터 출력물의 4D시스템 적용 사례

1 3D출력 및 4D객체 생성

그림 4-14는 철도시설물에 포함되는 교량을 대상으로 3D프린팅을 하여 4D모델 연계를 시도하기 위해 출력한 사례이다. 적용사례의 철도교량은 180m 연장의 3경간(span) 아치(arch)형태로서 하부의 고속도로를 횡단하기 위해 설치된다.

3D프린터 출력시 발생할 수 있는 오류들을 최소화하기 위해 그림 4-14의 좌측과 같이 3Ds Max를 이용하여 3D모델을 생성한 후 출력하는 방법이 있다. 3D출력물은 공정단위로 출력하여 조립하고, 색상을 입힌 교량형태는 그림 4-14와 같다.

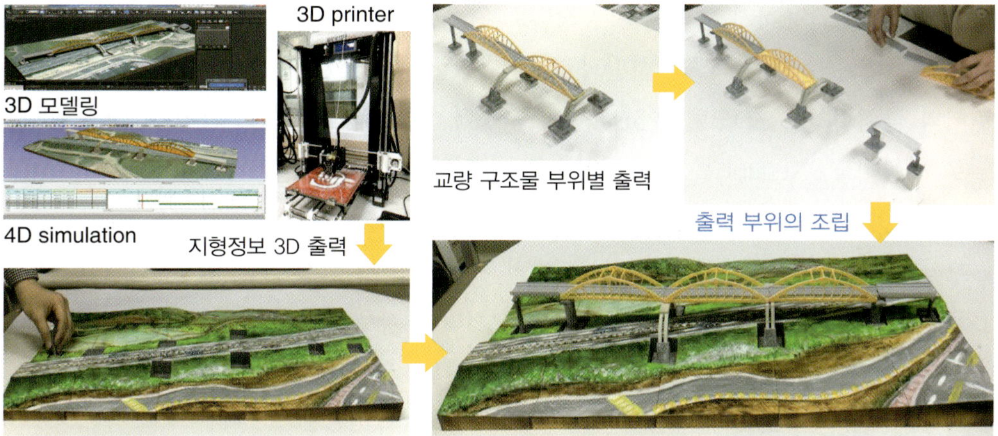

그림 4-14 3D프린터 교량 출력 및 조립

2 3D프린터 출력물을 이용한 4D 진도관리 시뮬레이션

그림 4-15는 계획공정대비 실제 작업 공정들의 진도를 검토하기 위해 3D출력물을 활용한 사례를 나타낸다. 4D시스템에서 구현되는 4D모델을 3D출력물 객체 상에 구현하기 위해서는 계획일정과 실제 작업일정에 대한 각각의 3D모델을 탐색하여 3D프린터의 출력파일로 제공하는 과정이 필요하다.

이는 그림 4-15의 좌측 하단과 같이 다양한 탐색 조건을 통해 3D모델을 3D프린터 출력파일로 등록하고 3D 뷰어를 통해 선택한 3D모델을 검토할 수 있다.

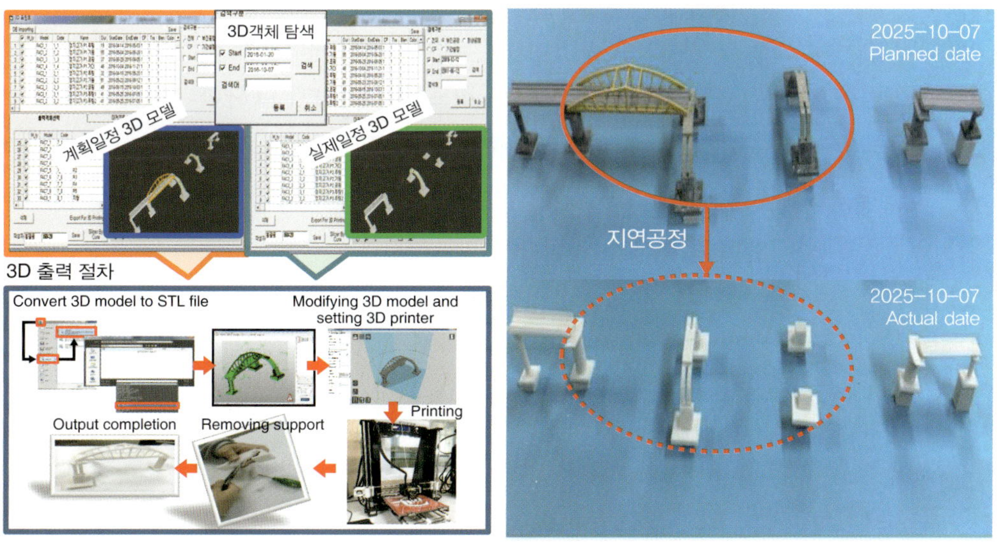

그림 4-15 3D출력물을 이용한 진도 시뮬레이션

공정관리에 활용하기 위해서는 공정별로 완성상태의 3D출력물이 필요하며, 이러한 3D모델은 그림 4-15의 좌측 하단과 같은 출력절차에 따라 출력물로 작성된다. 3D프린터의 출력절차는 3D모델을 3Ds Max를 통해 3D프린터용 출력 파일 형식인 STL파일로 변환하고, Netfabb를 이용하여 STL파일에 대한 오류 검토 및 수정작업을 수행한다.

그리고 Cura를 활용하여 3D프린터기기별 적합한 환경 설정 값을 입력하여 출력한다. 1차적 출력물은 서포트 제거와 도색 등의 후처리 과정을 걸쳐 최종적으로 완성된다.

3 공정 진도의 파악

그림 4-15의 우측 상단은 일정 시점까지 계획일정에 따른 3D출력물 객체이고 하단은 실제 작업일정을 가정하여 3D출력물 객체를 구성한 것으로 트러스 등 교량의 상부 작업공정들이 지연된 것을 파악할 수 있다.

이와 같이 3D출력물은 진도 현황을 육안으로 비교 가능하기 때문에 어떠한 공정이 얼마나 지연되었는지를 쉽게 파악할 수 있다. 특히 이러한 진도관리 방식에서는 진도관리 시점이 변경될 때 마다 추가적인 공정을 도출하여 3D프린터로 출력하고, 이를 기존 3D출력물 객체에 추가 조립함으로써 진도관리 업무를 수행할 수 있다.

4 AR 객체를 이용한 진도관리 시뮬레이션

그림 4-16의 좌측 상단은 4D시스템에서 계획일정과 실제 작업일정을 기준으로 4D 시뮬레이션을 구현하고, 이를 상호 비교함으로써 진도를 파악하는 모습을 나타낸다. 이러한 그림은 기존 4D시스템에서 제공하는 진도관리 기능과 유사하다.

4D시뮬레이션이 증강현실로 구현하기 위해서는 그림 4-16의 좌측 하단과 같이 3D모델 탐색기능을 활용하여 계획과 실제작업일정에 대한 3D모델을 도출하고, 이를 마커로 연동하여 증강현실로 구현하는 절차가 필요하다.

그림 4-16의 우측 상단은 일정 시점까지 계획일정에 대한 공정을 증강현실로 구현한 화면이고, 하단은 실제작업일정에 따른 공정을 가정하여 증강현실로 구현한 것이다. 이와 같이 증강된 4D모델을 통해 공정의 진행현황을 직관적으로 파악할 수 있다.

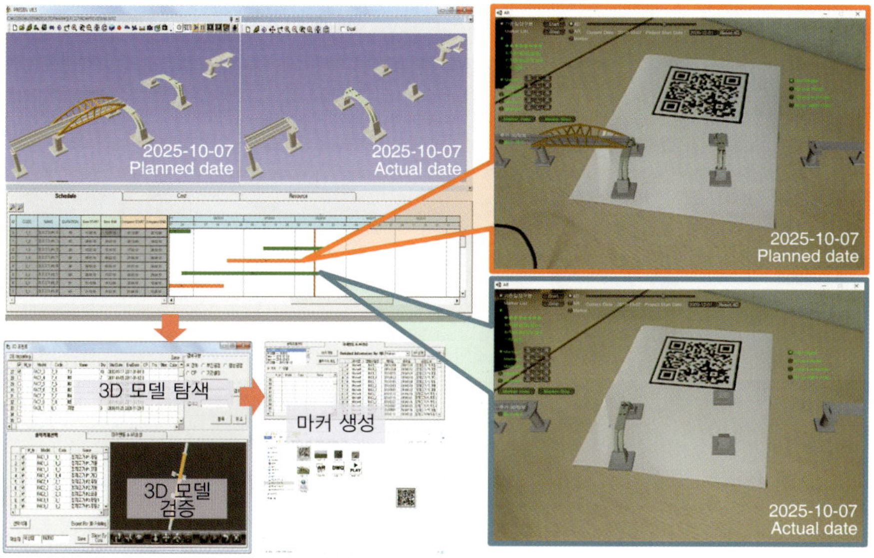

그림 4-16 AR객체를 이용한 진도 시뮬레이션

5 후속 공정 진도 시뮬레이션

3D출력물에서 현재 시점이후의 후속 공정의 증강현실을 구현하기 위해서는 우선적으로 그림 4-17과 같이 출력물의 이력정보를 참조하여 증강할 특정 공정 및 후속공정 등을 선택한다. 그리고 이를 마커 또는 비마커에 등록하여 AR기반 3D모델을 생성하여 증강현실을 구현한다.

그림 4-17에서 우측 상단은 계획일정을 기준으로 임의 시점까지 진행된 공정의 3D 출력물과 동일한 시점에 실제 작업일정에 의한 4D시뮬레이션을 증강현실로 구현한 모습을 나타낸다. 이를 통해 사용자는 직관적으로 3번 트러스 공정(그림에서 타원부분)이 부진공정임을 쉽게 파악할 수 있다.

또한 그림의 하단은 특정 출력물에 대한 후속공정들을 4D시뮬레이션으로 구현하는 모습을 표현하고 있다. 하단 그림에서는 현재 시점까지 완성된 좌측 거더출력물에 후속 공정을 증강시키는 모습을 표현하고 있으며, 하단 좌측과 우측은 각각 현재시점부터 두 개의 특정 시점까지 진행되는 공정의 완성과정을 시뮬레이션하고 있다.

이와 같이 3D출력물 객체와 AR객체를 4D시스템에 연동하면, 현재 시점이후의 주요 구조물 또는 부위별 후속 공정 진행모습을 시각적으로 확인하여 직관적인 진도관리 도구로 활용할 수 있다.

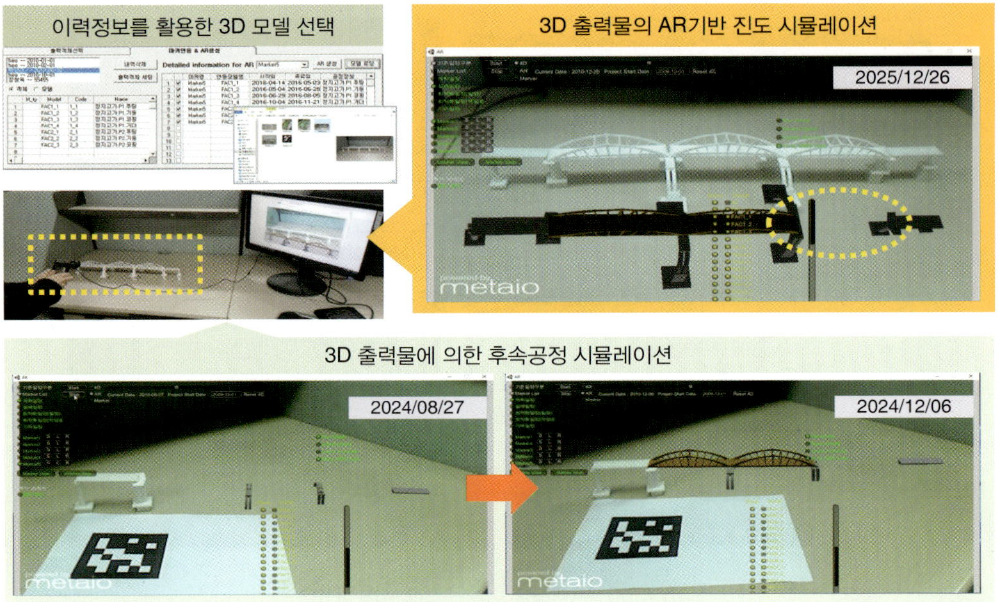

그림 4-17 3D출력물과 AR객체를 이용한 진도 시뮬레이션

6 HMD기기 연동 및 설계 검증 활용

일반적인 증강현실도구는 데스크톱이나 노트북에 연결된 휴대용 카메라를 활용하기 때문에 실제보다 과장되거나 축소되는 왜곡현상이 발생할 수 있다. 이러한 왜곡현상을 보완하는 도구로 HMD기기를 사용할 수 있으며, 높은 몰입감과 이해도를 확보할 수 있다.

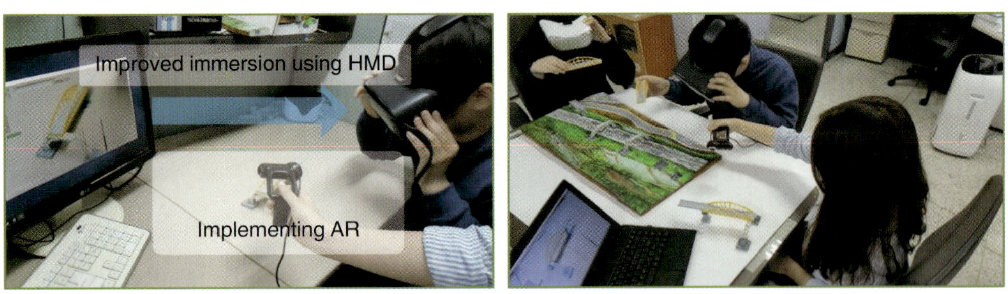

그림 4-18 HMD에 의한 3D프린터 출력물과 AR객체 연동

그림 4-18의 좌측과 같이 사용자가 HMD를 착용하고, 3D출력물 객체를 관찰하면 보다 넓은 각도와 다양한 시야를 확보할 수 있어서 눈앞에서 보는 것과 같은 현장

경험을 할 수 있다. 또한 그림의 우측과 같이 증강현실 구성 정보를 웹기반 또는 통합 데이터베이스기반으로 관리함으로써 동일한 마커를 대상으로 다수의 카메라 또는 HMD기기를 사용할 수 있다.

7 3D프린터의 건설공사 적용성

3D프린팅 기술과 기계적 성능의 발달로 관련 기술은 건설공사에 활용성이 더욱 증대될 것이므로 3D프린터로 출력된 구조물의 빔 정보 연계는 더욱 많은 기술 발전이 요구되는 부분이다. 빔 기술 적용에서 시간이 가장 많이 요구되는 3D제작 과정이 3D 출력물을 활용하면 제작 시간을 단축할 수 있으므로 건설공사에 빔 활용성을 향상시키는 도구로 기대될 수 있는 부분이다.

저층 및 고층 건물을 3D프린터로 완성하는 것은 활용성이 확대되고 있으며, 교량 등 토목시설물에 적용하는 사례도 증대되고 있다. 이로써 이주민을 저층 주택단지 등 단기간에 다량의 시설물이 요구될 때 저비용으로 실용적인 구조물을 만들 수 있다.

향후 3D프린터의 건설분야 활용성을 확대하기 위해서는 출력물의 규모에 맞는 대형 프린터의 제작단가와 재료의 보편화 등이 필요하다.

CHAPTER 5

전자매뉴얼에 의한 시설물 유지관리

1 AR객체 기반의 유지관리

1.1 시설물 유지관리와 빔

1 빔 정보의 유지관리 활용성

빔 정보 활용의 궁극적인 목적은 시설물의 유지관리 효율성을 확보하기 위함이고 나아가서 시설물 자산관리(asset management)를 최종 목적으로 한다. 즉, 기획부터 시공단계까지 생성된 빔 운영 정보들은 시설물이 완성된 이후 유지관리단계에 이력정보로 지속적인 활용성을 갖게 되고, GIS(geographic information system)정보와 연동되어 시설물의 종합적인 생애주기 관리정보로 활용성을 갖게 된다.

유지관리 업무수행 과정에서 완료된 시설물의 설계 및 시공단계 정보들에 편리한 접근성을 확보하지 못하면 현장 점검 수행 시 많은 불편함을 발생시켜 안전점검과 보수보강 업무 등에서 능률을 떨어지게 하는 요인이 된다. 이러한 불편함을 줄이고 정보 관리의 효율화를 위해 빔 정보를 이용한 유지관리 기법이 많이 시도되고 있다.

2 빔 정보의 활용 예

그림 5-1은 하천 정비공사에서 구조물을 빔 정보로 구성하여 하천 홍수량 정보 등과 연계하였을 때 공사완료 후 유지관리단계의 활용 사례이다. 그림에서 하천유역에 강우가 지속되는 시간 경과에 따라 유역이 범람되는 범위를 시각적으로 표현하고 있다.

그림 5-1 강우 지속시간에 따른 하천 범람지도

그림 5-1과 같은 정보가 표현되기 위해서는 설계단계 및 시공단계에 완성된 하천 시설물의 빔 정보가 유지관리 단계로 활용되어야 하고, 더불어서 하천 유역 시설물의 GIS정보와 홍수량 정보 등이 연동되어 분석되어야 한다.

1.2 AR객체 활용에 의한 유지관리

1 AR기반 유지관리 개요

증강현실은 사용자가 눈으로 보는 현실세계에 가상 물체를 겹쳐서 보여주는 기술이다. 증강현실 기술은 현실 환경에서 받는 시각정보에 컴퓨터에 의해 만들어진 정보를 함께 융합한 것으로 현실세계의 정보를 더욱 튼튼하게 하는 기술이다. 증강현실 기반 건설 구조물의 유지관리 방법론은 그림 5-2와 같다.

그림 5-2 AR기반 시설물 유지관리 절차

증강현실 기반 유지관리를 수행하기 위해서는 우선 유지관리 정보를 수집하고, 이 정보는 객체를 인식하기 위한 타겟(target) 모델과 증강되는 정보가 된다.

정보 수집 이후, 현장의 경위도 좌표 값을 이용하여 현장의 정보를 불러들이고 실시간 현장 화면 인식 장비를 통해 현장의 구조물을 인식한다. 장비를 통해 인식된 현장 화면에서 객체 추적 알고리즘을 이용하여 점검하고자 하는 객체를 추적하고, 추적이 완료 되면 해당 구조물의 정보를 증강시킨다. 증강된 정보를 활용하여 구조물 점검을 수행한 후, 점검 내용을 업데이트(update)시킨다.

2 유지관리 활용 정보 생성

증강현실 기반 유지관리 방법을 수행하기 위해서는 먼저, 정보 생성 단계가 필요하다. 증강현실 기반 유지관리를 위해 생성하는 정보는 먼저 빔 설계단계에서 생성하는 구조물의 3D모델이다.

두 번째는 3D모델과 연계된 구조물에 관한 텍스트(text)정보이다. 이 텍스트정보는 해당 구조물의 점검 방법, 특이사항, 구조물의 제원, 시공일시, 제조회사 등을 말한다.

세 번째는 구조물의 이미지를 말한다. 이미지는 구조물의 초기점검 단계에서 점검자가 획득한 구조물의 사진 또는 3D모델을 통해 획득한 이미지이다. 생성된 3D모델과 텍스트, 구조물의 이미지를 각 현장 단위로 정보를 분류하여 데이터베이스에 저장한다.

3 구조물 위치정보 획득 및 인식

준비된 정보들을 이용하여 증강현실 기반 유지관리를 수행하기 위해서는 관리하고자 하는 구조물을 추적하기 위한 타겟 모델과 유지관리를 위해 증강시킬 정보를 데이터베이스에서 불러들이는 준비단계가 필요하다. 여기서, 타겟 모델은 현장의 실시간화면에서 점검하고자 하는 대상 구조물을 인식하기 위한 기준이 되는 이미지로써, 정보생성단계에서 획득한 구조물의 이미지가 된다.

그림 5-3은 정보 생성 이후, 증강현실 기반 유지관리를 위한 준비 단계를 나타낸 것이다. 준비단계에서는 구글과 연계된 지도를 통해 현장의 경위도 좌표값을 입력하고 이를 통해 현장의 데이터를 불러들인다.

현장의 정보를 불러들인 이후, 실시간 화면을 인식 하기 위한 장비를 설치한다. 실시간 현장을 인식하기 위한 장비는 카메라 기능이 장착된 테블릿 PC, 노트북 등을 활용한다. 이후 점검하고자 하는 구조물의 타겟 모델들을 해당 현장 데이터베이스에서 불러들이고 카메라를 통해 현장을 인식한다.

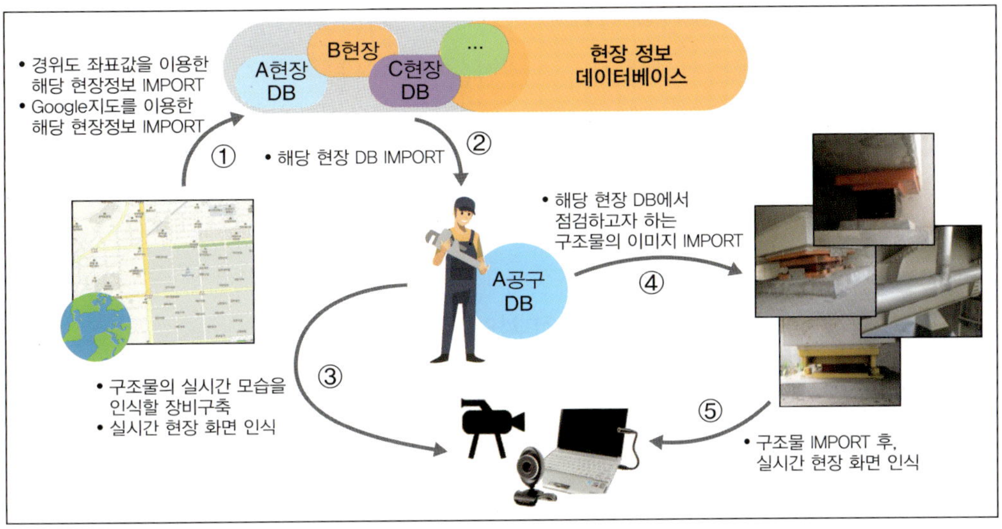

그림 5-3 현장정보 검증 단계

1.3 알고리즘을 활용한 3D모델 매칭

1 3D모델 인식

카메라를 통해 인식되는 현장의 실시간 화면에서 타겟 모델과 일치하는 객체를 추적하기 위해서 객체 추적 알고리즘을 사용한다. 그림 5-4는 알고리즘을 이용하여 타겟 모델과 현장의 실시간 화면에서 일치하는 객체를 추적하는 과정을 나타내는 것이다.

그림 5-4 유지관리 객체 인식 단계

알고리즘을 통해 타겟 모델과 일치하는 객체를 실시간 화면에서 찾는 과정은 먼저, 타겟 모델과 실시간 화면 영상에 각각 특징점을 생성한다.

이후 생성된 각 특징점의 주 방향을 생성하고 타겟 모델에 생성된 특징 점의 주 방향을 이용하여 기술자를 추출한다. 실시간화면과 타겟 모델에서 추출한 기술자들의 방향을 비교하여 타겟 모델과 일치하는 객체를 실시간 화면에서 찾게 된다.

2 AR기술을 이용한 건설구조물 점검 사례

유지관리 업무를 수행하기 위해서는 먼저, 정보(3D모델, 텍스트정보, 이미지)생성 과정이 필요하다. 정보 생성 이후, 시스템을 통한 유지관리 업무 수행에서 해당 현장의 정보를 불러들인다.

다음 단계에서 타겟 모델을 설정한 후, 실시간 화면을 카메라 장치를 통해 인식한다. 이후 카메라 장치를 통해 인식되는 실시간 화면과 타겟 모델의 특징 점을 추출하고, 이들의 비교를 통해 실시간 화면에서 타겟 모델과 같은 객체를 찾는다.

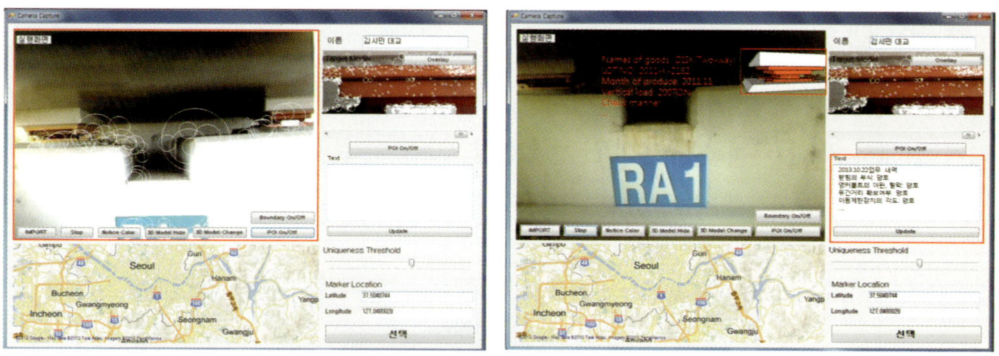

그림 5-5 실제 영상과 AR객체 정합

그림 5-5에서 왼쪽은 실시간 화면에서 특징점을 추출하고, 이를 타겟 모델의 특징 점과 비교하여 실시간화면에서 타겟 모델과 같은 객체를 찾는 과정을 나타낸 것이다. 위의 과정을 통해 실시간 화면의 객체 위에 증강된 정보들을 활용하여 점검을 수행한다. 그림 5-5에서 오른쪽은 시스템 화면에 증강된 정보들을 이용하여 유지관리를 위한 점검 업무를 수행하고, 점검 내역을 텍스트 정보에 갱신하는 것을 나타낸 것이다.

3 사례 현장 적용

AR기반 유지관리 사례 구성을 위해 "AR Toolkit"을 이용하였으며, 마커를 사전에 제작하고 현장에서 마커를 설치하는 작업을 수행한다. 또한, 서로 다른 구조물을 인식하기 위해 각기 다른 마커 제작과정이 필요하다. 마커의 크기는 규모가 큰 건설 현장에서 인식하기 쉽게 A4사이즈로 제작하였다. 제작한 마커를 현장에 설치하여 마커를 통해 구조물을 인식하고 정보를 증강할 수 있도록 한다.

그림 5-6에서 좌측의 두 그림은 현장에서 구조물의 3D모델 증강을 위한 마커를 설치한 것이다. 서로 다른 크기의 마커를 부착하여 마커크기에 따라 증강되는 모델의 크기를 확인할 수 있다. 그림에서 오른쪽의 두 그림은 마커를 통해 해당 구조물의 3D 모델을 증강하는 모습을 나타낸 것이다.

마커기반 증강현실 업무수행은 인식률이 좋은 반면에, 마커 제작을 위한 추가 시간과 비용이 소모될 수 있다. 비마커 증강현실 기반 유지관리 시스템을 통한 업무수행에서는 마커제작을 통한 추가적 시간, 비용 소모가 없고, 현장에서 마커의 설치과정 없이 객체를 인식할 수 있어 현장적용면에서 편리성을 확보할 수 있다.

그림 5-6 유지관리업무 수행을 위한 마커 부착

2 전자매뉴얼과 빔

2.1 전자매뉴얼 개념

1 전자매뉴얼 정의

전자매뉴얼(interactive electronic technical manual, IETM)은 방대한 양의 종이매뉴얼 처리를 위해 종이형태의 기술교범 내용을 전자화하고, 정보 습득을 사용자와 실시간 상호대화형으로 해결할 수 있도록 구성한 전자식 매뉴얼을 의미한다.

전자매뉴얼은 미국 국방성(department of defense, DOD)의 CALS(continuous acquisition & life-cycle support) 프로젝트에서 처음 제기된 개념으로, 군수장비 운용을 위한 방대한 양의 종이 매뉴얼을 전자적으로 구비할 필요성을 가지면서 전자매뉴얼 개념이 도입된바 있다.

건설 시설물의 유지관리단계에는 다양한 운영 매뉴얼을 활용하게 되므로 전자매뉴얼은 건설공사의 유지관리단계에도 유용한 도구가 될 수 있다.

공사에 활용되는 시방서 및 설계지침서와 유지관리 매뉴얼 등 공법, 자재 등에 관련된 건설정보는 시각적 정보를 특히 필요로 하는 정보이므로, 단순한 전자화가 아닌 멀티미디어 기능의 도입에 의한 시각화된 문서기능으로 변화되고 있다. 이러한 기존 문서 매뉴얼정보에 시각화 기능을 도입하기 위해서 전자매뉴얼은 필수적 활용도구가 된다.

2 기존 건설정보매뉴얼 체계

그림 5-7은 단순 정보의 제공 및 정보 조회 위주의 기능을 갖는 기존 건설정보 시스템의 전형적인 활용체계를 표현하고 있다.

즉, 기존 건설정보 시스템은 정보의 단순 열람기능 등에 의한 개별적인 정보 전달에 그치고 있으며, 종합적인 정보 전달이 아닌 일반 하이퍼텍스트 기능을 통한 개별 정보만을 제공한다. 따라서 관련 전문가가 아닌 경우 해당 분야의 업무처리 시에 관련 세부정보의 누락 가능성을 항상 갖게 된다.

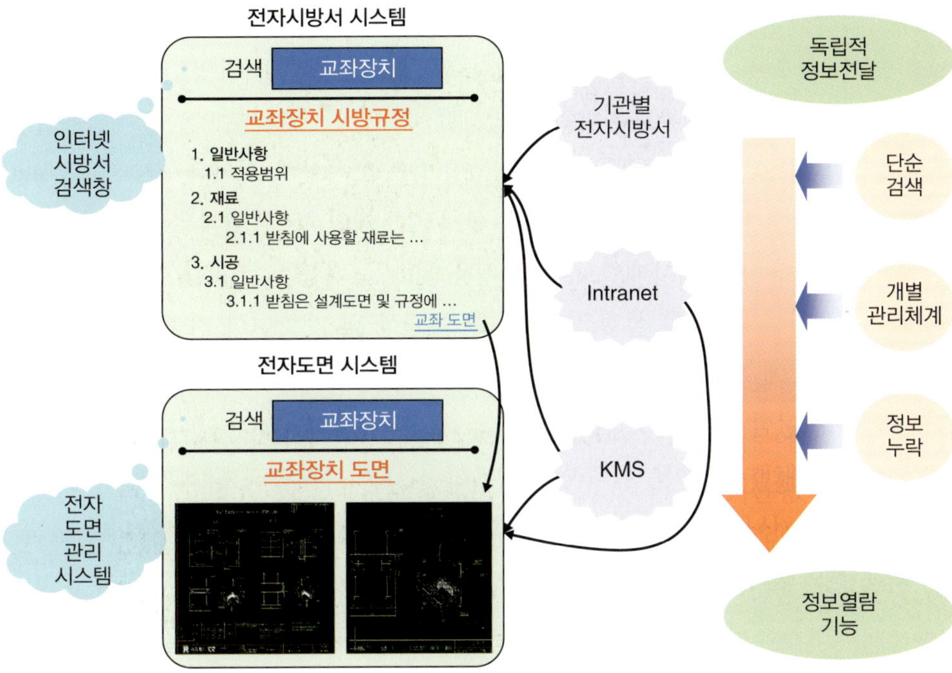

그림 5-7 기존 건설 정보화시스템의 개념

3 전자매뉴얼 정보체계

건설 산업에서 발생되는 다양한 건설정보를 기존 건설정보매뉴얼에서는 대부분 독립적인 정보 형태로 활용하고 있으나, 전자매뉴얼 체계에서는 건설정보 상호간에 서로 연계하여 활용함으로써 보다 효과적인 공사 수행이 가능하게 된다.

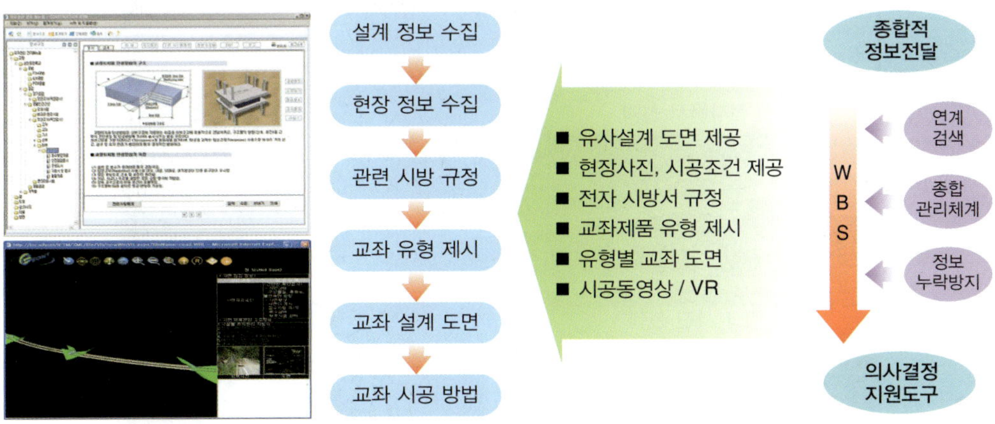

그림 5-8 전자매뉴얼의 종합적 정보전달 능력

이러한 전자매뉴얼을 통해 해당 업무를 처음 접하는 실무자는 업무처리 시 오류를 최소화할 수 있으며, 현장의 실무자는 해당 업무 수행에 관한 다양한 정보를 제공받음으로써 건설기술 및 업무효율성을 향상시킬 수 있다. 그림 5-8은 설계단계업무에 전자매뉴얼이 적용된 예를 통하여 이러한 효용성을 도식화한 것이다.

설계정보를 전자매뉴얼화 하였을 경우, 설계정보 내의 특정 설계부위 선택 시 그에 관한 시공방법, 유사 설계사례정보, 소요비용정보 등 다양한 정보를 제공할 수 있다. 예를 들어 특정 설계부위의 설계정보에 대한 동영상 및 가상현실 기능을 제공하여 현장에서 설계정보에 의해 해당 부위를 직접 시공하는 경우에 발생되는 문제점과 그에 대한 대안을 판단할 수 있게 된다.

이러한 기능은 설계단계뿐 아니라 기획부터 시설물 유지관리 단계까지 공통적으로 적용이 가능한 기능으로, 기존 건설정보화 시스템의 개별적인 정보 제공이나 단순 링크를 통한 정보 연계와는 구분되는 특징이라 할 수 있다.

4 빔 정보와 전자매뉴얼 연동

가상현실기반의 전자매뉴얼 연동 기능은 시설물의 3D객체를 기반으로 한 빔 정보와 타 컨텐츠 정보와 연동할 수 있는 링크체계이다. 빔 정보로 구성된 구조물 3D객체는 기본적 공정순서 및 일정정보를 속성 값으로 포함하고 있으므로 순차적 3D시뮬레이션이 가능하다. 그림 5-9는 VR기반의 전자매뉴얼 연동체계를 구현한 것이다.

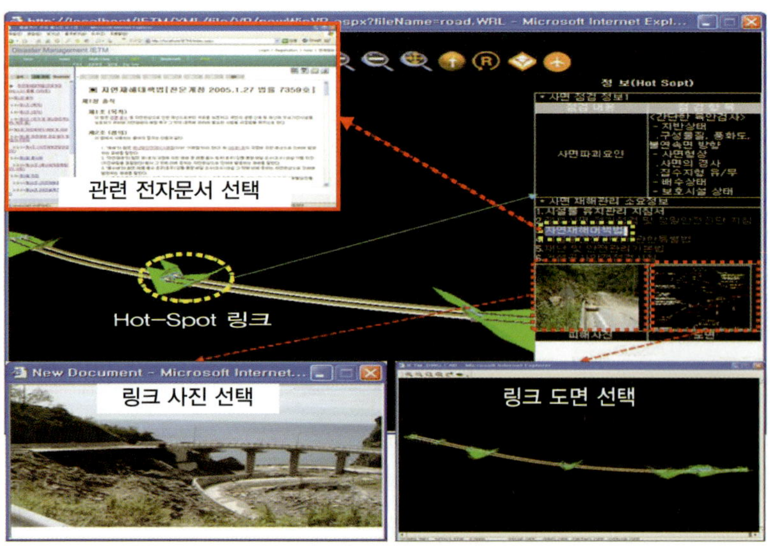

그림 5-9 빔 객체와 전자매뉴얼 연동

3D객체를 통한 정보의 접근은 원하는 부위의 객체 선택으로 필터링 된 정보를 동시에 취득할 수 있고 부위의 점검 정보, 재해관리 소요 정보 및 멀티미디어 정보(사진, 동영상, 2D/3D도면 등)들을 파악할 수 있다.

연동된 전자문서 및 멀티미디어 정보들은 전자매뉴얼의 Author 모듈이나 외부 프로그램(AutoCAD, 3D Max, Photoshop 등)을 통해 작성이 되며, 전자문서 정보들이 가상객체와 연동되므로 정보의 동적접근에 의한 유지관리 취약 부위의 시각적 확인이 가능하다.

2.2 유지관리단계 전자매뉴얼 활용

1 유지관리 전자매뉴얼 기능

유지관리단계 전자매뉴얼을 구성하는 기본 기능으로는 검색기능, 기존 유지관리시스템과의 정보교환을 위한 호환기능 등이 요구되고, 보수보강업무 지원을 위해 보수보강 정보의 시뮬레이션 기능, 보수보강공법에 대한 컴퓨터기반학습(computer based training, CBT)기능 등도 필요하다.

유지관리단계 전자매뉴얼의 검색기능은 도면, 사진, 3D객체정보 등 전문검색이 가능해야하고, VR기능은 교량, 터널, 댐 등의 시설물에 대한 VR을 구현함으로써 시각적으로 객체의 관련정보를 용이하게 파악할 수 있어야 한다.

예로서, 교량시설물에서 교각에 대한 3D객체를 클릭하여 정보를 조회하면 교각에 대한 도면정보, 계측정보, 점검 및 보수 이력정보, 시공사 및 자재에 대한 정보들을 동일화면에서 확인할 수 있도록 구성한다.

각종 현장 점검 중에도 필요한 정보를 휴대용 디스플레이 장치를 이용하여 검색 열람할 수 있으며, 점검 부위별 도면을 열람하고 VR기능에 의한 점검 부위의 상세 탐색도 가능하다.

2 유지관리 시설물 빔 정보열람

유지관리단계 전자매뉴얼 적용 과정을 실제 유지관리업무를 대상으로 가상적인 전자매뉴얼 활용 시나리오를 구성해보면 다음과 같다.

시나리오 구성은 전자매뉴얼을 활용하여 교량 교좌장치에 대한 유지관리업무를 수행하는 과정을 대상으로 하여 수 개의 대표적 활용 상황을 가상화면 구성을 통해 묘사하였다. 그림 5-10은 유지관리 전자매뉴얼 시스템의 권한 인증에 의한 접근이후에 나타나는 초기화면이다.

좌측 트리구조를 이용하여 상위레벨에서 하위레벨로의 정보 탐색이 가능하고, 기본 검색뿐 아니라 고급 옵션 기능에 의한 다양한 상세 검색이 가능하다. 텍스트 필드에 "교좌장치"를 입력하고 검색하면 교좌장치 관련 정보가 검색되어 아래 프레임에 검색 사항 목록이 나타나게 된다. 목록에 나타난 각 내용을 클릭하면 그에 해당하는 정보를 열람할 수 있다.

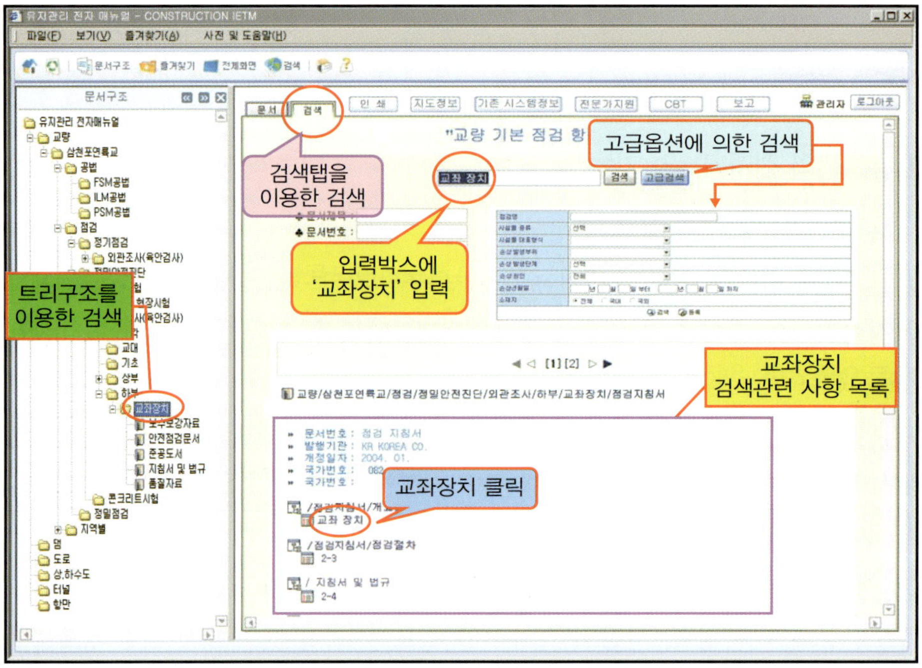

그림 5-10 시설부위별 유지관리 내용 검색

3 시설물 전자시방 규정 열람

그림 5-11은 그림 5-10에서 링크된 교좌장치에 대한 정보를 보여 주는 화면 및 팝업 창(pop-up window)들이다.

교좌장치에 대한 도면보기를 클릭하면 해당 표준 포맷으로 변환된 도면정보가 화면에 나타나게 되고, 이 도면정보는 각 옵션(회전/확대/축소/미리보기/인쇄) 기능을 활용할 수 있다. 또한 검색내용 결과가 표시된 화면상의 그림을 클릭하면 교좌장치에 대한 상세한 멀티미디어 정보가 구현된다.

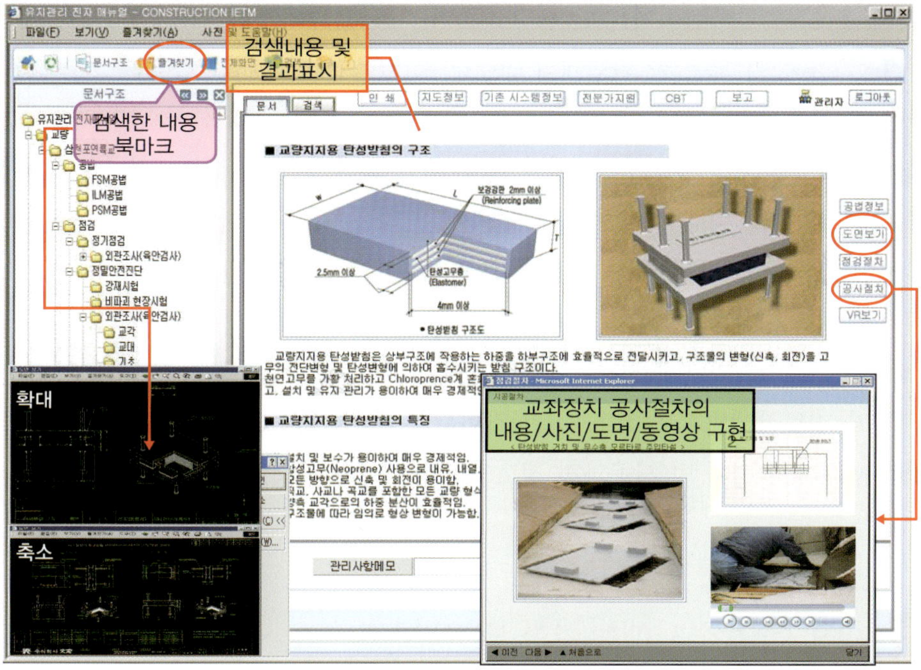

그림 5-11 검색 결과(교좌장치)의 내용 표시

그리고 교좌장치 점검을 위한 상세정보로서 교좌장치 시공 당시의 사진, 도면, 동영상 등을 보여줌으로써 시공단계 정보와 연계된 효과적인 유지관리업무가 가능하게 된

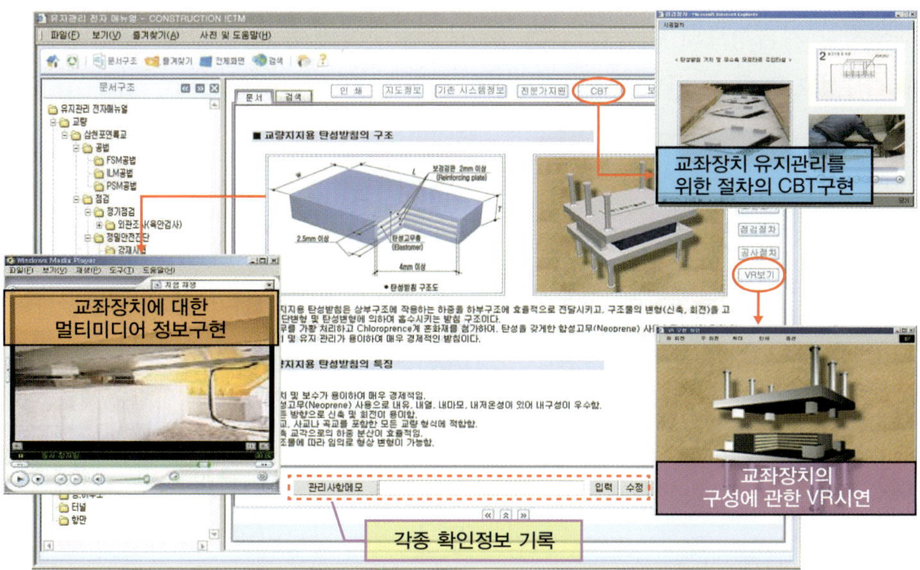

그림 5-12 점검 시 필요한 법규/지침/점검절차 구현

다. 그림 5-12는 교좌장치에 대한 시방규정 및 법규 열람 기능, VR 구현 기능, 대화형 의사결정기능 등이 모두 한 화면에서 연결될 수 있음을 나타내고 있다.

화면 좌측의 트리 구조상에 나타난 정보를 선택하여 관련 법규나 특별 시방서의 내용을 열람하고 하위 구조로의 탐색이 가능하다. 그리고 교좌장치의 위치별 상세부위 정보는 VR 뷰어를 통해 시각적 위치 변화에 따라 다양한 객체 모양으로 구현함으로써, 전자매뉴얼 시스템에서 객체를 직접 보듯이 형상을 확인할 수 있고, 화면상에서 실제부품의 조립 및 해체 과정을 확인할 수도 있다.

이와 같은 유지관리단계 전자매뉴얼은 기존 종이문서형태의 정보전달 및 일부 한정적인 전자 정보전달체계와 비교 시, 시각화된 유용한 의사결정 도구가 될 수 있고 유지관리 업무에서 설계 및 시공과정 정보의 연계활용도 가능하게 된다.

3 재해저감 전자매뉴얼과 빔 정보

3.1 재해관리 전자매뉴얼 개념

사회기반 시설 등의 재해관리를 위해서도 전자매뉴얼은 활용성을 갖는다. 대표적인 재해유형을 홍수, 지진, 바람, 태풍으로 구분하고 재해 유형별 위험등급을 산정하여 GIS정보와 연동하면 분류된 재해 유형별로 전자매뉴얼을 연동하여 관리할 수 있다. 즉 재해저감 기술정보의 취득을 위해 홍수는 홍수피해 유형 및 원인 분석에 의한 홍수지도 작성으로 홍수 빈도별 특성에 따라 위험도 평가에 의한 침수 위험도를 구성할 수 있다.

지진은 주요 시설물의 지진피해에 따른 지역적 특성을 통해 지진 위험도 평가 체계를 구축하고 내진성능 평가를 수행한 후 지역별 지진 피해 위험도를 작성한다. 바람 및 태풍은 풍하중 특성 및 풍 피해 예측을 통한 풍피해 위험도를 작성할 수 있다.

이와 같이 재해유형별 위험도는 산출된 수치 값들이 2D 및 3D형태의 정보로 변환되고 색상에 의한 GIS기반의 재해종합위험도 구축이 가능하도록 기반정보를 제공하고 있다.

최종 구성된 GIS기반의 재해종합위험도는 전자매뉴얼 내에서 활용이 가능하도록 동영상이나 이미지형태로 구성한다. 그림 5-13은 재해 유형별로 전자매뉴얼 및 GIS 정보 연동체계를 표현하고 있다.

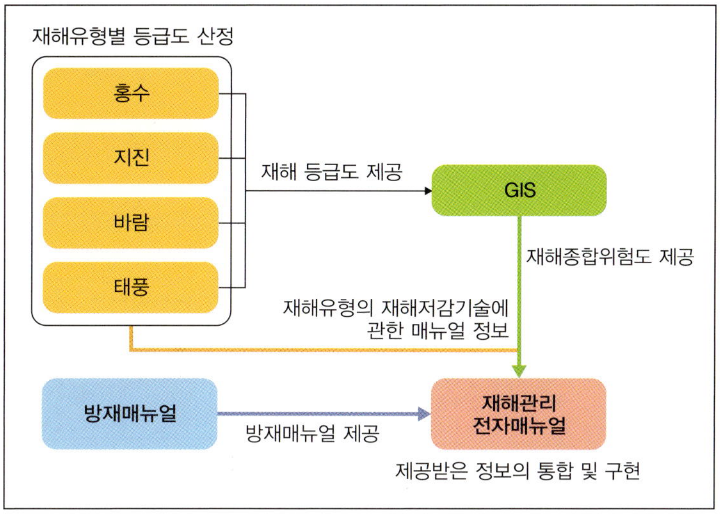

그림 5-13 재해저감기술의 전자매뉴얼 연계 구성도

재해관리 전자매뉴얼은 재해관리 업무수행을 위해 소요되는 전자문서 정보의 시스템 통합과 전자문서 정보 등의 통합된 접근방식을 제공하고 있다. 따라서 산발적으로 발생되는 대형 재해 상황의 신속한 대응 및 대처 시나리오에 대한 관련 연계정보를 제공함으로써, 재해 취약시설의 피해 확산 요인을 신속히 제거할 수 있는 기반이 된다.

3.2 재해관리 전자매뉴얼 활용

그림 5-14는 재해저감 기술 정보의 연동화면을 구성한 것이다. 재해종합 위험도를 선택하면 2D 및 3D GIF 파일 기반의 재해종합위험도가 화면에 표시되어 시간에 따른 위험도를 시각적으로 파악할 수 있다. 이와 같이 재해관리전자매뉴얼에 의한 연계정보는 해당 지역의 재해피해 상황을 사전에 판단하도록 하여 최적의 대응방안을 제시하는데 유용한 도구가 될 수 있다.

재해관리 업무매뉴얼은 멀티미디어 정보와 연계성이 크므로 이러한 형태를 전자매뉴얼로 구성할 시에 기대되는 효과는 재해관리 전자문서는 한번 작성되면 문서구조가 변경되지 않으므로 지속적 활용이 가능하게 되어 반복적인 문서작성의 비효율성을 개선할 수 있다.

이와 같이 전자매뉴얼은 기존의 분산된 재해관리 정보를 하나의 시스템에 통합적인 재해관리 정보 제공으로 시설물 재해관리를 위한 신속한 업무 대처가 가능하게 되어 소요정보의 누락이 배제된 체계적인 정보 활용이 이루어질 수 있다.

그림 5-14 재해저감용 전자매뉴얼 구성

CHAPTER 6

스마트건설 기술의 적용

1 스마트건설 기술 개요

1.1 스마트건설에 의한 건설공사의 변화

스마트건설(smart construction)기술이란 설계, 시공, 유지관리 등에 사용하는 전통적인 아날로그(analog)방식의 건설공사 시행 과정을 빔, 사물인터넷(Internet of Things, IoT), 빅데이터(big data), 인공지능(artificial intelligence, AI), 증강현실(AR), 드론, 3D프린터, 로봇 기술 등이 적용된 디지털(digital)방식의 프로세스로 수행하는 기술을 의미한다.

이러한 첨단 기술의 적용으로 인력 시공의 한계성이 극복되고 건설공사 생산품의 시공성과 안전성이 확보될 수 있다. 그림 6-1은 스마트건설 기술의 공사단계별 적용 모습을 표현하고 있다.

그림 6-1 스마트건설 기술의 공사단계별 적용

1.2 공사단계별 스마트건설 기술

스마트건설 기술의 적용으로 설계단계에 변화되는 주요 모습은 그림 6-1에 있는 바와 같이 기존의 인력에 의한 2D 측량기술이 드론과 레이저기술을 이용한 영상기반 3차원 측량기술로 변화되는 것과 빔과 인공지능기술을 이용한 설계 자동화 및 최적화가 가능해진다.

시공단계에는 시공 성과품이 빔과 빅데이터, 증강현실객체 등을 이용한 디지털 준공 성과품 검증방식으로 변화되는 것, 현장의 건설장비 운용방식이 무인 가동방식으로 변화되고 로봇(robot)에 의한 자동 시공기술로 변화되는 것 등을 들 수 있다.

또한 유지관리단계에는 시설물 노후화 정보 등이 첨단 장비에 의해 무한 취득이 가능해지고 설계와 시공단계의 디지털 정보들이 자동으로 축적되어 빅데이터기반의 시설물 유지관리 효율화가 가능해진다. 이러한 스마트건설 기술을 적용하면 정보화된 도구에 의해 비숙련 인력과 숙련 인력간의 경계가 없어져서 평준화된 인력작업이 가능해지고 로봇에 의한 시공의 조립화가 가속화될 수 있다.

2 설계단계 스마트건설 기술

2.1 3D 설계정보 구성의 간편화

1 기본설계단계 정보 취득

기본 설계단계의 현장 정보 수집을 위해서는 레이저 스캐너를 장착한 드론을 공중에 띄워 작업할 현장의 규모, 높이와 거리를 측정할 수 있고, 영상 후처리기술의 발전으로 매우 정확도 높은 정보를 편리하게 취득할 수 있다.

그림 6-2 빔 객체와 드론 영상에 의한 현장정보 비교

넓은 현장의 지형 정보도 신속하게 구축할 수 있으며, 사람이 접근하기 어려운 지역(극한지, 재난지역 등)의 현장조사도 용이하게 진행할 수 있다. 드론 영상은 빔 객체 이미지와 비교되어 계획과 실제의 현장 영상정보를 직관적으로 비교도 가능하며, 그림 6-2는 빔 객체와 드론에 의한 실제 영상 정보를 비교하는 모습이다.

2 설계 정보 구성

광파거리계 등이 측량정보의 개선에 도움을 주고 있으나, 지형 정보 등은 측량 장비로 인력 측정한 후 생성되는 2D 지형도면이 실제 형상대비 정확도가 떨어지므로 시공단계에서 변경하는 일이 발생한다.

스마트건설에서는 측량장비에 의해 획득하던 지형 정보가 드론 촬영에 의한 영상이미지 정보로 획득되어 3D모델로 자동 변환되면서 전통적인 측량의 개념이 변화된다.

이를 위해서는 드론 장비에 고화질의 카메라 장착과 레이저스캐너 및 각종 센서 측정 기술이 조합되어야 하고 드론 영상정보를 3D모델로 변환시키는 소프트웨어 활용도 필요하다.

빔 기술이 적용되면 3D의 가상 공간에서 미리 시설물을 디자인하고 시공까지 해볼 수 있어서 예측하지 못한 동선의 문제나 시공성을 검토해볼 수 있다. 또한 시설물별로 3D라이브러리(library)가 다양하게 구축되어 있으므로 이들을 활용하면 3D도면 구성도 용이하게 할 수 있다. 그림 6-3은 설계회사에서 구축한 3D라이브러리 활용사례를 표현하고 있다.

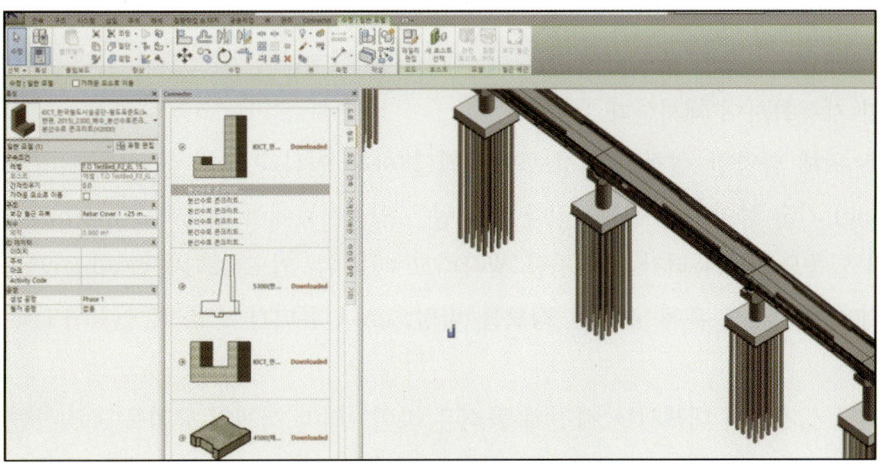

그림 6-3 3D라이브러리에 의한 빔 설계

2.2 인공지능기반 설계자동화

설계단계의 스마트건설 핵심은 빔과 인공지능 기술 등을 활용한 설계자동화이다. 설계 대상 구조물의 규격과 활용 목적이 정해지면 최소한의 정보 입력으로 과거의 유사 설계 이력정보들을 빅데이터로 분석하여 최적의 설계 도면이 제시되고, 설계도면은 3D객체정보로 표현된다.

또한 설계 오류를 최소화하기 위해 빔 객체정보의 자동 검증시스템으로 분석된다. 그림 6-4는 스마트건설 기술을 이용한 설계자동화 과정을 개략적으로 표현하고 있다.

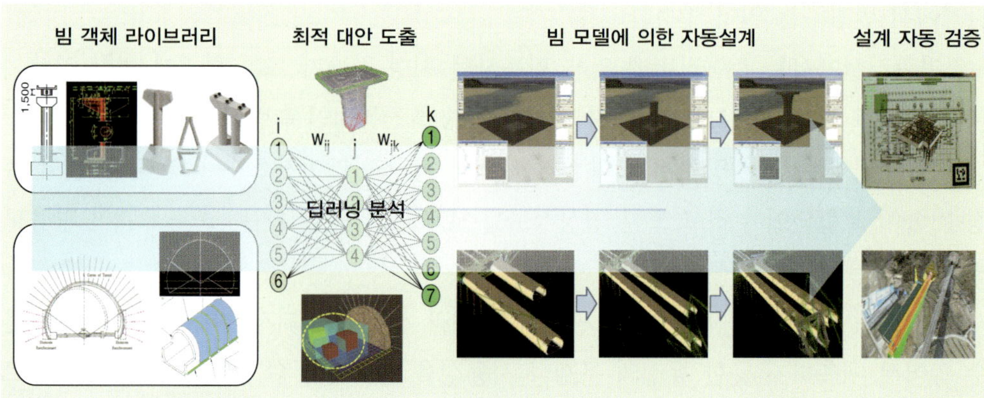

그림 6-4 스마트건설의 설계자동화 기술적용

스마트건설 기술에서는 설계단계에 미리 저장되어 있는 빔 객체 라이브러리에서 설계에 필요한 부위들을 불러와서 현장조건들을 입력하고 과거의 유사 현장 설계 정보들을 빅데이터기술로 분석하여 현장에 최적화된 설계안을 최소한의 입력정보만으로 최대한 자동화하여 제시한다.

이를 위해 다양한 실제 설계정보의 축적된 사례 인식과 학습을 통한 딥러닝(deep learning) 기술 등이 이용될 수 있다. 딥러닝은 인공지능에서 기계학습(machine learning)의 일종으로 컴퓨터가 사람처럼 생각하고 배울 수 있도록 다양한 학습용 정보를 컴퓨터에 인식시킨 후에 저장된 정보를 바탕으로 컴퓨터가 스스로 인식하도록 하는 기술이다.

분석된 설계안에 대해서는 사전에 불러온 라이브러리 객체의 규격을 조절하면서 설계 규격화 프로세스를 거치게 된다. 최종 설계안에 대해서는 실제 현장 상황을 고려한 드론 영상 이미지 등을 이용해 현장조건의 적합성 검증까지 시행한다.

건축물의 경우 다양한 설계 대안을 VR기반의 가상공간에 미리 구현하여 시공 완성도를 사전에 검증하고 사용자가 AR기반으로 실제 사용성을 검증하는 것이 가능하다. 빔 모델에 의한 설계자동화에서는 2D도면 방식과 비교시 3D기반의 입체적 설계 도면과 증강객체 등의 활용으로 설계 오류가 대폭 감소될 수 있다.

3 시공단계 스마트건설 기술

3.1 시공 안전성 개선

시공단계에는 포인트크라우딩(point clouding) 기법 등으로 완성된 시설물 부위의 3D 형상으로 설계단계 3D객체와 비교하여 당초 설계대비 시공 완성상태의 오류를 자동으로 검증할 수 있다. 시공 안전성 측면에서 AR기법 적용으로 작업자의 현장 작업 안전성을 체크할 수 있으며, 작업자가 AR기기를 통해 현장 공정 작업 상황을 보면 공정에 요구되는 작업 안전장치를 사전에 파악할 수 있어 안전장치의 누락여부를 확인할 수 있다.

시공현장에서는 가시설이나 지반 등의 다양한 위험요인들에 대해 근로자의 안전모에 센서나 스마트 장비를 부착해 현장 상황을 실시간 모니터링하는 기술이 적용되어 안전사고의 예방이 가능하다. 즉, 현장의 각종 센서를 통해 정보를 수집하여 위험정보를 근로자 안전모의 위치태그로 파악하여 해당 위치에 있는 근로자에게 경보 등으로 자동 전달한다.

그림 6-5 건설현장 위험정보 관리체계 적용 예

시공과정에 공정의 진도상태도 VR객체를 연동한 AR기법을 활용하여 현재 시점까지 실제 완성모습에 진행예정 공정을 가상 빔 객체로 합성하여 후속 공정의 이해도를 확보할 수도 있다.

3.2 시공 장비 자동화 운영

1 머신가이던스 활용

인력에 의한 건설장비의 조작 방식이 점차 무인 자동화 방식으로 변화되고 있으며, 완전 무인 자동화에 앞서서 초기단계에는 장비의 작업범위 등을 모니터로 표현하면서 건설장비의 조작 편리성을 개선하는 기술들이 개발되었다.

대표적으로 머신가이던스(machine guidance) 또는 머신컨트롤(machine control, MC) 기술은 건설장비의 주요 부위에 현장 작업 상황을 감지하기 위해 부착된 센서와 위성항법장치의 정보를 이용하여 장비의 작업 범위와 작업 방향 등을 자동으로 제어해 주는 시스템이다.

머신가이던스는 장비의 작업 범위 등이 2D, 3D 방식으로 모니터에 표현되어 운전자는 모니터에 나타나는 실시간 작업 상황의 정확성 등을 개인의 장비 운전 숙련도와 관계없이 기계적으로 제어할 수 있다. 그림 6-6은 건설 공사현장에서 작업 중인 굴삭기에 설치된 센서를 나타내고 있다.

그림 6-6 굴삭기에 설치된 작업 센서

굴삭기 가이던스 도구는 굴삭기 붐(boom) 대 등에 부착된 센서를 통해 굴삭기의 가동 위치와 현장 지형 정보를 종합하여 굴삭기의 작업범위에 필요한 정보를 조종석 모니터에 표현해 준다. 이러한 정보는 현장의 측량과정을 생략할 수 있고 굴삭 작업의 정확성을 향상시킬 수 있다. 그림 6-7은 굴삭기에 설치된 2D굴삭기 가이던스를 나타내고 있다.

내고 있다.

그림 6-7 2D굴삭기 가이던스 모습

3D가이던스는 장비의 위치정보를 수신기로 실시간 파악하여 외부에서 작성된 3D지형 정보를 가이던스에 입력하면 운전자는 모니터상에 표현된 현장의 3D지형에서 작업하고 있는 장비의 모습을 실시간으로 제어할 수 있다.

3D영상에는 기준점을 중심으로 굴삭 깊이, 폭, 넓이, 경사 등을 3차원 객체로 모니터에 표현한다. 그림 6-8은 Sitech사의 3D머신가이던스가 굴삭기와 로울러에 장착되어 작업하는 모습을 나타내고 있다.

그림 6-8 3D머신가이던스 모습

2 무인 장비자동화 시스템

장비의 자동화는 궁극적으로 시공 자동화로 연결되고, 시공자동화는 로봇에 의한 시공 시스템으로 변화된다. 이미 조립식 공법이 많이 사용되는 건축 공정에서는 자동화 시공이나 로봇 시공사례들이 시행되고 있다.

건축공사에 벽체 콘크리트 타설을 위한 거푸집과 동바리 작업의 완성물은 현장에서 3D프린터로 출력하여 조립하는 과정으로 시공이 진행되고, 현장 타설이 필요한 공정은 최대한 조립 시공 공정으로 대체되어 로봇을 이용한 조립이 가능하여진다.

그림 6-9 자율주행 덤프트럭

자율주행기술과 로봇 및 센서기술 적용으로 시공단계에 사용되는 각종 건설 장비들의 자동화도 보편화되고 있다. 예로서 현장에서 작업하고 있는 덤프트럭(dump truck) 등의 운반장비와 백호(backhoe) 굴삭장비가 원격 컨트롤(remote control)에 의해 무인장비화 운영체계가 구현된다. 그림 6-9와 6-10은 RC Live Action에서 제공하는 자율주행 방식의 덤프트럭과 굴삭기의 조합시공 모습이다.

이로써 장비 운전자의 숙련도 부족에 의한 오류와 안전사고가 감소되고 시공 품질의 균등화가 가능하여 진다. 현장에 이동하는 덤프트럭 등의 운반 장비는 운전자가 없는 자율주행장치가 장착된 무인 차량으로 작업이 이루어지게 된다.

또한 굴삭기는 중앙통제실에서 원격 조작되어 무인굴삭기가 작업하게 되고, 굴삭기에 입력된 굴삭 범위와 깊이 등에 의해 스스로 그 범위내에서만 굴삭을 하여 옆에 있는 자율주행 덤프에 적재하게 된다. 이러한 토공작업 상황은 사물인터넷 기술로 주변 장비와 중앙 통제실로 이송되어 현장 운영에 재활용된다. 그림 6-10은 이러한 자율주행 트럭과 무인굴삭기의 조합시공 모습이다. 굴삭기 운전석에는 마네킹이 앉아 있는 모습이다.

그림 6-10 자율주행 덤프트럭과 무인굴삭기 조합시공

4 유지관리단계 스마트건설 기술

4.1 인공지능 기술에 의한 유지관리 최적화

스마트건설 기술이 적용되면 유지관리단계에서 시설물의 현재 노후화 상태를 인력에 의해 판단하는 방식에서 드론, 로봇 등에 의해 이미지 영상을 획득한 후에 머신러닝 등의 인공지능 기술을 이용하여 최적의 유지관리 상태 보전을 위한 의사결정 정보를 획득할 수 있다.

그림 6-11은 스마트건설에 의한 유지관리 운영체계를 표현하고 있다.

시설물의 현재 상태를 파악하기 위해 시설물 부위를 드론으로 촬영하거나 시공단계에 활용한 빔 객체를 이용하여 초기상태와 비교한 후에, 시설물의 위치에 증강 객체로 빔 객체를 정합시키면 노후화 정도를 보다 편리하게 파악할 수 있다.

또한 드론 촬영 이미지는 머신러닝 등의 기술을 이용하여 파손 부위와 노후화 정도를 수치적으로 파악할 수 있고 이러한 정보는 최종적으로 시설물의 보수 및 보강 공법 선정에 까지 활용될 수 있다.

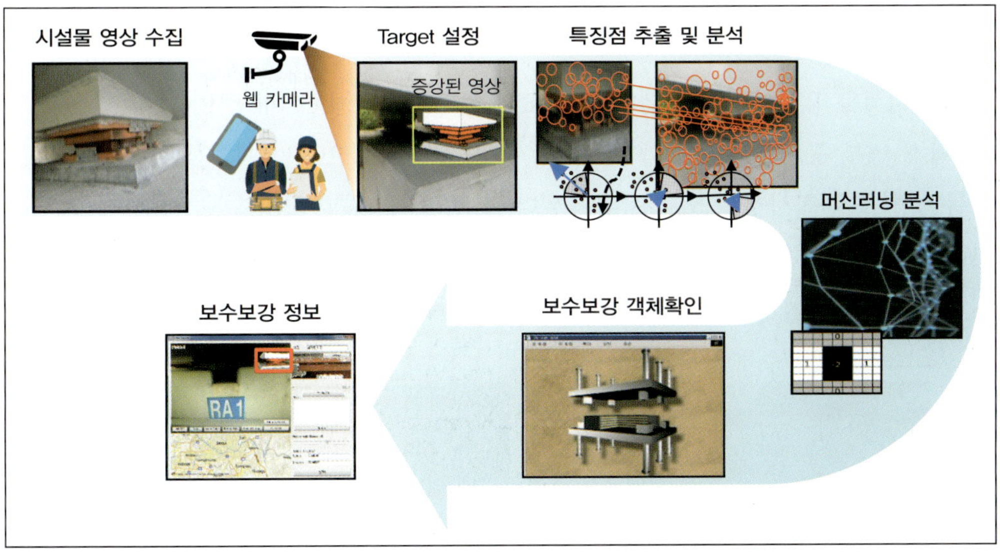

그림 6-11 스마트건설의 유지관리 기술적용

4.2 유지관리 자동화 운영

유지관리단계에 중요한 시설물 정보는 구조적 위험 정보의 신속한 수집 및 대응방안 정보이다. 스마트건설 기술을 적용하면 시공단계에 시설물에 설치된 사물인터넷 기반의 각종 센서들이 초연결 정보로 자체 분석되어 위험 상황에 대한 정보 수집이 자동적으로 획득된다.

또한 시설물 진단과정에서 균열발생부터 노후화 진단까지 고성능 진단용 카메라를 장착한 드론 영상을 이용하여 딥러닝기법으로 분석하여 보수보강 상태를 진단한 후 필요한 정보를 제공한다. 이로써, 인력에 의한 육안 점검과 비교시 점검이 어려운 위치의 시설물 상태까지 비교적 정확하게 진단이 가능하다. 그림 6-12는 드론에 의해 가설교량의 유지관리 정보를 취득하는 모습이다.

그림 6-12 드론에 의한 유지관리 정보 촬영

무인 시설물 유지관리 시스템은 인력으로 유지관리 상태를 파악하기 어려운 교량하부, 박스 내부 등에 영상로봇과 인공지능 기술을 이용함으로써 시설물 유지관리 정보 취득 방법을 변화시키는 도구로 활용된다. 그림 6-13은 한국방송통신공사에서 제공하는 서울시에서 활용 중인 교량시설물 유지관리정보 획득을 위한 영상로봇이 활용된 사례이다.

그림 6-13 영상로봇에 의한 교량 유지관리 상태 파악

또한 디지털트윈(digital twin)과 인공지능 기술을 연동하면 시설물의 규모와 특성에 적합한 최적의 유지관리 지원 기능이 제공될 수 있다.

디지털 트윈이란 실제 존재하는 사물의 쌍둥이를 가상의 공간에 만들어내는 기술이다. 예로서, 실제 시공된 철도 교량을 가상공간에서도 3D모델로 쌍둥이를 제작하여 다양한 유지관리 상황을 시뮬레이션하여 실제 시설물의 상황을 예측하고, 빅데이터를 이용해 설계대비 교량의 완성상태를 파악하고 오류를 분석할 수 있다.

가상건물에서도 임의 환경조건에서 생산하는 다양한 데이터를 적용해 재난 현상을 재현하여 그에 따른 문제점을 사전에 파악할 수 있으며, 이러한 가상공간의 방대한 빅데이터 분석을 통해 최적 설계를 유도할 수 있다.

5 건설기술의 미래

미래의 건설기술은 6T(information, nano, environmental, space, cultural, bio technology) 기술이 접목되고, 건축과 토목공학기술에 기계, 전기, 전자, 재료공학 기술 등이 복합된 융복합 기술로 변화될 것이다.

즉, 지금의 전통적 건설기술만으로는 설계와 시공이 불가능한 시설물이 다수 출현하고 이러한 건설공사의 설계과정은 자동화된 설계로 진행되고 시공과정은 로봇에 의한 시공이 보편화될 것이다.

건축물도 인간의 출생부터 모든 삶이 한 건물 내에서 이루어질 수 있는 수 km에 이르는 초고층 건물이 등장하고 운송수단인 도로도 지금의 도로와는 개념을 달리하는 미래 도로체계가 되어 건설기술보다는 정보기술에 더욱 밀접한 건설공사가 될 수 있

그림 6-14 미래의 도로시스템

다. 그림 6-14는 Karage TV에서 방영한 시속 1200km의 하이퍼루프(hyperloop) 운송 시스템과 구글에서 제시한 미래의 도로시스템을 나타내고 있다.

그림 6-15 미래의 초고층건물과 수직공항(eVolvo)

이러한 도로 운송시스템은 전통적인 건설공사의 프로세스로 시행할 수 없는 것이며, 첨단 IT기술과 기계 및 전자공학 기술이 복합되어야 시공이 가능해진다. 그림 6-15는 미국의 건축디자인 저널 eVolo가 발표한 미래의 아이디어 공모전 수상작에 포함된 접이형 초고층건물과 활주로가 없는 수직공항을 표현하고 있다.

건설하는 시설물의 장소도 일반적인 위치가 아닌 극한 지역의 건설공법이 발전하게 되고, 우주 건설산업이 보편화될 것을 상상할 수 있다. 이미 달과 화성 등에 우주기지를 건설하는 방안이 나사(NASA) 등에서 발표되고 있고, 무중력상태에서 사용하는 건설재료와 시공방법이 연구사례로 다수 발표되고 있다.

그림 6-16은 나사에서 계획하고 있는 화성의 인류 거주시설과 지구와 35,000km 상공의 우주를 연결하는 우주엘리베이터(space elevator) 프로젝트이다. 이러한 우주공

그림 6-16 화성 거주시설 및 우주전망대 조감도(NASA)

간 시설물 역시 앞으로 건설공사 전문가가 시공해야 할 부분이며 미래의 건설산업이 될 수 있는 것이다.

건설공사 프로젝트의 규모도 초대형화 될 것을 예상할 수 있고, 대륙 간 연결되는 초대형 해저터널, 해상교량 등이 시공사의 주요 수주 프로젝트가 될 수 있다. 한국과 중국을 연결하는 해저터널은 325km에 이르고 공사비도 150조원을 상회하고 튜브(tube) 방식의 신 터널 공법 등을 계획할 수 있다. 그림 6-17은 ENGI's CONPAPER에 표현되어 있는 노르웨이에서 시도한 부유식 해저 튜브 터널의 모습이다.

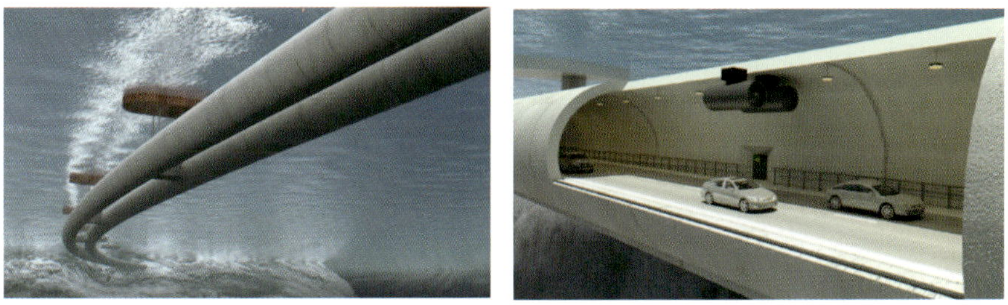

그림 6-17 부유식 해저 튜브터널 모습

그림 6-18은 인체형태의 보행 로봇을 제작하고 있는 미국의 Boston Dynamics에서 제작한 4족 보행로봇이 건설공사 현장에 투입되어 이동하는 모습을 표현하고 있다. 향후 건설공사 현장에는 이보다 진화된 인간형태의 보행 로봇이 투입될 것이며 이로써 건설공사의 안전성과 생산성은 향상될 것으로 기대할 수 있다.

그림 6-18 건설현장에 투입된 4족 보행로봇

미래의 건축시설은 건물의 용도 개념을 뛰어넘는 구조적 측면의 초 자연적 설계와 시공방식으로 초고층 건축물이 완성될 것이다. 인프라시설도 전통적인 도로와 철도 개념이 자율주행자동차용 도로와 초고속 열차를 위한 하이퍼튜브 건설 등으로 변화될 수 있고, 근로자에 의한 현장 시공 방식이 첨단 장비에 의한 자동화 시공으로 변화될 것이다.

정보화기술의 발전은 우리의 예상을 뛰어넘는 수준으로 발전되고 있고, 건설공사에서도 빔 과 인공지능 등 현재 기준의 첨단 설계와 시공기술이, 미래 기준으로는 초고도화 시설물의 설계와 시공에 접근할 수 있는 기초적 원천 기술로 활용될 것을 예상할 수 있다.

현재의 스마트건설 기술과 미래의 상상하기 어려운 첨단 건설기술을 활용하기 위해서는 융복합 기술 지식을 갖춘 스마트 건설人이 되어야 미래 건설기술들을 수용할 수 있다.

참고문헌

1. Navisworks SW, https://www.autodesk.co.kr/products/navisworks/overview, 2020
2. MS Project SW, https://products.office.com/ko-kr/project/project-management, 2020
3. Navigator SW, https://bentley.com/ko/products/brands/navigator, 2020
4. Primavera SW, https://www.oracle.com/kr/applications/primavera, 2020
5. Synchro-pro SW, https://www.synchroltd.com/products/synchro-pro, 2020
6. Tilos SW, https://www.tilos.org, 2020
7. Vico-office SW, http://gc.trimble.com/product-categories/vico-office-design, 2020
8. iTWO SW, https://www.itwo.com, 2020

9. 강인석, 서종원, 최신건설공사관리학, 문운당, 2019
10. 강인석 외, 능동형 BIM기반의 철도인프라 공정관리 모듈, 한국빔학회, 2018
11. 강인석 외, IFC기반 도로형상정보의 구축, 한국건설기술연구원 연구보고서, 2013
12. 강인석 외, 건설공사 생애주기 빔 활용 기능도출 및 시스템구축, 한국건설관리학회 논문집, 13(2), 2012
13. 강인석 외, 토목공사 기획 및 설계단계의 빔 적용방안 연구, 한국빔학회논문집 1(1), 2011
14. 곽중민 외, 건설분야 BPR 수행을 위한 프로세스 모형화 기법 연구, 한국건설관리학회논문집, 11(3), 2010
15. 국토교통부, 건설 생산성 혁신 및 안전성 강화를 위한 스마트 건설기술 로드맵, 2019
16. 국토교통과학기술진흥원, 철도인프라 빔 연구단 최종보고서, 2018
17. 김현승, 데이터마이닝기반의 BIM 적용단계별 성과평가 모형 및 시스템 개발, 경상대학교 박사학위 논문, 2016
18. 김정소, 자료분류론, 계명여자대학교 출판부, 1996
19. 안현주, 딥러닝 알고리즘을 이용한 건설공사 공기예측 적정성 분석, 경상대학교 석사학위 논문, 2020
20. 이재희, 유지관리단계의 BIM모델 신뢰성제고를 위한 블록체인기술 연동방안, 경상대학교 석사학위논문, 2020
21. 정주석 외, UAV를 활용한 토목공사 현장 모니터링 시스템 개발에 관한 연구, 한국건설관리학회논문집, 18(5), 2017
22. 하철석 외, 3D기반 비정형 토목구조물 물량산출 알고리즘 개발, 대한토목학회 논문집, 34(2), 2014
23. 현대건설, HMG Journal, 2019
24. 한국연구재단, BIM 활용을 위한 다차원 건설정보의 시각적 객체화 알고리즘 및 시스템개발 도약연구 최종보고서, 2016

25. Akash Sonar & Harshita Ambre, Application of 4D CAD BIM Technology in Construction Scheduling, International Research Journal of Engineering and Technology, 6(5), 2020
26. Building SMART Finland(infrastructure business group), Common InfraBIM Requirements YIV, 2019
27. BuildingSmart, Industry Foundation Classes, Version 4.2, bSI Draft Standard, IFC Bridge Proposed Extension, 2020
28. Hamledari, H. et al, UAV-Enabled Site-to-BIM Automation: Aerial Robotic-and Computer Vision-Based Development of As-Built/As-Is BIMs and Quality Control, CIFE, Stanford University, 2018
29. IAI, IFC Release 2X-Model Implementation Guide, 2001
30. IAI, IFC 2.0 - An Introduction to the IAI and the IFC, 1999
31. IAI, IFC Release 2X-IFC Technical Guide, 2000
32. Ioannis Brilakis & Carl Thomas Michael Haas, Infrastructure Computer Vision, Butterworth-Heinemann, 2020
33. Kang Leenseok, etc., Improvement of Realism of 4D Objects Using Augmented Reality Objects and Actual Images of a Construction Site, KSCE Journal of Civil Engineering, 2(8), 2018
34. Kang Leenseok, etc., Application of 4D CAD System for Infrastructure Projects with Construction Schedules and Distance Coordinates, Creative Construction Conference, 2018
35. Market Study Report, Top Business Report 2025: Augmented Reality and Virtual Reality Market Size Potential Growth, Attractive Valuation make it is a long-term investment, 2020
36. Moon Hyoun seok, etc., Managing Construction Schedule by Telepresence, Automation in Construction, 68, 2016
37. Oxford Economics, Global Construction 2030, 2015
38. Zhang, Z. et al, 4D Beyond Construction: Spatio-Temporal and Life-Cyclic Modeling and Visualization of Infrastructure Data, Technical Report, Stanford University, 2018

39. B1M, Razer Scanner, https://www.youtube.com/watch?v=4-Cxoyb9N_c, 2020
40. ENGI's CONPAPER, Tube Tunnel, https://conpaper.tistory.com/42652, 2020
41. Karage TV, Hyperloop, https://www.youtube.com/watch?v=3fu-6IDp3Fo, 2020
42. Leica 3D Excavator, https://www.youtube.com/watch?v=p89OX2Fgxow&list=WL&index=14&t=0s, 2020
43. RC Live Action, RC Earthwork Equipment, https://www.youtube.com/watch?v= yZ-e6sWxSF_M, 2020
44. KBCS, Image Recording Machine for Maintenence, https://www.youtube.com/watch?v=5B0rRetD5Mg, 2020

INDEX

ㅅ

ㅇ

ㅈ

저자 : **강인석**

한국건설관리학회 회장, 한국구매조달학회 회장, 한국 BIM 학회 부회장, 대한토목학회 이사 등을 역임하였고, 영국 Salford대학교, 핀란드 VTT연구소, 독일 München공과대학교의 건설IT 연구실에서 초빙교수로 근무하였으며, 국가 건설정보표준화위원회 위원장과 중앙건설기술심의위원회, 국가과학기술심의위원회 및 공기업경영평가위원회, 한국과총 학술진흥위원회, 산업인력공단 기술사검증위원회 위원 등을 역임하였음

현재 경상대학교 공과대학 토목공학과에서 BIM과 건설관리학을 강의하고 있으며, '토목공사 4차원 공정관리시스템 구현방법' 특허 등 건설정보기술 관련 200여편의 논문을 발표하였음

건설정보기술 BIM 정가 29,000원

발 행 2020년 3월 10일 초판 1쇄
저 자 강인석
발행인 정우용
발행처 도서출판 **동화기술**
경기도 파주시 광인사길 201(문발동, 파주출판도시)
Tel (031)955-4211~6 donghwapub@nate.com
Fax (031)955-4217 www.donghwapub.co.kr
(등록) 1977년 12월 19일/9-16호

Printed in Korea
ISBN 978-89-425-9267-8